Rechnen in der Chemie

Eine Einführung

Von

Dr. techn. Ing. **Walter Wittenberger**

Offenbach/Main (früher Aussig/Elbe und Bofors/Schweden)

Erster Teil

Mit 273 entwickelten Übungsbeispielen, über 1400 Übungsaufgaben samt Lösungen und 78 Abbildungen

Vierte verbesserte Auflage

Springer-Verlag Wien GmbH

1958

ISBN 978-3-7091-4566-1 ISBN 978-3-7091-4716-0 (eBook)
DOI 10.1007/978-3-7091-4716-0

Vorwort zur vierten Auflage.

Im Vorwort zur ersten Auflage, welche im Jahre 1947 erschien, wurde gesagt: „Bei der Abfassung des Buches wurde von der Notwendigkeit ausgegangen, daß der Benutzer eines ‚Chemischen Rechenbuches‘ in erster Linie mit den Rechenregeln allgemeiner Art vertraut sein muß. Es wurde daher mit Absicht ein, wenn auch auf das Notwendigste beschränkter, Abschnitt über allgemeines Rechnen vorangestellt. Auch ist es wichtig, daß ein in der chemischen Industrie an auch nur einigermaßen verantwortlicher Stelle Stehender beispielsweise den Gebrauch des Rechenschiebers, die Inhaltsberechnung, die einfachen Formen des graphischen Rechnens und anderes beherrscht.

Bei der Auswahl des behandelten Stoffes wurde Wert darauf gelegt, alle wichtigen im chemischen Laboratorium und Betrieb vorkommenden Rechnungen, auch solche nicht rein chemischer Art, zu berücksichtigen. Das Buch enthält daher Abschnitte über das spezifische Gewicht, über Lösungen und physikalische Rechnungen. Die Abschnitte über das chemische Rechnen sind auf den Grundgesetzen der Chemie aufgebaut. Jedem Abschnitt sind ein oder mehrere vollständig entwickelte Beispiele beigefügt, die den genauen Rechen- und Gedankengang für die Lösung der Aufgaben klarmachen sollen.

Am Schlusse des Buches sind die wichtigsten und gebräuchlichsten Tabellen sowie die fünfstelligen Logarithmen aufgenommen, um vor allem dem Anfänger den häufigen Gebrauch dieser Rechenhilfen und das Aufsuchen von Tabellenwerten zu erleichtern. Gleichzeitig wird dadurch die Verwendungsmöglichkeit im Laboratorium erweitert.“

Nachdem sich das Buch nunmehr in der Praxis und im Unterricht bewährt hat, bestand keine Veranlassung, prinzipielle Änderungen vorzunehmen. Der Neuauflage wurde jedoch die neueste, international anerkannte Atomgewichtstabelle zugrunde gelegt, wodurch sich die Notwendigkeit ergab, einige Tabellen zu korrigieren und eine größere Zahl von Beispielen und Aufgaben neu durchzurechnen. Als Folge davon erscheinen bei einer Reihe von Zwischen- und Endergebnissen sehr geringfügige und praktisch kaum ins Gewicht fallende Abweichungen gegenüber den früheren Auflagen.

Auch in dieser Auflage wurde streng darauf geachtet, daß die Nummern der Beispiele und Aufgaben sowie die zugehörigen Seitenzahlen unverändert blieben, um Differenzen bei gleichzeitiger Benutzung der älteren Auflagen, zum Beispiel während der Berufsausbildung von Laboranten, zu vermeiden.

Möge auch die neue Auflage dazu beitragen, die Scheu vor dem „Chemischen Rechnen" überwinden zu helfen und dem Fortgeschritteneren Anregung zu sein, sich auch mit den rechnerischen Problemen der Chemie, die über den Rahmen dieses I. Teiles hinausgehen, zu beschäftigen. Es sei in diesem Zusammenhange gestattet, auf den II. Teil des Buches hinzuweisen, der auch höheren Ansprüchen, die Chemiestudenten und junge Chemiker an ein Buch über „Chemisches Rechnen" stellen müssen, gerecht werden soll.

Ein Buch wird seinen Benutzer dann zum Erfolg führen, wenn er es oft und gern zur Hand nimmt. Der Verlag hat durch eine vorbildliche Ausstattung des Buches dieses Bestreben unterstützt, wofür ihm aufrichtig zu danken ist.

Offenbach/Main, im Sommer 1958.

Walter Wittenberger

Hinweis für die Lösung der Übungsaufgaben.

Unter den Übungsaufgaben befindet sich eine größere Anzahl, bei denen eine zweite Zahlenangabe in *Kursivdruck* (in Klammer gesetzt) erscheint. Zum Beispiel:

Aufgabe 831. Wieviel % K_2CO_2 sind in einer Pottasche enthalten, von der 3,5 g (*4,8840 g*) durch 42 ml $\frac{n}{1}$ Schwefelsäure neutralisiert werden?

Dies bedeutet, daß die Übungsaufgabe einmal mit den Zahlenangaben 3,5 g und 42 ml zu rechnen wäre, ein zweites Mal mit den Zahlen 4,8840 g und 42 ml.

Die Lösungen zu den Aufgaben sind im Abschnitt 11, Seite 256 ff. (wo erforderlich mit kurzen Anleitungen), zusammengestellt.

Es wurden durchwegs Atomgewichte mit zwei Dezimalstellen benutzt, wie sie in der Tabelle auf der 3. Umschlagseite enthalten sind.

Bei den Berechnungen über Gasvolumina wurde für $a = \frac{1}{273}$ der Wert 0,00367 verwendet.

Inhaltsverzeichnis.

1. Allgemeines Rechnen.

A. Genauigkeit im Zahlenrechnen.

Maßgebend für die Angabe von Meß- und Analysenresultaten sind die Mittel, welche zur Ausführung der Messung gedient haben. Es wäre widersinnig, wollte man in einem technischen Betrieb den Inhalt eines etwa 5000 Liter fassenden Gefäßes auf Zehntelliter genau angeben. Anderseits wäre es grundfalsch, z. B. beim Wägen auf der analytischen Waage die Tausendstelgramme zu vernachlässigen. Die Angabe soll stets mit soviel Stellen erfolgen, daß die vorletzte Stelle als sicher, die letzte schon als unsicher gilt. Das Meßergebnis richtet sich also nach der Meßgenauigkeit und nach dem praktischen Bedürfnis (z. B. Angabe des Wassergehaltes einer Kohle: 8,72% und nicht 8,7184%).

B. Das griechische Alphabet.

Die Bezeichnung physikalischer Größen erfolgt vielfach durch griechische Buchstaben. Die Groß- und Kleinbuchstaben des griechischen Alphabets (und deren Aussprache) seien hier angeführt:

$A\ \alpha$	$B\ \beta$	$\Gamma\ \gamma$	$\Delta\ \delta$	$E\ \varepsilon$	$Z\ \zeta$	$H\ \eta$	$\Theta\ \vartheta$
Alpha,	Beta,	Gamma,	Delta,	Epsilon,	Zeta,	Eta,	Theta,
$I\ \iota$	$K\ \varkappa$	$\Lambda\ \lambda$	$M\ \mu$	$N\ \nu$	$\Xi\ \xi$	$O\ o$	$\Pi\ \pi$
Iota,	Kappa,	Lambda,	My,	Ny,	Xi,	Omikron,	Pi,
$P\ \varrho$	$\Sigma\ ς\ \sigma$	$T\ \tau$	$Y\ \upsilon$	$\Phi\ \varphi$	$X\ \chi$	$\Psi\ \psi$	$\Omega\ \omega$
Rho,	Sigma,	Tau,	Ypsilon,	Phi,	Chi,	Psi,	Omega.

C. Abgekürzte Multiplikation und Division.

1. Einteilung der Dezimalzahl.

2384·6529

Tausender, Hunderter, Zehner, Einer, Dezimalpunkt, Zehntel, Hundertstel, Tausendstel, Zehntausendstel

An Stelle des Dezimalpunktes (·) wird, besonders im technischen Rechnen, der Beistrich oder das Komma (,) gesetzt.

2. Abgekürzte Multiplikation.

8,7412 × 39,85 = 348,336820.

Multiplikand. Multiplikator. Produkt.

Das Zeichen der Multiplikation ist das Malzeichen (×), an seine Stelle wird jedoch meist nur ein Punkt (.) gesetzt. Man schreibt 20 × 3 oder 20 . 3.

Bei der oben angeführten Multiplikation erhält man als Produkt eine Zahl, welche 6 Dezimalstellen enthält. Genügen jedoch bei der Angabe des Resultats 2 Dezimalstellen, ist es zweckmäßig, von vornherein abgekürzt auf 2 Dezimalstellen zu rechnen. Die folgende Gegenüberstellung veranschaulicht den Unterschied deutlich:

```
  8,7 4 1 2 . 3 9,8 5
2 6 2 2 3|6
  7 8 6 7|0 8
    6 9 9|2 9 6
      4 3|7 0 6 0
3 4 8,3 3|6 8 2 0
```

```
8,7 4 1 2 . 3 9,8 5
  5 8 9 3
2 6 2 2 4
  7 8 6 7
    6 9 9
      4 4
3 4 8,3 4
```

Für die abgekürzte Multiplikation gelten folgende *Regeln*:

a) Man schreibt die Einer des Multiplikators unter die gewünschte Dezimalstelle des Multiplikanden und daneben die übrigen Ziffern des Multiplikators in umgekehrter Reihenfolge:

8,7412 . 39,85 (zu rechnen auf 2 Dezimalstellen).
5 893

b) Nun folgt die Errechnung der Teilprodukte. Die erste rechts stehende Ziffer des Multiplikators (3) wird mit jeder Ziffer des Multiplikanden multipliziert, wobei jedoch erst bei der über der betreffenden Ziffer des Multiplikators stehenden Ziffer des Multiplikanden begonnen wird. (Also 3 mal 1, dann 3 mal 4, 3 mal 7 und so weiter.) Von der um eine Stelle weiter rechts stehenden Ziffer des Multiplikanden (2) muß die Korrektur genommen werden, welche jedoch nicht angeschrieben, sondern weitergezählt wird.

Die Korrektur ist die Abrundung der Zehntel auf Ganze, und zwar geben die Zehntel von 0,1 bis 0,4 null Einer, von 0,5 bis 1,4 eine Einheit, von 1,5 bis 2,4 zwei Einheiten usw. zur Korrektur. In unserem Fall also 3 mal 2 oder richtiger 3 mal 0,2 = 0,6, ergibt 1 zur Korrektur. Diese zum folgenden Teilprodukt zugezählt, also 3 mal 1 = 3, + 1 zur Korrektur = 4, welche nun angeschrieben wird.

Sind sämtliche Ziffern des Multiplikanden mit 3 multipliziert, folgt die Multiplikation mit der nächstfolgenden Ziffer des Multiplikators, d. i. in unserem Falle mit 9 (9 mal 1 oder richtiger

9 mal 0,1 = 0,9, gibt 1 zur Korrektur; 9 mal 4 = 36, + 1 = 37, 7 an 3 weiter usf.). Die erste Ziffer des so erhaltenen zweiten Teilproduktes (7) wird unter die rechtsstehende Ziffer des ersten Teilproduktes geschrieben (Unterschied von der normalen Multiplikation!).

c) Zum Schluß werden die Teilprodukte addiert und der Dezimalpunkt so gesetzt, daß die gewünschten Dezimalstellen erscheinen.

1. Beispiel.

```
   3 7,9 4 5 3 . 1 8,6 2 4   (1 Dez.)
 4 2 6 8 1
 ---------
   3 7 9 5
   3 0 3 5
     2 2 7
         7
         1
 ---------
   7 0 6,5
```

Aufgaben: Multipliziere abgekürzt:

1. 37,5436 mit **a)** 0,9546 (3 Dez.), **b)** 49,008 (2 Dez.), **c)** 3755,9 (Einer), **d)** 0,07645 (4 Dez.).
2. 107,88 mit **a)** 0,3545 (3 Dez.), **b)** 0,0982 (3 Dez.), **c)** 2,3850 (3 Dez.), **d)** 18,992 (1 Dez.).
3. 0,09438 mit **a)** 210,92 (2 Dez.), **b)** 0,9437 (4 Dez.), **c)** 0,001875 (7 Dez.), **d)** 8,7033 (3 Dez.).

3. Bestimmung des Dezimalpunktes des Quotienten einer Division.

8513,6752 : 387,21 = 21,98.

Dividend. Divisor. Quotient.

Das Zeichen der Division ist der Doppelpunkt (:); die gleiche Bedeutung hat der Bruchstrich. 20 : 3 kann auch als $\frac{20}{3}$ geschrieben werden.

a) Der Quotient bleibt unverändert, wenn man Dividend und Divisor mit der gleichen Zahl multipliziert oder durch die gleiche Zahl dividiert. Es kann also der Dezimalpunkt des Divisors *und* des Dividenden um gleich viel Stellen und in gleicher Richtung verschoben werden, ohne daß sich der Quotient ändert. Darauf beruht folgende Methode zur Bestimmung des Dezimalpunktes des Quotienten:

Man verschiebt den Dezimalpunkt des Divisors so, daß die erste gültige Ziffer als Einer erscheint. Nach dem Gesagten muß nun auch der Dezimalpunkt des Dividenden um gleich viel Stellen und in gleicher Richtung verschoben werden.

In obigem Beispiel erhält die Division somit folgende Form:

8512,6752 : 387,21 → 85,126752 : 3,8721.

Nun kann der Stellenwert der ersten gültigen Ziffer des Quotienten leicht ermittelt werden, denn eine Zahl durch Einer dividiert behält ihren Stellenwert bei. In unserem Falle 85 (8 Zehner) dividiert durch 3 (Einer) gibt wiederum Zehner.

Ist die erste gültige Ziffer des Dividenden kleiner als die des Divisors, z. B. 236,7 : 5,68, dann darf es nicht heißen 2 : 5, da 5 in 2 nicht enthalten ist, sondern 23 (Zehner) : 5 (Einer) = Zehner!

b) Nach einer anderen Methode wird der Divisor so über den Dividenden geschrieben, daß die erste gültige Ziffer des Divisors über die erste gültige Ziffer des Dividenden zu stehen kommt. Auch hier ist Voraussetzung, daß die erste Ziffer des Divisors in der ersten Ziffer des Dividenden enthalten ist. Im anderen Falle darf die erste Ziffer des Divisors nicht über die erste, sondern muß über die zweite Ziffer des Dividenden geschrieben werden.

2. Beispiel.

8513,67 : 387,21 aber 0,02367 : 56,8

man schreibt:

```
38721             568
8513,67       0,02367
   ↓               ↓
```

Die Einer des darübergeschriebenen Divisors stehen jetzt über jener Stelle des Dividenden, die dem Stellenwert der ersten gültigen Ziffer des Quotienten entspricht; in unseren Beispielen erhält man im ersten Fall Zehner, im zweiten Fall Zehntausendstel.

4. Abgekürzte Division.

Auch hier kann die Gegenüberstellung einer normal durchgeführten und einer abgekürzt gerechneten Division den Unterschied und Vorteil am besten veranschaulichen:

```
9813,64 : 765,2 = 12,8     9813,64 : 765,2 = 12,8
2161 6                     216
 631 24                     63
  19 080                     2
```

Regeln der abgekürzten Division:

a) Bestimmung des Dezimalpunktes des Quotienten nach einer der unter 3 angeführten Methoden.

b) Anschreiben des Stellenwertes und der Anzahl der zu errechnenden Ziffern (Andeuten durch Punkte) und Abstreichen der überzähligen Ziffern des Divisors und Dividenden.

c) Ausführung der Division nach der gewöhnlichen Methode (Abziehen der errechneten Teilprodukte vom Dividenden, bzw. vom verbliebenen Rest) unter Beachtung der jeweiligen Korrektur der zuletzt abgestrichenen Ziffer des Divisors.

3. Beispiel.

9813,64 : 765,2 (zu rechnen auf 1 Dezimalstelle).

Zu a): Die Stellenwertbestimmung des Quotienten ergibt Zehner.
Zu b): Die Division lautet jetzt

$$98{,}1364 : 7{,}652 = \ldots{,}. \quad \text{(1 Dez.).}$$

Der Quotient wird also 3 gültige Ziffern haben, folglich werden auch im Divisor 3 Ziffern benötigt und die übrigen abgestrichen (Abstreichen der 2). Das gleiche geschieht mit dem Dividenden, von dem ebenfalls nur 3 Ziffern gebraucht werden (Abstreichen der Ziffern 364). Die Division erhält folgendes Bild:

$$98{,}1\underline{364} : 7{,}65\underline{2} = \ldots{,}.$$

Eine Ausnahme ergibt sich nur dann, wenn die erste gültige Ziffer des Divisors in der des Dividenden nicht enthalten ist, z. B.

$$247{,}637 : 8{,}159 = \ldots{,}.$$

In diesem Falle werden (da 8 nicht in 2, sondern erst in 24 enthalten ist) im Dividenden nicht 3, sondern 4 Ziffern benötigt, also

$$247{,}6\underline{37} : 8{,}15\underline{9} = \ldots{,}.$$

Zu c): Nun wird mit der Division begonnen (Beachtung der Korrektur!) und die erhaltenen Teilprodukte vom Dividenden sofort (ohne sie anzuschreiben) abgezählt. Wir schreiben also $98{,}1\underline{364} : 7{,}65\underline{2} = 1.{,}..$ und rechnen: 7 ist in 9 1mal enthalten; 1 mal 2 (erste abgeschnittene Ziffer) oder richtiger 1 mal 0,2 = 0,2, gibt null zur Korrektur; 1 mal 5 = 5, + 0 Korrektur = 5; 5 und 6 ist 11, 6 an, 1 weiter; 1 mal 6 = 6, + 1 = 7; 7 und 1 ist 8, 1 an, null weiter usw.

Ist dieses Teilprodukt durchgerechnet, wird die nächste Stelle des Divisors (5) abgestrichen, der Quotient aus dem verbliebenen Rest und dem verkürzten Divisor gebildet und wiederum durch Multiplikation das Teilprodukt errechnet (wobei von der abgestrichenen Ziffer des Divisors die Korrektur zu errechnen ist) und dieses vom Rest des Dividenden abgezählt usw.

Zu bemerken ist, daß auch von der zuerst stehenden abgeschnittenen Ziffer des Dividenden eine einmalige Korrektur genommen werden muß. In unserem Falle ergibt die abgeschnittene 3 null zur Korrektur. Würde die Division aber z. B. 98,176 : 7,652 lauten, dann ergibt die abgeschnittene 7 (richtiger 0,7) 1 zur Korrektur. Diese Korrektur ist zur nächsten Ziffer des Dividenden zuzuzählen, in unserem Beispiel also zur 1.

98,176 : 7,652 wird korrigiert in 98,$\overset{2}{\not 1}$76 : 7,652.

4. Beispiel. Die Division ist abgekürzt auf 4 Dezimalstellen durchzuführen:

0 27,9$\overset{7}{\not 6}$5 : 614,72 = 0,0455.
3 38
31

Aufgaben: 4. Dividiere 197,65 abgekürzt auf 2 Dezimalstellen durch **a)** 2,0055, **b)** 4,9810, **c)** 1,9835, **d)** 75,69473.

5. Dividiere 5,4406 abgekürzt durch **a)** 0,0932 (1 Dez.), **b)** 5,7902 (3 Dez.), **c)** 721,29 (5 Dez.), **d)** 0,33847 (1 Dez.).

6. Dividiere 0,8763 abgekürzt durch **a)** 0,3891 (2 Dez.), **b)** 9,2984 (5 Dez.), **c)** 200,95 (5 Dez.), **d)** 0,079622 (1 Dez.).

D. Bruchrechnen.

1. Teilbarkeit der Zahlen.

Jede gerade Zahl ist durch 2 teilbar. Gerade Zahlen haben als letzte Ziffer 0, 2, 4, 6 oder 8.

Durch 3 sind alle Zahlen teilbar, deren Ziffernsumme durch 3 teilbar ist (z. B. 816; Ziffernsumme ist 8 + 1 + 6 = 15).

Eine Zahl ist durch 4 teilbar, wenn die aus der letzten und vorletzten Stelle gebildete Zahl durch 4 teilbar ist.

Durch 5 sind jene Zahlen teilbar, welche als letzte Ziffer 0 oder 5 haben.

Durch 6 sind alle Zahlen teilbar, die durch 2 und 3 teilbar sind (gerade Zahlen, deren Ziffernsumme durch 3 teilbar ist).

Durch 9 sind jene Zahlen teilbar, deren Ziffernsumme durch 9 teilbar ist.

Eine Zahl, die nur durch sich selbst teilbar ist, nennt man Primzahl (z. B. 7 oder 13).

2. Kleinstes gemeinschaftliches Vielfaches.

Das kleinste gemeinschaftliche Vielfache mehrerer gegebener Zahlen ist die kleinste Zahl, die durch alle jene Zahlen teilbar ist. Die Bestimmung des kleinsten gemeinschaftlichen Vielfachen ist dann erforderlich, wenn man verschiedene Brüche auf einen gemeinsamen Nenner zu bringen hat. Sie besteht in der Zerlegung der Zahlen in Primfaktoren und Multiplikation derselben miteinander.

5. Beispiel. Das kleinste gemeinschaftliche Vielfache der Zahlen 6, 10 und 25 ist zu suchen.

Man schreibt die Zahlen nebeneinander und dividiert jede durch die kleinste Primzahl (also durch 2), die erhaltenen Quotienten wiederum durch 2. Dies wird solange fortgesetzt, bis die erhaltenen Quotienten nicht mehr durch 2 teilbar sind. Nun wird durch 3 dividiert, schließlich durch 5, 7 usw., bis sämtliche Zahlen vollkommen zerlegt sind. Die jeweils erhaltenen Quotienten werden stets unter die betreffende Zahl geschrieben. Ist eine der Zahlen durch die angewandte Primzahl nicht teilbar, wird die Zahl unverändert angeschrieben, also

6,	10,	25	: 2	
3	5	25	3	
1	5	25	5	$2 . 3 . 5 . 5 = 150.$
	1	5	5	
		1		

Aufgaben: 7. Bestimme das kleinste gemeinschaftliche Vielfache der Zahlen

a) 4, 9, 12; **b)** 7, 9, 11, 36; **c)** 8, 12, 30;
d) 2, 5, 8, 20; **e)** 6, 9, 30, 36.

3. Verwandeln von Brüchen.

a) Bezeichnung der Brüche: $\frac{3}{4}$ bedeutet 3 mal $\frac{1}{4}$.

3 Zähler.
— Bruchstrich.
4 Nenner.

Brüche, die weniger als ein Ganzes betragen, heißen *echte Brüche.* Der Zähler eines echten Bruches ist kleiner als sein Nenner $\left(\text{z. B. } \frac{2}{5}\right)$.

Brüche, bei denen der Zähler größer ist als der Nenner, heißen *unechte Brüche* $\left(\text{z. B. } \frac{4}{3}\right)$.

Gemischte Zahlen bestehen aus einer ganzen Zahl und einem echten Bruch $\left(\text{z. B. } 4\frac{2}{5}\right)$.

b) Ein Bruch kann durch Ausführung der durch ihn angedeuteten Division in einen *Dezimalbruch* (= Dezimalzahl) verwandelt werden.

$$\frac{4}{5} = 4 : 5 = 0{,}8.$$

c) Umgekehrt kann eine Dezimalzahl in einfacher Weise als Bruch geschrieben werden:

$$0{,}24 = \frac{24}{100}.$$

d) *Verwandlung gemischter Zahlen in Brüche.* $4\frac{2}{3}$ soll verwandelt werden. 1 Ganzes hat 3 Drittel $\left(\frac{3}{3}\right)$, folglich haben 4 Ganze 4 mal $\frac{3}{3}$, das sind $\frac{12}{3}$. Hinzu die bereits vorhandenen $\frac{2}{3}$, das ergibt $\frac{14}{3}$. Man multipliziert also die ganze Zahl (4) mit dem Nenner des Bruches (3) und addiert den Zähler zu diesem Produkt; der Nenner bleibt unverändert.

e) Umgekehrt kann ein unechter Bruch in eine gemischte Zahl verwandelt werden, z. B. $\frac{11}{5} = 2\frac{1}{5}$. Man dividiert den Zähler des Bruches durch den Nenner ($11 : 5 = 2$) und schreibt den Rest (1) wiederum als Bruch, also $2\frac{1}{5}$.

f) Den *reziproken Wert* (Kehrwert) einer Zahl bestimmt man durch Division von 1 durch die betreffende Zahl. Der reziproke Wert von 4 ist also $1 : 4 = 0{,}25$ oder als Bruch geschrieben $\frac{1}{4}$.

Der reziproke Wert eines Bruches wird erhalten durch Vertauschen von Zähler und Nenner; der reziproke Wert von $\frac{3}{4}$ ist also $\frac{4}{3}$.

Aufgaben: 8. Verwandle folgende Brüche und gemischte Zahlen in Dezimalbrüche:

a) $\frac{3}{4}$, **b)** $\frac{3}{5}$, **c)** $\frac{21}{250}$, **d)** $2\frac{6}{20}$, **e)** $\frac{10}{3}$.

9. Verwandle folgende Dezimalzahlen in Brüche:

a) 0,4, **b)** 3,07, **c)** 0,03, **d)** 1,25.

10. Verwandle in unechte Brüche:

a) $3\frac{1}{2}$, **b)** $4\frac{3}{4}$, **c)** $5\frac{7}{10}$, **d)** $1\frac{2}{5}$, **e)** $72\frac{3}{20}$.

11. Verwandle in gemischte Zahlen:

a) $\frac{12}{3}$, **b)** $\frac{5}{2}$, **c)** $\frac{27}{8}$, **d)** $\frac{145}{12}$, **e)** $\frac{371}{9}$.

12. Bestimme den reziproken Wert von

a) 8, **b)** 20, **c)** 7,5, **d)** $\frac{3}{2}$, **e)** $\frac{4}{9}$, **f)** $2\frac{3}{4}$.

4. Kürzen und Erweitern von Brüchen.

Ein Bruch bleibt unverändert, wenn man Zähler und Nenner mit derselben Zahl multipliziert oder durch dieselbe Zahl dividiert.

a) *Kürzen.* Zweck: Der Bruch wird auf die einfachste Form gebracht. Man schreibt also nicht $\frac{4}{8}$, sondern $\frac{1}{2}$; man dividiert also Zähler und Nenner durch dieselbe Zahl (4).

Bei Brüchen mit großen, unübersichtlichen Zahlen geht man so vor, daß man das Kürzen solange wiederholt, bis eine weitere Kürzung nicht mehr möglich ist.

6. Beispiel. Der Bruch $\frac{396}{1356}$ ist durch Kürzen zu vereinfachen. Wir kürzen zuerst durch 4, das ergibt als Zähler 99, als Nenner 339; dann weiter durch 3 und schreiben dies wie folgt:

$$\frac{\not{3}\not{9}\not{6}\ \not{9}\not{9}\ 33}{\not{1}\not{3}\not{5}\not{6}\ \not{3}\not{3}\not{9}\ 113} = \frac{33}{113}.$$

b) *Erweitern* (Gleichnamigmachen). Zweck: Brüche mit verschiedenen Nennern auf den gleichen Nenner bringen. Der kleinste gemeinsame Nenner ist das aus sämtlichen Nennern errechnete kleinste gemeinschaftliche Vielfache.

7. Beispiel. Die Brüche $\frac{2}{3}$ und $\frac{3}{4}$ sind auf gleichen Nenner zu bringen.

Der kleinste gemeinsame Nenner ist 12. Um aus Drittel Zwölftel zu erhalten, muß der Nenner 3 mit 4 multipliziert werden. Damit aber der Bruch unverändert bleibt, muß auch sein Zähler mit 4 multipliziert werden.

$$\frac{2}{3} = \frac{8}{12}.$$

Ebenso verwandelt man $\frac{3}{4}$ durch Multiplikation von Zähler und Nenner mit 3 in Zwölftel:

$$\frac{3}{4} = \frac{9}{12}.$$

Aufgaben: 13. Kürze:

a) $\frac{24}{48}$, b) $\frac{42}{105}$, c) $\frac{165}{220}$, d) $\frac{78}{48}$, e) $\frac{276}{312}$.

14. Bringe auf gemeinsamen Nenner:

a) $\frac{1}{2}, \frac{3}{4}, \frac{4}{5}$; b) $\frac{3}{8}, \frac{7}{12}, \frac{9}{32}$; c) $\frac{2}{3}, \frac{2}{9}, \frac{7}{12}$; d) $\frac{1}{12}, \frac{13}{30}, \frac{43}{60}$.

5. Addition von Brüchen.

Gleichnamige Brüche werden addiert, indem man die Zähler addiert und den Nenner beibehält. Ungleichnamige Brüche müssen vor der Addition auf gleichen Nenner gebracht werden.

8. Beispiel.

$$\frac{1}{2} + \frac{5}{6} = \frac{3}{6} + \frac{5}{6} = \frac{8}{6}.$$

Aufgaben: **15.** Addiere und verwandle entstehende unechte Brüche in gemischte Zahlen:

a) $\frac{1}{3} + \frac{1}{6}$, b) $\frac{2}{3} + \frac{3}{4}$, c) $7\frac{3}{4} + \frac{1}{8}$, d) $8\frac{2}{5} + \frac{3}{4}$,

e) $\frac{2}{6} + \frac{1}{4} + \frac{3}{8}$, f) $\frac{2}{3} + \frac{1}{6} + \frac{2}{9}$, g) $8\frac{4}{5} + 1\frac{1}{3} + \frac{5}{8} + \frac{29}{120}$.

6. Subtraktion von Brüchen.

Gleichnamige Brüche werden subtrahiert, indem man die Zähler subtrahiert und den Nenner beibehält. Ungleichnamige Brüche müssen vor der Subtraktion gleichnamig gemacht werden (gemischte Zahlen in unechte Brüche verwandeln).

9. Beispiel.

$$\frac{2}{3} - \frac{4}{9} = \frac{6}{9} - \frac{4}{9} = \frac{2}{9}.$$

Aufgaben: **16.** Subtrahiere:

a) $\frac{8}{12} - \frac{2}{12}$, b) $\frac{4}{9} - \frac{1}{6}$, c) $\frac{12}{5} - 1\frac{1}{3}$, d) $2\frac{9}{10} - 1\frac{3}{5}$,

e) $18\frac{1}{6} - 4\frac{2}{3} - 6\frac{3}{4}$, f) $2 - \frac{5}{8}$.

17. Berechne:

a) $\frac{2}{10} + \frac{3}{5} - \frac{6}{15}$, b) $2\frac{1}{2} - \frac{3}{4} + \frac{2}{5}$, c) $2\frac{1}{3} - \frac{4}{6} + \frac{5}{3} - 2\frac{1}{2}$.

7. Multiplikation von Brüchen.

a) Ein Bruch wird mit einer ganzen Zahl multipliziert, indem man den Zähler mit ihr multipliziert und den Nenner unverändert läßt.

10. Beispiel.

$$\frac{2}{3} \cdot 5 = \frac{10}{3}.$$

b) Brüche werden miteinander multipliziert, indem man Zähler mit Zähler und Nenner mit Nenner multipliziert.

11. Beispiel.

$$\frac{3}{4} \cdot \frac{5}{6} = \frac{15}{24}.$$

Man kann derartige Rechnungen durch vorheriges Kürzen vereinfachen (gemeinsamer Bruchstrich):

$$\frac{6}{8} \cdot \frac{8}{10} \cdot \frac{5}{3} = \frac{6 \cdot 8 \cdot 5}{8 \cdot 10 \cdot 3}.$$

Nun wird gekürzt (8 durch 8, 6 durch 3 usw.):

$$\frac{\overset{\overset{1}{\cancel{2}}}{\cancel{6}} \cdot \overset{1}{\cancel{8}} \cdot \overset{1}{\cancel{5}}}{\underset{1}{\cancel{8}} \cdot \underset{\underset{1}{\cancel{2}}}{\cancel{10}} \cdot \underset{1}{\cancel{3}}} = 1.$$

c) Gemischte Zahlen werden vor der Multiplikation in Brüche verwandelt.

Aufgaben: 18. Multipliziere:

a) $\frac{1}{3} \cdot 2$, b) $\frac{3}{8} \cdot 4$, c) $\frac{2}{3} \cdot \frac{3}{4}$, d) $\frac{2}{5} \cdot \frac{6}{9}$, e) $\frac{3}{5} \cdot \frac{1}{2} \cdot \frac{2}{3}$,

f) $\frac{4}{3} \cdot \frac{9}{10} \cdot \frac{5}{6}$, g) $3\frac{1}{2} \cdot 2\frac{4}{5}$.

8. Division von Brüchen.

a) Ein Bruch wird durch eine Zahl dividiert, indem man den Zähler dividiert und den Nenner unverändert läßt.

12. Beispiel.
$$\frac{6}{11} : 3 = \frac{2}{11}.$$

Zu dem gleichen Ergebnis gelangt man, wenn man den Nenner mit der Zahl multipliziert und den Zähler unverändert läßt.

13. Beispiel.
$$\frac{6}{11} : 3 = \frac{6}{33} = \frac{2}{11}.$$

b) Brüche werden durcheinander dividiert, indem man den ersten Bruch mit dem reziproken Wert des zweiten multipliziert.

14. Beispiel.
$$\frac{2}{3} : \frac{5}{11} = \frac{2}{3} \cdot \frac{11}{5} = \frac{22}{15}.$$

Bei der Schreibweise als *Doppelbruch* gilt als Rechenregel, daß das Produkt der äußeren Glieder durch das Produkt der inneren Glieder dividiert wird (siehe auch unter Proportionen, S. 13).

15. Beispiel.
$$\frac{\frac{2}{3}}{\frac{5}{11}} = \frac{2 \cdot 11}{3 \cdot 5} = \frac{22}{15}$$

Aufgaben: 19. Dividiere:

a) $\frac{2}{3} : 2$, b) $\frac{10}{23} : 5$, c) $\frac{7}{8} : 6$, d) $\frac{3}{4} : 5$, e) $\frac{4}{5} : \frac{2}{3}$,

f) $\frac{8}{15} : \frac{6}{10}$, g) $4\frac{2}{5} : \frac{11}{20}$, h) $6\frac{1}{2} : 4\frac{1}{3}$.

20. Löse folgende Doppelbrüche auf:

a) $\frac{\frac{2}{3}}{\frac{4}{9}}$, b) $\frac{\frac{3}{5}}{\frac{9}{10}}$, c) $\frac{\frac{12}{22}}{\frac{4}{11}}$.

E. Proportionen.

1. Schlußrechnung (Dreiersatz).

16. Beispiel. Durch Verbrennung von 12 g Kohlenstoff (C) entstehen 44 g Kohlendioxyd (CO_2). Wieviel g CO_2 entstehen durch Verbrennung von 20 g C?

Man schließt zuerst auf die Einheit und von dieser auf die gesuchte Mehrheit.

Aus 12 g C entstehen 44 g CO_2,
aus 1 g C .... x g CO_2 (die Unbekannte wird mit x bezeichnet).

Da 1 g C der zwölfte Teil von 12 g C ist, kann auch nur der zwölfte Teil CO_2 entstehen, also 44 : 12 = 3,667 g CO_2.

Wenn nun aus 1 g C ... 3,667 g CO_2 entstehen, müssen aus 20 g C ... 20mal soviel = 20 . 3,667 = 73,3 g CO_2 gebildet werden.

Der Dreiersatz hat somit folgendes Aussehen:

12 g C.................. 44 g CO_2
1 g C..........44 : 12 = 3,667 g CO_2
20 g C.......20 . 3,667 = 73,3 g CO_2.

Aufgaben: Berechne mit Hilfe des Dreiersatzes folgende Aufgaben:

21. Durch Erhitzen von 50 g Quecksilberoxyd erhält man 3,69 g Sauerstoff. Wieviel g Quecksilberoxyd müssen erhitzt werden, um 6 g (*20 g*) Sauerstoff zu erhalten?

22. Durch Verbrennung von 2,016 g Wasserstoff werden 18,016 g Wasser gebildet. Wieviel g Wasser entstehen durch Verbrennung von 15 g (*50 g*) Wasserstoff?

23. Zur Entwicklung von 71 g Chlor werden 87 g (*92 g*) Braunstein und 406 g (*420 g*) konz. Salzsäure benötigt. Wieviel g Braunstein und Salzsäure braucht man zur Herstellung von 250 g Chlor?

24. Eine als Untersuchungsprobe vorliegende Säure wurde im Maßkolben mit dest. Wasser auf 250 ml (*500 ml*) aufgefüllt. 50 ml (*25 ml*) davon („aliquoter Teil") verbrauchten zur Neutralisation 38,2 ml (*42,4 ml*) Normal-Natronlauge. Wieviel ml Normal-Natronlauge würden zur Neutralisation der gesamten Untersuchungsprobe benötigt?

25. Zur Herstellung von 100 g 8%iger Kochsalzlösung müssen 8 g Kochsalz in 92 g Wasser gelöst werden. Wieviel g Kochsalz und

Wasser werden zur Herstellung von 60 g (*750 g*) 8%iger Kochsalzlösung benötigt?

26. Zur Herstellung von 96 g einer 40%igen Schwefelsäure müssen 40 g einer 96%igen Säure mit 56 g Wasser gemischt werden. Wieviel g der 96%igen Säure und wieviel g Wasser braucht man zur Herstellung von 250 g (*1600 g*) 40%iger Schwefelsäure?

27. Aus 87,8 g Schwefeleisen erhält man durch Einwirkung verd. Salzsäure 22,4 Liter Schwefelwasserstoffgas. Wieviel von letzterem erhält man aus 450 g (*820 g*) Schwefeleisen?

2. Proportionen.

Vergleicht man 2 Zahlen, um zu sehen, wie oft die eine in der anderen enthalten ist, so nennt man das Ergebnis dieses Vergleichs ein Verhältnis. Unter dem Verhältnis 12 zu 4 (geschrieben 12:4) versteht man also die Angabe, wie oft 4 in 12 enthalten ist. Da das Verhältnis eine Division darstellt, wird als Ergebnis ein Quotient erhalten. Die beiden Zahlen 12 und 4 nennt man die Glieder. Ein Verhältnis bleibt unverändert, wenn man beide Glieder mit derselben Zahl multipliziert oder beide durch dieselbe Zahl dividiert.

Zwei Verhältnisse, die den gleichen Quotienten haben, können gleichgestellt werden, man erhält eine Proportion.

$12 : 4 = 9 : 3$ (12 verhält sich zu 4 wie 9 zu 3).

Das erste und vierte Glied (12 und 3) nennt man die Außenglieder, das zweite und dritte Glied (4 und 9) die Innenglieder der Proportion.

Für Proportionen gilt der Satz, daß das Produkt der Innenglieder gleich ist dem Produkt der Außenglieder.

$$\underbrace{12 \,.\, 3}_{36} = \underbrace{4 \,.\, 9}_{36}.$$

Ist eines der 4 Glieder unbekannt, kann es mit Hilfe dieser Beziehung leicht errechnet werden.

17. Beispiel. Aus der Proportion $12 : 4 = 9 : x$ ist die Unbekannte x zu errechnen.

Auflösung: $12 \,.\, x = 4 \,.\, 9 = 36$.

Wenn $12 \,.\, x$ gleich 36 ist, dann muß $1 \,.\, x$ der zwölfte Teil davon sein; $36 : 12 = 3$.

Für die Auflösung einer Proportion ergibt sich daher folgende Regel:

Ein Außenglied ist gleich dem Produkt der beiden Innenglieder, dividiert durch das andere Außenglied.

Ein Innenglied ist gleich dem Produkt der Außenglieder, dividiert durch das andere Innenglied.

Eine Proportion bleibt unverändert, wenn man die beiden Innenglieder miteinander vertauscht; das gleiche gilt für die Außenglieder.

$12 : 4 = 9 : 3$; Vertauschen der Innenglieder ergibt:
$12 : 9 = 4 : 3$.

An Hand des folgenden Beispiels wird die Aufstellung und Auflösung einer Proportion nochmals gezeigt:

18. Beispiel. 12 g C geben bei der Verbrennung 44 g CO_2. Wieviel g CO_2 entstehen aus 20 g C?

Die Mengen der vorhandenen und des entstehenden Stoffes verhalten sich direkt proportional (direkte oder gerade Proportion), d. h. es wird bei der Vermehrung des Ausgangsstoffes C auch das entstehende Endprodukt CO_2 im gleichen Verhältnis zunehmen. Es müssen sich also 12 g C zu 20 g C verhalten wie 44 g CO_2 zu dem gesuchten Wert (x g CO_2). Wir schreiben

$$12 : 20 = 44 : x$$

und errechnen daraus

$$x = \frac{44 \,.\, 20}{12} = \frac{880}{12} = 73{,}3 \text{ g } CO_2.$$

Anderseits können wir die Proportion auch wie folgt aufstellen:

$$12 \text{ g C} : 44 \text{ g } CO_2 = 20 \text{ g C} : x \text{ g } CO_2$$

und erhalten für x wiederum 73,3 g CO_2.

Aufgaben: **28.** Berechne die Unbekannte x aus den Proportionen:

a) $x : 3 = 30 : 5$, **b)** $9 : x = 36 : 24$,

c) $3 : 35 = x : 14$, **d)** $3 : 4\frac{4}{5} = 5 : x$.

3. Der abgekürzte Dreiersatz.

Bei der Aufstellung von Proportionen werden erfahrungsgemäß häufig Fehler gemacht, weshalb der Dreiersatzrechnung der Vorzug zu geben ist.

Beim abgekürzten Dreiersatz wird der Schluß auf die Einheit weggelassen. Der Ansatz des vorigen Beispiels 16 bekommt nun folgende Form:

| 12 g C ergeben 44 g CO_2 |
| ↓ 20 g C ,, x g CO_2 ↓ |

Deuten wir durch die gleichgerichteten Pfeile an, daß sich Ausgangs- und Endprodukte direkt proportional verhalten, so können wir

α) daraus die Proportion $12 : 20 = 44 : x$ (in Richtung der Pfeile) ableiten und diese dann auflösen, oder

β) den Ansatz als abgekürzten Dreiersatz auffassen und denselben unter Fortlassung des Schlusses auf die Einheit nach folgender Handregel auflösen:

12 g C .. ↖↗ .. 44 g CO_2
20 g C .. ↙↘ .. x g CO_2

Man multipliziert die beiden übers Kreuz stehenden Zahlen und dividiert durch die dem x gegenüberstehende Zahl (die übers Kreuz stehenden Zahlen sind in direkt proportionalen Aufgaben Glieder gleicher Art, z. B. die beiden Innenglieder einer Proportion).

$$x = \frac{20 \cdot 44}{12} = 73{,}3 \text{ g } CO_2.$$

Merke: Es darf nur Gleichartiges untereinandergeschrieben werden; also C unter C und CO_2 unter CO_2!

Aufgaben: Berechne nach dem abgekürzten Dreiersatz:

29. Bei der Herstellung von Nitrobenzol wurden 75 g konz. Schwefelsäure mit 50 g Salpetersäure versetzt und 25 g Benzol langsam zugegeben. Es wurden 38 g Nitrobenzol erhalten. Wieviel g der genannten Stoffe werden zur Herstellung von 80 g (*200 g*) Nitrobenzol benötigt?

30. Zur Herstellung von 96,9 kg 65%iger (*100 kg 63%iger*) Salpetersäure benötigt man 85 kg Natriumnitrat und 102 kg 98%iger Schwefelsäure. Wieviel kg der Ausgangsstoffe braucht man zur Herstellung von 50 kg 65%iger (*1200 kg 63%iger*) Salpetersäure?

31. Bei der Oxydation von 65,4 g Zink entstehen 81,4 g Zinkoxyd. Wieviel g Zinkoxyd entstehen aus 25 g (*17,5 g*) Zink?

32. Zur Gewinnung von 225,7 g kristallisiertem Zinnchlorür wurden 118,7 g Zinn und 244 g 30%iger Salzsäure verwendet. Wieviel g Zinnchlorür entstehen aus 40 g (*15 g*) Zinn und wieviel g 30%iger Salzsäure werden dazu benötigt?

4. Die umgekehrte Proportion.

Zum Unterschied von der direkten oder geraden Proportion gibt es Verhältnisse, welche umgekehrt proportional sind.

19. Beispiel. Zur Neutralisation einer gewissen Menge Säure wurden 50 g 20%iger Natronlauge verbraucht. Wird jedoch an Stelle der 20%igen Lauge eine stärkere, z. B. 40%ige verwendet, wird naturgemäß davon weniger benötigt. Die Stärke (Prozentigkeit) und die verwendete Menge stehen also im umgekehrten Verhältnis zueinander; je stärker die Lauge (d. h. je größer die Konzentration), desto weniger wird von ihr gebraucht.

Wir deuten dies bei der Aufstellung des Ansatzes wiederum durch Pfeile, jedoch in entgegengesetzter Richtung an.

↓	20%ige Lauge .... 50 g	↑
↓	40%ige Lauge .... x g	↑

Daraus ergibt sich in Richtung der Pfeile folgende Proportion:

$$20 : 40 = x : 50, \quad \text{woraus} \quad x = \frac{20 \cdot 50}{40} = 25 \text{ g}.$$

Wir können jedoch bei der Auflösung solcher Aufgaben auch von nachstehender Überlegung ausgehen:

20. Beispiel. Wieviel g 80%iger Säure können durch 50 g 100%iger Säure ersetzt werden?

In 100 g 80%iger Säure sind 80 g 100%iger Säure (und 20 g Wasser) enthalten, folglich sind

80 g 100%iger Säure gleichzusetzen 100 g 80%iger Säure
und 50 g 100%iger Säure .... x g 80%iger Säure

Nach den Regeln der direkten Proportion ist nun

$$x = \frac{50 \cdot 100}{80} = \frac{5000}{80} = 62{,}5 \text{ g 80\%iger Säure}.$$

Als einfache Handregel gilt: Multipliziere die beiden Faktoren des vollständig bekannten Stoffes (die „zusammengehörigen Zahlen“ 50 g und 100%) und dividiere durch den bekannten Faktor des gesuchten (also durch 80%).

21. Beispiel. Wieviel g 30%iger Salzsäure entsprechen 50 g 36%iger Salzsäure?

50 g gehört zu 36%, folglich $x = \frac{50 \cdot 36}{30} = 60$ g.

Aufgaben: 33. Zur Neutralisation von 400 kg (*220 kg*) einer Kalilauge wurden 105 kg (*18 kg*) 36%iger Salzsäure benötigt. Wieviel kg Salzsäure müssen verwendet werden, wenn diese nur 29,5%ig (*20%ig*) ist?

34. Aus 150 g einer 90%igen Pottasche erhält man 109,5 g Kaliumhydroxyd. Wieviel g einer 82%igen (*97,4%igen*) Pottasche müssen verwendet werden, um die gleiche Menge Kaliumhydroxyd zu erhalten?

35. Wieviel kg 75%iger (*98%iger*) Schwefelsäure entsprechen 200 kg 96%iger (*80 kg 66%iger*) Schwefelsäure?

F. Berechnung des Mittelwertes (Arithmetisches Mittel).

Der Mittelwert eines Meß- oder Analysenergebnisses wird gebildet, indem man sämtliche Einzelwerte addiert und die erhaltene Summe durch die Anzahl der Einzelwerte dividiert.

22. Beispiel. Als Einzelwerte wurden erhalten: 5,42%, 5,53% und 5,49%, das sind also 3 Einzelwerte.

$$\text{Mittelwert} = \frac{5{,}42 + 5{,}53 + 5{,}49}{3} = \frac{16{,}44}{3} = 5{,}48\%.$$

Bemerkung: Wurden beispielsweise bei vier von der gleichen Substanz ausgeführten Analysen die Werte 44,70%, 42,60%, 44,82% und 44,65% erhalten, kann mit Sicherheit angenommen werden, daß der zweite Wert (42,60%) welcher deutlich von den anderen abweicht, fehlerhaft ist. Dieser Wert muß gestrichen werden, weil durch ihn der Durchschnittswert der übrigen drei Analysen von 44,72% auf 44,19% herabgesetzt würde und ein falsches Resultat ergäbe.

Aufgaben: 36. Bei der Analyse eines Mangansalzes wurden die Werte 13,68% und 13,80% Mn gefunden. Errechne den Mittelwert.

37. Als Ergebnis zweier Ammoniakbestimmungen in einer Ammonsulfidlösung wurden gefunden: 82,79 g NH_3/Liter und 82,87 g NH_3/Liter. Welcher Mittelwert ergibt sich aus diesen beiden Bestimmungen?

38. Bei der Bestimmung des Faktors einer einfach normalen Salzsäure wurden folgende Werte erhalten: 1,0355 — 1,0350 — 1,0358. Zu berechnen ist der Mittelwert dieser drei Bestimmungen.

G. Prozentrechnung.

Der hundertste Teil einer Zahl wird 1 Prozent (1%, 1 von Hundert) genannt.

1% von 100 = 1; 1% von 300 = 3; 2% von 100 = 2 usw.

Die Berechnung erfolgt mit Hilfe der Schlußrechnung oder durch Aufstellen einer Proportion.

23. Beispiel. Wieviel sind 8% von 450?

a) Schlußrechnung: 1% von 450 = 4,5
8% von 450 = 4,5 . 8 = 36.

b) Proportion: 100 : 8 = 450 : x; daraus $x = \frac{8 \cdot 450}{100} = 36$.

24. Beispiel. Wieviel % sind 15 von 120?

a) Schlußrechnung: 1,2 sind 1% von 120
15 sind x%

$$x = \frac{15 \cdot 1}{1{,}2} = 12{,}5\%.$$

b) Sofortiger Bezug auf 100 nach dem abgekürzten Dreiersatz:

$$\begin{array}{l} 120 \ldots\ldots\ldots 15 \\ 100 \ldots\ldots\ldots x \\ \hline \end{array}$$

$$x = \frac{100 \,.\, 15}{120} = 12{,}5\%.$$

c) Proportion: $15:120 = x:100$; daraus $x = 12{,}5\%$.

Aufgaben: 39. Berechne:
a) 4% von 2500, 200, 10, 2,5 und 0,8.
b) $\frac{1}{2}$% von 50, 1000, 20000, 30, 2,54 und 18,6.
c) 300% von 20, 400, 75 und 6.

40. Wieviel % sind:
a) 8 von 50, 1500, 160 und 12,5.
b) 20 von 60, 2400, 320 und 8; **c)** 0,4 von 76, 40, 4 und 200?

41. Berechne die Zahl, von welcher
a) 6 = 20%, 15%, 0,4% und 7% sind;
b) 2,45 = 10%, 22,7% und 95% sind;
c) 0,09 = 80%, 46,5%, 0,2% und 1,5% sind.

42. Wieviel g gelösten Stoff enthalten 2000 g einer
a) 1%igen, **b)** 5%igen, **c)** 18%igen, **d)** 45%igen Lösung?

43. Wieviel kg gelösten Stoff enthalten 36 kg einer
a) 0,6%igen, **b)** 98,2%igen, **c)** 77,8%igen, **d)** 35,1%igen Lösung?

44. Bei einer Versuchsreihe zur Herstellung eines Nitroproduktes war die theoretisch notwendige Salpetersäuremenge 256 g (*143,5 g*). Diese Menge wurde bei den einzelnen Versuchen um 5, 10, 15 und 20% (*2,5, 5, 7,5* und *10%*) erhöht. Wieviel g Salpetersäure wurden jeweils tatsächlich angewendet?

45. 50 g (*420 g*) Dolomit verloren beim Glühen 46,52% (*44,95%*) an Gewicht. Wieviel g Rückstand wurden erhalten?

46. 246 kg (*10,5 t*) Kalkstein wurden gebrannt und 139,6 kg (*6,1 t*) Rückstand erhalten. Wie groß ist der Glühverlust in %?

47. Die Analyse eines Pyrites hat 20,23% (*7,91%*) Gangart ergeben. Wieviel kg Gangart sind in 1200 kg (*5,5 t*) dieses Pyrites enthalten?

48. Wieviel g (*t*) festes, reines Ätznatron sind in 240 g (*18,5 t*) Natronlauge von 30,4% (*21,3%*) Ätznatrongehalt enthalten?

49. Weißmetall besteht aus 80% Zinn, 12% Antimon, 6% Kupfer und 2% Blei. Wieviel kg Antimon sind in **a)** 350 kg, **b)** 2,5 t, **c)** 720 kg des Weißmetalls enthalten?

50. Bei der Bestandsaufnahme eines Lagers an Schwefelsäure waren vorhanden: 25300 kg 96,4%iger, 8700 kg 66%iger und 350 kg 75%iger (*11800 kg 89,7%iger, 600 kg 65,8%iger* und *5500 kg 92,3%iger*) Schwefelsäure. Wieviel kg reine, 100%ige Säure sind dies zusammen?

51. Eine Schwefelsäurefabrik erhielt folgende Schwefelkiesmengen geliefert: 20200 kg mit einem Feuchtigkeitsgehalt von 7,4%,
19500 kg ,, ,, ,, ,, 9,8% und
21000 kg ,, ,, ,, ,, 7,7%.
Wieviel % Feuchtigkeit hätte eine Durchschnittsprobe dieser Gesamtmenge?

H. Der „aliquote Teil“.

Bei der Durchführung analytischer Bestimmungen wird vielfach nicht für jede Bestimmung mit gesondert eingewogenen Substanzmengen gearbeitet, sondern es wird eine größere Einwaage in einer bestimmten Menge Lösungsmittel gelöst (im Maßkolben „aufgefüllt“) und ein bestimmter („aliquoter“) Teil der so erhaltenen Stammlösung zur Analyse verwendet. Dadurch ist es möglich, von ein und derselben Einwaage mehrere Bestimmungen ausführen zu können (Kontrollbestimmungen, Bestimmung verschiedener Bestandteile aus immer neuen Teilen der Stammlösung). Außerdem würde sich ein bei der Einwaage gemachter Fehler (prozentuell gesehen) bei der Verwendung größerer Substanzmengen verringern. Hat man z. B. bei einer Einwaage von 1 g einen Wägefehler von 0,02 g gemacht, so entspricht dies 2% der Einwaage! Unterläuft der gleiche Fehler bei einer Einwaage von 20 g, beträgt der Fehler nur mehr 0,1% der Einwaage!

Man gewöhne sich von vornherein an, bei der Führung des Analysenprotokolls die im „aliquoten Teil“ enthaltene Einwaage festzustellen, um bei späteren Rechnungen Irrtümer auszuschließen.

25. Beispiel. Zur Analyse eines Natriumsulfates wurden 20 g desselben in Wasser gelöst und die Lösung im Maßkolben auf 500 ml verdünnt. 25 ml der erhaltenen Stammlösung wurden zur Analyse verwendet. Wieviel g Natriumsulfat sind in diesem zur Analyse verwendeten aliquoten Teil enthalten?

Man schreibe diese Angaben wie folgt auf: 25 g/500 ml/25 ml.

Die in diesen 25 ml enthaltene Substanzmenge wird nun mit Hilfe des Dreiersatzes oder durch folgende einfache Überlegung errechnet: 25 ml sind der 20. Teil von 500 ml, folglich müssen erstere auch den 20. Teil der eingewogenen und aufgelösten Substanz enthalten, das sind 20 g : 20 = 1 g. Man schreibt:

20 g/500 ml/25 ml/1 g

und liest: 20 g auf 500 ml aufgefüllt, 25 ml davon entnommen, in welchen 1 g Substanz enthalten ist.

Aufgaben: 52. Wieviel g Substanz sind bei der angegebenen Einwaage und Verdünnung in dem angeführten aliquoten Teil enthalten?

	Einwaage	verdünnt auf	zur Analyse verwendet
a)	Einwaage 5 g,	verdünnt auf 250 ml,	zur Analyse verwendet 25 ml,
b)	„ 5 g,	„ „ 250 ml,	„ „ „ 50 ml,
c)	„ 5 g,	„ „ 500 ml,	„ „ „ 25 ml,
d)	„ 8 g,	„ „ 250 ml,	„ „ „ 100 ml,
e)	„ 12,5 g,	„ „ 250 ml,	„ „ „ 10 ml,
f)	„ 36,733 g,	„ „ 500 ml,	„ „ „ 20 ml,
g)	„ 2,763 g,	„ „ 100 ml,	„ „ „ 25 ml,
h)	„ 15,670 g,	„ „ 1000 ml,	„ „ „ 50 ml,
i)	„ 9,835 g,	„ „ 200 ml,	„ „ „ 25 ml.

53. Wieviel ml ursprünglicher Probenlösung sind in den genannten aliquoten Teilen bei gegebener Ausgangsmenge und Verdünnung enthalten?

a) Eingemessen 100 ml, verdünnt auf 500 ml, dav. verwendet 50 ml,
b) „ 25 ml, „ „ 250 ml, „ „ 50 ml,
c) „ 20 ml, „ „ 500 ml, „ „ 100 ml,
d) „ 10 ml, „ „ 500 ml, „ „ 25 ml,
e) „ 50 ml, „ „ 1000 ml, „ „ 25 ml,
f) „ 20 ml, „ „ 500 ml, „ „ 25 ml.

54. Ergänze in den Aufzeichnungen des Analysenprotokolls die im aliquoten Teil enthaltene Menge!

a) 10 g/500 ml/100 ml/ =
b) 4,5813 g/250 ml/25 ml/ =
c) 2,0222 g/250 ml/100 ml/ =
d) 1,9124 g/250 ml/50 ml/ =
e) 100 ml/500 ml/50 ml/ =
f) 50 ml/500 ml/20 ml/ =

J. Errechnung von Zwischenwerten aus Tabellen (Interpolation).

Nur in seltenen Fällen wird ein gesuchter Wert auf Grund einer gefundenen Größe direkt aus einer Tabelle entnommen werden können. In den meisten Fällen wird die Größe zwischen 2 Tabellenwerten liegen, aus welchen der gesuchte Wert durch Interpolation ermittelt werden muß.

26. Beispiel. Das Litergewicht einer 10%igen Schwefelsäure bei 20° soll aus der Tabelle 10, S. 284, entnommen werden.

Der in Betracht kommende Teil der Tabelle lautet:

Litergewicht in g	% H_2SO_4
1060	9,13
1065	9,84
1070	10,51
1075	11,26

Der Wert für 10% H_2SO_4 ist in der Tabelle nicht enthalten, sondern liegt zwischen den Tabellenwerten 9,84 und 10,51 und muß durch Interpolation ermittelt werden.

Gegeben	10%,	gesucht Litergewicht x
Nächstniedrigerer Wert aus der Tabelle	9,84%,	dazu Litergewicht 1065
Differenz	0,16%	

Zur Berechnung des zu diesem Bruchteil (0,16%) gehörenden Bruchteiles des Litergewichtes bildet man zunächst die Tafeldifferenz der % und der Litergewichte des nächstniedrigeren zum nächsthöheren:

Nächsthöherer Wert.....	10,51%,	entspricht	Litergewicht	1070
Nächstniedrigerer Wert..	9,84%,	,,	,,	1065
Tabellendifferenz	0,67%,	entspricht	Litergewicht	5

Durch einfache Schlußrechnung erhält man nun den Wert, welcher der oben errechneten Differenz (0,16%) entspricht:

0,67%	Litergewicht	5
0,16%	,,	x

$$x = \frac{0{,}16 \,.\, 5}{0{,}67} = 1{,}2 \text{ oder abgerundet} = 1.$$

Der so errechnete Wert wird schließlich zu dem aus der Tabelle entnommenen (nächstniedrigeren) Wert zugezählt:

1065 + 1 = 1066 (Litergewicht der 10%igen Säure).

Bemerkung: Die Errechnung von Zwischenwerten darf keinesfalls durch direkte Schlußrechnung, wie etwa

	91,0% H_2SO_4	Litergewicht	1825
folglich	94,5% H_2SO_4	,,	x

erfolgen, da Litergewicht und Prozentigkeit nicht im selben Verhältnis zunehmen. (Das Litergewicht einer hochkonzentrierten Schwefelsäure nimmt trotz zunehmender Konzentration wieder ab!)

Aufgaben: 55. Bestimme unter Benutzung der Dichtetabellen auf den S. 284 bis 290 das Litergewicht einer

a) 20%igen Schwefelsäure, **b)** 60%igen Schwefelsäure,
c) 32,8%igen Salzsäure, **d)** 9,6%igen Natronlauge.

56. Errechne unter Benutzung der Tabelle 10 auf S. 284 die Prozentigkeit einer Schwefelsäure, deren Litergewicht

a) 1742, **b)** 1601, **c)** 1084, **d)** 1384 beträgt.

57. Berechne das Litergewicht von Natronlauge bei 20° (aus der Tabelle 10, S. 284), welche

a) 50 g, **b)** 600 g, **c)** 325 g NaOH im Liter enthält.

K. Quadrieren und Ausziehen der Quadratwurzel.

1. Quadrieren.

Das Quadrat einer Zahl wird gekennzeichnet durch Hinzusetzen einer kleinen 2 rechts oben neben die Zahl.

Eine Zahl zum Quadrat erheben (Quadrieren) heißt, die Zahl mit sich selbst multiplizieren, z. B. $5^2 = 5 \,.\, 5 = 25$.

Die Quadrate der Zahlen 1 bis 10 können als Kopfrechnung rasch durchgeführt und leicht gemerkt werden.

Regeln für das Quadrieren einer mehrziffrigen Zahl:

27. Beispiel. 735^2

		735^2
a) Man erhebt die erste Ziffer zum Quadrat	7^2	49
b) Man bildet das Produkt aus dem Doppelten dieser Ziffer und der folgenden und schreibt das Resultat so untereinander, daß die errechnete Zahl um eine Stelle weiter nach rechts gerückt erscheint	2 . 7 . 3	42
c) Nun folgt das Quadrat der zweiten Ziffer (wiederum eine Stelle nach rechts gerückt)	3^2	9
d) Jetzt gilt 73 als erste Ziffer! Im übrigen wird weiter verfahren wie unter b	2 . 73 . 5 ...	730
	5^2	25
e) Schließlich werden die Einzelprodukte zusammengezählt		540225

Je 1 Dezimalstelle der Zahl ergibt im Quadrat 2 Stellen, z. B.

$$\underbrace{42,87}_{2}{}^2 = 1837,\underbrace{8369}_{4}.$$

Um die Rechnung einfacher zu gestalten, kann jeweils die Berechnung von b und c zusammengezogen werden:

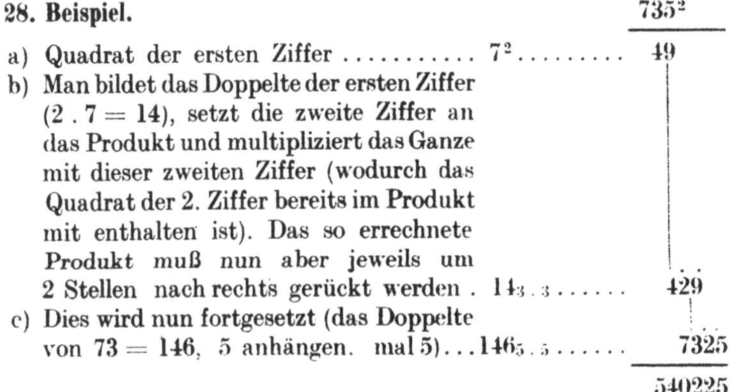

28. Beispiel.

		735^2
a) Quadrat der ersten Ziffer	7^2	49
b) Man bildet das Doppelte der ersten Ziffer (2 . 7 = 14), setzt die zweite Ziffer an das Produkt und multipliziert das Ganze mit dieser zweiten Ziffer (wodurch das Quadrat der 2. Ziffer bereits im Produkt mit enthalten ist). Das so errechnete Produkt muß nun aber jeweils um 2 Stellen nach rechts gerückt werden .	14₃ . 3	429
c) Dies wird nun fortgesetzt (das Doppelte von 73 = 146, 5 anhängen, mal 5)...	146₅ . 5	7325
		540225

Brüche werden quadriert, indem man Zähler und Nenner quadriert.

29. Beispiel.
$$\left(\frac{2}{3}\right)^2 = \frac{2^2}{3^2} = \frac{4}{9}.$$

Aufgaben: 58. Quadriere:

a) 17,5, **b)** 2,25, **c)** 0,843, **d)** 20,09, **e)** 381,9.

2. Ausziehen der Quadratwurzel.

Die umgekehrte Rechnungsart des Quadrierens ist das Quadratwurzelziehen, d. h. also jene Zahl suchen, die mit sich selbst multipliziert die gegebene Zahl ergibt.

Die Quadratwurzel aus einer Zahl wird durch das vorgesetzte Wurzelzeichen $\sqrt{}$ angezeigt.

$$\sqrt{64} = 8, \text{ denn } 8 \,.\, 8 = 64.$$

Rechenregel für das Quadratwurzelziehen:

a) Man teilt die gegebene Zahl vom Dezimalpunkt ausgehend nach links und rechts in Abteilungen zu je 2 Ziffern (dabei kann die erste Abteilung links auch nur 1 Ziffer enthalten; tritt dieser Fall rechts ein, muß eine Null angehängt werden).

b) Man sucht die größte Zahl, deren Quadrat in der ersten Abteilung enthalten ist, schreibt sie als erste Ziffer der Wurzel an und subtrahiert ihr Quadrat von der ersten Abteilung.

c) Zu dem Rest setzt man die nachfolgende Abteilung hinzu, streicht die letzte Ziffer ab und dividiert durch das Doppelte der bereits gefundenen Wurzel. Als Resultat erhält man die zweite Ziffer der Wurzel, welche nun als letzte Ziffer an den Divisor geschrieben wird.

d) Der so erhaltene Divisor wird mit der neugefundenen Ziffer der Wurzel (die gleiche, die an den Divisor angesetzt wurde) multipliziert und das Produkt (unter Zuziehung der unter c abgestrichenen Stelle) vom Dividenden abgezogen.

30. Beispiel.
$$\begin{array}{l}
\sqrt{47|61} = 69 \\
\ \ 36 \\
\hline
\ \ 11\,6\underline{1} : 12_{9\,.\,9} \\
\ \ 11\,61 \quad \underbrace{}_{=2\,.\,6} \\
\hline
\ \ 00\,00
\end{array}$$

e) Nun wird die nächste Abteilung herabgesetzt und wie unter c verfahren.

f) Beim Ausziehen der Quadratwurzel aus einer Dezimalzahl wird der Dezimalpunkt in der Wurzel gesetzt, bevor man die erste Abteilung der Dezimalzahlen in Rechnung zieht.

Das Abziehen der jeweils errechneten Teilprodukte kann (ohne Anschreiben desselben) auch sofort vorgenommen werden (wie dies beim Multiplizieren gehandhabt wird).

31. Beispiel. a) Anschreiben der Teilprodukte; **b)** Nichtanschreiben der Teilprodukte:

a)

$\sqrt{6'39'74'2_0} = 25{,}293$
— 4

2 39 : $4_5 . 5$
— 2 25

14 74 : $50_2 . 2$
— 10 04

4 70 20 : $504_9 . 9$
— 4 54 41

15 79 00 : $5058_3 . 3$
— 15 17 49

61 51

b)

$\sqrt{6'39'74'2_0} = 25{,}293$
2 39 : $4_5 . 5$
14 74 : $50_2 . 2$
4 70 20 : $504_9 . 9$
15 79 00 : $5058_3 . 3$
61 51

Aufgaben: 59. Berechne:

a) $\sqrt{841}$, **b)** $\sqrt{76{,}5625}$, **c)** $\sqrt{0{,}137641}$, **d)** $\sqrt{375{,}92}$,

e) $\sqrt{0{,}02574}$, **f)** $\sqrt{4872{,}9}$, **g)** $\sqrt{73905}$.

L. Grundzüge der Algebra.

1. Relative und allgemeine Zahlen.

Die Zahlen, welche durch Ziffern ausgedrückt werden (z. B. 8, 50 usw.) stellen eine genau bestimmte Menge dar; sie werden *besondere Zahlen* genannt. Die Zahl 8 bedeutet nie mehr oder weniger als 8 Einheiten.

Die Zahlen, welche irgendeine Menge ausdrücken, heißen *allgemeine Zahlen*. Sie werden durch Buchstaben bezeichnet (a, b, x). a kann dann 3, 10 oder jede andere Zahl sein. Wichtig dabei ist, daß der Wert, den der Buchstabe ausdrückt, durch die ganze Rechnung gleichbleiben muß.

Sind a und b allgemeine Zahlen, so drückt $a + b$ ihre Summe, $a - b$ ihre Differenz, $a \,.\, b$ (einfach geschrieben $a\,b$) ihr Produkt und $a : b$ $\left(\text{oder } \frac{a}{b}\right)$ ihren Quotienten aus.

32. Beispiel. $a = 5$, $b = 3$, dann ist

$$a + b = 8, \quad a - b = 2, \quad a \,.\, b = 15 \quad \text{und} \quad a : b = \frac{5}{3}.$$

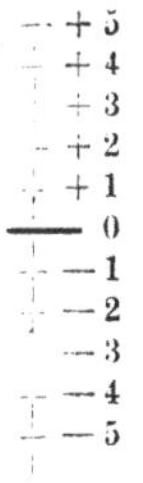

+5
+4
+3
+2
+1
0
−1
−2
−3
−4
−5

Bei der Ablesung des Thermometers sind wir längst gewohnt, positive (+) und negative (—) Temperaturgrade abzulesen. Wir können nun, ähnlich wie dies beim Thermometer der Fall ist, auch die gewöhnliche Zahlenreihe nicht mit 0 abschließen, sondern sie als negative Zahlen fortführen, wie dies unsere Zahlenlinie zeigt. Es ist dann +4 die Höhe eines Gewinnes oder einer Einnahme, während —4 die Größe eines Verlustes oder einer Ausgabe bedeutet.

Ist beispielsweise die Temperatur einer Flüssigkeit +3° und wird dieselbe um 5° abgekühlt, erhalten wir eine Temperatur von —2°.

$$+3 - 5 = -2.$$

Wenn wir dies auf unserer Zahlenlinie veranschaulichen, so zählen wir vom Punkt +3 5 Einheiten ab und gelangen zum Punkt —2. Dabei ist zu unterscheiden zwischen Vorzeichen und Rechnungszeichen. Ersteres ist ein Bestandteil der Zahl, während letzteres die Art der Rechenoperation angibt, welche durchgeführt werden soll.

Positive Zahlen tragen das Vorzeichen + (plus) und sind größer als null: *negative* das Vorzeichen — (minus) und sind kleiner als null.

$$+3 - +5 = -2.$$

Vorzeichen. Rechnungszeichen. Vorzeichen. Vorzeichen.

Da sich positive und negative Zahlen auf ihren Wert gegen null beziehen, nennt man sie *relative* Zahlen.

Zahlen, welche kein Vorzeichen haben und deshalb nicht auf null bezogen sind, heißen *absolute* Zahlen.

Relative Zahlen werden in Klammern gesetzt, also (+5) oder (—5).

2. Addition und Subtraktion.

$$(+2) + (+3) = (+5), \qquad (-2) + (-3) = (-5).$$

Werden also 2 negative Einheiten (—2) zu 3 negativen Einheiten (—3) zugezählt, erhält man 5 negative Einheiten (—5).

Wir veranschaulichen dies auf unserer Zahlenlinie:

+6 +5 +4 +3 +2 +1 0 —1 —2 —3 —4 —5 —6

— 2 Einheiten — 3 Einheiten = — 5 Einheiten

Mit allgemeinen Zahlen ausgeführt lautet dies:

$$(+a) + (+a) = (+2\,a), \qquad (-a) + (-a) = (-2\,a).$$

Man nennt diesen Vorgang „algebraische Addition".

$$(+5) - (+3) = (+2).$$

+6 +5 +4 +3 +2 +1 0 —1 —2

+ 5 Einheiten

+ 3 Einheiten

+ 2 Einheiten

Subtrahieren wir von 5 positiven Einheiten (+5) 3 positive Einheiten (+3), bleiben 2 positive Einheiten (+2) übrig. Ebenso können wir auf der negativen Zahlenreihe verfahren: Von 5 negativen Einheiten (—5) 3 negative Einheiten (—3) abgezählt, ergibt 2 negative Einheiten (—2), also (—5) — (—3) = (—2).

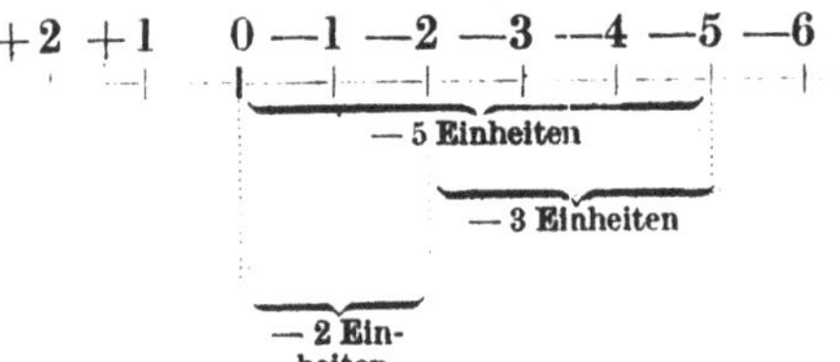

Aus dieser bildlichen Darstellung leiten wir folgende Rechenregel ab:

$$(+3) + (+2) = (+5), \qquad (-3) + (-2) = (-5).$$

Steht vor der Klammer ein +-Zeichen, bleibt das Vorzeichen in der Klammer unverändert und wir können die Rechnung nach der üblichen Rechenmethode ausführen; wir schreiben also einfacher:

$$+3 + 2 = +5, \qquad -3 - 2 = -5.$$

Steht vor der Klammer ein —-Zeichen, ändert sich das Vorzeichen in der Klammer; wir lösen also die Klammer auf und erhalten:

$$(+5) - (+2) = +5 - 2 = +3.$$

$$(-5) - (-2) = -5 + 2 = -3.$$

Man zählt nach dem „*Auflösen der Klammer*" bei verschiedenen Vorzeichen die kleinere Zahl von der größeren ab und gibt dem Resultat das Vorzeichen der größeren Zahl.

Das gleiche gilt für die Rechnung mit allgemeinen Zahlen.

Ist das Vorzeichen der ersten Zahl +, dann wird dasselbe weggelassen; ebenso wird ein positives Vorzeichen am Anfang des Endergebnisses weggelassen.

33. Beispiel.

$$(+a) + (+2a) = a + 2a = 3a,$$
$$(-3a) + (-2a) = -3a - 2a = -5a,$$
$$(+6) - (+9) = +6 - 9 = -3,$$
$$(+5a) - (+2a) = 5a - 2a = 3a,$$
$$(+5a) + (-2a) = 5a - 2a = 3a,$$
$$(+4a) - (+7a) = 4a - 7a = -3a,$$
$$(-5a) - (+2a) = -5a - 2a = -7a,$$
$$(-5a) - (-2a) = -5a + 2a = -3a,$$
$$(-8) + (-5) + (+2) = -8 - 5 + 2 = -11,$$
$$(+8) - (+5) + (-2) - (-3) = 8 - 5 - 2 + 3 = 4.$$

Die gleiche Regel ist anzuwenden, wenn in der Klammer mehrgliedrige Ausdrücke stehen.

Steht vor der Klammer ein +, bleiben sämtliche Vorzeichen der Glieder in der Klammer unverändert.

Steht vor der Klammer ein —, ändern sich sämtliche Vorzeichen der Glieder innerhalb der Klammer.

34. Beispiel.

$$(+5a + 6b) + (+2a - 4b) = 5a + 6b + 2a - 4b = 7a + 2b.$$
$$(-5a + 6b) - (+2a - 3b) = -5a + 6b - 2a + 3b = -7a + 9b.$$

Das Zusammenziehen der gleichnamigen Glieder (z. B. aller a-Glieder durch algebraische Addition) nennt man *Reduzieren*.

Werden mehrere mehrgliedrige Ausdrücke zu einem einzigen mehrgliedrigen Ausdruck zusammengefaßt, zeigt man dies durch die Verschiedenheit der Klammern an:

$$(11a + 9b) - [(5a + 3b) - (4a - 2b)].$$

Dabei umfaßt die eckige Klammer 2 mehrgliedrige Ausdrücke, von denen jeder für sich in runder Klammer steht. Das „Klammerauflösen" kann von innen oder von außen erfolgen.

35. Beispiel. Folgender Klammerausdruck ist aufzulösen und zu reduzieren:

$$(11\,a + 9\,b) - [(5\,a + 3\,b) - (4\,a - 2\,b)].$$

Wir lösen nun zuerst die runden Klammern auf:

$$11a + 9\,b - [5a + 3b - 4a + 2\,b];$$

nun die eckige:

$$11\,a + 9\,b - 5\,a - 3\,b + 4\,a - 2\,b;$$

schließlich wird reduziert (algebraisch addiert), nachdem die einzelnen Glieder nach a geordnet wurden (alle Glieder mit a herausziehen, dann die mit b usw.):

$$11\,a - 5\,a + 4\,a + 9\,b - 3\,b - 2\,b = 10\,a + 4\,b.$$

Probe auf Richtigkeit der Rechnung: Wir setzen für a und b bestimmte, selbstgewählte Werte ein, z. B. für $a = 2$, für $b = 1$. Das ergibt in der ursprünglichen Aufgabe:

$$(11\,.\,2 + 9\,.\,1) - [(5\,.\,2 + 3\,.\,1) - (4\,.\,2 - 2\,.\,1)]$$

$$(22 + 9) - [(10 + 3) - (8 - 2)]$$

$$31 \qquad 13 \qquad 6$$

$$7$$

$$24$$

Die angenommenen Werte in das Resultat eingesetzt ergeben:

$$10\,a + 4\,b = 10\,.\,2 + 4\,.\,1 = 20 + 4 = 24,$$

also Übereinstimmung.

Wichtig dabei ist, daß die Durchführung der Probe nach dem Einsetzen der Werte für a und b nicht nach dem gleichen Rechengang erfolgt, der bei der Durchführung der eigentlichen Rechnung angewandt wurde, da hierdurch ein eventuell gemachter Fehler wiederholt würde. In unserem Beispiel haben wir bei der Probe nicht von vornherein die Klammern aufgelöst, sondern jeden Klammerausdruck für sich errechnet.

Aufgaben: 60. Löse die Klammer auf und reduziere:

a) $(6\,a + 2\,b) + (3\,a + 4\,b) + (7\,a - 3\,b)$,
b) $(5\,a - 6\,b - 3\,c) + (-5\,a + 4\,b - 2\,c)$,
c) $(-4\,a + 2\,b) - (5\,a + 3\,b)$,
d) $(7\,a - 2\,b + c) - (-2\,a + 2\,b - 3\,c)$,
e) $(16\,a + 8\,b - 4\,c) - (5\,a - 6\,b) - (9\,a + 4\,b - 6\,c)$.

61. Löse die Klammern auf und reduziere. Es ist jeweils eine Probe mit selbstgewählten Werten für a und b auszuführen:

a) $120 + 2\,a - 3\,b - [7\,a - (6\,a - 60 + 2\,b)]$,
b) $(8\,a + 2\,b) - [-(4\,a + 5\,b) + (2\,a - 3\,b)]$.

3. Multiplizieren und Potenzieren.

α) *Multiplizieren.*

Beispiel: 1 ml Schwefelsäure benötigt zur Neutralisation a g Sodalösung. Wieviel g der letzteren verbrauchen b ml Schwefelsäure? Antwort: a g $b$mal genommen, also $a \,.\, b$ oder kurz geschrieben $a\, b$.

Die Zahlen a und b nennt man Faktoren.

Das Produkt zweier Zahlen ändert sich nicht, wenn man beide Faktoren vertauscht:

$$a \,.\, b = b \,.\, a.$$

Ein Produkt wird mit einer Zahl multipliziert, indem man nur einen Faktor mit ihr multipliziert:

$$(a \,.\, b) \,.\, c = a\, c \,.\, b = a \,.\, b\, c = a\, b\, c.$$

Produkte werden miteinander multipliziert, indem man das erste Produkt nacheinander mit jedem Faktor des zweiten Produktes multipliziert:

$$a\, b \,.\, c\, d = a\, b\, c \,.\, d = a\, b\, c\, d.$$

β) *Potenzieren.*

Das Produkt gleicher Faktoren (z. B. $3 \,.\, 3 \,.\, 3 \,.\, 3$ oder $a \,.\, a \,.\, a \,.\, a$) nennt man eine Potenz. Der gleiche Faktor heißt Grundzahl oder Basis, die Anzahl der gleichen Faktoren (in unserem Falle 4) nennt man den Potenzexponenten.

Für $3 \,.\, 3 \,.\, 3 \,.\, 3$ schreibt man 3^4, für $a \,.\, a \,.\, a = a^3$ und liest 3 zur vierten (Potenz) oder 3 hoch 4, bzw. a zur dritten oder a hoch 3.

Die zweite Potenz (a^2) nennt man das Quadrat, die dritte (a^3) den **Kubus** von a.

Ein Produkt wird potenziert, indem man jeden Faktor potenziert: $(a\, b)^2 = a^2 \,.\, b^2$.

Ein Bruch wird potenziert, indem man Zähler und Nenner potenziert:

$$\left(\frac{a}{b}\right)^2 = \frac{a^2}{b^2}.$$

Die gleiche Regel gilt für die umgekehrte Rechenoperation, das Wurzelziehen (Radizieren):

$$\sqrt{a^2 \,.\, b^2} = \sqrt{a^2}\ \sqrt{b^2} = a \,.\, b, \qquad \sqrt{\frac{a^2}{b^2}} = \frac{\sqrt{a^2}}{\sqrt{b^2}} = \frac{a}{b}.$$

Nur gleichwertige Potenzen dürfen addiert oder subtrahiert werden: $a^3 + 4\, a^3 = 5\, a^3$; aber $a^3 + 2\, a^2$ läßt sich nicht weiter vereinfachen.

Potenzen werden miteinander multipliziert, indem man die Exponenten addiert und die Basis beibehält.

$$100 \,.\, 1000 = 100000, \quad 100 = 10^2, \; 1000 = 10^3,$$

also können wir auch schreiben

$$10^2 \,.\, 10^3 = 10^{(2+3)} = 10^5,$$
$$a^2 \,.\, a^3 = a^{(2+3)} = a^5.$$

γ) Multiplikation relativer Zahlen.

2 Faktoren mit gleichem Vorzeichen geben ein positives, mit ungleichem Vorzeichen ein negatives Produkt.

Man merke sich also:

$$+ \,.\, + = +,$$
$$- \,.\, - = +,$$
$$+ \,.\, - = -,$$
$$- \,.\, + = -.$$

Sind mehrere Einzelfaktoren miteinander zu multiplizieren, geht man bei der Bestimmung des Vorzeichens des Produktes so vor, daß man Multiplikation und Vorzeichenbestimmung nacheinander vornimmt:

$$+a \,.\, -b \,.\, -c = -a\,b \,.\, -c = +a\,b\,c.$$

36. Beispiel. $(+5) \,.\, (+3) = (+15), \quad (+b) \,.\, (-3\,a) = -3\,a\,b.$

$(-4) \,.\, (-2\,a) = +8\,a, \quad (-5) \,.\, (+4\,b) = -20\,b,$

$(-2\,a\,b) \,.\, (+3\,a^2) \,.\, (-b^3\,c) = +6\,a^3\,b^4\,c.$

δ) Multiplikation mehrgliedriger Ausdrücke.

Mehrgliedrige Ausdrücke werden mit einer Zahl multipliziert, indem man jeden einzelnen Ausdruck mit der Zahl multipliziert.

37. Beispiel. $(4\,a + 5\,b) \,.\, 6 = 24\,a + 30\,b,$

$(5\,a - 4\,b) \,.\, (-2\,a) = -10\,a^2 + 8\,a\,b.$

Mehrgliedrige Ausdrücke werden miteinander multipliziert, indem man jedes Glied des einen mit jedem Glied des andern multipliziert und die Teilprodukte algebraisch addiert (zu diesem Zweck schreibt man die gleichnamigen Teilprodukte untereinander).

38. Beispiel.

	$(3\,a + 2\,b) \,.\, (4\,a - 6\,b)$	
mit $4\,a$ mult.:	$12\,a^2 + 8\,a\,b$	algebraisch addiert.
mit $-6\,b$ mult.:	$\quad - 18\,a\,b - 12\,b^2$	
	$12\,a^2 - 10\,a\,b - 12\,b^2$	

Aufgaben: 62. a) $3\,a^2 \,.\, a$, **b)** $x^3 \,.\, 2\,x^2$, **c)** $4\,a^2\,b^5 \,.\, 2\,a$,
d) $a\,b^2 \,.\, 2\,a^2\,b\,c^2$, **e)** $3\,b^2 \,.\, 2\,a^3\,b \,.\, a\,c^2$.

63. a) $(-2\,a) \,.\, (+3\,b)$, **b)** $+5 \,.\, (-6\,a^2)$, **c)** $8\,a\,b \,.\, (-b)$,
d) $(-4\,a) \,.\, +3\,a \,.\, (-2\,a^2)$, **e)** $5\,a\,b^2 \,.\, (-4\,a^2\,b) \,.\, 2\,a\,b$.

64. a) $(4\,a + 2\,b) \,.\, (-3\,c)$, **b)** $(7\,a^2\,b - 2\,b^3) \,.\, 8\,a$,
c) $(2\,a - 5\,b) \,.\, (3\,a + 5\,b)$, **d)** $(a + b^2) \,.\, (4\,a^2 - b)$,
e) $(5\,a - 6\,a\,b) \,.\, (4\,b - 2)$, **f)** $(5\,a - b - 2\,c) \,.\, (3\,a - 4\,b)$.

4. Dividieren.

Ein Produkt wird durch eine Zahl dividiert, indem man nur einen Faktor durch die Zahl dividiert.

$$16\,a : 8 = 2\,a, \quad 16\,a : a = 16.$$

Eine Zahl (ein Produkt) wird durch ein Produkt dividiert, indem man sie vorerst durch einen Faktor und das Ergebnis durch den anderen Faktor dividiert:

$24\,a : 8\,a$, zuerst durch 8, das ergibt $24\,a : 8 = 3\,a$; nun durch den zweiten Faktor a, also $3\,a : a = 3$.

Schreibt man diese Rechnung in Bruchform, dann gelangt man durch Kürzen zu dem gleichen Resultat:

$$\frac{24\,a}{8\,a} = 3.$$

Potenzen gleicher Grundzahl werden dividiert, indem man die Grundzahl unverändert läßt und sie mit der Differenz der Potenzexponenten potenziert:

$$6^5 : 6^3 = 6^{(5-3)} = 6^2.$$

Die nullte Potenz einer Zahl ist gleich 1.

$a^2 : a^2 = 1$; wir können diese Division auch folgendermaßen durchführen:

$$a^2 : a^2 = a^{(2-2)} = a^0 = 1.$$

Division relativer Zahlen.

Haben Dividend und Divisor das gleiche Vorzeichen, dann ist der Quotient positiv; bei verschiedenem Vorzeichen ist er negativ.

Man merke sich:

$$+ : + = +, \quad \text{aber} \quad + : - = -,$$
$$- : - = +, \quad\quad - : + = -.$$

39. Beispiel.

$$6\,a^4\,b^3 : (-2\,a^2) = -3\,a^2\,b^3,$$
$$(-12\,a^2\,b^3) : 3\,b^3 = -4\,a^2,$$
$$(-15\,a\,b^3) : (-5\,a\,b^2) = +3\,b.$$

Division mehrgliedriger Ausdrücke.

Ein mehrgliedriger Ausdruck wird durch eine Zahl (ein Produkt) dividiert, indem man jedes Glied des Ausdruckes durch die Zahl (durch das Produkt) dividiert.

40. Beispiel. $(21a^2b - 14ab + 7a) : (-7a) = -3ab + 2b - 1.$

Ein mehrgliedriger Ausdruck wird durch einen zweiten mehrgliedrigen Ausdruck dividiert, indem man jedes Glied des ersten durch den zweiten Ausdruck dividiert.

Man ordnet die Glieder des Dividenden und Divisors im gleichen Sinn und dividiert nun das erste Glied des Dividenden durch das erste Glied des Divisors, wodurch man das erste Glied des Quotienten erhält. Mit diesem Teilquotienten multipliziert man den Divisor, schreibt die erhaltenen Produkte der einzelnen Glieder geordnet unter den Dividenden und subtrahiert sie von ihm (dadurch tritt Änderung der Vorzeichen ein). Nun dividiert man das erste Glied des Restes durch das erste Glied des Divisors usw.

41. Beispiel. $(-14a^2 + 12a^3 - 10 + 24a) : (4a - 2).$

Ordnen nach a . . .

$(+12a^3 - 14a^2 + 24a - 10) : (4a - 2) = 3a^2 - 2a + 5.$

$\pm 12a^3 \mp 6a^2$	Division von $12a^3$ durch $4a = 3a^2$ (Anschreiben im Resultat); Multiplikation der Glieder des Divisors mit $3a^2$.
$0 \quad -8a^2 + 24a - 10$	Subtraktion (Änderung der Vorzeichen und algebraische Addition) und Herabsetzung der übrigen Glieder.
$\mp 8a^2 \pm 4a$	Rest wiederum dividieren durch $4a = -2a$ usw.
$+20a - 10$	
$+20a \mp 10$	
$0 \quad 0$	

Negative Potenzen.

Drücken wir in dem Bruch $\frac{1}{100}$ Zähler und Nenner als Potenzen von 10 aus, dann erhält der Bruch die Form $\frac{10^0}{10^2}$.

$\frac{10^0}{10^2} = 10^{(0-2)} = 10^{-2}$; setzen wir an Stelle 10^0 wiederum 1, dann lautet der Bruch $\frac{1}{10^2} = 10^{-2}$.

Ebenso ist $a^{-3} = \frac{1}{a^3}$ oder $10^{-4} = \frac{1}{10^4} = \frac{1}{10000}$.

Eine Zahl zur negativen Potenz erheben ist gleichbedeutend damit, die Zahl mit dem positiven Exponenten zu potenzieren und den reziproken Wert dieser Potenz zu bilden.

Aufgaben: 65. a) $20a^3bc^2 : 10a^2c$, **b)** $12ab^3c^2 : (-2b^2)$,
c) $(9x^3y^2 - 12x^2y^3 + 6xy) : 3xy$, **d)** $(a^2 + 2ab + b^2):(a + b)$,
e) $(6a^2 - 5ax - 6x^2):(2a - 3x)$, **f)** $(x^4 + x^2y^2 + y^4):(x^2 - xy + y^2)$.

66. Berechne:
a) 10^{-3}, **b)** 2^{-5}, **c)** 3^{-2}, **d)** $a^{-3} \cdot a^{-2}$,
e) $ab^{-2} \cdot a^2b^{-1}$, **f)** $b^{-5}:b$, **g)** $a^{-3}:a^{-4}$.

5. Gleichungen mit einer Unbekannten.

Von einer Gleichung kann dann gesprochen werden, wenn 2 Zahlen oder Ausdrücke einander gleichgesetzt werden, z. B. $a = b$.

Die Waagschalen einer Waage seien mit je 20 g Salz belastet: die Waage steht im Gleichgewicht, denn es befinden sich auf beiden Schalen gleiche Mengen und wir können sagen: 20 = 20.

Nun geben wir auf jeder Seite 5 g Salz zu; die Waagschalen stehen wiederum im Gleichgewicht

	20 g (links)	=	20 g (rechts)
	+ 5 g		+ 5 g
gibt:	25 g	=	25 g

Daraus folgt: Gleiches zu Gleichem zugezählt gibt wieder Gleiches. In ähnlicher Weise erhält man: Gleiches von Gleichem subtrahiert gibt wieder Gleiches; Gleiches mit Gleichem multipliziert gibt Gleiches, und Gleiches durch Gleiches dividiert gibt Gleiches.

Allgemein gilt: Nimmt man an Gleichem gleiche Veränderungen vor, erhält man wieder Gleiches.

Mit Hilfe von Gleichungen kann ein unbekannter Wert leicht ermittelt werden.

$x - 4 = 9$. Diese Gleichung ist nur dann richtig, wenn x einen ganz bestimmten Wert, und zwar den Wert 13 angenommen hat, denn nur $13 - 4 = 9$.

Auflösung der Gleichung: Wir zählen zu jeder Seite der Gleichung 4 zu, wodurch sie unverändert bleibt:

$$x \underbrace{- 4 + 4}_{0} = \underbrace{9 + 4}_{13}$$

$$x = 13.$$

Die Gleichung $x + 5 = 9$ entwickeln wir in derselben Art; wir subtrahieren von beiden Seiten 5:

$$\underbrace{x + 5 - 5}_{0} = \underbrace{9 - 5}_{4}$$

$$x = 4.$$

Betrachten wir beide Gleichungen (ohne ausgeführte Zwischenrechnung) nochmals

1. $x - 4 = 9,$ $x = 9 + 4,$ 2. $x + 5 = 9,$ $x = 9 - 5,$

so sehen wir, daß wir ein Glied des einen Teiles der Gleichung mit dem entgegengesetzten Vorzeichen in den anderen Teil übertragen haben. In der Gleichung 1 stand links die Zahl 4 mit dem Vorzeichen —, sie wurde nach rechts mit dem Vorzeichen + übertragen; in der Gleichung 2 wurde +5 mit geändertem Vorzeichen (also als —5) von links nach rechts übertragen.

Für die Auflösung von Gleichungen gilt allgemein:

a) Wegschaffen der Nenner (Multiplikation der ganzen Gleichung mit dem kleinsten gemeinschaftlichen Vielfachen der Nenner und anschließendes Kürzen);

b) Auflösen der Klammern und gegebenenfalls Reduzieren;

c) Ordnen der Gleichung, d. h. die Glieder mit der Unbekannten auf die linke, die übrigen Glieder auf die rechte Seite bringen;

d) Berechnung der Unbekannten.

Bei Gleichungen, welche allgemeine Zahlen enthalten (a, b, x usw.), bezeichnen in der Regel die Buchstaben a, b usw. bekannte Größen und x, y usw. unbekannte Größen.

42. Beispiel.

$$x - b = 2b,$$
$$x = 2b + b,$$
$$x = 3b.$$

43. Beispiel. $2x + 4 - 3x = 8 - 3x + 2.$

Ordnen: $2x - 3x + 3x = 8 + 2 - 4.$

Reduzieren: $2x = 6.$

Division durch 2: $x = 3.$

Auch für das Wegschaffen von Brüchen und Faktoren gilt der Satz, daß die Übertragung auf die andere Seite der Gleichung mit der entgegengesetzten Rechenoperation erfolgt. Steht links eine

Zahl als Multiplikationsfaktor, wird sie als Divisor (Nenner) auf die rechte Seite übertragen; umgekehrt wird der Divisor (Nenner) als Multiplikationsfaktor auf die andere Seite übertragen.

Auf diese Weise läßt sich jede einzelne Größe aus Rechenformeln isolieren und berechnen.

44. Beispiel. Die Fläche eines Rechteckes errechnet sich durch Multiplikation von Länge l mit der Breite b.

$$F = l \,.\, b, \text{ daraus ist } l = \frac{F}{b} \text{ oder } b = \frac{F}{l}.$$

Das Volumen eines Körpers kann durch Division des Gewichtes durch sein spezifisches Gewicht ermittelt werden:

$$V = \frac{G}{s}; \text{ daraus ist } G = V \,.\, s \text{ und weiter } s = \frac{G}{V}.$$

45. Beispiel.

$$\frac{a}{x} - 2 = \frac{b}{x} - 10.$$

Multiplikation mit x:

$$\frac{a \,.\, x}{x} - 2 \,.\, x = \frac{b \,.\, x}{x} - 10 \,.\, x.$$

Kürzen: $a - 2\,x = b - 10\,x.$

Ordnen und Reduzieren: $8\,x = b - a,$

$$x = \frac{b - a}{8}.$$

Sind also in einer Gleichung Brüche vorhanden, wird sie von ihnen befreit, indem man beide Seiten mit dem gemeinsamen Nenner (kleinstes gemeinschaftliches Vielfaches) multipliziert. Die erhaltenen Brüche werden durch Kürzen vereinfacht.

46. Beispiel.

$$\frac{x}{8} + \frac{x}{6} = 28;$$

der gemeinsame Nenner ist 24. Die Gleichung wird daher mit 24 multipliziert:

$$\frac{24 \,.\, x}{8} + \frac{24 \,.\, x}{6} = 28 \,.\, 24.$$

Kürzen:

$$3\,x + 4\,x = 672,$$
$$7\,x = 672,$$
$$x = 96.$$

Textgleichungen.

Soll eine Textaufgabe mittels Gleichung gelöst werden, muß man auf Grund des Textes 2 Zahlenwerte bilden, welche den gleichen Wert haben und daher einander gleichgesetzt werden können.

47. Beispiel. Wenn man von 10 das Doppelte einer gewissen (gesuchten) Zahl wegzählt und die erhaltene Differenz von 15 subtrahiert, erhält man ebensoviel, als wenn man die gesuchte Zahl um 9 vermehrt.

Aufstellung der Gleichung: die gesuchte Zahl sei x.

Von 10 soll das Doppelte dieser Zahl weggezählt werden, also $10 - 2\,x$. Diese Differenz wird von 15 subtrahiert: $15 - (10 - 2\,x)$. Dieser Ausdruck bildet die eine Seite der Gleichung und ist gleichzusetzen („man erhält ebensoviel") der Summe der gesuchten Zahl x und 9, also $x + 9$.

Die Gleichung lautet nun: $15 - (10 - 2\,x) = x + 9.$

Auflösung:

$$\begin{aligned} 15 - 10 + 2\,x &= x + 9, \\ 5 + 2\,x &= x + 9, \\ 2\,x - x &= 9 - 5, \\ x &= 4 \end{aligned}$$

Die Probe wird nach dem Text ausgeführt: Das Doppelte der Zahl 4 ist 8, von 10 abgezählt bleiben 2, diese von 15 subtrahiert gibt 13. Diese Zahl muß gleich sein der um 9 vermehrten Unbekannten x; also $4 + 9 = 13$. Es hat sich somit Übereinstimmung ergeben.

Aufgaben: 67. Löse folgende Gleichungen und mache die Probe durch Einsetzen des errechneten Wertes von x in die Gleichung:

a) $3 + x = 4$, **b)** $2\,x - 5 = 7\,x + 5$, **c)** $x - a = 0$,
d) $5\,x - 7 + 2\,x = 1 + 3\,x - 10$,
e) $6\,x - (12\,x - 3) + 6 - (15 - 3\,x) = 1 - 4\,x$,
f) $8\,x - 7 \,.\, (2\,x - 3) = 4\,x - 5 \,.\, (6 - 3\,x) + 1$.

68. Berechne aus folgenden Formeln die darin enthaltenen Größen:

a) $\text{Stromstärke} = \dfrac{\text{Spannung}}{\text{Widerstand}}$,
b) Flächenformel des Dreiecks: $F = g \,.\, \dfrac{h}{2}$,
c) Fläche des Kreises: $F = \dfrac{d^2}{4} \,.\, \pi$.

69. Löse folgende Gleichungen nach x auf:

a) $\dfrac{x}{2} + \dfrac{x}{3} + \dfrac{x}{4} = 26$, **b)** $\dfrac{x - a}{4} = 3\,a$,
c) $\dfrac{x + 2}{5} - \dfrac{x - 3}{3} = \dfrac{x + 9}{15}$, **d)** $\dfrac{8}{x} - 2 = \dfrac{2}{x}$,
e) $4 - \dfrac{7 - 3\,x}{5} = 3 - \dfrac{3 - 7\,x}{10} + \dfrac{x + 1}{2}$.

70. Löse folgende Textgleichungen:

a) Welche Zahl ist um 32 kleiner (*größer*) als 75?
b) Zu welcher Zahl muß man -7 addieren, um $+3$ (-9) zu erhalten?

c) In einem Faß befindet sich eine gewisse Menge Steinsalz. Gibt man 25 kg (*5,5 kg*) davon in ein zweites Faß, welches bereits 11 kg (*9,5 kg*) Steinsalz enthielt, dann ist in beiden Fässern die gleiche Menge enthalten. Wieviel kg Salz enthielt das erste Faß?

d) 2 Arbeiter sollen einen Graben von 700 m Länge reinigen. Der eine macht täglich 45 m, der andere 25 m fertig. Wann wird die ganze Arbeit fertig sein?

e) In einer Maschinenfabrik befinden sich 3mal soviel Drehbänke als Hobelbänke und 8mal soviel Schraubstöcke als Drehbänke, im ganzen 252 Stück. Wieviel sind von jeder Art vorhanden?

f) Ein Bottich von 1800 Liter Inhalt wird durch 2 Leitungen gefüllt; durch die erste Leitung fließen 42 Liter, durch die zweite nur 30 Liter in der Minute. In welcher Zeit wird der Bottich gefüllt sein?

6. Gleichungen mit 2 Unbekannten.

Sind in einer zu lösenden Aufgabe 2 Unbekannte vorhanden, müssen 2 voneinander unabhängige Gleichungen aufgestellt werden.

Von den verschiedenen Methoden zur Auflösung solcher Gleichungen soll hier nur die am einfachsten zu merkende Substitutionsmethode (Substituieren heißt Ersetzen) erklärt werden.

Man isoliert eine der beiden Unbekannten aus einer der gegebenen Gleichungen und setzt den gefundenen Wert in die andere Gleichung ein, wodurch wiederum eine Gleichung mit nur einer Unbekannten erhalten wird.

48. Beispiel.

$$\begin{aligned} x - 5\,y &= -30, \\ 7\,x + 4\,y &= 63. \end{aligned}$$

Aus der ersten Gleichung wird z. B. x berechnet:

$$x = -30 + 5\,y;$$

dieser für x gefundene Wert wird in die zweite Gleichung eingesetzt:

$$\begin{aligned} 7\,.\,(-30 + 5\,y) + 4\,y &= 63, \\ -210 + 35\,y + 4\,y &= 63, \\ 35\,y + 4\,y &= 63 + 210, \\ 39\,y &= 273, \\ y &= \frac{273}{39} = 7. \end{aligned}$$

Nun wird der Wert für $y = 7$ wieder in die erste Gleichung eingesetzt:

$$\begin{aligned} x &= -30 + 5\,.\,7, \\ x &= -30 + 35, \\ x &= 5. \end{aligned}$$

Auch hier bestätigt die Probe (Einsetzen der gefundenen Werte für x und y in die ursprünglichen Gleichungen) die Richtigkeit der Rechnung.

$$\begin{aligned} 5 - 5 \cdot 7 &= -30, \\ 5 - 35 &= -30, \\ -30 &= -30. \end{aligned} \qquad \begin{aligned} 7 \cdot 5 + 4 \cdot 7 &= 63, \\ 35 + 28 &= 63, \\ 63 &= 63. \end{aligned}$$

Bei *Textaufgaben* müssen die beiden Gleichungen aus den Angaben des Textes selbst aufgestellt werden.

49. Beispiel. Addiert man zum Dreifachen einer Zahl das Vierfache einer zweiten Zahl, erhält man 23. Addiert man aber zum Vierfachen der ersten Zahl das Dreifache der zweiten, so erhält man 26. Wie groß sind die beiden Zahlen?

Aufstellung der Gleichungen: Die erste Zahl sei x, die zweite y. Addiert man zum Dreifachen der ersten Zahl ($= 3\,x$) das Vierfache der zweiten ($= 4\,y$), so erhält man 23, also $3\,x + 4\,y = 23$. Aus dem 2. Satz des Textes stellt man in gleicher Weise die zweite Gleichung auf: $4\,x + 3\,y = 26$.

Die beiden Gleichungen lauten demnach:

$$3\,x + 4\,y = 23$$

und

$$4\,x + 3\,y = 26$$

Aus der 1. Gleichung x berechnet:

$$3\,x = 23 - 4\,y$$

$$x = \frac{23 - 4\,y}{3};$$

dieser Wert in die 2. Gleichung eingesetzt:

$$4 \cdot \frac{23 - 4\,y}{3} + 3\,y = 26.$$

Die ganze Gleichung mit 3 multipliziert (Wegschaffen des Bruches) und gekürzt:

$$\begin{aligned} 4 \cdot (23 - 4\,y) + 9\,y &= 78, \\ 92 - 16\,y + 9\,y &= 78, \\ -16\,y + 9\,y &= 78 - 92, \\ -7\,y &= -14, \end{aligned}$$

(die Gleichung nun mit -1 multipliziert:)

$$\begin{aligned} +7\,y &= +14, \\ y &= 2. \end{aligned}$$

Der Wert $y = 2$ wird nun in die Gleichung

$$x = \frac{23 - 4\,y}{3}$$

eingesetzt:

$$x = \frac{23 - 8}{3},$$

$$x = 5.$$

Aufgaben: 71. Löse folgende Gleichungen und Textaufgaben:

a) $x + y = 12,\ x - y = 4;$

b) $11\,x - 5\,y = 23,\ \ 2\,x - 3\,y = 0;$

c) $5\,x - 8\,y = 1,\ \ 3\,x = 21 - 2\,y;$

d) Die Differenz (*Summe*) zweier Zahlen beträgt 15. Dividiert man die größere durch die kleinere, erhält man als Quotient 4. Welches sind die beiden Zahlen?

e) Eine Messingsorte besteht aus 2 Teilen (*1 Teil*) Zink und 5 Teilen (*3 Teilen*) Kupfer. Wieviel kg jedes Metalles sind in 35 kg (*200 kg*) des Messings enthalten?

f) Verlängert man die Breite eines Rechteckes um 3 cm (*2 cm*), die Länge um 2 cm (*1 cm*), so vergrößert sich die Fläche des Rechteckes um 40 cm² (*30 cm²*). Verlängert man dagegen die Breite um 1 cm (*3 cm*) und verkürzt die Länge um 3 cm (*8 cm*), so verringert sich die Fläche um 10 cm² (*20 cm²*). Wie groß sind Länge und Breite des Rechteckes? (Flächenformel für das Rechteck: Länge mal Breite.)

g) Ein Weinhändler hat 2 Sorten Wein. Mischt er 3 Liter der ersten Sorte mit 7 Litern der zweiten Sorte, dann kostet 1 Liter der Mischung 1 Mark und 8 Pfennig. Mischt er jedoch 5 Liter der ersten mit 3 Litern der zweiten Sorte, so stellt sich der Preis eines Liters dieser Mischung auf 95 Pfennig. Wie hoch ist der Preis eines Liters von jeder der beiden Sorten?

7. Quadratische Gleichungen mit einer Unbekannten.

In einer quadratischen Gleichung oder Gleichung zweiten Grades kommen außer den Gliedern mit x und den von der Unbekannten freien Gliedern noch Glieder mit der zweiten Potenz der Unbekannten, also mit x^2 vor.

Vor der Auflösung muß jede quadratische Gleichung auf folgende *Normalform* gebracht werden:

$$x^2 + a \,.\, x + b = 0$$

(also die rechte Seite der Gleichung wird auf null gebracht; außerdem muß das Glied, welches das x^2 enthält, frei von Faktoren sein).

Es werden stets 2 Werte für x (x_1 und x_2) erhalten. Die *Formel für die Auflösung* lautet:

$$x_{1\,2} = -\frac{a}{2} \pm \sqrt{\left(\frac{a}{2}\right)^2 - b}.$$

50. Beispiel. $$2x^2 + 12x = -10.$$

Wir bringen die Gleichung auf die Normalform:

$$2x^2 + 12x + 10 = 0,$$
$$x^2 + 6x + 5 = 0.$$

Daraus:

$$x_{1,2} = -\frac{6}{2} \pm \sqrt{\left(\frac{6}{2}\right)^2 - 5},$$
$$= -3 \pm \sqrt{9-5},$$
$$= -3 \pm \sqrt{4},$$
$$= -3 \pm 2,$$
$$x_1 = -3 + 2 = -1,$$
$$x_2 = -3 - 2 = -5.$$

Aufgaben: 72. Löse folgende Gleichungen zweiten Grades nach x auf:

a) $x^2 = x + 12$, b) $2x^2 + 18x + 40 = 0$,
c) $x^2 - 7x + 12 = 0$, d) $x^2 - 9 = 0$,
e) $x + \frac{2}{9x} = 1$.

M. Rechnen mit Logarithmen.

1. Begriff des Logarithmus.

Wir potenzieren a mit n und erhalten als Resultat b.

$$a^n = b.$$

Sind a und n gegeben, erhält man b (die gesuchte Potenzgröße) durch das Potenzieren.

$$a^n = b, \quad 10^2 = 100.$$

Sind b und n gegeben, erhält man a (die Basis) durch das Wurzelziehen (Radizieren).

$$a = \sqrt[n]{b}, \quad 10 = \sqrt[2]{100}.$$

Sind a und b gegeben, kann n (der Potenzexponent) durch das Logarithmieren ermittelt werden.

$$n = {}^a\lg b, \quad 2 = {}^{10}\lg 100.$$

Den Logarithmus (lg) einer Zahl b in bezug auf eine Basis a suchen heißt, den Potenzexponenten n suchen, mit dem die Basis potenziert werden muß, um die Zahl b zu erhalten.

$a^n = b$; darin bezeichnen wir:

b als den Numerus (Logarithmand, Potenzgröße);

a als die gegebene Potenzbasis (wird als Basis des „logarithmischen Systems“ bezeichnet) und

n als den gesuchten Potenzexponenten (er heißt der Logarithmus).

Man sagt: n ist der Logarithmus der Zahl b in bezug auf die Basis a und schreibt:

$$n = {}^{a}\lg b.$$

Stellt man alle absoluten Zahlen als Potenzen ein und derselben Basis dar, so bilden die Exponenten (Logarithmen) ein *logarithmisches System.*

Das für unsere Rechnungen in Betracht kommende System ist das BRIGGsche oder gemeine Logarithmensystem, welches als Basis die Zahl 10 hat.

$${}^{10}\lg 100 = 2.$$

Die links vom lg stehende kleine 10 (Basis) wird der Einfachheit halber weggelassen; wir schreiben: lg 100 = 2.

51. Beispiel.

$$\begin{aligned} 10^3 &= 1000 & \lg 1000 &= 3 \\ 10^1 &= 10 & \lg 10 &= 1 \\ 10^0 &= 1 & \lg 1 &= 0 \\ 10^{-2} &= 0{,}01 & \lg 0{,}01 &= -2. \end{aligned}$$

2. Sätze über Logarithmen.

a) lg 1 = 0; aus dem vorher Gesagten geht weiter hervor:
lg 10 = 1 (10 hat 1 Null),
lg 100 = 2 (100 hat 2 Nullen),
lg 1000 = 3 (1000 hat 3 Nullen),
lg 0,1 = —1 (0,1 entspricht 1 Dezimalstelle),
lg 0,01 = —2 (0,01 entspricht 2 Dezimalstellen) usw.

b) Produktenregel.

$$\begin{aligned} 10^2 \;.\; 10^3 &= 10^{(2+3)} = 10^5 \\ 100 \;.\; 1000 &= 100000 \end{aligned}$$

$$\lg 100 = 2 \quad \lg 1000 = 3 \quad \lg 100000 = 5$$

Führen wir die Rechnung über die Logarithmen durch, sehen wir, daß dieselben addiert werden müssen, um den Logarithmus des Produktes zu erhalten. Daraus ergibt sich der Satz: Der Logarithmus eines Produktes ist gleich der Summe der Logarithmen der einzelnen Faktoren.

c) Quotientenregel.

Im umgekehrten Verfahren wie vorher erhalten wir den Satz: Der Logarithmus eines Bruches (Quotienten) ist gleich dem Logarithmus des Zählers (Dividenden) minus dem Logarithmus des Nenners (Divisors).

d) Potenzregel. $\lg 4^3 = 3 \,.\, \lg 4$ $\qquad \lg \sqrt[3]{a^2} = \lg a^{\frac{2}{3}} = \frac{2}{3} \lg a$

$$\lg (a^2)^3 = \lg a^{2 \cdot 3} = 6 \,.\, \lg a.$$

Der Logarithmus einer Potenzgröße ist gleich dem Produkt aus dem Potenzexponenten und dem Logarithmus der Potenzbasis.

e) Wurzelregel.

$$\lg \sqrt[3]{4} = \frac{\lg 4}{3}.$$

Der Logarithmus einer Wurzelgröße ist gleich dem Logarithmus des Radikanden (das ist die Zahl unter dem Wurzelzeichen), dividiert durch den Wurzelexponenten.

3. Logarithmieren von Zahlen, welche keine Zehnerpotenzen darstellen.

Wir haben in Vorhergehendem stets nur die Logarithmen der Zahlen 1, 10, 100, 0,1 usw. berechnet und erhielten immer ganze Zahlen, die positiv oder negativ waren, je nachdem, ob es sich um Einheiten größer oder kleiner als Null handelte.

Die Logarithmen der übrigen Zahlen sind in der *Logarithmentafel* (S. 300) zusammengefaßt.

Der Logarithmus einer Zahl besteht aus einer ganzen Zahl, der Kennziffer oder Charakteristik, und aus einer unvollständigen Dezimalzahl, der Mantisse.

lg 294 = 2,46835. (2 = Charakteristik, 46835 = Mantisse)

lg 0,0294 = 0,46835 — 2. (46835 = Mantisse, —2 = Charakteristik)

Aus diesen Beispielen ist zu ersehen, daß 2 Zahlen mit gleicher Ziffernfolge (in beiden Fällen 294) die gleiche Mantisse haben.

Die Charakteristik (oder Kennziffer) wird durch den Stellenwert der Zahl bestimmt. Hierfür gilt das über die Logarithmen von 10, 100, 0,1 usw. Gesagte. Es geben somit

Einer als Kennziffer	0,
Zehner	1,
Hunderter	2,
Zehntel	—1,
Hundertstel	—2 usw.

4. Benutzung der Logarithmentafel.

a) Aufsuchen des Logarithmus.

Die Mantissen aller vierziffrigen Zahlen sind in den Tafeln (S. 300 ff.) unmittelbar enthalten.

Anordnung der Tafeln: Die linke Spalte enthält die Zahlen (genannt Numerus N), und zwar vierziffrig. Die vierte Ziffer ist in den folgenden zehn Spalten der Tafel angeordnet.

52. Beispiel. lg 2523.

Wir suchen die Zahl 252 (also die ersten 3 Ziffern) in den Tafeln auf. Neben der Zahl stehen die beiden ersten Ziffern der Mantisse (40). Nun gehen wir in derselben Zeile nach rechts, bis wir zu dem restlichen Teil der Mantisse kommen, welcher unter der Ziffer 3 (= die 4. Ziffer der Zahl) des Tafelkopfes steht.

Die vollständige Mantisse, soweit sie in den Tafeln enthalten ist, lautet demnach 40192. Die Kennziffer wird aus dem Stellenwert der Zahl ermittelt. In unserem Fall liegen Tausender vor, folglich Kennziffer 3.

lg 2523 = 3,40192.

Weitere Beispiele: lg 2610 ... Mantisse: 41664
lg 2611 ... „ 41681
lg 2612 ... „ 41697
lg 2613 ... „ 41714 usw.

Bedeutung des *Sternchens* vor einigen Mantissen in der Tafel:

		0	1	2
257	40	993	*010	*027
258	41	162	179	196

lg 2570 .... Mantisse: 40993
lg 2571 .... „ 41010.

Das Sternchen vor 010 bedeutet, daß nicht die in der gleichen Zeile stehenden ersten 2 Ziffern (40) der Mantisse genommen werden dürfen, sondern daß die bereits in der nächsten stehenden ersten 2 Ziffern zu dieser Mantisse gehören.

53. Beispiel. lg 53,76 = 1,73046 (und nicht 1,72046!).

Auch zum Aufsuchen des *Logarithmus einer 5ziffrigen Zahl* ist die Logarithmentafel noch geeignet.

54. Beispiel. lg 291,46.

Den lg der ersten 4 Ziffern lesen wir direkt aus den Tafeln ab

... 291,4 ... 2,46449.

Nun bilden wir die Tafeldifferenz zur nächsthöheren Mantisse

46449 46464 (Differenz = 15).

Diese Differenz wird mit der 5. Ziffer (in unserem Fall ist dies die Ziffer 6) multipliziert: 15 . 6 = 90; von dem erhaltenen Produkt streichen wir eine Stelle ab, ergibt 9 und zählen diese Zahl zu dem bereits abgelesenen lg zu:

$$\begin{array}{r} \ldots\ 2{,}46449 \\ +\qquad 9 \\ \hline \lg 291{,}46 = 2{,}46458 \end{array}$$

Man kann sich die Multiplikation mit der Tafeldifferenz durch Benutzung der rechts in den Tafeln stehenden Rubriken, in denen die Multiplikationsergebnisse enthalten sind, ersparen.

	15
1	1,5
2	3,0
3	4,5
4	6,0
5	7,5
6	9,0
7	10,5
8	12,0
9	13,5

In unserem Beispiel war die Differenz zur nächsthöheren Mantisse 15 (durch Kopfrechnung aus den Tafeln zu entnehmen); in der rechtsstehenden Rubrik finden wir unter 15 neben der Zahl 6 den zugehörigen Wert 9,0; diesen müssen wir zu dem aufgesuchten lg zuzählen. Dabei sind Dezimalzahlen auf ganze Zahlen zu korrigieren.

55. Beispiel.

lg 3,0757 0,48785
Tafeldifferenz = 14; Rubrik 14,
neben 7 ... = 9,8, abgerundet 10

0,48795

b) Aufsuchen des Numerus aus dem gegebenen lg.

56. Beispiel. lg x = 1,66285.

Wir suchen in den Tafeln die Mantisse 66285 (dabei erleichtern die beiden vorangestellten ersten Ziffern das Aufsuchen) und finden in umgekehrtem Verfahren wie früher beschrieben die zugehörige Zahl 4601; die Kennziffer war 1, folglich ergeben sich für die erste Ziffer Zehner, also 46,01.

57. Beispiel. lg x = 0,89076 — 2.

Aus den Tafeln den zugehörigen Numerus abgelesen: 7776.

Die Kennziffer war —2, folglich Hundertstel: 0,07776.

Ist die Mantisse nicht genau in den Tafeln enthalten, erhalten wir eine 5ziffrige Zahl wie folgt:

58. Beispiel. $\lg x = 1{,}23191$.

Man sucht die nächstniedrige Mantisse in den Tafeln, schreibt den zugehörigen Numerus an und bildet die Differenz:

	1,23191	
nächstniedrigere Mantisse ...	23172	... zugehörig 1705
Differenz ...	19	

Nun wird die Tafeldifferenz (Differenz der abgelesenen zur nächsthöheren Mantisse) durch Kopfrechnung gebildet (23172 — 23198, oder kürzer, da sich nur die letzten 3 Ziffern ändern: 172 — 198 = 26) und die Rechendiffferenz (= 19) durch die Tafeldifferenz (= 26) dividiert, um die 5. Ziffer des Numerus zu erhalten. Dabei wird eine Stelle der Tafeldifferenz abgehakt und bei der Ausführung der Division von dieser die Korrektur gerechnet.

$$19 : 26 = 7.$$

Der Numerus lautet nun 17057; die Kennziffer war 1, folglich 17,057.

Auch diese Division kann man sich durch Benutzung der rechtsstehenden Rubriken ersparen:

	$\lg x = 1{,}23191$	
nächstniedrigere Mantisse ...	172	... $N = 1705$.

Die Tafeldifferenz ist 26. Wir suchen unter der Rubrik 26 jene Zahl, die der Zahl 19 am nächsten kommt, d. i. 18,2; die zu dieser gehörige Ziffer 7; der Numerus lautet also 17057. Die Kennziffer ist 1, folglich 17,057.

5. Rechnen mit Logarithmen.

a) Multiplikation.

2 Zahlen werden miteinander multipliziert, indem man ihre lg addiert und von der Summe den Numerus ermittelt.

59. Beispiel. 4,2763 . 258,79.

lg 4,2763	0,63104	
(für die 5. Ziffer:)	+ 3	
lg 258,79	2,41280	
(für die 5. Ziffer:)	+ 14	
	3,04401	
Aufsuchen des Numerus..	376	... 1106.
	25	(: 39 = 6), also $N = 1106{,}6$.

60. Beispiel. 22,765 . 0,00003874.

lg 22,765	1,35717	+
	+10	
lg 0,00003874 ...	0,58816 — 5	
	1,94543 — 5	

da +1 — 5 = —4, schreiben wir .... 0,94543 — 4
Aufsuchen des Numerus.................... 542 ... 8819
1 (: 5 = 2).

Kennziffer ist —4, folglich ist $N = 0{,}00088192$.

Auf die gleiche Weise werden drei oder mehrere Zahlen miteinander multipliziert.

61. Beispiel. 273,5 . 3,9124 . 0,4572.

lg 273,5	2,43696	+
lg 3,9124	0,59240	
	+4	
lg 0,4572	0,66011 — 1	
	3,68951 — 1	
	= 2,68951	

Aufsuchen des Numerus.... 949 489,2
2 (aus den rechtsstehenden Rubriken: 2) $N = 489{,}22$.

b) Division.

Zwei Zahlen werden durcheinander dividiert, indem man ihre lg subtrahiert und den Numerus der erhaltenen Differenz aufsucht.

62. Beispiel. 8765,4 : 19,325.

lg 8765,4 3,94275
+ 2
= 3,94277

Um sich diese Zwischenrechnung zu ersparen, streicht man die 5 und schreibt 7 darüber:

lg 8765,4	3,9427~~5~~ (7 darüber)	—
lg 19,325	1,286~~0~~1 (12 darüber)	
	2,65665	

Aufsuchen des Numerus... 658 ... 453,5
7 ... $N = 453{,}58$.

Ist der zu subtrahierende lg größer, vergrößert man den oberen lg, muß aber die zugezählten Einheiten gleichzeitig wieder abziehen, damit er seinen ursprünglichen Wert beibehält.

63. Beispiel. 17,63 : 842,9.

$$\left.\begin{array}{l}\lg\ 17{,}63 \ldots\ldots 1{,}24625\\ \lg 842{,}9 \ldots\ldots 2{,}92578\end{array}\right\}-$$

Wir zählen zu 1,24625 2 Einheiten zu und gleichzeitig wieder ab:

$$\begin{array}{ll} 1{,}24625 & \\ +2 & -2 \\ \hline = 3{,}24625 & -2 \end{array}$$

und können jetzt die Subtraktion durchführen:

$$\left.\begin{array}{l}\lg\ 17{,}63 \ldots\ 3{,}24625\ -2\\ \lg 842{,}9 \ldots\ldots 2{,}92578\end{array}\right\}-$$
$$\overline{0{,}32047\ -2}, \text{ daraus } N = 0{,}020916.$$

64. Beispiel. 51,43 : 0,04631.

$$\left.\begin{array}{l}\lg 51{,}43 \ldots\ldots 1{,}71122\\ \lg\ 0{,}04631 \ldots 0{,}66567 - 2\end{array}\right\}-$$

Durch die Subtraktion ändern
sich die Vorzeichen .... — +

$$= 1{,}04555 + 2$$
$$= 3{,}04555, \text{ daraus } N = 1110{,}6.$$

c) Gemischte Rechnungen.

Sind mehrere Multiplikationen und Divisionen in einer einzigen Rechnung durchzuführen, kann dies ohne Errechnung der Zwischenwerte (ohne Aufsuchen des Zwischen-Numerus) in einem Gang erfolgen, woraus der Vorteil des logarithmischen Rechnens deutlich zu erkennen ist. Außerdem ist diese Rechnung eine abgekürzte, da ein Zuviel an Dezimalstellen vermieden und trotzdem eine genügende Genauigkeit erzielt wird.

65. Beispiel. $\dfrac{54{,}23 \cdot 2{,}763 \cdot 9{,}8742}{20{,}091 \cdot 36{,}51}$

$$\left.\begin{array}{l}\lg 54{,}23 \ldots\ldots 1{,}73424\\ \lg\ 2{,}763 \ldots\ 0{,}44138\\ \lg\ 9{,}8742 \ldots 0{,}99449\\ \qquad\qquad\qquad +1\end{array}\right\}+$$
$$\overline{3{,}17012}$$
$$\left.\begin{array}{l}\lg 20{,}091 \ldots\ 1{,}30298\\ \qquad\qquad\qquad +2\\ 36{,}51 \lg \ldots\ldots 1{,}56241\end{array}\right\} 2{,}86541 \text{ (wird subtrahiert)}$$
$$\overline{0{,}30471}, \text{ daraus } N = 2{,}017.$$

d) *Potenzieren.*

Eine Zahl wird potenziert, indem man den lg der Zahl mit dem Potenzexponenten multipliziert und den Numerus des Produktes ermittelt.

66. Beispiel.

lg $25{,}3^4$.....1,40312, diesen mal 4 = 5,61248 und N = 409710.
lg $0{,}29^{0,8}$....0,46240 — 1 = — 0,53760, diesen mal 0,8 =
— 0,43008 = 0,56992 — 1 und N = 0,37147.

e) *Wurzelziehen.*

Aus einer Zahl wird die Wurzel gezogen, indem man den lg der Zahl durch den Wurzelexponenten dividiert und den Numerus des erhaltenen Quotienten ermittelt.

67. Beispiel.

$\sqrt[3]{84{,}3}$. lg 84,3 ...... 1,92583, diesen : 3 = 0,64194.
daraus N = 4,3847.

$\sqrt[3]{0{,}843}$. lg 0,843 ... (0,92583 — 1) : 3.

Eine negative Kennziffer muß durch den Wurzelexponenten teilbar sein, um die Division ausführen zu können. In unserem Beispiel ist dies nicht der Fall (—1), sie muß daher auf —3 gebracht werden, was durch Zu- und Abzählen von 2 erreicht wird.

$$\begin{array}{r} 0{,}92583 - 1 \\ +2 \qquad\;\; -2 \\ \hline = 2{,}92583 - 3. \end{array}$$

Jetzt erst kann die Division durch 3 erfolgen:

(2,92583 — 3) : 3 = 0,97528 — 1, daraus N = 0,94468.

f) *Berechnung chemischer Analysen.*

Um bei der Berechnung chemischer Analysen das Aufsuchen der lg der Atom- und Molekulargewichte oder der Umrechnungsfaktoren zu ersparen, sind in den Tabellen 5 bis 8, S. 275, die lg der wichtigsten Atom- und Molekulargewichte und Umrechnungsfaktoren aufgenommen.

Aufgaben: 73. Berechne mit Hilfe der Logarithmen:

a) 0,7653 . 24,65, **b)** 27,832 . 9,5402, **c)** 0,087009 . 41,76,
d) 0,54321 . 0,08992, **e)** 86,964 : 2,549, **f)** 236,83 : 221,94,
g) 0,84721 : 243,03, **h)** 0,9982 : 0,03472, **i)** $\frac{24{,}931 \cdot 0{,}06538}{9{,}720}$,

k) $\frac{343{,}8 \cdot 24{,}65 \cdot 100}{2{,}738 \cdot 32{,}691}$, **l)** $\frac{19{,}72 \cdot 340{,}09}{2{,}763 \cdot 0{,}0984 \cdot 599{,}82}$,

m) $37{,}45^2$, n) $1{,}9308^3$, o) $\sqrt[3]{87{,}94}$, 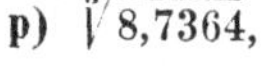 p) $\sqrt[3]{8{,}7364}$,

q) $\sqrt{0{,}9912}$, r) $\frac{32{,}45}{47{,}265} \cdot \sqrt[3]{\frac{2{,}54}{0{,}6321}}$.

N. Der logarithmische Rechenschieber.

(Entnommen der ausführlichen Broschüre der Albert Nestler A. G. in Lahr: „Der logarithmische Rechenschieber und sein Gebrauch".)

1. Einrichtung des Rechenschiebers.

Der logarithmische Rechenschieber oder Rechenstab, welcher auf dem Prinzip der Logarithmenrechnung aufgebaut ist, besteht aus folgenden drei Teilen:

Dem Stab, der Zunge und dem Glasläufer.

Der Stab ist mit einer Nut versehen, in der sich die Zunge verschieben läßt. Über dem Stab läßt sich der Glasläufer verschieben, der einen oder drei Striche (Marken) trägt. Die gebräuchlichsten Rechenschieber besitzen eine Länge von 25 cm.

Abb. 1.

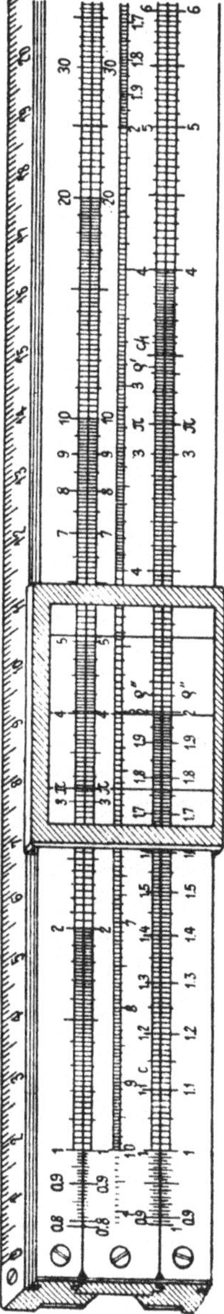

Die Einrichtung und der Gebrauch wird an dem Modell Nr. 14 der Nestler A. G. erklärt (Abb. 1). Beherrschen wir seinen Gebrauch, so kann auch die Handhabung und Einrichtung aller anderen Systeme leicht erlernt werden, um so mehr, als jedem Rechenschieber seitens der Lieferfirma eine Gebrauchsanweisung beigegeben ist.

Der Stab trägt zwei Skalen, die obere (oberhalb der Zunge) O_1, die untere (unterhalb der

Zunge), U_1. Man sieht sofort, daß auf O_1 die Zahlen schneller fortschreiten als auf U_1.

Die Zunge trägt ebenfalls zwei Skalen, die obere O_2, die mit O_1 vollkommen identisch ist, und die untere U_2, welche mit U_1 völlig gleich ist. Bringt man den Anfangsstrich von O_2 mit dem von O_1 zur Deckung, so fallen auch die unteren Anfangsstriche (auf U_2 und U_1) zusammen. Jeder Strich von O_1 liegt dann genau über dem entsprechenden von O_2.

Die Mitte der Zunge trägt eine weitere Teilung, die Reziprokteilung R. Mit den auf der Rückseite der Zunge liegenden Teilungen S, T und L können wir uns im Rahmen dieses Buches nicht näher befassen.

Auf den Skalen des Rechenschiebers sind die Logarithmen der Zahlen abgetragen. Betrachten wir z. B. die Skala O_1:

Die Skala beginnt mit 1 (lg 1 = 0, also ist der Nullpunkt der Skala = 1). Der lg 10 = 1; wir gehen also eine Einheit nach rechts und wählen als Einheit 12,5 cm (das ist die Hälfte der Länge des Rechenschiebers). Der lg 100 = 2, das ist eine weitere Einheit nach rechts; die Werte der lg von 10 bis 100 umfassen daher wiederum 12,5 cm. Aus der Abbildung ersehen wir, daß die Unterteilung der linken Hälfte der der rechten Hälfte entspricht. Es ist somit gleichgültig, ob man eine Zahl auf der linken Hälfte oder auf der rechten Hälfte der Skala O_1 einstellt oder abliest, da sich hierbei die Wertziffern nicht ändern, sondern nur die Stellenzahl oder Kennziffer (Charakteristik). Auf letztere kommt es aber bei der Zahlenfolge einer Multiplikation oder Division nicht an. Der Stellenwert des Resultats muß gesondert ermittelt werden.

Die Skalen U_1 und U_2 sind ebenso hergestellt, nur ist bei ihnen der Maßstab doppelt so groß.

Wir können demnach sowohl mit den Skalen O_1—O_2 rechnen, als auch mit den Skalen U_1—U_2, wobei, da die Teilung von U_1—U_2 doppelt so groß ist, mit diesen eine größere Genauigkeit erzielt wird.

2. Ablesen und Einstellen.

Der Rechenschieber liefert eine Genauigkeit von 3, bisweilen 4 Wertziffern. Wir führen unsere Übungsbeispiele auf den Skalen U_1—U_2 aus.

Zwischen 1 und 2 schreiten die Skalenteile um 0,01 fort; die ersten Striche entsprechen den Zahlen 1,00 — 1,01 — 1,02 usw. Den zehnten Teil des Abstandes zweier Striche schätzt man, wodurch es möglich wird, Zahlen, wie 1,001 — 1,002 usw. einzustellen.

Zur Erleichterung der Einstellung verwendet man den Strich des Glasläufers, den man über die betreffende Zahl stellt.

Zwischen 2 und 4 beträgt der Unterschied zweier Skalenteile 0,02 (2,00 — 2,02 — 2,04 usw.). 2,01 wird also in der Mitte zwischen 2,00 und 2,02 stehen!

Zwischen 4 und 10 beträgt der Abstand der einzelnen Teilstriche 0,05. Bei der Einstellung von z. B. 4,75, 4,80, 5,05 usw. kann man die Skalenstriche selbst benutzen; bei 4,77, zwischen 4,75 und 4,80 liegend, ist eine Abschätzung nötig.

Übungsbeispiele: Stelle mit dem Glasläufer und mit dem Ausgangspunkt der verschiebbaren Zunge verschiedene Zahlen ein und lerne Zahlen wie 1,04 — 1,004 — 1,4 in bezug auf die Einstellung und Ablesung unterscheiden!

3. Multiplikation.

(2 Zahlen werden miteinander multipliziert, indem man ihre lg addiert und den Numerus aufsucht.)

68. Beispiel. 21,6 . 34,2.

Man stellt den linken oder rechten Anfangsstrich 1 der unteren Zungenteilung U_2 auf die Zahl 21,6 der zugehörigen Skala U_1 des Stabes und bewegt den Glasläufer soweit, bis der Strich desselben über der Zahl 34,2 der Zunge steht. Unter dem Strich findet man jetzt auf der festen Skala U_2 sofort das Ergebnis 739. Der Stellenwert des Produktes kann nun durch Abschätzung oder überschlägige Kopfrechnung (siehe auch S. 53) ermittelt werden; in unserem Falle müßten wir rechnen: etwa 20 . 30 = 600, d. h. es müssen Hunderter erhalten werden, also 739.

Ob zur Einstellung der linke oder rechte Anfangsstrich der Zungenteilung verwendet wird, ist im Prinzip gleichgültig und richtet sich nur danach, daß die zweite Zahl (mit welcher multipliziert wird) bei eingestellter Zunge noch auf dieser innerhalb des Stabes enthalten ist. Soll z. B. 3 mit 5 multipliziert werden, tritt der Fall ein, daß beim Einstellen des linken Anfangsstriches der Zunge auf die Zahl 3 der unteren Skala U_1 die Zahl 5 der Zunge nicht mehr im Meßbereich liegt. Dann muß, wie schon vorher gesagt, nicht der linke, sondern der rechte Anfangsstrich (= Endstrich) der Zunge auf die Zahl 3 eingestellt werden. Jetzt erst kann der Strich des Glasläufers auf die Zahl 5 der Zunge eingestellt werden.

Auf dem Rechenschieber sind außer der normalen Zahlenreihe noch bestimmte, häufig gebrauchte Zahlenwerte, wie beispielsweise die Zahl π, verzeichnet.

Man kann die gleichen Rechnungen statt auf den Skalen U_1 — U_2 auch mit den Skalen O_1 — O_2 durchführen und dabei stets mit dem linken Anfangsstrich der Zunge beginnen, da in diesem Falle sämtliche Zahlen der Zunge in den Meßbereich fallen. Infolge der engeren Teilung wird jedoch die Einstellung (und Ablesung) etwas ungenauer.

Soll eine Reihe verschiedener Zahlen mit ein und demselben Faktor multipliziert werden, stellt man diesen auf der festen Skala ein, indem man den Einheitsstrich der Zunge auf die betreffende Zahl bringt. Dann sucht man mit Hilfe des Glasläufers auf der Zungenskala die verschiedenen Zahlen (mit denen multipliziert werden soll) auf und findet unter dem Strich des Glasläufers auf der festen Skala die Ergebnisse.

Der Gang des Multiplizierens ist also: Die „1" der Zunge über den ersten Faktor auf der festen Skala einstellen. Glasläufer auf den zweiten Faktor auf der Zunge einstellen. Ablesen unter dem Strich des Glasläufers auf der festen Skala.

Wiederholte Multiplikationen.

69. Beispiel. 5,20 . 4,85 . 3,75.

Das Produkt der beiden ersten Zahlen ist 25.2; multipliziert mit 3,75 erhält man 94,6. Die Zwischenablesung 25,2 ist überflüssig. Es genügt, wenn man diese Zahl (ohne sie anzuschreiben) durch den Strich des Glasläufers festhält, unter ihn die „1" der Zunge schiebt und auf der Zunge den dritten Faktor mit Hilfe des Glasläufers aufsucht, wodurch man auf der festen Skala den Wert 94,6 findet. Also: „1" der Zunge über die Zahl 5,20 der festen Skala stellen, Glasläufer auf die Zahl 4,85 der Zunge einstellen, „1" der Zunge unter die so fixierte Marke des Glasläufers schieben, Glasläufer nun auf die Zahl 3,75 der Zunge einstellen und die darunterstehende Zahl der festen Skala ablesen: 946. Nun folgt die Feststellung des Dezimalpunktes.

4. Division.

Die Division ist die umgekehrte Rechenart der Multiplikation, folglich wird auch die Ausführung der Division mit Hilfe des Rechenschiebers in umgekehrter Weise erfolgen wie bei einer Multiplikation. Gang des Dividierens: Den Dividenden (Zähler des Bruches) mit dem Strich des Glasläufers auf der festen Skala einstellen. Zunge verschieben, bis auf ihr der Divisor (Nenner des Bruches) ebenfalls unter dem Strich des Glasläufers (also genau über dem Dividenden) steht. Strich des Glasläufers sodann auf die „1" (rechte oder linke) der Zunge schieben und darunter den Quotienten auf der festen Skala ablesen.

Die mehrfache Division kann wiederum in einem Rechengang (ohne Ablesung des Zwischenresultates) erfolgen.

70. Beispiel. $\frac{2000}{37,6 \,.\, 13,6}$.

Man kann diesen Bruch auch folgendermaßen schreiben: $\frac{2000}{37,6} : 13,6$ und rechnet also zuerst den Bruch $\frac{2000}{37,6}$.

Nach der Durchführung dieser Division steht der Strich des Glasläufers über der „1" der Zunge und der Zahl 532 der festen Skala. Nun verschiebt man die Zunge soweit, daß die Zahl 13,6 der Zunge unter den Strich des Glasläufers zu stehen kommt, sucht mit dem Glasläufer wiederum die „1" der Zunge und liest jetzt auf der festen Skala das Endergebnis 391 ab. Dezimalpunktbestimmung: der Zähler ist 2000, der Nenner rund gerechnet 40 . 10 = 400; 2000 : 400 = 5, also Einer. Ergebnis der Division 3,91.

Dabei kann man, falls erforderlich, auch während der Rechnung die linke und rechte „1" der Zunge vertauschen.

Bei Ausdrücken, die aus mehreren Multiplikationen und Divisionen zusammengesetzt sind, rechnet man immer abwechselnd, und zwar beginnt man mit einer Division.

Die Skala R der Zunge gibt die reziproken Werte der Zahlen der Skala U_2 (die Teilung von R geht von rechts nach links; darauf ist beim Ablesen zu achten!).

5. Bestimmung des Stellenwertes.

Diese erfolgt in den meisten Fällen durch Abschätzung oder überschlägige Rechnung. Es kann jedoch auch aus der Stellung der Zunge (bei Benutzung der Skalen $U_1 - U_2$) auf den Stellenwert des Resultats geschlossen werden.

Das Produkt einer m-stelligen Zahl und einer n-stelligen ist entweder $(m + n)$ oder $(m + n - 1)$-stellig.

Die Stelligkeit bezieht sich auf den Stellenwert der Zahlen; so ist z. B. 5 = 1-stellig, 18 = 2-stellig, 0,3 = 0-stellig, 0,08 = —1-stellig, 0,002 = —2-stellig usw.

Daraus ergibt sich: ragt beim Multiplizieren die Zunge nach rechts heraus, so ist die Stellenzahl = $(m + n - 1)$, ragt sie nach links heraus, ist das Resultat = $(m + n)$-stellig.

Ragt beim Dividieren die Zunge nach rechts heraus, so ist das Resultat = $(m - n + 1)$-stellig, im anderen Falle = $(m - n)$-stellig.

Beim mehrfachen Multiplizieren und Dividieren verfährt man so, daß man die Stellung der Zunge bei Beendigung der Rechnung feststellt und das Ganze als durchgeführte Division wertet.

71. Beispiel. $\frac{14,8 \,.\, 924 \,.\, 0,087}{0,0092 \,.\, 6750}$.

Stellenwertbestimmung: Zähler = (2 + 3 — 1) = 4-stellig; Nenner = (—2 + 4) = 2-stellig. Die Zunge ragt zum Schluß nach links heraus, folglich: $(m - n)$ = (4 — 2) = 2, also 19,15.

6. Quadrieren.

72. Beispiel. $2{,}54^2$.

Man stellt den Strich des Glasläufers auf 2,54 der Skala U_1 und liest auf O_1 das Ergebnis ab: 6,44.

7. Ausziehen der Quadratwurzel.

Man sucht die Zahl auf der Skala O_1 und liest das Ergebnis auf U_1 ab.

Dabei ist die Einteilung der Zahl vom Dezimalpunkt ausgehend nach rechts und links in Gruppen zu je 2 Ziffern wichtig. Enthält die am weitesten links stehende Gruppe 1 Ziffer, benutzt man beim Einstellen die linke Seite von O_1; hat die erste Gruppe aber 2 Ziffern, benutzt man die rechte Seite von O_1 zur Einstellung der Zahl.

8. Alle anderen Rechnungen und Skalen kommen bei den Berechnungen im chemischen Laboratorium nur selten in Frage. Werden sie dennoch gebraucht, können sie an Hand der von der Lieferfirma beigegebenen Gebrauchsanweisung leicht erlernt werden.

Aufgaben: Berechne die Aufgaben 73a bis m auf S. 48 mit Hilfe des Rechenschiebers.

9. Rechenschieber für Chemiker.

Die Benutzung des Rechenschiebers für Chemiker (Abb. 2) zur Berechnung chemischer Aufgaben erfordert bereits gründliche

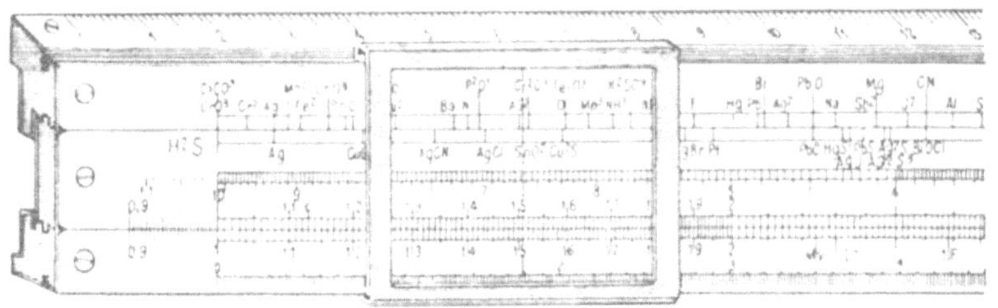

Abb. 2.

Kenntnisse des chemischen Rechnens. Es muß daher erst jeweils bei den späteren Abschnitten auf die Ausführung der dortigen Aufgaben mit Hilfe des Chemiker-Rechenschiebers zurückgegriffen werden. Seine Einrichtung und Handhabung soll jedoch hier im Anschluß an die Beschreibung des Rechenschiebers Nr. 14 (Abb. 1) erklärt werden.

a) Teilungen und Marken.

Auf dem oberen Stabstreifen befinden sich die Markenstriche, die den Atom- und Molekulargewichten vieler Elemente und wichtiger chemischer Verbindungen entsprechen. Da diese Marken zur Bestimmung der gesuchten Substanzmengen der Elemente oder Verbindungen dienen, ist die Bemerkung „Gesucht“ auf dem Streifenende angebracht. Um die Übersichtlichkeit zu erhöhen, sind die Marken (Striche und Bezeichnungen) teils schwarz, teils rot dargestellt.

Auf dem unteren Streifenende befinden sich die logarithmischen Teilungen U_1 für die Zahlen 1 bis 10. Diese Teilung stimmt genau mit der Teilung U_1 des gewöhnlichen Rechenschiebers überein und dient in Verbindung mit der unteren Zungenteilung U_2 (welche ebenfalls genau der Teilung U_2 des gewöhnlichen Rechenschiebers entspricht) zu Multiplikationen und Divisionen.

Auf dem unteren Stabstreifen befinden sich auch die Marken:

$MV = 22{,}4$ (Molvolumen der Gase).

$K = \frac{273}{760} = 0{,}3592$ (Reduktionskonstante für Gasvolumina auf normalen Druck und normale Temperatur).

$N = \frac{273}{760} \,.\, 0{,}0012505 = 0{,}0004492 = K \,.\, 0{,}0012505$. Hierin bedeuten: 0,0012505 die spezifische Dichte von N, d. h. 1 Liter N wiegt 1,2505 g. Mit dieser Marke kann man in Umgehung der Gasvoluminareduktion aus einer bei t° und p Torr aufgefangenen Stickstoffmenge direkt das entsprechende N-Gewicht bestimmen.

$1\,F = 26{,}8$ Amperestunden, $2\,F$ und $3\,F$ sind die Vielfachen davon. Diese Marken dienen zur Ermittlung der gegenseitigen Beziehungen zwischen Stromstärke i, Zeitmenge z und elektrolytischem Niederschlag a bei elektrolytischen Prozessen.

Auf der Rückseite des Stabes ist eine Tabelle der Atom- und Molekulargewichte der wichtigsten Elemente und Verbindungen angebracht. Die Schrägseite des Stabes besitzt (ebenso wie beim gewöhnlichen Rechenschieber) eine mm-Teilung.

Die oberen Zungenteilungen enthalten auf beiden Seiten der Zunge Markenstriche für die Atom- und Molekulargewichte vieler Elemente und chemischer Verbindungen, die als Niederschläge aus eingewogenen Substanzmengen gefunden werden. Das Zungenende trägt demnach die Bezeichnung „Gefunden“. Zur besseren Übersicht sind auch hier die Marken teils schwarz, teils rot dargestellt. Die Verteilung auf beide Zungenseiten ist so vorgenommen, daß die Bestimmungsformen der Metalle der Schwefelwasserstoffgruppe auf der einen (vor der Teilung die Bezeichnung „H_2S"), alle übrigen auf der anderen Seite der Zunge zu finden sind.

Die untere Zungenteilung U_2 (auf jeder Zungenseite die gleiche Teilung!) ist eine mit der Stabteilung U_1 genau übereinstimmende logarithmische Teilung zur Ausführung von Multiplikationen und Divisionen.

In der Mitte der Zunge ist eine Reziprokteilung angebracht.

b) Analysenberechnung.

73. Beispiel. Bei einer Chloridbestimmung betrug die Einwaage $s = 0{,}520$ g, erhalten wurde als Niederschlag $a = 0{,}370$ g AgCl. Gesucht: g und % Cl in der Substanzeinwaage s.

$$\mathrm{g\ Cl} = \frac{\mathrm{Cl}}{\mathrm{AgCl}} \cdot a, \quad \%\ \mathrm{Cl} = \frac{\mathrm{Cl}}{\mathrm{AgCl}} \cdot \frac{a}{s} \cdot 100.$$

Man stellt die Marke AgCl „Gefunden" der Zunge („H_2S") unter die Marke Cl „Gesucht" des oberen Stabstreifens. Damit ist das Substanzverhältnis aufgesucht. Nun wird mit a multipliziert, indem man den Glasläufer auf die Zahl a (= 0,37) der Zungenteilung U_2 einstellt und erhält so unter dem Läuferstrich auf der Stabteilung U_1 das Ergebnis 0,0916 g Cl.

Bei unverändertem Läuferstrich zieht man nun die Zahl s (= 0,52) der Zungenteilung U_2 darunter und erhält am Anfangsstrich „1" der Zunge auf der Teilung U_1 die Prozente: = 17,6% Cl.

Auch hier kann natürlich der Anfangsstrich „1" und der Endstrich „1" der Zunge je nach Bedarf vertauscht werden.

Zu beachten ist, daß man stets auf die Äquivalenz Rücksicht zu nehmen hat. So stellt man beispielsweise bei einer Manganbestimmung als Mn_3O_4 nicht auf Mn, sondern auf Mn_3 ein. Ist das Vielfache nicht als Marke verzeichnet, muß es durch Multiplikation errechnet werden.

c) Reduktion von Gasvolumina auf Normalverhältnisse.

$$v_0 = K \cdot v_t \cdot \frac{B - f}{273 + t}.$$

Darin bedeuten:

$K = \frac{273}{760}$ (Marke des Rechenschiebers),

v_t das gemessene, aufgefundene Gasvolumen bei p Torr und $t°$,

B den Barometerstand (Torr) und

f die Dampfspannung (Tension des Wasserdampfes in Torr).

74. Beispiel. Einwaage 0,500 g; aufgefangenes Gas $v_t = 80$ ml; $B - f = 740$ Torr; $t = 17°$. Gesucht: v_0. Schieberrechnung: $K \cdot 80 \cdot \frac{740}{290}$.

Läuferstrich auf K der Stabteilung U_1 einstellen, die Zahl 290 der Zunge darunterschieben, Läuferstrich auf die Zahl 740 der Zungenteilung U_2 stellen, dann den Endstrich „1" der Zungenteilung U_2 unter den Läuferstrich bringen. Läuferstrich auf die Zahl 80 der Zungenteilung verschieben und Ablesen auf der Stabteilung U_1: 73,3 ml.

d) Litergewicht von Gasen.

$$\text{Litergewicht} = \frac{\text{Molekulargewicht}}{\text{Molvolumen}}.$$

75. Beispiel.

$$1 \text{ Liter CO wiegt } \frac{28{,}00}{22{,}4} = 1{,}25 \text{ g}.$$

Schieberrechnung: Man stellt den Läuferstrich auf die Marke MV der Stabteilung U_1 und zieht darunter die Molekulargewichtszahl (für CO = 28,00) der Zungenteilung U_2. Dann kann man am Anfangsstrich der Zungenteilung (in manchen Fällen auch am Endstrich) U_2 das Litergewicht des Gases in g ablesen.

e) N-Bestimmung.

$$\% N = N \cdot v_t \cdot \frac{B - f}{273 + t} \cdot \frac{100}{\text{Einwaage}}.$$

f) Analysenumrechnung auf Trockensubstanz.

76. Beispiel. Eine Analyse habe ergeben: 32% Cu, 34% Fe, 31% S und 3% H_2O. Die Substanz enthält also 100 — 3 = 97% Trockensubstanz und 3% Wasser.

Wir müssen demnach jeden gefundenen Wert mit $\frac{100}{97}$ multiplizieren, um den Prozentgehalt, bezogen auf Trockensubstanz, zu erhalten.

Man zerlegt $\frac{100}{97}$ in $\frac{97 + 3}{97} = 1 + \frac{3}{97}$.

Zählt man also $\frac{3}{97}$ jeder Prozentzahl zu, erhält man sehr genau die gesuchten Prozente.

Schieberrechnung: Man stellt die Zahl 97 der Zungenteilung U_2 über die Zahl 3 der Stabteilung U_1 und erhält z. B. bei der Zahl 34 (= % Fe) der Zungenteilung U_2 den zu 34 zuzuschlagenden Betrag 1,05 auf der Stabteilung U_1. Für die Zahlen 32 und 31 kann auf diese Weise nicht abgelesen werden. Man muß, wie immer in solchen Fällen, den Anfangsstrich „1“ der Zungenteilung U_2 unter Zuhilfenahme des Läuferstriches an die Stelle des Endstriches „1“ der Zungenteilung U_2 verschieben und kann nun bei den Zahlen 31 und 32 der Zungenteilung U_2 auf U_1 des Stabes die Zuschläge für 31 und 32, d. i. 0,96 bzw. 0,99 ablesen.

Wir erhalten so, gerechnet auf Trockensubstanz: 32,99% Cu, 35,05% Fe, 31,96% S (zusammen 100%).

g) Strommenge und elektrolytische Abscheidung.

Die Benutzung der Marken 1 F, 2 F, 3 F richtet sich nach der Valenz der leitenden Flüssigkeit. Man setzt für

Kupfer-1-salze	1 F,	Eisen-2-salze	2 F,
Kupfer-2-salze	2 F,	Eisen-3-salze	3 F
Bleisalze	2 F,	usw.	

1 F bedeutet 26,8 Amperestunden, a elektrolytisch abgeschiedenes Element.

Strommenge $s = \frac{1\,F}{\text{Atomgewicht}} \cdot a$,

bzw. $\frac{2\,F}{\text{Atomgewicht}} \cdot a$ in Amperestunden;

Abscheidung $a = \frac{\text{Atomgewicht}}{1\,F} \cdot s$,

bzw. $\frac{\text{Atomgewicht}}{2\,F} \cdot s$ in Gramm.

77. Beispiel. Wie groß ist die Strommenge s in Amperestunden zur Abscheidung von 240 mg Kupfer aus einer Kupfersulfatlösung?

$$s = \frac{2\,F}{\text{Cu}} \cdot a = \frac{2\,F}{63{,}54} \cdot 0{,}24 = 0{,}2025 \text{ Amperestunden.}$$

Beträgt die Stromstärke 0,03 Ampere, so erfordert die Abscheidung

$$\frac{0{,}2025}{0{,}03} = 6{,}75 \text{ Stunden.}$$

Schieberrechnung: Läuferstrich auf die Marke 2 F der Stabteilung U_1 einstellen, darunter die Marke Cu der Zungenteilung ziehen, den Läufer auf die Zahl 0,24 der Zungenteilung U_2 schieben und auf der Stabteilung U_1 das Ergebnis 0,2025 ablesen. Zieht man nun noch unter den Läuferstrich die Zahl 0,03 der Zungenteilung U_2, so erhält man am Endstrich „1“ von U_2 die notwendige Laufzeit 6,75 Stunden.

0. Maßeinheiten.

1. Längenmaße.

Die Einheit des Längenmaßes ist 1 Meter (m). Es ist dies der vierzigmillionste Teil des Erdumfanges.

Davon abgeleitet sind:

1 m = 10 dm (Dezimeter) = 100 cm (Zentimeter) = 1000 mm (Millimeter),
1 dm = 10 cm,
1 cm = 10 mm.

Die Verwandlungszahl von einer Einheit zur nächsthöheren ist 10!

Weitere Längenmaße: 1 km (Kilometer) = 1000 m,
1 μ (Mikron) = 0,001 mm,
1 mμ (Millimikron) = 0,000001 mm,
1 engl. Zoll (″) = 2,540095 cm.

Aufgaben: 74. Zerlege in die darin enthaltenen Maßeinheiten:
a) 0,75 km, **b)** 243 dm, **c)** 47,52 m, **d)** 19,74 cm, **e)** 20,504 km, **f)** 0,032 m.

75. Bringe folgende mehrnamige Zahlen auf die höchste und anschließend auf die niedrigste, darin enthaltene Benennung:
a) 4 m 7 dm, **b)** 1 m 27 mm, **c)** 32 m 18 cm 5 mm,
d) 0,7 dm 32 cm, **e)** 8 cm 0,6 mm, **f)** 52 km 38 m.

2. Flächenmaße.

Die Einheit des Flächenmaßes ist 1 Quadratmeter (m^2), d. i. die Fläche eines Quadrates, dessen Seitenlänge 1 m beträgt.

1 m^2 = 100 dm^2 (Quadratdezimeter) = 10000 cm^2 (Quadratzentimeter),
1 dm^2 = 100 cm^2,
1 cm^2 = 100 mm^2 (Quadratmillimeter).

Die Verwandlungszahl von einer Einheit zur nächst höheren ist 100!

Weitere Flächenmaße: 1 a (Ar) = 100 m^2,
1 ha (Hektar) = 100 a.

Aufgaben: 76. Zerlege in die darin enthaltenen Maßeinheiten:
a) 0,19 m^2, **b)** 5,0392 m^2, **c)** 19,076 dm^2,
d) 7,30489 m^2, **e)** 0,0004 km^2.

77. Bringe folgende mehrnamige Zahlen auf die höchste und anschließend auf die niedrigste der enthaltenen Benennungen:
a) 2 m^2 90 dm^2, **b)** 15 m^2 4 dm^2, **c)** 8 m^2 9 dm^2 4 cm^2,
d) 21 dm^2 218 mm^2, **e)** 3 dm^2 5 mm^2, **f)** 0,9 cm^2 22 mm^2.

3. Körpermaße.

Die Einheit des Körpermaßes ist 1 Kubikmeter (m^3), d. i. der Rauminhalt eines Würfels, dessen Kantenlänge 1 m beträgt.

1 m^3 = 1000 dm^3 (Kubikdezimeter),
1 dm^3 = 1000 cm^3 (Kubikzentimeter),
1 cm^3 = 1000 mm^3 (Kubikmillimeter).

Die Verwandlungszahl von einer Einheit zur nächsthöheren ist 1000!

Aufgaben: 78. Zerlege in die darin enthaltenen Maßgrößen:

a) 0,765428 m^3, **b)** 2,00760384 m^3, **c)** 19,7 cm^3, **d)** 0,009002 dm^3.

79. Bringe folgende mehrnamige Zahlen auf die höchste und anschließend auf die niedrigste enthaltene Benennung:

a) 2 m^3 342 dm^3, **b)** 41 m^3 9 dm^3, **c)** 0,8 dm^3 17 cm^3,
d) 5 dm^3 73 cm^3, **e)** 0,07 dm^3 3487 mm^3

4. Hohlmaße.

Die Einheit des Hohlmaßes ist 1 Liter (l).

Das „wahre Liter" ist jener Raum, den 1 kg chemisch reinen Wassers (im Vakuum gewogen) bei +4° C einnimmt. Er ist um 0,027 cm^3 größer als 1 dm^3.

1 l = 1000 ml (Milliliter).

Die Differenz zwischen ml und cm^3 ist für die Praxis ohne Bedeutung, weshalb 1 ml = 1 cm^3 gesetzt werden kann.

Abgeleitete Einheiten: 1 hl (Hektoliter) = 100 l,
1 dl (Deziliter) = 0,1 l,
1 cl (Zentiliter) = 0,01 l,
1 ml (Milliliter) = 0,001 l.

Aufgaben: 80. Verwandle in Liter:

a) 2 hl 25 l, **b)** 0,5 hl 4 l, **c)** 80 dm^3, **d)** 42 cm^3,
e) 2 dm^3 87 cm^3, **f)** 3 m^3, **g)** 0,0055 m^3.

81. Verwandle in m^3:

a) 3780 Liter, **b)** 72936 cm^3, **c)** 810,4 Liter, **d)** 784900 ml.

82. Verwandle in ml:

a) 370 Liter, **b)** 4,5 Liter, **c)** 0,09 Liter, **d)** 8,4 dl, **e)** 0,000034 m^3.

5. Gewichte.

Die Einheit für das Gewicht ist 1 Kilogramm (kg).

1 kg ist das Gewicht 1 dm^3 destillierten Wassers im luftleeren Raum bei der Temperatur von +4° C gewogen.

1 kg = 100 dkg (Dekagramm) = 1000 g (Gramm),
1 dkg = 10 g,

1 g = 10 dg (Dezigramm) = 100 cg (Zentigramm) = 1000 mg (Milligramm),
1 mg = 0,001 g,
1 Meterzentner („Doppelzentner") mq = 100 kg,
1 t (Tonne) = 1000 kg.

Aufgaben: 83. Zerlege in die darin enthaltenen Maßeinheiten:

a) 42,709 kg, **b)** 0,87 kg, **c)** 456,90 dkg, **d)** 1243,9 mg, **e)** 9,005 kg, **f)** 0,75 t.

84. Bringe folgende mehrnamige Zahlen auf die höchste und anschließend auf die niedrigste enthaltene Benennung:

a) 1 kg 9 dkg, **b)** 42 kg 34 g, **c)** 0,8 kg 2 g, **d)** 8 t 23 kg,

85. Welches Gewicht haben die angeführten Wassermengen (bei + 4°), ausgedrückt in kg:

a) 43 Liter, **b)** 2 hl, **c)** 537 ml, **d)** 0,92 l, **e)** 5,7 dm^3, **f)** 34 cm^3, **g)** 0,055 m^3.

6. Zeitmaße.

1 Jahr hat 12 Monate oder 365 Tage (Schaltjahr 366 Tage). 1 Monat wird in der allgemeinen Rechnung zu 30 Tagen angenommen.

1 Woche hat 7 Tage,
1 Tag = 24 Stunden (h),
1 Stunde = 60 Minuten (m),
1 Minute = 60 Sekunden (s).

Bei Rechnungen mit Stunden, Minuten und Sekunden ist darauf zu achten, daß diese nicht im Zehnersystem weiterrücken!

78. Beispiel. 38 Min. 47 Sek.
+ 29 Min. 35 Sek.
= 67 Min. 82 Sek.; 82 Sek. = 1 Min. 22 Sek.,
folglich = 68 Min. 22 Sek. = 1 Stunde 8 Min. 22 Sek.

Aufgaben: 86. Wieviel Minuten sind:

a) 2 Tage, **b)** $\frac{2}{3}$ Stunden, **c)** 7 Stunden,
d) 2,5 Stunden, **e)** 1,25 Stunden, **f)** $\frac{13}{20}$ Stunden,
g) 96 Sekunden, **h)** 135 Sekunden, **i)** 12 Sekunden.

87. Bei der Bestimmung der Ausflußgeschwindigkeit einer Flüssigkeit wurden für je 250 ml folgende Zeiten benötigt:

a) 2 Min. 58 Sek.; 2 Min. 51 Sek.; 3 Min. 2 Sek.;
b) 1 Min. 4 Sek.; 59 Sek.; 1 Min. 3 Sek.; 1 Min. 4 Sek.

In welcher Zeit fließen im Durchschnitt 100 ml der Flüssigkeit aus?

88. Ein Bottich enthält 4420 Liter Wasser. Wieviel Stunden und Minuten werden zur Entleerung des Bottichs benötigt, wenn durch die Leitung pro Stunde 850 Liter (*6800 Liter*) abfließen?

7. Winkelmaße.

Der Umfang eines Kreises wird in 360 Grade (°) eingeteilt. Jedem Bogengrad entspricht im Mittelpunkt des Kreises ein Winkel, der gleichfalls nach Graden gemessen wird.

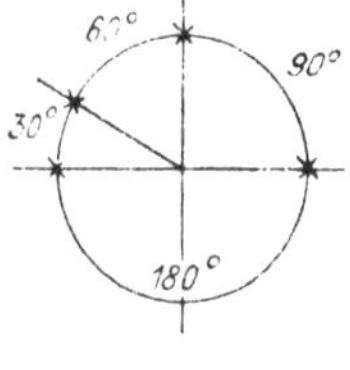

Abb. 3.

$1° = 60$ Minuten ($'$); $1' = 60$ Sekunden ($''$).

Einen Winkel von 90° nennt man einen rechten Winkel; ist er kleiner als 90° ist es ein spitzer, ist er größer ein stumpfer Winkel. Winkel, welche größer als 180° sind, nennt man erhabene Winkel.

Aufgaben: 89. Wieviel Grade und Minuten sind:

a) 5,4°, **b)** 17,9°, **c)** $8\frac{3}{4}°$, **d)** $12\frac{4}{5}°$, **e)** 180 Bogensekunden?

90. Wieviel ist

a) $\frac{3}{4}$ von 2° 18′ 40″, **b)** $\frac{5}{6}$ von 8° 12′ 42″, **c)** das 2,5fache von 27′ 22″?

P. Grundbegriffe der Trigonometrie.

Jene Seiten, die den rechten Winkel einschließen, nennt man Katheten, die dem rechten Winkel gegenüberliegende Seite Hypothenuse.

Alle rechtwinkligen Dreiecke, welche außer dem rechten Winkel noch einen spitzen Winkel (z. B. α) gleich haben, sind einander ähnlich. Das Verhältnis einander entsprechender Seiten ist in allen diesen Dreiecken stets das gleiche, z. B.

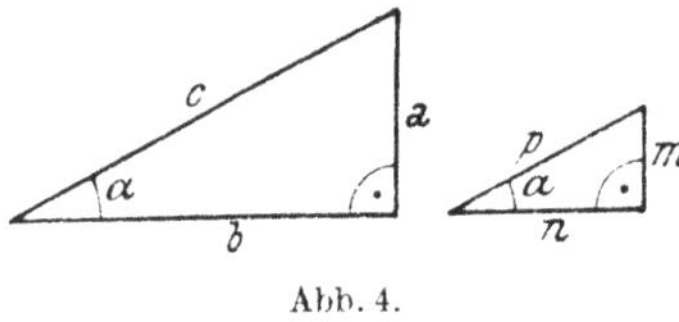

Abb. 4.

$$\frac{a}{b} = \frac{m}{n} \text{ oder } \frac{b}{c} = \frac{n}{p} \text{ usw.}$$

Die Größe dieses Verhältnisses ändert sich nur mit dem Winkel α. Ist beispielsweise $\alpha = 32°$, dann ist das Verhältnis:

$$\frac{a}{b} = \frac{m}{n} = 0{,}6249, \qquad \frac{b}{c} = \frac{n}{p} = 0{,}8480,$$

$$\frac{a}{c} = \frac{m}{p} = 0{,}5299, \qquad \frac{b}{a} = \frac{n}{m} = 1{,}600.$$

Diese Verhältnisse werden als Funktionen des Winkels α bezeichnet, und zwar ist das Verhältnis

$$\frac{a}{c} = \frac{\text{Gegenüberliegende Kathete}}{\text{Hypothenuse}} = \text{sinus des Winkels}$$

$$\left(\frac{a}{c} = \sin \alpha\right),$$

$$\frac{b}{c} = \frac{\text{Anliegende Kathete}}{\text{Hypothenuse}} = \text{cosinus des Winkels}$$

$$\left(\frac{b}{c} = \cos \alpha\right),$$

$$\frac{a}{b} = \frac{\text{Gegenüberliegende Kathete}}{\text{Anliegende Kathete}} = \text{tangens des Winkels}$$

$$\left(\frac{a}{b} = \operatorname{tg} \alpha\right),$$

$$\frac{b}{a} = \frac{\text{Anliegende Kathete}}{\text{Gegenüberliegende Kathete}} = \text{cotangens des Winkels}$$

$$\left(\frac{b}{a} = \operatorname{cotg} \alpha\right).$$

Diese Funktionen müssen ebenso wie für den Winkel 32° auch für jeden anderen spitzen Winkel ganz bestimmte Ziffernwerte besitzen, die wir zeichnerisch in folgender Weise (Abb. 5) darstellen können:

Wir zeichnen einen Kreis, dessen Halbmesser gleich der Längeneinheit (z. B. 1 dm) ist und legen die beiden Tangenten AT und BS an den Kreis. Durch die eingezeichneten Linien sind ähnliche rechtwinklige Dreiecke gebildet, deren Katheten und Hypothenusen für jeden bestimmten Winkel α genau ausgemessen werden können (eine Seite dieser Dreiecke fällt stets mit dem Halbmesser des Einheitskreises zusammen). Wenn der Kreishalbmesser = 1 ist, so geben die Strecken MP, OM, AT und BS unmittelbar die Funktionen des Winkels α an.

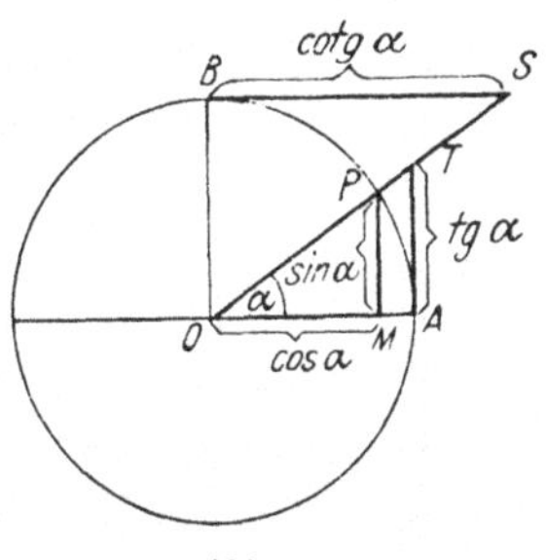

Abb. 5.

In der Tabelle 1, S. 64, sind die Winkelfunktionen für die Winkel von 0 bis 45°, und wenn man vom Schluß der Tafel ausgeht, auch die Funktionen für die Winkel von 45 bis 90° zusammengestellt. Im letzteren Falle gelten die am unteren Ende der Tafel verzeichneten Werte für die Aufsuchung der Winkelfunktionen.

In den mit D 1' überschriebenen Kolonnen stehen die Zahlen, welche angeben, um wieviel jeder der beiden Funktionswerte zwischen denen sie stehen, sich für 1' ändert. Sucht man zu einer Zahl von Minuten den zugehörigen Wert der trigonometrischen

Tabelle 1. Trigonometrische Funktionen.

Grad	Sinus	D 1°	Tangens	D 1°	Cotangens	D 1°	Cosinus	D 1°	Grad
0 ↓	0,0000	175	0,0000	175	∞		1,0000	02	90
1	0,0175	174	0,0175	174	57,29		0,9998	04	89
2	0,0349	174	0,0349	175	28,64		0,9994	08	88
3	0,0523	175	0,0524	175	19,08		0,9986	10	87
4	0,0698	174	0,0699	175	14,30		0,9976	14	86
5	0,0872	173	0,0875	176	11,43		0,9962	17	85
6	0,1045	174	0,1051	177	9,514		0,9945	20	84
7	0,1219	173	0,1228	177	8,144		0,9925	22	83
8	0,1392	172	0,1405	179	7,115	801	0,9903	26	82
9	0,1564	172	0,1584	179	6,314	643	0,9877	29	81
10	0,1736	172	0,1763	181	5,671	526	0,9848	32	80
11	0,1908	171	0,1944	182	5,145	440	0,9816	35	79
12	0,2079	171	0,2126	183	4,705	374	0,9781	37	78
13	0,2250	169	0,2309	184	4,331	320	0,9744	41	77
14	0,2419	169	0,2493	186	4,011	279	0,9703	44	76
15	0,2588	168	0,2679	188	3,732	245	0,9659	46	75
16	0,2756	168	0,2867	190	3,487	216	0,9613	50	74
17	0,2924	166	0,3057	192	3,271	193	0,9563	52	73
18	0,3090	166	0,3249	194	3,078	174	0,9511	56	72
19	0,3256	164	0,3443	197	2,904	157	0,9455	58	71
20	0,3420	164	0,3640	199	2,747	142	0,9397	61	70
21	0,3584	162	0,3839	201	2,605	130	0,9336	64	69
22	0,3746	161	0,4040	205	2,475	119	0,9272	67	68
23	0,3907	160	0,4245	207	2,356	110	0,9205	70	67
24	0,4067	159	0,4452	211	2,246	101	0,9135	72	66
25	0,4226	158	0,4663	214	2,145	95	0,9063	75	65
26	0,4384	156	0,4877	218	2,050	87	0,8988	78	64
27	0,4540	155	0,5095	222	1,963	82	0,8910	81	63
28	0,4695	153	0,5317	226	1,881	77	0,8829	83	62
29	0,4848	152	0,5543	231	1,804	72	0,8746	86	61
30	0,5000	150	0,5774	235	1,732	68	0,8660	88	60
31	0,5150	149	0,6009	240	1,664	64	0,8572	92	59
32	0,5299	147	0,6249	245	1,600	60	0,8480	93	58
33	0,5446	146	0,6494	251	1,540	57	0,8387	97	57
34	0,5592	144	0,6745	257	1,483	55	0,8290	98	56
35	0,5736	142	0,7002	263	1,428	52	0,8192	102	55
36	0,5878	140	0,7265	271	1,376	49	0,8090	104	54
37	0,6018	139	0,7536	277	1,327	47	0,7986	106	53
38	0,6157	136	0,7813	285	1,280	45	0,7880	109	52
39	0,6293	135	0,8098	293	1,235	43	0,7771	111	51
40	0,6428	133	0,8391	302	1,192	42	0,7660	113	50
41	0,6561	130	0,8693	311	1,150	39	0,7547	116	49
42	0,6691	129	0,9004	321	1,111	39	0,7431	117	48
43	0,6820	127	0,9325	332	1,072	36	0,7314	121	47
44	0,6947	124	0,9657	343	1,036	36	0,7193	122	46 ↑
45	0,7071		1,0000		1,000		0,7071		45
Grad	Cosinus	D 1°	Cotangens	D 1°	Tangens	D 1°	Sinus	D 1°	Grad

Funktion, so dividiert man die Zahl durch 60 und multipliziert mit der Minutenzahl und addiert das Produkt zu dem nächstvorhergehenden Wert, wenn die Funktion bei wachsendem Winkel zunimmt (sin und tg), zieht es dagegen von diesem ab, wenn die Funktion (cos und cotg) bei wachsendem Winkel abnimmt.

Beim Aufsuchen des Winkels aus einer gegebenen Funktion wird der umgekehrte Weg beschritten.

79. Beispiel. Aufzusuchen ist sin 18° 20′.

sin 18° ist nach der Tafel .... + 0,3090

D 1° = 166 (das entspricht 1° oder 60′), für 20′ demnach $\frac{166}{60} \cdot 20 = 055$;

sin 18° 20′ beträgt also .... 0,3090 + 0,0055 = + 0,3145

80. Beispiel. Wie groß ist der cotg 50° 10′?

Nach der Tafel ist cotg 50° .... + 0,8391

D 1° = 293 (für 60′), folglich für 10′: $\frac{293}{60}$ 10 = 049;

cotg 50° 10′ beträgt also .... 0,8391 — 0,0049 = + 0,8342

81. Beispiel. Aus der Tafel ist der zu dem cos α = 0,9342 gehörige Winkel zu suchen.

cos α = 0,9342

Der nächstniedrigere Wert aus der Tafel ist der cos 21° .. 0,9336

Differenz ... 0,0006

D 1° des abgelesenen Wertes zum nächsthöheren ist aus der Tafel 0,0061.

0,0061 entspricht 60′

0,0006 x

$$x = \frac{0{,}0006 \cdot 60}{0{,}0061} = 5{,}9 \text{ oder abgerundet } 6'.$$

Der Winkel $\alpha = 21° — 6' = 20° 54'$.

Mit Hilfe der Winkelfunktionen lassen sich Berechnungen über das rechtwinklige Dreieck bei gegebenem oder gesuchtem Winkel ausführen.

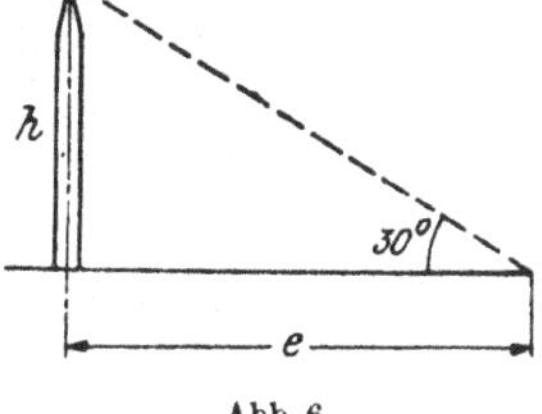

Abb. 6.

82. Beispiel. Wie hoch ist ein Turm, dessen Spitze aus der Entfernung e = 20 m anvisiert wurde. Der Winkel α = 30°. $\frac{h}{e} = \text{tg}\,\alpha$; daraus $h = e \cdot \text{tg}\,\alpha$.

Nach dem Einsetzen der Zahlenwerte erhält man

$$h = 20 \,.\, 0{,}5774 = 11{,}548 \text{ m}.$$

(Der tg α ist aus der Tafel zu entnehmen.)

Aufgaben: 91. Bestimme:

a) sin 35° 20′, **b)** cos 65° 40′, **c)** sin 88° 30′,
d) tg 39° 25′, **e)** cotg 15° 6′, **f)** tg 75° 18′.

92. Es ist der Brechungsindex $n = \frac{\sin \alpha}{\sin \beta}$ beim Übergang des Lichtes aus Luft in Glas aus dem Einfallswinkel α und dem Brechungswinkel β zu berechnen (Abb. 7):

a) $\alpha = 52° \, 35'$, $\beta = 30° \, 45'$; **b)** $\alpha = 41° \, 20'$, $\beta = 26° \, 10'$.

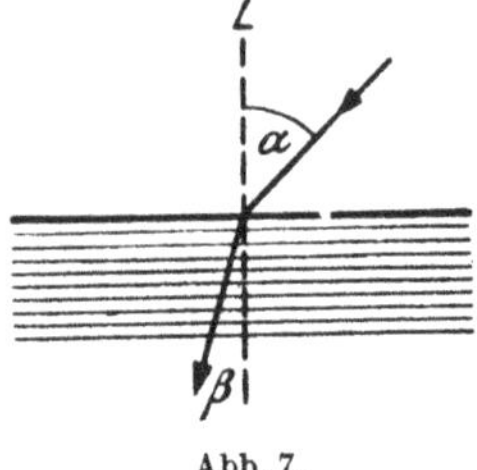

Abb. 7.

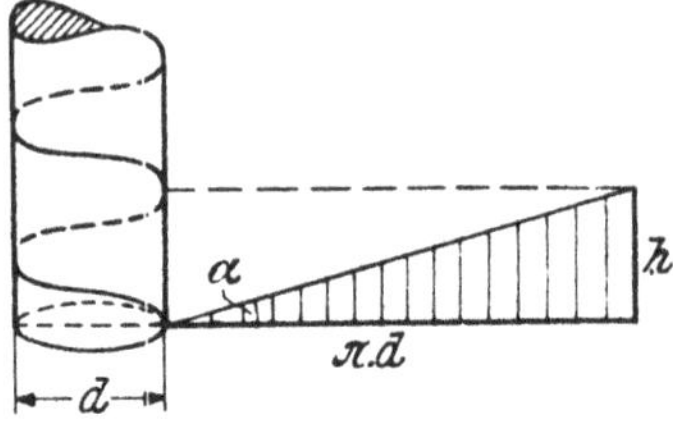

Abb. 8.

93. Berechne die beiden Katheten eines rechtwinkligen Dreieckes, von dem die Hypothenuse c und ein spitzer Winkel α gegeben sind:

a) $c = 110{,}25$ cm, $\alpha = 22°$; **b)** $c = 6{,}75$ m, $\alpha = 38° \, 45'$; **c)** $c = 125$ mm, $\alpha = 62° \, 30'$.

94. Wie groß ist der Steigungswinkel α einer Schraube vom Spindeldurchmesser d und der Ganghöhe h (Abb. 8), wenn

a) $d = 12$ mm, $h = 3$ mm; **b)** $d = 35$ mm, $h = 8$ mm ist.

R. Flächenberechnung.

Der *Umfang* ist eine Linie, welche die Begrenzung einer Fläche bildet. Er wird im Längenmaß gemessen.

Zur Bestimmung des *Flächeninhaltes* dient das Flächenmaß (Quadratmaß). Siehe auch Tabelle 22.

1. Der pythagoreische Lehrsatz.

Zwischen den 3 Seiten eines rechtwinkligen Dreieckes besteht eine stets gleichbleibende Beziehung.

Die Seiten a und b, welche den rechten Winkel einschließen, sind die Katheten, die Seite c, welche dem rechten Winkel gegenüberliegt (und die längste der 3 Seiten ist), nennt man Hypothenuse.

Satz: In jedem rechtwinkligen Dreieck ist die Summe der Quadrate über den Katheten inhaltsgleich dem Quadrat über der Hypothenuse.

$$a^2 + b^2 = c^2.$$

Daraus errechnet sich nach den Sätzen der Algebra:

$$a^2 = c^2 - b^2, \text{ bzw. } a = \sqrt{c^2 - b^2},$$
$$b^2 = c^2 - a^2, \quad b = \sqrt{c^2 - a^2},$$
$$c = \sqrt{a^2 + b^2}.$$

In unserer Zeichnung sei $a = 3$ cm, $b = 4$ cm und $c = 5$ cm. Die Quadrate über den Seiten sind eingezeichnet und in Quadratzentimeter unterteilt. Die Auszählung ergibt für das Quadrat über der Seite a 9 cm², über b 16 cm² und über c 25 cm².

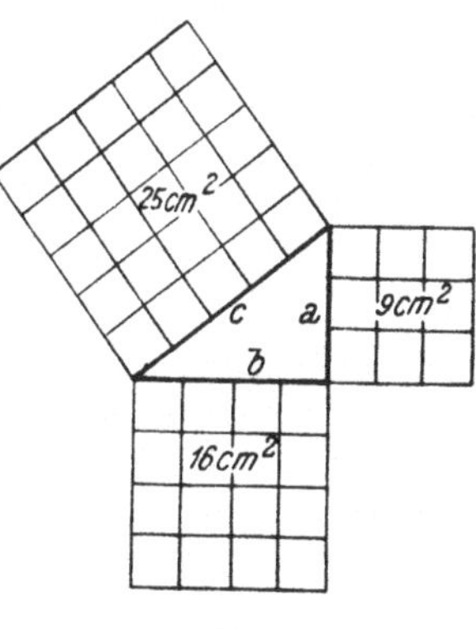

Abb. 9.

Setzen wir die Seitenlängen in die Gleichung $a^2 + b^2 = c^2$ ein, erhalten wir: $3^2 + 4^2 = 5^2$ oder ausgerechnet $9 + 16 = 25$. Wir kommen also zu dem gleichen Resultat, welches uns die Zeichnung lieferte.

83. Beispiel. Die Hypothenuse c eines rechtwinkligen Dreieckes mißt 2448 mm, die eine Kathete a 1152 mm. Es ist die andere Kathete b zu berechnen.

$$b^2 = c^2 - a^2, \text{ daraus } b = \sqrt{c^2 - a^2}.$$

Nach dem Einsetzen der Zahlenwerte erhalten wir:

$$b = \sqrt{2448^2 - 1152^2} = \sqrt{5992704 - 1327104} = \sqrt{4665600} = 2160 \text{ mm}.$$

Aufgaben: 95. Wie groß ist die Hypothenuse eines rechtwinkligen Dreieckes, dessen beide Katheten

a) 3,6 cm und 16 cm, **b)** 5,8 m und 8,2 m lang sind?

96. Wie groß ist die unbekannte Kathete eines rechtwinkligen Dreieckes, dessen bekannte Kathete 24 cm (*355 mm*) und dessen Hypothenuse 51 cm (*923 mm*) groß sind?

2. Das Quadrat.

Umfang $U = 4 . s$. Seitenlänge $s = \frac{U}{4}$.

Fläche $F = s . s = s^2$; $s = \sqrt{F}$.

Die Diagonale d errechnet sich nach dem pythagoreischen Lehrsatz:

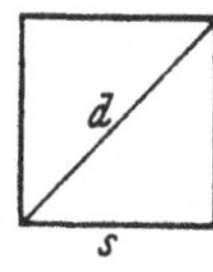

Abb. 10.

$$d^2 = s^2 + s^2 = 2 s^2, \quad d = \sqrt{2 s^2} = s . \sqrt{2}, \quad \sqrt{2} = 1{,}414.$$

84. Beispiel. Zu berechnen sind Umfang, Fläche und Diagonale eines Quadrates, dessen Seitenlänge s 5 cm beträgt.

$$U = 4 \,.\, 5 = 20 \text{ cm},$$
$$F = 5^2 = 25 \text{ cm}^2,$$
$$d = 5 \,.\, \sqrt{2} = 7{,}07 \text{ cm}.$$

Aufgaben: 97. Wie groß sind Umfang, Fläche und Diagonale eines Quadrates, dessen Seite s

a) 3 m, **b)** 4 dm 3 cm 5 mm, **c)** 0,715 m mißt?

98. Wie groß sind Seite und Umfang eines Quadrates, dessen Flächeninhalt

a) 213,16 dm², **b)** 7569 m² beträgt?

99. Die Diagonale eines Quadrates mißt 1,7 dm (*1,414 m*). Wie groß ist der Flächeninhalt des Quadrates?

3. Das Rechteck.

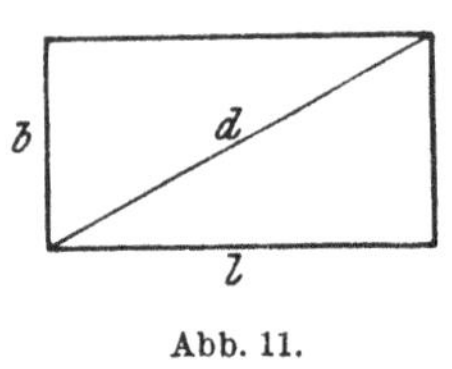

Abb. 11.

l = Länge, b = Breite des Rechteckes,

$$U = 2\,l + 2\,b = 2\,.\,(l + b).$$
$$l = \frac{U - 2\,b}{2}, \quad b = \frac{U - 2\,l}{2},$$
$$F = l\,.\,b, \quad l = \frac{F}{b}, \quad b = \frac{F}{l}, \quad d = \sqrt{l^2 + b^2}.$$

85. Beispiel. Die Seiten eines Rechteckes seien: $b = 3$ cm, $l = 4$ cm. Dann ist

$$U = 2\,.\,3 + 2\,.\,4 = 14 \text{ cm},$$
$$F = 3\,.\,4 = 12 \text{ cm}^2,$$
$$d = \sqrt{16 + 9} = \sqrt{25} = 5 \text{ cm}.$$

Aufgaben: 100. Berechne Umfang, Flächeninhalt und Diagonale der Rechtecke mit folgenden Seitenlängen:

a) $l = 12{,}3$ dm, $b = 9{,}2$ dm; **b)** $l = 35$ cm, $b = 23$ cm.

101. Der Umfang eines Rechteckes beträgt 43,8 cm (*8,74 dm*); die eine Seite hat eine Länge von 12,4 m (*1,84 dm*). Berechne die Länge der anderen Seite und die Fläche des Rechteckes.

102. Wie groß ist die längere Seite eines Rechteckes, dessen Flächeninhalt 8 m² 45 dm² 60 cm² (*24 cm²*) und dessen kürzere Seite 1 m 4 dm (*3,2 cm*) beträgt?

4. Das schiefwinklige Parallelogramm (Rhomboid).

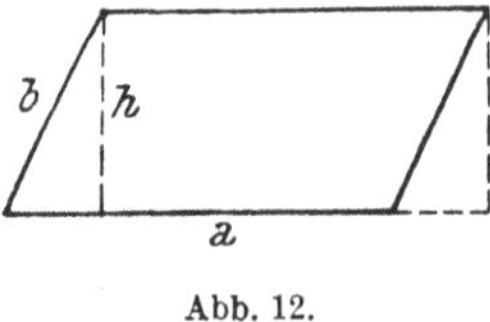

Abb. 12.

$$U = 2\,a + 2\,b.$$

Aus der Figur ist zu ersehen, daß die beiden eingezeichneten, kleinen Dreiecksflächen einander gleich sind; das linke Dreieck kann daher von seiner Stelle weggenommen und rechts angesetzt werden, wodurch ein Rechteck entsteht, dessen Fläche ebenso groß ist wie die des Parallelogramms. Die Seiten des gebildeten Rechteckes sind a und h (h = Höhe des Parallelogramms).

$$F = a \,.\, h \text{ (Grundlinie . Höhe).}$$

86. Beispiel. Die Seiten eines Parallelogramms seien $a = 6$ cm und $b = 5$ cm; die Höhe $h = 4$ cm. Dann ist:

$$U = 2 \,.\, 6 + 2 \,.\, 5 = 22 \text{ cm}, \qquad F = 6 \,.\, 4 = 24 \text{ cm}^2.$$

Aufgaben: **103.** Berechne den Flächeninhalt folgender Parallelogramme:

a) $a = 35$ cm, $h = 28$ cm; **b)** $a = 43{,}4$ m, $h = 23{,}2$ m.

5. Das Dreieck.

$$U = a + b + c.$$

Jedes Dreieck kann als die Hälfte eines Parallelogramms angesehen werden, welches mit ihm die gleiche Grundlinie und gleiche Höhe hat. Der Flächeninhalt berechnet sich danach wie folgt:

$$F = a \,.\, \frac{h}{2} \text{ (Grundlinie} \times \text{halber Höhe).}$$

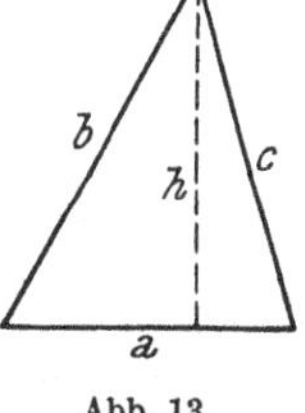

Abb. 13.

87. Beispiel. Die Grundlinie eines Dreieckes sei 5 cm lang, seine Höhe 4 cm. Daraus ergibt sich

$$F = 5 \,.\, \frac{4}{2} = 10 \text{ cm}^2.$$

Aufgaben: **104.** Entwickle die Formeln für die Berechnung der Grundlinie und für die Berechnung der Höhe.

105. Berechne die Grundlinie der Dreiecke von

a) 12 m² Flächeninhalt und 3,2 m Höhe,
b) 2,5 dm² Flächeninhalt und 1 dm Höhe.

106. Berechne Umfang und Flächeninhalt eines rechtwinkligen Dreieckes von den Seiten $a = 3$ cm, $b = 4$ cm und $c = 5$ cm.

6. Das Trapez.

$$U = a + b + c + d.$$

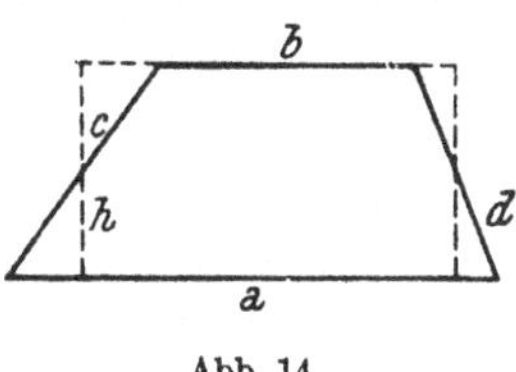

Abb. 14.

Aus der Figur ist zu ersehen, daß die jeweils gegenüberliegenden kleinen Dreiecke flächengleich sind. Durch Umklappen dieser Dreiecke entsteht ein Rechteck, dessen eine Seite durch die Höhe des Trapezes gebildet wird und dessen Grundlinie gleich ist der halben Summe der beiden Parallelseiten, also $\left(\frac{a+b}{2}\right)$.

$$F = \frac{a+b}{2} \cdot h.$$

Aufgaben: 107. Berechne den Flächeninhalt folgender Trapeze:

a) Länge der beiden Parallelseiten: 5 cm und 7 cm, Höhe 4 cm;
b) Länge der beiden Parallelseiten: 51 m 2 dm und 68 m 8 dm, Höhe 37 m 5 dm.

7. Das unregelmäßige Viereck (Trapezoid).

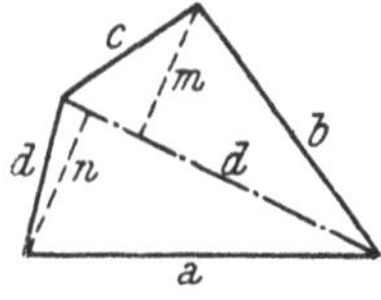

Abb. 15.

$$U = a + b + c + d.$$

Zur Berechnung des Flächeninhaltes zerlegt man das Viereck in Dreiecke oder Dreiecke und regelmäßige Vierecke und bildet die Summe der Flächeninhalte dieser neu entstandenen geometrischen Figuren.

Aufgaben: 108. Die Diagonale des in der Figur dargestellten Trapezoides beträgt 16 cm; die Strecke n mißt 4 cm, die Strecke m 6 cm. Wie groß ist der Flächeninhalt des Trapezoids?

8. Das Vieleck.

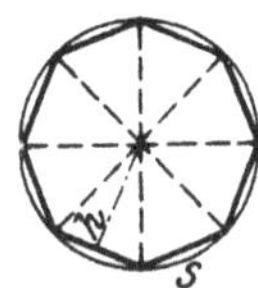

Abb. 16.

U = Summe aller Seiten.

Flächeninhalt des regelmäßigen Vieleckes:

$$F = U \cdot \frac{h}{2}.$$

Flächeninhalt des unregelmäßigen Vieleckes: Die gesamte Fläche wird in Dreiecke zerlegt, die Flächeninhalte derselben berechnet und addiert.

9. Der Kreis.

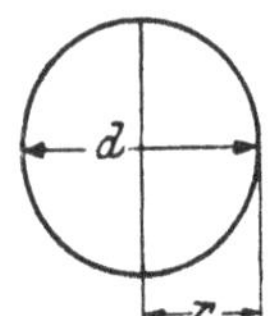

Abb. 17.

r = Halbmesser oder Radius, d = Durchmesser; $d = 2\,r$.

Zwischen dem Umfang und dem Durchmesser eines Kreises besteht die Beziehung, daß ersterer $3\frac{1}{7}$ mal so groß ist als der Durchmesser. Die genaue Zahl lautet 3,14159... (für unsere Berechnungen stets 3,14!), sie wird mit Pi (π) bezeichnet (und heißt die Ludolfische Zahl).

$$U = d \cdot \pi = 2\,r \cdot \pi; \text{ daraus } d = \frac{U}{\pi} \text{ bzw. } r = \frac{U}{2\,\pi}.$$

$$F = r^2 \cdot \pi = \frac{d^2}{4} \cdot \pi; \quad r = \sqrt{\frac{F}{\pi}}.$$

88. Beispiel. Der Durchmesser (⌀) eines Kreises betrage 6 cm; dann ist

$$r = \frac{6}{2} = 3\text{ cm},$$
$$U = 2\,r\,.\,\pi = 6\,.\,3{,}14 = 18{,}84\text{ cm},$$
$$F = r^2\,.\,\pi = 9\,.\,3{,}14 = 28{,}26\text{ cm}^2.$$

Aufgaben: 109. Berechne Umfang und Flächeninhalt eines Kreises vom Halbmesser

a) = 7,75 cm, **b)** = 1,8 m, vom Durchmesser
c) d = 8 dm 7 cm, **d)** d = 0,135 m.

110. Der Umfang eines Kreises beträgt:

a) 25,12 m, **b)** 8,17 dm, **c)** 44 cm. Berechne den Flächeninhalt des Kreises.

111. Wie groß ist der Flächeninhalt der in der nebenstehenden Abbildung dargestellten Fläche, wenn

a) l = 50 cm, b = 20 cm; **b)** l = 49,2 cm, b = 24,6 cm beträgt.

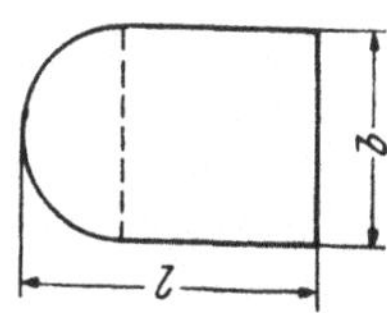

Abb. 18.

10. Der Kreissektor (Kreisausschnitt).

r = Radius, b = Bogen,

α = eingeschlossener Winkel, $U = 2\,r + b$,

$$F = \frac{r^2\,.\,\pi\,.\,\alpha}{360} = \frac{b\,.\,r}{2}, \qquad b = \frac{r\,.\,\pi\,.\,\alpha}{180}.$$

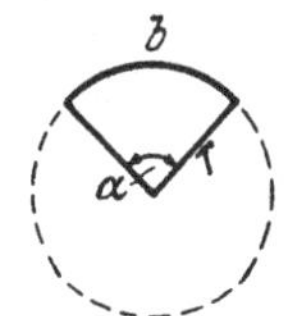

Abb. 19.

Aufgaben: 112. Welchen Flächeninhalt hat ein Kreisausschnitt,

a) dessen Bogen 1 m lang ist, während der Halbmesser des Kreises 3 m beträgt;

b) von 2,45 m Halbmesser und einem eingeschlossenen Winkel von 60°?

11. Der Kreisabschnitt.

s = Sehne, h = Höhe, b = Bogen, $U = b + s$,

$$F = \frac{r^2\,.\,\pi\,.\,\alpha}{360} - \frac{1}{2}\,s\,.\,\sqrt{r^2 - \frac{1}{4}s^2} = \frac{b\,r - s\,(r - h)}{2},$$

$$s = 2\,.\,\sqrt{h\,.\,(2\,r - h)}.$$

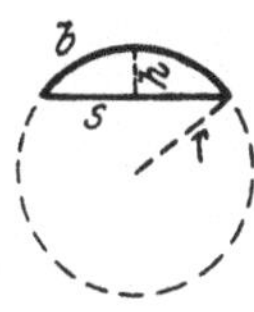

Abb. 20.

12. Der Kreisring.

R = äußerer Radius, r = innerer Radius,

$$F = R^2\,.\,\pi - r^2\,.\,\pi = (R^2 - r^2)\,.\,\pi.$$

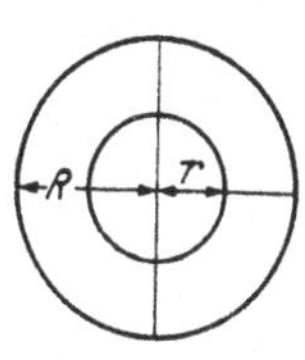

Abb. 21.

Aufgaben: 113. Wie groß sind Breite und Flächeninhalt eines Kreisringes, wenn die Umfänge der beiden Kreise

a) 8,34 dm und 5,21 dm, **b)** 25 cm und 16 cm lang sind?

13. Die Ellipse.

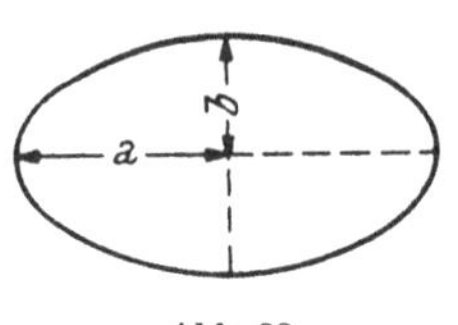

Abb. 22.

$F = a \cdot b \cdot \pi$ (Produkt aus den halben Achsendurchmessern mal π).

89. Beispiel. Die beiden Achsen einer Ellipse seien 10 cm und 8 cm lang. Dann ist

$$F = 5 \cdot 4 \cdot \pi = 20 \cdot 3{,}14 = 62{,}8 \text{ cm}^2.$$

Aufgaben: 114. Die Länge der Achsen einer Ellipse beträgt:

a) 20 cm und 12,6 cm, **b)** 3 m 52 cm und 2 m 68 cm.

Berechne daraus den Flächeninhalt der Ellipse.

S. Körperberechnung.

Die *Oberfläche* eines Körpers ist die Summe aller ihn begrenzenden Flächen; sie wird im Flächenmaß (Quadratmaß) gemessen.

Der *Rauminhalt* (Kubikinhalt, Volumen) eines Körpers ist die Größe des von seinen Grenzflächen eingeschlossenen Raumes; er wird im Raummaß (Kubikmaß) gemessen. Siehe auch Tabelle 22.

1. Der Würfel (Kubus).

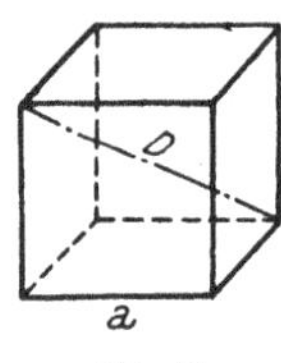

Abb. 23.

a = Seite des Würfels (Kantenlänge),
D = Diagonale des Würfels,

Oberfläche $O = 6 \cdot a^2$; $a = \sqrt{\frac{O}{6}}$,

Volumen $V = a \cdot a \cdot a = a^3$; $a = \sqrt[3]{V}$,

Diagonale $D = a \cdot \sqrt{3}$; $\sqrt{3} = 1{,}732$.

90. Beispiel. Die Kante eines Würfels sei 4 cm lang; dann ist

$$O = 6 \cdot 4^2 = 6 \cdot 16 = 96 \text{ cm}^2, \quad V = 4 \cdot 4 \cdot 4 = 64 \text{ cm}^3.$$

Aufgaben: 115. Berechne Rauminhalt und Oberfläche eines Würfels von der Kantenlänge

a) 3 dm, **b)** 1 m 9 cm, **c)** 2,25 m.

116. Welche Kantenlänge hat ein Würfel von

a) 107,3574 cm² Oberfläche, **b)** 21,12 m² Oberfläche,
c) 21 cm³ · 952 mm³ Rauminhalt, **d)** 2197 dm³ Rauminhalt?

(Die Aufgaben c und d sind logarithmisch zu rechnen!)

2. Das rechtwinklige Prisma.

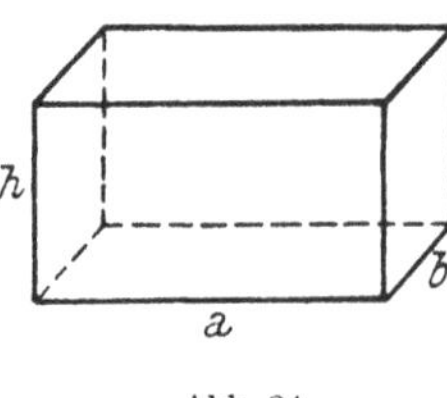

Abb. 24.

$O = 2ab + 2ah + 2bh$,
V = Grundfläche . Höhe $= ab \cdot h$.

91. Beispiel. Ein Gefäß in Form eines rechtwinkligen Prismas ist 10 cm lang, 6 cm breit und faßt 0,9 Liter. Wie hoch ist dieses Gefäß?

Grundfläche G = Länge . Breite = $10 \cdot 6 = 60 \text{ cm}^2 = 0{,}6 \text{ dm}^2$.

$$h = \frac{V}{G} = \frac{0{,}9}{0{,}6} = 1{,}5 \text{ dm} = 15 \text{ cm}.$$

Zu beachten ist, daß nur gleichnamige Zahlen, z. B. dm^2 durch dm usw. dividiert werden dürfen, im anderen Fall müssen sie auf die gleichen Maßeinheiten gebracht werden.

Bei der Berechnung der Oberfläche ist stets darauf zu achten, ob es sich um einen allseitig geschlossenen Körper (Gefäß) oder ein offenes Gefäß handelt.

Aufgaben: 117. Berechne Volumen und Oberfläche folgender Prismen:

a) $a = 24$ cm, $b = 18$ cm und $h = 36$ cm;
b) $a = 2{,}5$ m, $b = 1{,}8$ m und $h = 0{,}8$ m.

118. Wie hoch muß ein viereckiger Kasten von 280 cm Länge und 150 cm Breite (*2,4 m Länge und 1,75 m Breite*) sein, damit derselbe 5000 Liter Flüssigkeit aufnehmen kann?

119. Wie hoch muß ein viereckiger Kasten von den inneren Ausmaßen Länge = 96 cm, Breite = 60 cm, gemacht werden, damit er 400 Liter (*0,25 m³*) Fassungsvermögen hat?

120. Ein viereckiger Vorratsbehälter von den inneren Ausmaßen Länge = l m, Breite = b m, ist mit Natronlauge bekannten Gehaltes teilweise gefüllt. Die Bestimmung der Menge (Volumen) der Flüssigkeit wird durch Abstechen (Bestimmung der Eintauchtiefe eines in cm geteilten Eisenstabes) ermittelt. Die beim Eintauchen durch die Flüssigkeit benetzte Länge des Stabes sei *st*. Wieviel Liter Lauge sind enthalten, wenn

a) $l = 150$ cm, $b = 90$ cm und $st = 42$ cm;
b) $l = 3$ m, $b = 2$ m und $st = 54$ cm groß sind?

Wieviel Liter sind pro 1 cm Höhe in dem Gefäß enthalten?

3. Der Zylinder.

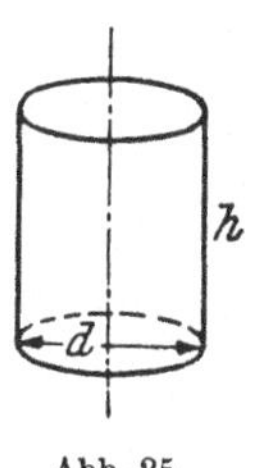

Abb. 25.

d = Durchmesser, h = Höhe,
O = Mantel + Grundfläche + Deckfläche,
$= \quad M \quad + \quad r^2 \cdot \pi \quad + \quad r^2 \cdot \pi.$

Der Mantel M ist ein Rechteck (aufrollen!) von der Seitenlänge $2 r \pi$ (Umfang des Kreises) und der Breite h (Höhe des Zylinders); $M = 2 r \pi h$.

V = Grundfläche . Höhe = $r^2 \pi h$.

92. Beispiel. Der Durchmesser eines stehenden, beiderseits geschlossenen Zylinders beträgt 6 dm, die Höhe 15 dm. Dann ist

$$O = M + 2 r^2 \pi = 2 r \pi h + 2 r^2 \pi = 2 r \pi \cdot (h + r) =$$
$$= 6 \cdot \pi \cdot (15 + 3) = 339{,}12 \text{ dm}^2.$$

$$V = G \cdot h = r^2 \cdot \pi \cdot h = 423{,}9 \text{ dm}^3.$$

Aufgaben: 121. Wieviel Blech braucht man für eine Röhre, welche 5 m (*12 m*) lang ist und einen Durchmesser von 2 dm (*80 cm*) hat?

122. Berechne das Volumen eines zylindrischen Gefäßes von 15 dm (*2 m 40 cm*) Höhe und einem Durchmesser von 62 cm (*120 cm*).

123. Ein zylindrischer Wasserbehälter von den inneren Ausmaßen Höhe = 1,6 m, Durchmesser = 2,1 m soll mittels eines Gefäßes, welches 28 Liter (*15,5 Liter*) faßt, gefüllt werden. Wie oft muß letzteres in den Behälter entleert werden?

124. Wieviel Liter Wasser dürfen in einen zylindrischen Behälter von 180 cm innerem Durchmesser und 120 cm innerer Höhe (*75 cm Durchmesser und 110 cm Höhe*) eingefüllt werden, damit von der Flüssigkeitsoberfläche zum oberen Rand des Behälters 30 cm frei bleiben?

125. In ein stehendes, oben offenes zylindrisches Gefäß von 80 cm äußerem Durchmesser, 1 m äußerer Höhe und einer Wandstärke von 10 mm werden 275 Liter (*0,35 m³*) Wasser gefüllt. Wie hoch steht das Wasser in dem Gefäß?

4. Die regelmäßige Pyramide.

h = Höhe der Pyramide, g = Länge der Grundkante,
s = Länge der Seitenkante, a = Höhe der Seitenfläche.
O = Mantel + Grundfläche = $M + G$.
V = Grundfläche . $\frac{1}{3}$ der Höhe = $G \cdot \frac{h}{3}$.

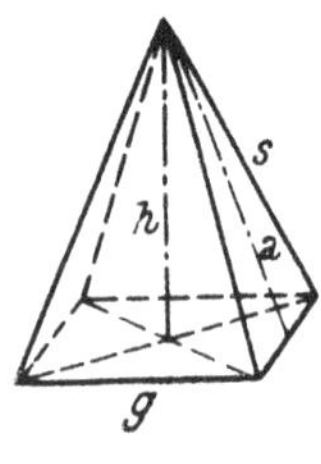

Abb. 26.

93. Beispiel. Die Grundfläche einer Pyramide ist ein Quadrat von 6 dm Seitenlänge (= g). Die Seitenhöhe (= a) beträgt 12,37 dm. Zu berechnen sind O und V.

Der Mantel M besteht aus 4 Dreiecken von 6 dm Grundlinie und 12,37 dm Höhe; daraus errechnet sich eine Seitenfläche zu $\frac{6 \cdot 12{,}37}{2} = 37{,}11$ dm². Vorhanden sind 4 Seitenflächen, also $4 \cdot 37{,}11 = 148{,}44$ dm².

Die Grundfläche G ist ein Quadrat von 6 cm Seitenlänge, folglich ist $G = 6 \cdot 6 = 36$ dm².

$O = G + M = 36 + 148{,}44 = 184{,}44$ dm².

$V = G \cdot \frac{h}{3}$; h errechnet sich nach dem pythagoreischen Lehrsatz aus dem rechtwinkligen Dreieck, welches begrenzt wird von der Höhe h, der halben Grundkante g als Katheten und der Seitenhöhe a als Hypothenuse.

$h = \sqrt{12{,}37^2 - 3^2} = 12$ dm, $V = 36 \cdot \frac{12}{3} = 36 \cdot 4 = 144$ dm³.

Aufgaben: 126. Berechne die Oberfläche und den Rauminhalt einer regelmäßigen Pyramide von 3 cm (*40 cm*) Höhe, deren Grundfläche durch ein Quadrat von 1,5 cm (*10 cm*) Seitenlänge gebildet wird. (Die Höhe der Seitenflächen muß mit Hilfe des pythagoreischen Lehrsatzes ermittelt werden.)

127. Berechne die Oberfläche und den Rauminhalt einer regelmäßigen Pyramide, deren Grundfläche ein Quadrat von 40 cm Seitenlänge (*ein regelmäßiges Sechseck von 20 cm Seitenlänge*) ist und deren Seitenkante eine Länge von 50 cm besitzt.

5. Der Kegel.

$s =$ Seitenlänge, $h =$ Höhe, Mantel $M = r \cdot \pi \cdot s$,

$O =$ Grundfläche $+$ Mantel $= r^2 \cdot \pi + r \cdot \pi \cdot s$,

$$V = G \cdot \frac{h}{3} = r^2 \cdot \pi \cdot \frac{h}{3}.$$

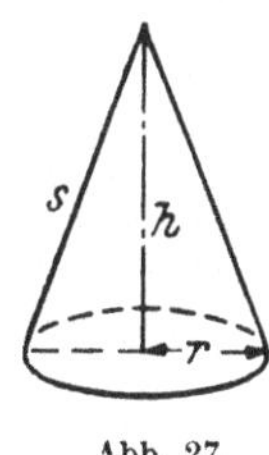

Abb. 27.

Aufgaben: 128. Berechne die Mantelfläche und den Rauminhalt eines Kegels mit kreisförmiger Grundfläche, wenn

a) der Durchmesser 5,6 cm, die Höhe 8,4 cm;
b) „ „ 4 dm, „ „ 6 dm beträgt.

129. Der Rauminhalt eines Kegels wurde zu 4 m³ 680 dm³ (*60 Liter*), seine Höhe zu 4,5 m (*50 cm*) bestimmt. Wie groß ist die Grundfläche des Kegels?

6. Der Pyramiden- und der Kegelstumpf.

$O =$ Mantel $+$ Grundfläche $+$ $+$ Deckfläche,

Mantel $M = \frac{(U + u) \cdot s}{2}$,

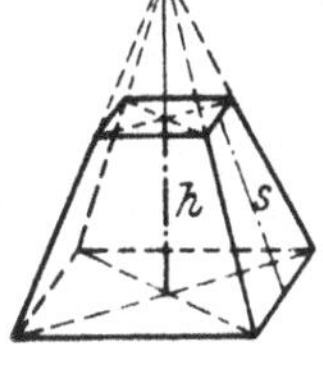

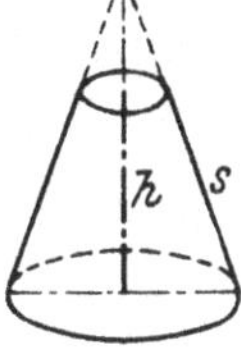

Abb. 28.

$U =$ Umfang der Grundfläche,
$u =$ Umfang der Deckfläche,
$s =$ Seitenhöhe des Pyramidenstumpfes (Kegelstumpfes).

Das Volumen V errechnet sich aus der Differenz des Volumens der vollen Pyramide (des vollen Kegels) und dem Volumen der abgeschnittenen, kleineren Pyramide (der abgeschnittenen Kegelspitze).

$$V = (G + g + \sqrt{G \cdot g}) \cdot \frac{h}{3}.$$

$G =$ Grundfläche, $g =$ Deckfläche, $h =$ Höhe des Stumpfes.

(Näherungsweise kann V auch nach der Formel $V = \frac{G + g}{2} \cdot h$ berechnet werden.)

Aufgaben: 130. Wieviel Liter faßt ein Gefäß in Form eines Kegelstumpfes von 3 dm Höhe (*0,89 m Seitenhöhe*), einem Durchmesser der Bodenfläche von 2,5 dm (*1,56 m*) und einem Durchmesser der oberen, offenen Fläche von 2,8 dm (*0,78 m*)?

131. Wie groß ist die Oberfläche eines offenen Kegelstumpfes, dessen Seitenhöhe 25 cm (*40 cm*) beträgt und dessen Grundfläche einen Durchmesser von 20 cm (*60 cm*) besitzt, während der Durchmesser der Öffnung nur 15 cm (*50 cm*) mißt?

132. Wie groß sind Oberfläche und Rauminhalt eines Pyramidenstumpfes, dessen Grundfläche und Deckfläche Quadrate von 10 cm und 6 cm (*80 cm und 40 cm*) Seitenlänge sind und dessen Höhe 8 cm (*1 m*) beträgt?

Für die Inhaltsberechnung *kreisrunder Bottiche* (welche die Form eines Kegelstumpfes besitzen), ergibt sich nach dem Einsetzen der Kreisformeln folgende Rechenformel:

$$V = \pi \cdot (R^2 + R \cdot r + r^2) \cdot \frac{h}{3}.$$

Aufgaben: 133. Berechne den Inhalt eines kreisrunden Bottichs, welcher nachstehende innere Maße aufweist:

a) Oberer Halbmesser 90 cm, unterer Halbmesser 120 cm, Höhe 75 cm;

b) oberer Halbmesser 125 cm, unterer Halbmesser 150 cm, Höhe 90 cm.

7. Die Kugel.

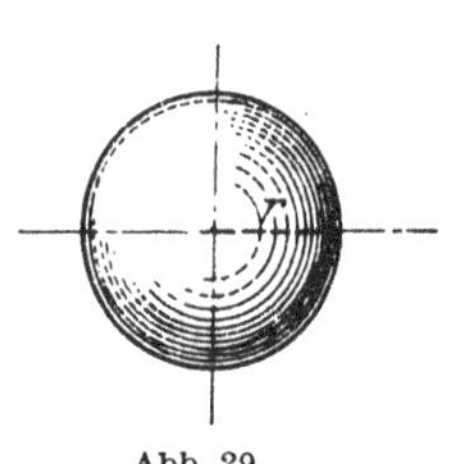

Abb. 29.

$r =$ Radius, $O = 4 \cdot r^2 \cdot \pi$, $V = \frac{4}{3} \cdot r^3 \cdot \pi$.

94. Beispiel. Der Durchmesser einer Kugel beträgt 10 cm. Daraus ergibt sich:

$$r = \frac{10}{2} = 5 \text{ cm},$$

$$O = 4 \cdot 5^2 \cdot \pi = 314 \text{ cm}^2,$$

$$V = \frac{4}{3} \cdot 5 \cdot 5 \cdot 5 \cdot \pi = 166{,}7 \cdot 3{,}14 = 523{,}4 \text{ cm}^3.$$

Aufgaben: **134.** Die Oberfläche einer Kugel beträgt 200,96 dm² (*11086,4 m²*). Wie groß ist ihr Rauminhalt?

135. Wieviel Liter faßt ein zylindrisches Gefäß mit halbkugelförmigem Boden und einer Gesamthöhe von 40 cm (*1,5 m*), wenn der Durchmesser 22 cm (*60 cm*) beträgt?

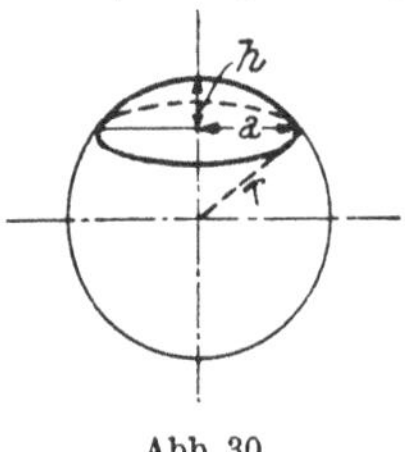

Abb. 30.

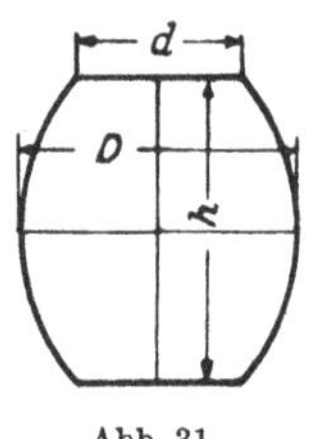

Abb. 31.

8. Das Kugelsegment (Kugelkalotte) (Abb. 30).

$r =$ Radius der Kugel, $a =$ Radius der Grundfläche,

$h =$ Höhe der Kalotte, $O = 2 \cdot \pi \cdot r \cdot h = \pi \cdot (a^2 + h^2)$,

$$V = \frac{1}{6} \cdot \pi \cdot h \cdot (3\,a^2 + h^2) = \frac{1}{3} \cdot \pi \cdot h^2 \cdot (3\,r - h).$$

9. Das Faß (Abb. 31).

$$V = \frac{1}{12} \cdot \pi \cdot h \cdot (2\,D^2 + d^2).$$

10. Zylindrische Gefäße mit gewölbtem Boden.

Zur Bestimmung des Inhaltes von zylindrischen Gefäßen mit gewölbtem Boden wurden Tabellen (S. 78, 79) errechnet, aus denen bei gegebenem Durchmesser und der Höhe des Flüssigkeitsstandes das Volumen der enthaltenen Flüssigkeit in Litern entnommen werden kann.

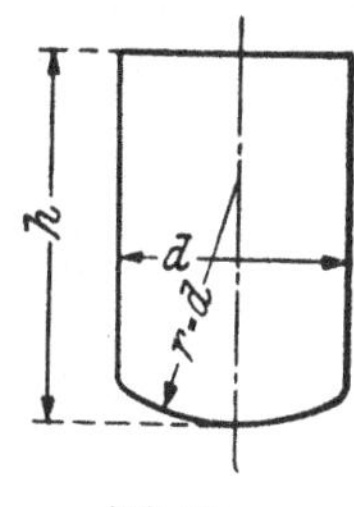

Abb. 32.

95. Beispiel. Durchmesser $d = 120$ cm, Flüssigkeitsstand $h = 80$ cm.

Man sucht in der Senkrechten den Durchmesser 120 cm und folgt der Zahlenreihe nach rechts bis unter die Zahl 80 cm der Höhenangabe h und liest dort sofort das Volumen = 816 Liter ab.

Aufgaben: 136. Bestimme den Flüssigkeitsinhalt eines Kessels obiger Form, wenn sein

a) innerer Durchmesser $d = 75$ cm, der Flüssigkeitsstand $h = 60$ cm;

b) innerer Durchmesser $d = 205$ cm, der Flüssigkeitsstand $h = 170$ cm beträgt.

11. Liegende Zylinder.

Der Inhalt liegender Zylinder berechnet sich für h cm Flüssigkeitshöhe nach der Formel: Gesamtinhalt . Faktor.

Der Faktor fact. entspricht $\frac{h}{d}$.

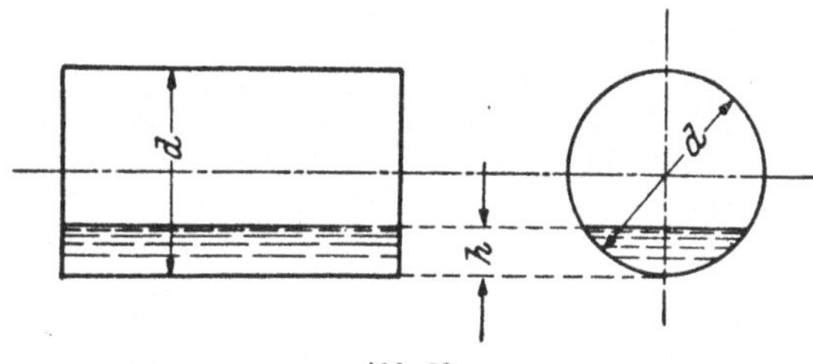

Abb. 33.

Teilweise entleerte Zylinder, wie Kesselwagen u. ä., können aus dem Inhalt des Kreisabschnittes und der Länge des Zylinders berechnet werden. Diese Berechnungsart ist aber sehr umständlich und wird erspart durch die Tabelle 3 (S. 80).

96. Beispiel. Der Durchmesser eines liegenden Zylinders sei 174 cm, der Rauminhalt 2800 Liter; Flüssigkeitsstand $h = 40$ cm.

$$\frac{h}{d} = \frac{40}{174} = 0{,}23.$$

Tabelle 2. Inhalt zylindrischer
Inhalt in Litern. (Wölbungs-

Höhe in cm / Ø in cm	10	20	30	40	50	60	70	80	90	100	110
40	9,3	21,8	34,4	47,0	59,6	72,1	84,7	97,3	110	122	135
45	11,2	27,1	43,0	58,9	74,8	90,7	107	123	139	154	170
50	13,2	32,8	52,5	72,1	91,8	112	131	151	170	190	210
55	15,2	39,0	62,7	86,4	110	134	158	181	205	229	253
60	17,2	45,4	73,7	102	130	159	187	215	243	272	300
65	19,1	52,2	85,4	119	152	185	218	251	284	318	351
70	20,9	59,4	97,8	136	175	213	252	290	329	367	406
75	22,6	66,7	111	155	199	243	288	332	376	420	464
80		74,2	125	175	225	275	326	376	426	476	527
85		82,0	139	195	252	309	366	422	479	536	593
90		89,8	153	217	281	344	408	472	535	599	662
95		97,7	169	240	310	381	452	523	594	665	736
100		106	184	263	341	420	498	577	656	734	813
105		114	200	287	374	460	547	633	720	806	893
110		122	217	312	407	502	597	692	787	882	977
115		130	234	337	441	545	649	753	857	961	1064
120		138	251	364	477	590	703	816	929	1042	1155
125		145	268	391	513	636	759	881	1004	1127	1250
130		153	285	418	551	684	81[illegible]	949	1082	1214	1347
135		160	303	446	589	732	876	1019	1162	1305	1448
140		167	321	475	629	783	937	1091	1245	1398	1552
145		174	339	504	669	834	999	1164	1330	1495	1660
150			357	534	710	887	1064	1240	1417	1594	1771
155			375	564	752	941	1130	1318	1507	1696	1884
160			393	594	795	996	1197	1398	1599	1800	2001
165			411	625	838	1052	1266	1480	1694	1908	2121
170			429	656	883	1109	1336	1563	1790	2017	2244
175			446	687	927	1168	1408	1649	1890	2130	2371
180			464	718	973	1227	1482	1736	1991	2245	2500
185			481	750	1019	1288	1556	1825	2094	2363	2632
190			498	782	1065	1349	1632	1916	2200	2483	2767
195			515	814	1112	1411	1710	2008	2307	2606	2904
200			532	846	1160	1474	1788	2102	2417	2731	3045
205			548	878	1208	1538	1868	2198	2528	2858	3188
210			563	910	1256	1602	1949	2295	2641	2988	3334
215			579	942	1305	1668	2031	2394	2757	3120	3483
220			594	974	1354	1734	2114	2494	2874	3255	3635
225				1006	1403	1801	2198	2596	2994	3391	3789
230				1037	1453	1868	2284	2699	3115	3530	3945
235				1069	1502	1936	2370	2803	3237	3671	4105
240				1100	1552	2004	2457	2909	3362	3814	4266
245				1131	1602	2073	2545	3016	3488	3959	4431
250				1161	1652	2143	2634	3125	3615	4106	4597

Gefäße mit gewölbtem Boden.
radius r = Zylinderdurchmesser d.)

120	130	140	150	160	170	180	190	200	210	220	230	240	250
148	160	173	185	198	210	223	236	248	261	273	286	298	311
186	202	218	234	250	266	282	298	313	329	345	361	377	393
229	249	269	288	309	328	347	367	386	406	426	445	465	485
274	300	324	348	371	395	419	443	466	490	514	538	561	585
328	356	385	413	441	469	498	526	554	582	611	639	667	695
384	417	450	483	517	550	583	616	649	682	716	749	782	815
444	483	521	560	598	637	675	714	752	791	829	868	906	945
509	553	597	641	685	729	774	818	862	906	950	995	1039	1083
577	627	677	728	778	828	879	929	979	1029	1080	1130	1180	1230
649	706	763	820	877	933	990	1047	1103	1160	1217	1274	1330	1387
726	790	853	917	980	1044	1108	1171	1235	1299	1362	1426	1489	1553
807	877	948	1019	1090	1161	1232	1303	1374	1444	1515	1586	1657	1728
891	970	1048	1127	1205	1284	1362	1441	1519	1598	1677	1755	1834	1912
980	1066	1153	1239	1326	1413	1499	1586	1672	1759	1846	1932	2019	2105
1072	1167	1262	1357	1452	1547	1642	1737	1832	1927	2022	2117	2212	2307
1168	1272	1376	1480	1584	1688	1792	1895	1999	2103	2207	2311	2415	2519
1269	1382	1495	1608	1721	1834	1947	2060	2173	2286	2400	2513	2626	2739
1372	1495	1618	1740	1863	1986	2109	2231	2354	2477	2600	2722	2845	2968
1480	1613	1745	1878	2011	2144	2276	2409	2542	2675	2807	2940	3073	3205
1591	1734	1878	2021	2164	2307	2450	2593	2736	2880	3023	3166	3309	3452
1706	1860	2014	2168	2322	2476	2630	2784	2938	3092	3246	3400	3554	3708
1825	1990	2155	2320	2486	2651	2816	2981	3146	3311	3476	3641	3807	3972
1947	2124	2301	2477	2654	2831	3008	3184	3361	3538	3715	3891	4068	4245
2073	2262	2450	2639	2828	3017	3205	3394	3583	3771	3960	4149	4337	4526
2202	2403	2605	2806	3007	3208	3409	3610	3811	4012	4213	4414	4615	4816
2335	2549	2763	2977	3191	3404	3618	3832	4046	4260	4474	4687	4901	5115
2471	2698	2925	3152	3379	3606	3833	4060	4287	4514	4741	4968	5195	5422
2611	2852	3092	3333	3573	3814	4054	4295	4535	4776	5016	5257	5498	5738
2754	3009	3263	3518	3772	4027	4281	4535	4790	5044	5299	5553	5808	6062
2900	3169	3438	3707	3976	4244	4513	4782	5051	5320	5588	5857	6126	6395
3050	3334	3617	3901	4184	4468	4751	5035	5318	5602	5885	6169	6452	6736
3203	3502	3800	4099	4398	4696	4995	5294	5592	5891	6190	6488	6787	7085
3359	3673	3987	4302	4616	4930	5244	5558	5872	6187	6501	6815	7129	7443
3518	3848	4178	4509	4839	5169	5499	5829	6159	6489	6819	7149	7479	7809
3680	4027	4373	4719	5066	5412	5759	6105	6451	6798	7144	7490	7837	8183
3846	4209	4572	4935	5298	5661	6025	6388	6751	7114	7477	7840	8203	8566
4015	4395	4775	5155	5535	5915	6296	6676	7056	7436	7816	8196	8576	8956
4186	4584	4982	5379	5777	6174	6572	6970	7367	7765	8162	8560	8958	9355
4361	4776	5192	5607	6023	6438	6854	7269	7685	8100	8516	8931	9347	9762
4538	4972	5406	5840	6273	6707	7141	7575	8008	8442	8876	9310	9743	10177
4719	5171	5624	6076	6528	6981	7433	7886	8338	8790	9243	9695	10147	10600
4902	5374	5845	6316	6788	7259	7731	8202	8674	9145	9616	10088	10559	11031
5088	5579	6070	6561	7052	7542	8033	8524	9015	9506	9997	10488	10979	11469

Tabelle 3. Flüssigkeitsinhalt liegender Zylinder.

$\frac{h}{d}$	fact.	$\frac{h}{d}$	fact.	$\frac{h}{d}$	fact.	$\frac{h}{d}$	fact.	$\frac{h}{d}$	fact.
0,01	0,0017	0,21	0,1527	0,41	0,3860	0,61	0,6389	0,81	0,8677
0,02	0,0048	0,22	0,1631	0,42	0,3986	0,62	0,6513	0,82	0,8776
0,03	0,0087	0,23	0,1738	0,43	0,4112	0,63	0,6636	0,83	0,8873
0,04	0,0134	0,24	0,1845	0,44	0,4238	0,64	0,6759	0,84	0,8967
0,05	0,0187	0,25	0,1955	0,45	0,4364	0,65	0,6881	0,85	0,9059
0,06	0,0245	0,26	0,2066	0,46	0,4491	0,66	0,7002	0,86	0,9140
0,07	0,0308	0,27	0,2178	0,47	0,4618	0,67	0,7122	0,87	0,9236
0,08	0,0375	0,28	0,2292	0,48	0,4745	0,68	0,7241	0,88	0,9320
0,09	0,0446	0,29	0,2407	0,49	0,4873	0,69	0,7360	0,89	0,9402
0,10	0,0520	0,30	0,2523	0,50	0,5000	0,70	0,7477	0,90	0,9480
0,11	0,0598	0,31	0,2640	0,51	0,5127	0,71	0,7593	0,91	0,9554
0,12	0,0689	0,32	0,2759	0,52	0,5255	0,72	0,7708	0,92	0,9625
0,13	0,0764	0,33	0,2878	0,53	0,5382	0,73	0,7822	0,93	0,9692
0,14	0,0851	0,34	0,2998	0,54	0,5509	0,74	0,7934	0,94	0,9755
0,15	0,0941	0,35	0,3119	0,55	0,5636	0,75	0,8045	0,95	0,9813
0,16	0,1033	0,36	0,3241	0,56	0,5762	0,76	0,8155	0,96	0,9866
0,17	0,1127	0,37	0,3364	0,57	0,5888	0,77	0,8262	0,97	0,9913
0,18	0,1224	0,38	0,3487	0,58	0,6014	0,78	0,8369	0,98	0,9952
0,19	0,1323	0,39	0,3611	0,59	0,6140	0,79	0,8473	0,99	0,9983
0,20	0,1424	0,40	0,3735	0,60	0,6265	0,80	0,8576	1,00	1,0000

Nach der Tabelle 3 entspricht 0,23 dem fact. 0,1738. Daraus errechnet sich ein Flüssigkeitsinhalt:

$$2800 \,.\, 0{,}1738 = 487 \text{ Liter.}$$

Aufgaben: 137. Welchen Flüssigkeitsinhalt hat ein liegender Zylinder von 80 cm (*172* cm) Durchmesser und einem Flüssigkeitsstand von 64 cm (*105* cm) Höhe, wenn der Gesamtinhalt des Gefäßes 980 Liter (*1230 Liter*) beträgt?

12. Gefäße mit Rührwerk.

Bei Bottichen und Gefäßen mit Rührwerk, eingebauten Apparateteilen usw. sind dieselben bei der Bestimmung des Fassungsvermögens zu berücksichtigen.

Über eine Bestimmungsmethode durch Titration (Einfüllen von Wasser, Zugabe einer genau bekannten Menge Säure oder Lauge und Titration der entstandenen Lösung) und Berechnung des Flüssigkeitsinhaltes aus dem Analysenergebnis siehe S. 152.

T. Graphisches Rechnen.

1. Graphische Darstellung des Zusammenhanges zweier veränderlicher Größen. Zeichnen und Ablesen von Kurven.

Zweck der graphischen (zeichnerischen) Darstellung ist es, Meßergebnisse so zusammenzufassen, daß die Gesamtheit der zusammengehörigen Werte sich dem Auge in anschaulicher Art zu erkennen gibt. Gleichmäßiges Ansteigen der erhaltenen Kurve zeigt die Gleichmäßigkeit eines Vorganges an, Knicke in der Kurve geben Unregelmäßigkeiten zu erkennen usw. Der Vorteil der graphischen Darstellung gegenüber einer Tabelle liegt darin, daß aus der gezeichneten Kurve jeder beliebige Wert sofort abgelesen werden kann, während die Tabelle nur einige wenige Werte enthält und Zwischenwerte durch Rechnung (Interpolation) ermittelt werden müssen. Die Genauigkeit der graphischen Darstellung hängt von der Größe der Zeichnung ab und tritt gewöhnlich hinter die einer Tabelle etwas zurück.

97. Beispiel. Es ist die Kurve, welche die Abhängigkeit der Empfindlichkeit einer analytischen Waage von der jeweiligen Belastung angibt, zu zeichnen. Es seien die in untenstehender Tabelle verzeichneten Werte für die Empfindlichkeit gefunden worden:

Bei einer Belastung

von 0 g ist die Empfindlichkeit $e =$	7,2
1 g	8,8
2 g	9,4
5 g	9,5
10 g	9,2
20 g	7,9
50 g	7,7
100 g	6,3

Zur graphischen Darstellung des Versuchsergebnisses werden die gefundenen Werte in ein Koordinatensystem eingetragen und die erhaltenen Punkte zu einer Kurve verbunden (Abb. 34).

Ein rechtwinkliges Koordinatensystem besteht aus 2 aufeinander senkrechten Geraden (Achsen). Die Waagrechte wird als Abszisse, die Senkrechte als Ordinate bezeichnet. Der Schnittpunkt beider Achsen ist der Nullpunkt (Ausgangspunkt). Auf der Senkrechten werden die Werte von e in einer gleichmäßigen Teilung (vorgezeichneter Maßstab), auf der Waagrechten die Werte der Belastung aufgetragen.

Zeichnung der Kurve: Der Wert e für die Belastung 1 g beträgt nach der Tabelle 8,8. Dieser Wert wird nun auf der Senkrechten (e-Achse) eingetragen und von dort eine Parallele zur Waagrechten gezogen. Sodann wird auf der unteren Waagrechten die zugehörige Belastung, in diesem Falle also 1 g, eingetragen und von hier eine Parallele zur senkrechten Achse gezogen. Der Schnittpunkt der beiden gezogenen Linien ist der gesuchte Punkt. In derselben Weise werden alle übrigen Punkte ermittelt und miteinander verbunden. Aus der entstandenen Kurve ist u. a. sofort zu erkennen, bei welcher Belastung die Waage am empfindlichsten ist (im Beispiel bei etwa 4 g, größte Höhe der Kurve).

Zur Ermittlung irgendeines Zwischenwertes aus der Kurve verfährt man in umgekehrter Reihenfolge. Gesucht sei z. B. die Empfindlichkeit e für die Belastung 18 g. Man sucht den Punkt 18 auf der waagrechten Belastungslinie und zieht von diesem eine Parallele zur Senkrechten. Vom Schnittpunkt dieser Geraden mit

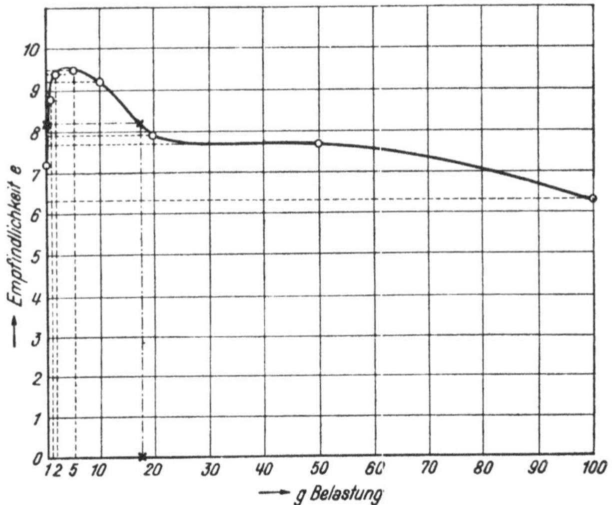

Abb. 34. Empfindlichkeitskurve.

der Kurve wird nun eine Parallele zur Waagrechten gezogen und der Schnittpunkt derselben mit der senkrechten e-Achse bestimmt. Dies ist der gesuchte Wert für e, in unserem Falle also 8,2.

Aufgaben: 138. Zeichne die Temperatur-Zeit-Kurve, welche sich aus den Ablesungen eines Thermometers während des Aufheizens eines Heizbades ergibt. Als Maßstab wähle für die Zeit 1 cm pro 10 Minuten und für die Temperatur 1 cm je 25°.

a)	0 Min.	18°		**b)**	0 Min.	15°
	10 „	35°			20 „	30,5°
	20 „	60°			40 „	68°
	30 „	104°			60 „	115°
	40 „	137°			80 „	149°
	50 „	159°			100 „	192,5°
	60 „	183°			120 „	246°
					140 „	248°
					160 „	250°
					180 „	247°

139. Bestimme aus der Löslichkeitskurve, S. 119, die Löslichkeit von Kaliumnitrat für die Temperaturen

a) 12°, **b)** 25°, **c)** 36°, **d)** 57°.

140. Zeichne die Löslichkeitskurve für

a) $NaNO_3$, **b)** NH_4Cl, **c)** Rohrzucker

für den Temperaturbereich von 0 bis 100°. Die Werte für die Löslichkeiten sind der Tabelle 9, S. 283, zu entnehmen.

2. Graphische Rechentafeln (Nomographie).

Wo es sich darum handelt, die Zusammenhänge von mehr als 2 Größen zu veranschaulichen, kann zur Aufstellung graphischer Rechentafeln (sog. Nomogramme) geschritten werden.

Zur Berechnung voneinander abhängiger Größen dient im allgemeinen die mathematische Gleichung, zu deren Auflösung oft eine Reihe Nebenrechnungen notwendig sind. Abgesehen davon, daß diese Rechnungen, die für jeden Einzelfall erneut durchgeführt werden müssen, zeitraubend sind, wirken sie, besonders bei Serienanalysen, ermüdend und werden weitgehend zu einem „mechanischen" Rechnen. Man könnte auch für diese Fälle Tabellen aufstellen, die jedoch äußerst umfangreich (und dadurch unübersichtlich) würden und aus denen Zwischenwerte durch Interpolation ermittelt werden müßten, was bei der Aufstellung von Nomogrammen wegfällt.

a) Netztafeln.

98. Beispiel. Bei der gewichtsanalytischen Schwefelbestimmung ist bei einer Einwaage von e Gramm und einer Auswaage von a Gramm $BaSO_4$ der Prozentgehalt an Schwefel $\left(p = \frac{13{,}73 \cdot a}{e}\right)$ innerhalb gewisser Grenzen, z. B. für den Bereich von 37 bis 43% Schwefel und einer Einwaage zwischen 0,48 und 0,51 g aus dem in der Abb. 35 (Nom. 1) aufgestellten Nomogramm zu ermitteln.

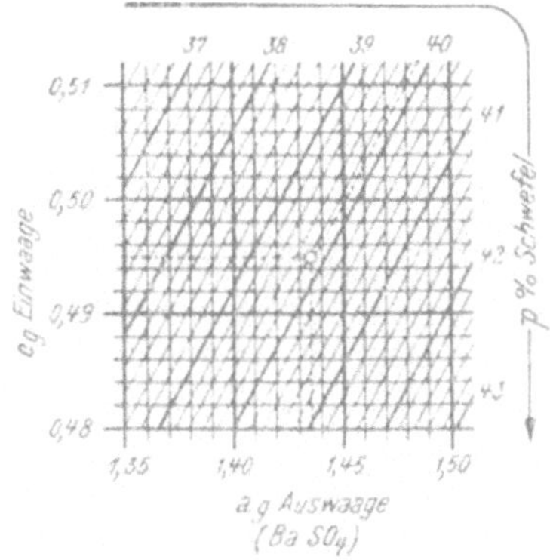

Abb. 35. Nom. 1, Netztafel.

Das Nomogramm ist aufgebaut aus 3 veränderlichen, voneinander abhängigen Zahlengrößen: die Einwaage und Auswaage befinden sich auf den Achsen eines rechtwinkligen Koordinatensystems, während die schrägliegende Linienschar (Prozentgehalt p)

ein Strahlenbüschel (keine Parallelen) bildet, das seinen Ursprung weit außerhalb der Zeichenfläche besitzt.

Die Gebrauchsanweisung wird nun an Hand eines Beispiels erläutert. Die strichlierten Linien der Einwaage (0,4950 g) und der Auswaage (1,4360 g) ergeben einen Schnittpunkt, von welchem eine strichlierte Linie entlang der schrägen Linienschar einen Prozentgehalt von 39,8% Schwefel anzeigt.

Der Nachteil solcher Netztafeln liegt darin, daß es schwierig ist für das Auge, einen bestimmten Punkt zu fixieren, weil man durch das engmaschige Netz leicht irregeführt werden kann. Ferner sind die Fehlerquellen durch eine gleichzeitige, oft dreifache Interpolation (welche sich hier durch die Ablesung von Zwischenwerten äußert) groß.

Abb. 36. Nom. 2, Doppelleiter.

b) Leitertafeln.

α) Doppelleiter. Als eine Leiter bezeichnen wir eine Gerade, die durch angebrachte Teilstriche und Bezifferung derselben (Skala) entstanden ist. Heften wir 2 solcher Leitern nebeneinander, erhalten wir eine Doppelleiter (Abb. 36, Nom. 2).

99. Beispiel. Wählen wir in dem unter 1 angeführten Beispiel eine der Veränderlichen konstant (es kann dies naturgemäß nur die Einwaage sein), z. B. eine Einwaage von 0,5000 g, so haben wir nur noch mit 2 Veränderlichen zu rechnen, das sind Auswaage und der zugehörige Prozentgehalt.

Die eine Leiter enthält also die Werte für die Auswaage, die andere jene der zugehörigen Prozentgehalte und wir können an dieser Doppelleiter die % Schwefel für eine erhaltene Auswaage sofort ablesen, z. B. für 1,4820 g Auswaage: 40,7% Schwefel.

Auf dem gleichen Prinzip beruht der logarithmische Rechenschieber. Durch Einstellen der Zunge auf eine ganz bestimmte Stelle erhalten wir verschiedene Doppelleitern. Als Beispiel diene eine Multiplikation. Eine Reihe von Zahlen soll mit 19,8 multipliziert werden. Nach Einstellen des Anfangsstriches der beweglichen Zunge auf 19,8 der festen Skala erhalten wir eine Doppelleiter, auf welcher durch einfaches Verschieben des Glasläufers auf die verschiedenen Zahlen der Zunge sofort das zugehörige Resultat auf der festen Skala abgelesen werden kann.

β) Fluchtentafel mit 3 Leitern. Die Abb. 37 (Nom. 3) zeigt eine solche Leitertafel mit 3 Skalen, von denen die mittlere schräg steht. Die Fluchtentafel dient wie die unter 1 beschriebene Netztafel zum Aufsuchen des Resultates, wenn außer diesem in der Gleichung noch 2 Veränderliche enthalten sind.

100. Beispiel. Gegeben sind die Einwaage e und die Auswaage a Gramm $BaSO_4$; zu ermitteln ist der Prozentgehalt an Schwefel. Die zur Anwendung kommende Gleichung lautet $p = \frac{13{,}73 \, . \, a}{e}$.

Durch Verbindung der Werte für die Einwaage (z. B. 0,4875 g) und Auswaage (z. B. 1,4540 g) mit Hilfe einer „Fluchtenlinie"

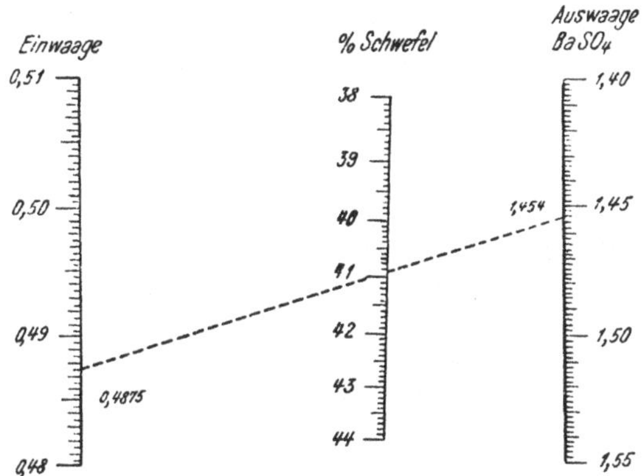

Abb. 37. Nom. 3, Fluchtentafeln mit 3 Leitern.

kann im Schnittpunkt dieser mit der Prozentskala sofort der Prozentgehalt (in unserem Falle 40,95%) abgelesen werden, da alle 3 Punkte auf dieser Geraden liegen.

γ) Die weitere Entwicklung hat schließlich zur Aufstellung allgemein anwendbarer Rechen- und Kontrolltafeln, z. B. für die quantitative Analyse geführt.

Das in der Abb. 38 (Nom. 4) gezeigte Nomogramm besitzt außer den Leitern eine Zapfenlinie Z und dient zur raschen Feststellung des Prozentgehaltes nach der Gleichung:

$$p = \frac{100 \, . \, \text{Faktor} \, . \, \text{Auswaage}}{\text{Einwaage}}.$$

An der Faktorenleiter sind für eine Reihe Analysenarten die zugehörigen Umrechnungsfaktoren als Punkte gekennzeichnet. Durch die Bezifferung ist es möglich, nach Bedarf auch noch weitere Umrechnungsfaktoren an der richtigen Stelle zu markieren. Falls der Faktor kleiner ist als 0,1, setzt man ihn mit dem zehnfachen Betrag ein, falls er größer ist als 1,0, nimmt man $\frac{1}{10}$. Eine

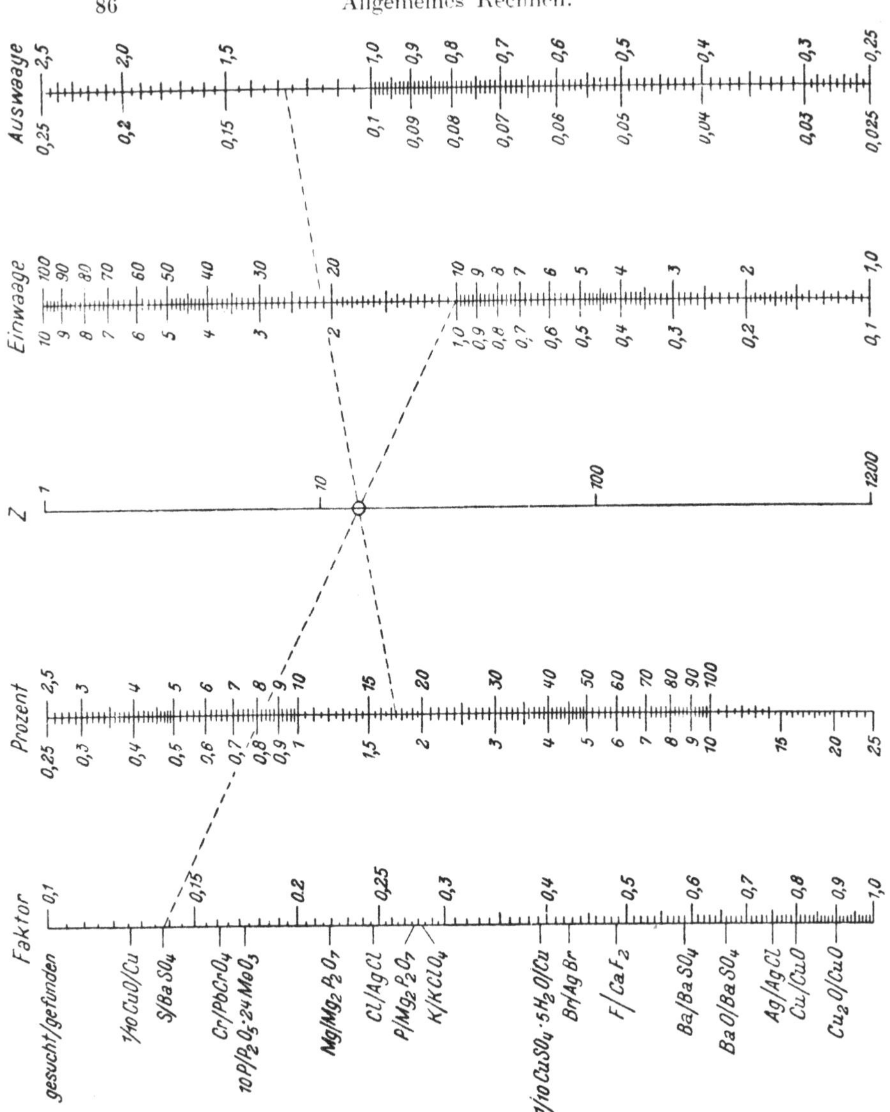

solche Dezimalpunktverschiebung muß aber dann auf der Tafel selbst notiert werden, z. B. $^1/_{10}$ CuO/Cu.

101. Beispiel. Zu berechnen sind % Schwefel. Gegeben war eine Einwaage von 1,0000 g; gefunden wurden 0,1275 g $BaSO_4$. (Die eingezeichneten, strichlierten Fluchtenlinien gelten für dieses Beispiel.)

Man verbindet die Zahl der Einwaage (1,0000 g) mit dem Faktor S/$BaSO_4$. Durch den Schnittpunkt dieser Linie mit der Zapfenlinie *Z* und durch den Punkt der Auswaage (0,1275 g) wird abermals eine Gerade gezogen, die in ihrem Schnittpunkt mit der Prozentlinie sofort die % Schwefel abzulesen gestattet: 1,75%.

Zur bequemeren Benutzung dienen Richtscheite aus Cellon, die mittels einer Nadelspitze den Zapfenpunkt als Drehpunkt der Fluchtenlinie fixieren.

Die nomographischen Methoden sind allgemein anwendbar, z. B. zur Auswertung der Ablesungen bei der Wheatstoneschen Brücke, zur Ermittlung des Brechungsexponenten, zur Zinsrechnung, zur Berechnung von Litergewichten von Gasen bei abgelesenem Druck und abgelesener Temperatur usw.

Eine Besprechung der Aufstellung solcher Nomogramme würde den Rahmen des Buches überschreiten.

2. Spezifisches Gewicht (Wichte).

1. Begriff des spezifischen Gewichtes.

Das spezifische Gewicht oder die Wichte ist das Gewicht der Volumseinheit (Gramm/cm³ oder kg/dm³).

Als Einheit gilt das spezifische Gewicht von reinem Wasser bei +4° C.

Das spezifische Gewicht gibt also an, wieviel mal schwerer ein bestimmtes Volumen eines Stoffes ist als das gleiche Volumen Wasser von +4° C.

Das spezifische Gewicht ist zahlenmäßig gleich der *Dichte* eines Stoffes, so daß auch von einer Dichtebestimmung gesprochen wird. Unter Dichte versteht man das Verhältnis der Masse eines Stoffes zu seinem Volumen.

Nach dem Gesagten gilt für die Berechnung folgende Formel:

$$G = V \cdot s, \text{ daraus sind } V = \frac{G}{s} \text{ und } s = \frac{G}{V},$$

worin *G* das absolute Gewicht, *V* das Volumen und *s* das spezifische Gewicht bedeuten. (Statt *s* kann die Dichte *d* gesetzt werden.)

In den *Dichtetabellen* verschiedener Säuren und Laugen auf S. 284 ist nicht das spezifische Gewicht oder die Dichte, sondern das Litergewicht angegeben. Es ist dies das Gewicht eines Liters der Flüssigkeit, ausgedrückt in Gramm. Das spezifische Gewicht ist dann der tausendste Teil des Litergewichtes.

102. Beispiel. Das spezifische Gewicht einer 63%igen Schwefelsäure beträgt bei 20° (bezogen auf Wasser von 4°) 1,531 g/cm³.

Das heißt also, daß 1 cm^3 dieser Schwefelsäure 1,531 g wiegt oder 1,531mal schwerer ist als 1 cm^3 Wasser von 4°. 1 Liter hat dann ein Gewicht von 1531 g (Litergewicht).

Das Volumen, welches 1 g dieser Schwefelsäure einnimmt, errechnet sich nach der Formel

$$V = \frac{G}{s} = \frac{1}{1,531} = 0,653 \text{ cm}^3.$$

103. Beispiel. 25 ml eines Alkohol-Wasser-Gemisches wiegen 21,5175 g. Sein spezifisches Gewicht s bei der Versuchstemperatur ist nach der Formel

$$s = \frac{G}{V} = \frac{21,5175}{25} = 0,8607 \text{ g/ml}.$$

Aufgaben: 141. Wie groß ist das spezifische Gewicht (Dichte) und das Litergewicht einer Kalilauge, von der 100 g (*12,5 t*) einen Raum von 78,1 ml (*10,784 m^3*) einnehmen?

142. Wieviel g wiegen 80 ml (*25 ml*) Natronlauge vom spezifischen Gewicht $s = 1,483$ ($s = 1,108$)?

143. Welchen Raum nehmen 340 g (*5 kg*) Salzsäure vom spezifischen Gewicht $s = 1,190$ ($s = 1,153$) ein?

144. Wie schwer ist ein rechteckiger Holzklotz von den Ausmaßen 8 × 15 × 5 cm (*2,5 × 9,2 × 12 cm*), wenn das spezifische Gewicht des Holzes 0,48 beträgt?

145. Wie schwer ist eine Korkplatte von

a) 40 cm Länge, 25 cm Breite und 5 cm Dicke,
b) 50 cm „ 40 cm „ „ 8 cm „

wenn Kork ein spezifisches Gewicht von 0,24 hat?

146. Wie schwer sind 250 ml (*3,2 Liter*) Äther vom spezifischen Gewicht 0,74?

147. Wieviel 25-Liter-Gefäße braucht man für

a) 48 kg Schwefelsäure von der Dichte 1,480,
b) 200 kg „ „ „ „ 1,125,
c) 150 kg „ „ „ „ 1,565?

148. Wie hoch stehen 1540 kg Natronlauge vom spezifischen Gewicht 1,385 (*1,285*) in einem viereckigen Kasten von den inneren Ausmaßen Breite = 120 cm und Länge = 165 cm?

149. Wieviel kg Schwefelsäure vom spezifischen Gewicht 1,730 (*1,755*) müssen in einen stehenden zylindrischen Bottich vom inneren Durchmesser 1,75 m und einer Höhe von 2 m eingefüllt werden, damit die Säure $\frac{3}{4}$ des Bottichs ausfüllt?

2. Abhängigkeit des spezifischen Gewichtes von der Temperatur.

Bei der Erwärmung eines Körpers wird sein Volumen (bei gleichbleibendem Gewicht) vergrößert, das spezifische Gewicht somit verringert. Es ist daher stets die Temperatur anzugeben, bei welcher das spezifische Gewicht bestimmt wurde. Als Normaltemperatur gilt 20°. Die Bestimmungstemperatur ist im Resultat wie folgt anzugeben: $s\frac{20}{4}$ oder $d\frac{20}{4}$,

d. h. das spezifische Gewicht oder die Dichte bei 20°, bezogen auf Wasser von 4°.

Eine Umrechnung des spezifischen Gewichtes auf eine andere Temperatur ist nur dann möglich, wenn der Ausdehnungskoeffizient des betreffenden Stoffes bekannt ist und die Ausdehnung regelmäßig vor sich geht.

104. Beispiel.

Zu berechnen ist das spezifische Gewicht des Quecksilbers bei 50°. Das spezifische Gewicht bei 20° = 13,547; der Ausdehnungskoeffizient β des Quecksilbers zwischen 0 und 100° beträgt 0,00018 pro Grad.

$$s_{50} = \frac{G}{V_{50}}, \quad V_{50} = V_{20} \,.\, (1 + \beta \,.\, t).$$

t ist die Temperaturdifferenz, in unserem Falle 50 — 20 = + 30.

$V_{20} = 1$ (denn 1 ml wiegt 13,547 g),

$V_{50} = V_{20} \,.\, (1 + 0{,}00018 \,.\, 30) = 1 \,.\, (1 + 0{,}00540) = 1{,}0054,$

$s_{50} = \frac{13{,}547}{1{,}0054} = 13{,}475$ g/ml.

Hat man das spezifische Gewicht mit einem Instrument, welches nicht auf Wasser von + 4° geeicht ist, ermittelt, z. B. mit der Mohrschen Dichtenwaage, einem ungeeichten Pyknometer oder einem älteren Aräometer, erhält man Werte von $d\frac{t}{t}$, d. h. beispielsweise bei 18° bestimmt, bezogen auf Wasser von 18°, also $d\frac{18}{18}$. Um vergleichbare Werte zu erhalten, muß man das spezifische Gewicht auf Wasser von + 4° beziehen; wir müssen also den Wert $d\frac{18}{4}$ (bestimmt bei 18°, bezogen auf Wasser von + 4°) errechnen.

Diese Umrechnung geschieht durch Multiplikation des gefundenen spezifischen Gewichtes bei der Versuchstemperatur mit der aus der Tabelle entnommenen Dichte des destillierten Wassers bei der betreffenden Versuchstemperatur.

105. Beispiel. $d\frac{18}{18}$ wurde gefunden zu 1,3761.

Aus der Tabelle (S. 293) ergibt sich für die Dichte des Wassers bei 18° 0,99862.

$$d\frac{18}{4} = 1{,}3761 \,.\, 0{,}99862 = 1{,}3741 \text{ g/cm}^3.$$

106. Beispiel. Bei der Nachprüfung einer 10-ml-Pipette wurde diese mit destilliertem Wasser von 16° gefüllt und anschließend das Wassergewicht zu 9,9740 g bestimmt. Wie groß ist der Inhalt der Pipette, bezogen auf Wasser von + 4°?

Da 1 ml Wasser bei 16° nach der Tabelle 0,99897 g wiegt, nehmen 9,9740 g einen Raum von 9,9740 : 0,99897 = 9,984 ml ein.

Ganz allgemein erfolgt die *Korrektur für die Ausdehnung des Wassers* nach der Formel:

$$p' = p \cdot \frac{d'}{d},$$

worin p und d Gewicht und Dichte des Wassers bei der Versuchstemperatur, p' und d' Gewicht und Dichte des Wassers bei der Bezugstemperatur bedeuten. d und d' sind aus den Dichtetabellen des destillierten Wassers zu entnehmen.

Wird auf Wasser von +4° bezogen, dann ist $d' = 1{,}0000$ und das gefundene Wassergewicht muß noch durch die Dichte des Wassers bei der Versuchstemperatur dividiert werden, um das Volumen, bezogen auf die Bezugstemperatur +4° zu erhalten (oder, was das gleiche Ergebnis liefert, das errechnete spezifische Gewicht muß mit der Dichte d des Wassers bei der Versuchstemperatur multipliziert werden; siehe Beispiel 105).

Aufgaben: 150. Wie groß ist das spezifische Gewicht von Quecksilber bei 100° (*15°*), wenn dasselbe bei 20° 13,547 g/ml und der Ausdehnungskoeffizient β des Quecksilbers zwischen 0 und 100° 0,00018 beträgt?

151. Die Dichte einer Flüssigkeit wurde gefunden zu

a) $d_{15}^{15} = 0{,}875$, **b)** $d_{20}^{20} = 1{,}023$, **c)** $d_{21}^{21} = 1{,}205$.

Berechne die Dichte, bezogen auf Wasser von +4°.

152. Welchen Rauminhalt hat eine Pipette, bezogen auf Wasser von +4°, die mit Wasser von der Temperatur t° gefüllt und dessen Gewicht zu W g bestimmt wurde?

a) $t = 23°$, $W = 50{,}156$ g; **b)** $t = 17°$, $W = 24{,}928$ g;
c) $t = 20°$, $W = 10{,}017$ g.

3. Auftrieb.

Das Archimedische Prinzip besagt: Jeder in eine Flüssigkeit untergetauchte Körper erscheint in derselben infolge des Auftriebes um soviel leichter, als die von ihm verdrängte Flüssigkeitsmenge wiegt. (Wägung der Körper in einer Flüssigkeit mit Hilfe der hydrostatischen Waage.)

$$s = \frac{G}{W} \cdot d.$$

G = Gewicht des Körpers in der Luft.
W = Gewichtsverlust desselben in der Flüssigkeit (= Gewicht der verdrängten Flüssigkeit; ist diese Wasser, dann ist das Gewicht des verdrängten Wassers = Volumen des verdrängten Wassers = Volumen des untergetauchten Körpers, bei Außerachtlassung der Temperatur!).
d = Dichte der Flüssigkeit bei der Versuchstemperatur.

107. Beispiel. Ein Stück Salz wiegt 4,68 g. In Leinöl (spezifisches Gewicht desselben 0,950) gewogen, beträgt sein Gewicht 2,50 g. Das spezifische Gewicht des Salzes

$$s = \frac{4,68}{4,68 - 2,50} \cdot 0,95 = 2,04 \text{ g/cm}^3.$$

108. Beispiel. Ein Glaskörper wiegt in der Luft 22,05 g,
im Wasser 14,70 g,
im Spiritus 16,10 g.

Berechne aus diesen Daten das spezifische Gewicht des Spiritus.

(Annahme: die Temperatur sei +4°.)

Aus den Wägungen des Glaskörpers in Luft und Wasser ergibt sich ein spezifisches Gewicht des Glases

$$s_{\text{Glas}} = \frac{22,05}{22,05 - 14,70} \cdot 1,0000.$$

Aus den Wägungen des Glaskörpers in Luft und Spiritus ergibt sich das gleiche spezifische Gewicht des Glases nach der Formel

$$s_{\text{Glas}} = \frac{22,05}{22,05 - 16,10} \cdot x,$$

worin x das spezifische Gewicht des Spiritus bezeichnet.

Da es sich in beiden Fällen um das spezifische Gewicht desselben Körpers handelt, können beide Werte gleichgesetzt werden:

$$\frac{22,05}{7,35} \cdot 1,000 = \frac{22,05}{5,95} \cdot x;$$

daraus ergibt sich für

$$x = \frac{22,05 \cdot 5,95}{7,35 \cdot 22,05} = \frac{5,95}{7,35} = 0,809 \text{ g/ml}.$$

109. Beispiel. Bei der Bestimmung des spezifischen Gewichtes von Kork mußte derselbe, da er im Wasser schwimmt, mit einer Bleikugel beschwert werden, um seinen Gewichtsverlust bei der Wägung im Wasser festzustellen. Es wurden somit folgende Wägungen ausgeführt:

Gewicht des Korkes 7,2 g,
Gewicht der Bleikugel 57,0 g,
Gewicht der Bleikugel im Wasser 52,0 g,
Gewicht des Korkes + Bleikugel im Wasser 29,2 g.

Volumen Kork = Volumen Kork + Blei — Volumen Blei =
$= [(7,2 + 57,0) - 29,2] - [57,0 - 52,0] = 35 - 5 = 30 \text{ cm}^3.$

$$s_{\text{Kork}} = \frac{7,2}{30} = 0,24 \text{ g/cm}^3.$$

Aufgaben: 153. Ein Stück Kalkspat (*Feldspat*) wiegt in der Luft 42 g (*18,64* g), im Wasser 27 g (*11,19* g). Wie groß ist das spezifische Gewicht des Minerals?

154. Ein Stück Holz, in der Luft gewogen, hat ein Gewicht von 17,50 g (*10,48 g*). Verbunden mit einem Stück Blei vom Gewicht 43,30 g (*28,5 g*) wiegt es im Wasser 33,00 g (*18,10 g*). Das spezifische Gewicht des verwendeten Bleistückes ist 11,4. Welches spezifische Gewicht hat die untersuchte Holzsorte?

155. Ein Würfel aus Holz von 10 cm (*12 cm*) Kantenlänge schwimmt im Wasser. Sein Gewicht wurde zu 750 g (*1250 g*) bestimmt. Wie tief taucht der Würfel im Wasser ein? (Gesamtgewicht = Volumen des eingetauchten Teiles.)

4. Bestimmung des spezifischen Gewichtes mit dem Pyknometer.

a) Flüssigkeiten.

Folgende Wägungen sind durchzuführen:

Gewicht des leeren Pyknometers bei $t°$ C
Gewicht des mit Wasser gefüllten Pyknometers bei $t°$ ..... B
Gewicht des mit der Flüssigkeit gefüllten Pyknometers bei $t°$. A

Daraus errechnen sich:

Gewicht der Flüssigkeit $G = A - C$,
Volumen der Flüssigkeit $V = B - C$ (= Wassergewicht; Wasserwert des Pyknometers).

$$s = \frac{G}{V} = \frac{A - C}{B - C}.$$

Die Normaltemperatur ist 20°. Soll auf Wasser von +4° bezogen werden, muß das Wassergewicht ($B - C$) noch durch die Dichte des Wassers bei der Versuchstemperatur (siehe S. 293) dividiert werden, um das Volumen des Wassers zu erhalten (das gleiche Ergebnis erhält man, wenn man das gefundene spezifische Gewicht mit der Dichte des Wassers bei der Versuchstemperatur multipliziert).

110. Beispiel. Zur Bestimmung des spezifischen Gewichtes einer Schwefelsäure wurden folgende Wägungen ausgeführt:

Leeres Pyknometer bei 20° .... 6,085 g
Pyknometer + Wasser bei 20° .... 31,096 g
Pyknometer + Schwefelsäure bei 20° .... 51,664 g

$$s\frac{20}{20} = \frac{G}{V} = \frac{51{,}664 - 6{,}085}{31{,}096 - 6{,}085} = \frac{45{,}579}{25{,}011} = 1{,}822,$$

$$s\frac{20}{4} = 1{,}822 \,.\, 0{,}99823 = 1{,}818 \text{ g/ml}.$$

(0,99823 ist die Dichte des Wassers bei 20°, entnommen der Tabelle 14, S. 293.)

b) *Feste Stoffe.*

Zur Bestimmung des spezifischen Gewichtes fester Stoffe mit Hilfe des Pyknometers sind folgende Wägungen erforderlich:

Gewicht des leeren Pyknometers . . . . A
Gewicht des mit Wasser gefüllten Pyknometers . . . . B
Gewicht des leeren Pyknometers + dem festen Stoff C
Gewicht des mit Wasser und dem festen Stoff gefüllten Pyknometers . . . . E

Daraus errechnen sich:

$C - A = G$, Gewicht der festen Substanz;

$B - A = W$, Wassergewicht, welches gleichzusetzen ist dem Volumen des Pyknometers;

$E - C = H$, Gewicht der über dem festen Körper stehenden Hilfsflüssigkeit. Ist diese Wasser, dann entspricht dieser Wert dem Volumen der Flüssigkeitsmenge.

$W - H =$ Volumen des Pyknometers — Volumen der Hilfsflüssigkeit Wasser = Volumen des festen Stoffes.

$$s = \frac{G}{W - H} = \frac{C - A}{(B - A) - (E - C)}.$$

Diese Formel wäre richtig, wenn die Bestimmung bei +4° durchgeführt worden wäre, da bei dieser Temperatur die Dichte des Wassers = 1 ist und in diesem Fall Volumen und Gewicht gleichzusetzen sind. Die Bestimmung wird jedoch bei der Normaltemperatur = 20° ausgeführt. Das Gewicht der Wassermenge muß daher auf das Volumen umgerechnet werden, indem man die gefundenen Wassergewichte durch die Dichte des Wassers bei 20° dividiert (denn $V = G : s$). Wir erhalten demnach für das spezifische Gewicht des festen Stoffes, bestimmt bei 20°, bezogen auf Wasser von +4° folgende Berechnungsformel:

$$s\tfrac{20}{4} = \frac{G}{\dfrac{W - H}{w\tfrac{20}{4}}} = \frac{G}{W - H} \cdot w\tfrac{20}{4},$$

worin $w\tfrac{20}{4}$ die Dichte des Wassers bei 20°, bezogen auf Wasser von +4° (= 0,99823) bedeutet.

Bei wasserlöslichen festen Stoffen muß eine Hilfsflüssigkeit verwendet werden, in welcher derselbe unlöslich ist, z. B. Öl od. a. Für diesen Fall muß das Volumen der über dem festen Stoff stehenden Hilfsflüssigkeit aus dem Gewicht derselben (Division durch das spezifische Gewicht) errechnet werden. Die so abgeänderte Formel lautet:

$$s_{4}^{20} = \frac{G}{\frac{W}{w_{4}^{20}} - \frac{H}{h_{4}^{20}}},$$

worin h_{4}^{20} die Dichte der Hilfsflüssigkeit bei 20°, bezogen auf Wasser von +4° bedeutet.

111. Beispiel. Bei der Bestimmung des spezifischen Gewichtes von Marmor wurden folgende Gewichte (bei 20°) festgestellt:

Leeres Pyknometer	13,6590 g
Pyknometer + Wasser	63,7025 g
Pyknometer + Marmor	18,6830 g
Pyknometer + Marmor + Wasser	66,8658 g

$$s_{4}^{20} = \frac{18,6830 - 13,6590}{\frac{(63,7025 - 13,6590) - (66,8658 - 18,6830)}{0,99823}} = \frac{5,0240}{\frac{1,8607}{0,99823}} =$$

$$= 2,695 \text{ g/cm}^3.$$

Aufgaben: 156. Bei der Bestimmung des spezifischen Gewichtes eines Glycerin-Wasser-Gemisches wogen bei 20°:

	a)	b)
Pyknometer leer	24,3970 g,	18,1805 g,
Pyknometer + Wasser	49,3870 g,	43,2160 g,
Pyknometer + Glyceringemisch	54,6520 g,	48,8755 g.

Berechne daraus das spezifische Gewicht des Glycerin-Wasser-Gemisches bezogen auf Wasser von +4°.

157. Bei der Bestimmung des spezifischen Gewichtes von Benzol wurden bei 15° folgende Wägungen ausgeführt:

	a)	b)
Pyknometer leer	24,2436 g,	16,6842 g,
Pyknometer + Benzol	41,8530 g,	38,6682 g,
Pyknometer + Wasser	44,2512 g,	41,6917 g.

Wie groß ist das spezifische Gewicht s_{4}^{15} des Benzols?

158. Bei der Bestimmung des spezifischen Gewichtes einer Messingsorte wogen bei 20°:

	a)	b)
Pyknometer leer	18,9545 g,	24,2560 g,
Pyknometer + Wasser	38,9485 g,	44,2595 g,
Pyknometer + Messingspäne	22,0250 g,	36,1980 g,
Pyknometer + Messingspäne + Wasser	41,6390 g,	54,7525 g.

Berechne daraus s_{4}^{20} dieser Messingsorte.

159. Zur Bestimmung des spezifischen Gewichtes von Kupfersulfat wurden bei 20° folgende Wägungen ausgeführt:

	a)	b)
Pyknometer leer	11,5630 g,	15,6084 g,
Pyknometer + Kupfersulfat	38,4850 g,	24,9874 g,
Pyknometer + Wasser	36,5680 g,	35,6109 g,
Pyknometer + Kupfersulfat + Steinöl	49,6470 g,	38,3519 g.

Das spezifische Gewicht des Steinöls $h_{4}^{20} = 0,840$.

Berechne das spezifische Gewicht des festen Kupfersulfats.

5. Bestimmung des spezifischen Gewichtes durch Spindeln.

Die Bestimmung des spezifischen Gewichtes von Flüssigkeiten (flüssige Stoffe und Lösungen) ist eine sehr häufig auszuführende Operation von größter Wichtigkeit.

Das spezifische Gewicht einer Lösung ist abhängig von der Natur und Menge des gelösten Stoffes und des Lösungsmittels sowie von der Temperatur. Es wird dem spezifischen Gewicht des reinen Lösungsmittels um so näher liegen, je geringer die Menge des darin gelösten Stoffes ist.

Aus den Dichtetabellen, welche auf Grund empirischer Versuche aufgestellt wurden, kann die Konzentration der Lösung bestimmter Stoffe bei gegebenem spezifischem Gewicht direkt (bzw. durch Interpolation) ermittelt werden. Allerdings beziehen sich die Zahlen der Tabellen auf chemisch reine Stoffe und nicht auf die Lösungen technischer (unreiner) Produkte.

Die rasche (jedoch nicht übermäßig genaue) Bestimmung des spezifischen Gewichtes von Flüssigkeiten erfolgt in der Praxis in den meisten Fällen durch „Spindeln" mit dem Aräometer (auch als Spindel bezeichnet). Die Geräte lassen sich leicht selbst herstellen und sind vor allem leicht zu handhaben. Sie beruhen auf dem archimedischen Prinzip, nach welchem ein schwimmender Körper so tief in eine Flüssigkeit eintaucht, bis sein Gesamtgewicht gleich dem Gewicht der von ihm verdrängten Flüssigkeitsmenge ist. Sie werden also um so tiefer einsinken, je geringer das spezifische Gewicht der Flüssigkeit ist.

Volumaräometer sind nach dem spezifischen Gewicht geteilt, so daß das Resultat direkt an dem Instrument abgelesen werden kann. Auf genaue Einhaltung bzw. Messung der Temperatur ist zu achten.

Außer den Spindeln mit einer Skala für spezifisches Gewicht sind noch eine Reihe älterer Spindeln mit beliebiger Teilung in Gebrauch. Die wichtigste von ihnen ist die *Baumé-Spindel.* Von letzterer sind fast ausschließlich nur noch jene für Flüssigkeiten schwerer als Wasser in Verwendung (0° Bé zeigt reines Wasser, 10° Bé eine 10%ige Kochsalzlösung).

Die *Umrechnung der Grade Baumé* (° Bé) in das spezifische Gewicht erfolgt nach folgenden Formeln:

für Flüssigkeiten leichter als Wasser ist $s = \frac{144{,}3}{144{,}3 + n}$,

für Flüssigkeiten schwerer als Wasser ist $s = \frac{144{,}3}{144{,}3 - n}$,

wobei n die bei 15° abgelesenen ° Bé angeben.

In den Dichtetabellen (S. 284) sind neben den Angaben für das spezifische Gewicht (Litergewicht) auch die entsprechenden ° *Bé* verzeichnet.

112. Beispiel. Eine Natronlauge spindelt bei 15° 32,6° Bé. Dann ist

$$s = \frac{144,3}{144,3 - 32,6} = \frac{144,3}{111,7} = 1,292 \text{ g/ml}.$$

Aufgaben: 160. Berechne das spezifische Gewicht einer Natronlauge von **a)** 9° Bé, **b)** 20,2° Bé, **c)** 45° Bé.

3. Chemische Grundrechnungen.

A. Atom- und Molekulargewicht. Stöchiometrische Grundgesetze.

1. Chemische Formeln.

Bei der Zerlegung eines Stoffes auf mechanischem Wege, z. B. durch Zerstoßen, Auflösen, Verdampfen, ist es möglich, einen Stoff in kleinste Teilchen zu zerlegen. Diese in physikalischem Sinn unteilbaren Massenteilchen nennt man *Moleküle.* Moleküle wiederum können durch chemische Einwirkung weiter zerlegt werden, man erhält *Atome.* Diese können in der Regel für sich allein nicht bestehen, sie sind bestrebt, sich untereinander zu verbinden und zu Molekülen zusammenzutreten. Verbinden sich gleichartige Atome, so bilden sich die Moleküle der Elemente oder chemischen Grundstoffe. Durch Zusammentritt zweier Wasserstoffatome entsteht also ein Molekül Wasserstoff. Bei der Vereinigung verschiedener Atome entstehen dagegen die Moleküle der chemischen Verbindungen (Zusammentritt von zwei Atomen Wasserstoff und einem Atom Sauerstoff zu einem Molekül Wasser).

Die *chemischen Elemente* oder Grundstoffe werden durch *Symbole* gekennzeichnet, welche von den lateinischen (oder griechischen) Namen dieser Stoffe abgeleitet sind (Anfangsbuchstabe, dem zur Unterscheidung meist ein zweiter Buchstabe beigefügt ist). So ist beispielsweise Fe das Symbol für Eisen nach seiner lateinischen Bezeichnung Ferrum. Die Symbole der Elemente sind in der Atomgewichtstabelle auf S. 275 verzeichnet.

Zwei Atome Sauerstoff (Oxygenium, Symbol O) treten zu einem Molekül Sauerstoff zusammen: $O + O = O_2$.

Verbindungen, die aus mehreren Atomen verschiedener Elemente zusammengesetzt sind, werden mit Hilfe der Symbole so geschrieben, daß aus der entstandenen „*chemischen Formel*" die mengenmäßige Zusammensetzung, d. h. die Anzahl und Art der Atome der Verbindung hervorgeht. Die Formel H_2O bedeutet also, daß 1 Molekül Wasser aus 2 Atomen H (Wasserstoff) und 1 Atom O (Sauerstoff) besteht. Die Anzahl gleichartiger Atome wird durch eine kleine, tiefgestellte Zahl (Index) hinter dem Symbol des betreffenden Elementes angedeutet ($H_2 = 2\,H$).

113. Beispiel. 1 Molekül Schwefelsäure, chemische Formel H_2SO_4, besteht aus 2 Atomen H, 1 Atom S und 4 Atomen O.

Werden 2 oder mehrere Elemente in eine Klammer gesetzt, so kommt dadurch zum Ausdruck, daß diese Atome zu einer Atomgruppe vereinigt sind.

114. Beispiel. 1 Molekül Bariumnitrat $Ba(NO_3)_2$ besteht aus 1 Atom Ba und 2 NO_3-Gruppen. Jede dieser NO_3-Gruppen enthält ihrerseits 1 Atom N und 3 Atome O, so daß das Gesamtmolekül Bariumnitrat aus 1 Atom Ba, 2 Atomen N und (2 . 3 =) 6 Atomen O zusammengesetzt ist.

Eine Zahl, die vor der Formel steht (Koeffizient) multipliziert das ganze Molekül.

115. Beispiel. $3\,H_2O$ = 3 Moleküle H_2O, das sind insgesamt 6 Atome H und 3 Atome O.

Manche Verbindungen benötigen zur Bildung von Kristallen Wasser, welches in das Molekül als „Kristallwasser" eintritt. Z. B. kristallisiert Kupfersulfat mit 5 Molekülen Kristallwasser. Da es sich bei dem Wasser um eine zweite Verbindung handelt, die den chemischen Charakter des Kupfersulfates nicht beeinflußt, wird es neben die Grundverbindung geschrieben und die Zusammengehörigkeit durch ein + oder einen Punkt gekennzeichnet. Statt H_2O findet man auch die Bezeichnung aq., eine Abkürzung der lateinischen Bezeichnung für Wasser (aqua). Wir schreiben also $CuSO_4 \,.\, 5\,H_2O$ oder $CuSO_4 \,.\, 5$ aq.

Aufgaben: 161. Eine chemische Verbindung enthält:

a) 1 Atom N, 4 Atome H und 1 Atom Cl;
b) 1 Atom Mg, 2 OH-Gruppen (Hydroxylgruppen);
c) 2 Atome Na, 1 Atom H, 1 Atom P und 4 Atome O;
d) 2 Atome Fe und 3 Sulfatgruppen. 1 Sulfatgruppe besteht aus 1 Atom S und 4 Atomen O.
e) 2 Atome Na, 1 Atom C, 3 Atome O und 10 Molekülen H_2O als Kristallwasser.

Stelle aus diesen Angaben die chemische Formel der Verbindungen auf.

2. Atomgewicht.

Einzelne Atome sind ungeheuer klein. Um uns eine Vorstellung ihrer Größe zu machen, denken wir uns 5 Millionen Atome nebeneinander gereiht; wir erhielten dann eine Kette von 1 mm Länge.

Die Atome ein und desselben Elementes haben die gleiche Größe, gleiche Gestalt und gleiches Gewicht. Atome verschiedener

Elemente haben verschiedene Größe, verschiedene Gestalt und verschiedenes Gewicht.

Da das wahre Atomgewicht unvorstellbar klein ist, setzt man für dasselbe eine unbenannte Zahl; diese stellt das Verhältnis zu einem Einheitselement dar. Als Einheitselement wurde früher das leichteste Element, der Wasserstoff, angenommen und sein Atomgewicht = 1 gesetzt. Alle übrigen Atomgewichte wurden auf dasjenige des Wasserstoffes bezogen, so daß man als Atomgewicht irgendeines Elementes jene Zahl verstand, die angibt, wieviel mal schwerer 1 Atom dieses Elementes ist als 1 Atom Wasserstoff. Z. B. besagte das Atomgewicht von Zinn = 118,7, daß 1 Atom Zinn 118,7mal schwerer ist als 1 Atom Wasserstoff.

Nachdem jedoch Sauerstoff im Gegensatz zum Wasserstoff mit fast allen anderen Elementen Verbindungen bilden kann, ist man von dem Bezug auf Wasserstoff abgekommen und hat Sauerstoff als Bezugselement gewählt und das Atomgewicht für Sauerstoff O = 16,000 gesetzt. Auf diese Weise ergibt sich für Wasserstoff nicht das Atomgewicht 1, sondern 1,008.

Auf Sauerstoff bezogen, versteht man unter dem Atomgewicht eines Elementes jene Zahl, welche angibt, wieviel mal schwerer ein Atom des betreffenden Elementes ist als $\frac{1}{16}$ Atom Sauerstoff.

Die Tabelle 5 auf S. 275 enthält die Atomgewichte wie sie von der Int. Union für Chemie veröffentlicht werden, die Tabelle auf der dritten Umschlagseite die wichtigsten Elemente mit den auf zwei Dezimalstellen abgekürzten Atomgewichten (wie sie für die Rechnungen dieses Buches benutzt wurden) und deren Mantissen.

3. Gesetz der konstanten Proportionen.

Die Atome haben das Bestreben, sich untereinander zu verbinden. Diese Verbindung geschieht stets in einem bestimmten, ganzzahligen Atomverhältnis (Gesetz der konstanten Proportionen).

116. Beispiel. Bei der Bildung von Schwefeleisen (FeS) tritt stets 1 Atom Fe mit 1 Atom S zu 1 Molekül FeS zusammen. Es können sich keinesfalls etwa $1\frac{1}{2}$ Atome Fe mit $\frac{1}{2}$ Atom S zu Schwefeleisen verbinden. Bei der Bildung von FeS ist das Atomverhältnis von Fe : S stets 1 : 1. Bei der Bildung von NH_3 aus N und H ist das Verhältnis stets 1 : 3 usw.

4. Molekulargewicht.

Nach dem Gesetz von der Erhaltung der Masse, welches besagt, daß die Menge der Materie unveränderlich ist und Materie weder geschaffen noch zerstört werden kann, muß das Gewicht eines zusammengesetzten Körpers (einer Verbindung) gleich sein der Summe der Gewichte der einzelnen Bestandteile.

117. Beispiel. Verbindet sich 1 Atom Eisen mit 1 Atom Schwefel, so müssen nach dem Gesagten z. B. aus 55,85 g Eisen (55,85 ist das Atomgewicht des Eisens) und 32,06 g Schwefel (32,06 ist das Atomgewicht des Schwefels) $55{,}85 + 32{,}06 = 87{,}91$ g Schwefeleisen entstehen. 87,91 ist das Molekulargewicht des Schwefeleisens FeS.

Das Molekulargewicht eines Stoffes ist also gleich der Summe der Atomgewichte der enthaltenen Atome.

118. Beispiel. Zu berechnen ist das Molekulargewicht von Chromoxyd Cr_2O_3.

1 Molekül Cr_2O_3 besteht aus 2 Atomen Cr und 3 Atomen O.

Das Atomgewicht von Cr ist 52,01,
folglich 2 Atome .... $2 \cdot 52{,}01 = 104{,}02$
Das Atomgewicht von O ist 16,00,
folglich 3 Atome .... $3 \cdot 16{,}00 = 48{,}00$

Summe...152,02

Das Molekulargewicht von $Cr_2O_3 = 152{,}02$.

Das Molekulargewicht einer Verbindung darf nur mit soviel Stellen angegeben werden, als das darin enthaltene Atomgewicht des am wenigsten genau bekannten Grundstoffes aufweist.

119. Beispiel.

Es wäre falsch das Molekulargewicht von $AuCl_3$ auf 2 oder 3 Dezimalstellen anzugeben, denn das Atomgewicht von Gold Au = 197,2 ist nur auf 1 Dezimale bestimmt.

Das Molekulargewicht von $AuCl_3$ ist also nicht

1 Au 197,00
3 Cl 106,38
= 303,38,

sondern

1 Au 197,0
3 Cl .... 106,4 (auf 1 Dez. abgekürzt!)
= 303,4

Aufgaben: 162. Berechne das Molekulargewicht folgender Verbindungen. (Benutze die Atomgewichtstabelle auf der **3. Umschlagseite.**)

a) Ammoniak NH_3,
b) Phosphorpentoxyd P_2O_5,
c) Bariumcarbonat $BaCO_3$,
d) Bleichromat $PbCrO_4$,
e) Schwefelsäure H_2SO_4,
f) Aluminiumsulfat $Al_2(SO_4)_3$,
g) Calciumhydroxyd $Ca(OH)_2$,
h) Essigsäure CH_3COOH,
i) Kristallsoda $Na_2CO_3 + 10$ aq.,
k) Osmium-4-oxyd OsO_4,
l) Mohrsches Salz $Fe(NH_4)_2(SO_4)_2 \cdot 6\,H_2O$.

163. Wie groß ist das Molekulargewicht nachgenannter Stoffe:

a) Eisen-2-chlorid $FeCl_2$,	i) Phenol C_6H_5OH,
b) Eisen-3-chlorid $FeCl_3$,	k) Nitrobenzol $C_6H_5NO_2$,
c) Zinkchlorid $ZnCl_2$,	l) Kaliumbichromat $K_2Cr_2O_7$,
d) Natriumsulfid Na_2S,	m) Kaliumpermanganat $KMnO_4$,
e) Zinndioxyd SnO_2,	n) Ammoniumcarbonat $(NH_4)_2CO_3$,
f) Phosphorpentachlorid PCl_5,	o) Strontiumhydroxyd $Sr(OH)_2$,
g) Natriumsuperoxyd Na_2O_2,	p) Gips $CaSO_4 . 2\,H_2O$,
h) Naphthalin $C_{10}H_8$,	q) Bittersalz $MgSO_4 . 7\,H_2O$,

r) Auricyanwasserstoffsäure $[Au(CN)_4]H$.

5. Gramm-Atom und Gramm-Molekül.

Die Symbole der Elemente und die Formeln chemischer Verbindungen haben eine doppelte (chemische und rechnerische) Bedeutung. Sie kennzeichnen nicht nur die Art und Anzahl der Atome selbst, sondern gleichzeitig die durch die Atom- bzw. Molekulargewichte zum Ausdruck kommenden Mengenverhältnisse dieser Stoffe.

Jene Menge eines Elementes, die sein Atomgewicht in Gramm ausgedrückt angibt, wird als *1 Gramm-Atom* (1 g-Atom) bezeichnet. In analoger Weise bezeichnet man als *1 Gramm-Molekül* oder kurz *1 Mol* diejenige Gewichtsmenge in Gramm, welche uns das Molekulargewicht angibt. (Zum Unterschied vom Atom- bzw. Molekulargewicht handelt es sich hierbei um eine — mit Gramm — benannte Zahl.)

120. Beispiel. 1 g-Atom Sauerstoff = 16,00 g Sauerstoff, da das Atomgewicht von Sauerstoff 16,00 ist.

1 Mol Sauerstoff = 32,00 g Sauerstoff, da das Molekulargewicht von Sauerstoff 32,00 ist (ein Molekül Sauerstoff besteht aus 2 Atomen).

1 Mol Wasser H_2O = 18,02 g, da Wasser ein Molekulargewicht von 18,02 besitzt.

Aufgaben: 164. Wie groß ist 1 Mol

a) Natriumchlorid $NaCl$,	h) Kaliumchromat K_2CrO_4,
b) Calciumoxyd CaO,	i) Kaliumbisulfat $KHSO_4$,
c) Bleisulfid PbS,	k) Nickel-3-hydroxyd $Ni(OH)_3$,
d) Bariumchlorid $BaCl_2$,	l) Ammoniumsulfid $(NH_4)_2S$,
e) Schwefeltrioxyd SO_3,	m) Kaliumchromalaun $KCr(SO_4)_2 . 12\,H_2O$,
f) Bortrioxyd B_2O_3,	n) Stickstoff,
g) Ameisensäure $HCOOH$,	o) Wasserstoff,
	p) Chlor?

6. Gesetz der multiplen Proportionen.

Manche Elemente verbinden sich mit einem anderen in mehr als einem Gewichtsverhältnis, z. B.

$$N + O = NO, \qquad 2\,N + 3\,O = N_2O_3,$$
$$N + 2\,O = NO_2, \qquad 2\,N + 5\,O = N_2O_5.$$

Es stehen aber auch hier die verschiedenen Mengen des einen Elementes (O), welche sich mit ein und derselben Menge des anderen Elementes (N) vereinigen, unter sich in einem einfachen Verhältnis (Gesetz der multiplen Proportionen).

In oben angeführtem Beispiel vereinigen sich

1 Atom N mit 1 Atom O, Verhältnis 1 : 1;

1 Atom N mit 2 Atomen O, Verhältnis 1 : 2;

1 Atom N mit $1\frac{1}{2}$ Atomen O, Verhältnis $1 : 1\frac{1}{2}$;

1 Atom N mit $2\frac{1}{2}$ Atomen O, Verhältnis $1 : 2\frac{1}{2}$.

Da eine Vereinigung von 1 Atom N mit $2\frac{1}{2}$ Atomen O nach dem Gesetz der konstanten Proportionen nicht eintreten kann, sondern das Verhältnis ein ganzzahliges sein muß, lautet die Verbindung nicht $1 : 2\frac{1}{2}$, sondern 2 : 5.

(Die Mengen O, die sich mit 2 Atomen N verbinden, stehen also untereinander in Verhältnis 2 : 4 : 3 : 5.)

B. Berechnung der prozentualen Zusammensetzung einer Verbindung.

Mit Hilfe der Vorstellung des g-Atoms und g-Moleküls (oder Mols) kann die prozentuale Zusammensetzung einer chemischen Verbindung leicht ermittelt werden.

121. Beispiel. Berechne die prozentuale Zusammensetzung des Bariumcarbonats. Seine Formel ist $BaCO_3$.

1 Molekül $BaCO_3$, besteht aus 1 Atom Ba, 1 Atom C und 3 Atomen O.

1 Mol $BaCO_3$ sind 197,37 g, es enthält

1 g-Atom Ba	=	137,36 g
1 g-Atom C	=	12,01 g
3 g-Atome O	=	48,00 g
	=	197,37 g

Durch einfache Schlußrechnung auf 100 erhalten wir die Prozentzahlen der einzelnen Bestandteile:

197,37 g $BaCO_3$ enthalten 137,36 g Ba ... 12,01 g C ... 48,00 g O
100 g $BaCO_3$ enthalten x g Ba ... y g C ... z g O

$$x = \frac{137{,}36 \cdot 100}{197{,}37} = 69{,}59\% \text{ Ba},$$

$$y = \frac{12{,}01 \cdot 100}{197{,}37} = 6{,}09\% \text{ C},$$

$$z = \frac{48{,}00 \cdot 100}{197{,}37} = 24{,}32\% \text{ O}.$$

Die Summe $x + y + z$ muß 100 ergeben.

Aufgaben: 165. Berechne die prozentuale Zusammensetzung an den in folgenden Verbindungen enthaltenen Elementen:

a) Schwefeldioxyd SO_2,
b) Ammoniumchlorid NH_4Cl,
c) Natriumbisulfat $NaHSO_4$,
d) Kaliumacetat CH_3COOK,
e) Chloroform $CHCl_3$,
f) Aluminiumsulfat $Al_2(SO_4)_3$.

166. Wieviel % Kristallwasser enthält

a) Oxalsäure $(COOH)_2 \cdot 2\,H_2O$,
b) Glaubersalz $Na_2SO_4 \cdot 10$ aq.,
c) Kalialaun $AlK(SO_4)_2 \cdot 12$ aq. ?

167. Wieviel %

a) Na_2CO_3 enthält Kristallsoda $Na_2CO_3 \cdot 10\,H_2O$,
b) $CuSO_4$ enthält Kupfervitriol $CuSO_4 \cdot 5\,H_2O$?

168. Wieviel % S enthält

a) Schwefelsäure H_2SO_4,
b) Natriumsulfat Na_2SO_4,
c) Glaubersalz $Na_2SO_4 \cdot 10\,H_2O$,
d) Natriumthiosulfat $Na_2S_2O_3$,
e) Chromsulfat $Cr_2(SO_4)_3$?

169. Wieviel %

a) MgO sind im Magnesiumcarbonat $MgCO_3$,
b) SO_3 sind im Bariumsulfat $BaSO_4$,
c) Na_2O sind im Natriumcarbonat Na_2CO_3 enthalten ?

170. Wieviel kg CaO sind in 2 t 84%igem $CaCO_3$ (in 67 kg reinem $CaSO_4 \cdot 2\,H_2O$) enthalten ?

171. Wieviel g Zink sind in 212 g $ZnSO_4$ 100%ig (in 58 g $ZnCl_2$ 97%ig) enthalten ?

172. Wieviel g N sind in 5 Liter Stickoxyd NO enthalten, wenn 1 Liter NO 1,3403 g wiegt ?

C. Berechnung der empirischen Formel einer chemischen Verbindung.

Aus der prozentualen Zusammensetzung einer chemischen Verbindung läßt sich das Verhältnis berechnen, in welchem die Atome der einzelnen Elemente vorhanden sind.

122. Beispiel. Die Analyse einer chemischen Verbindung ergab: 16,08% K (Kalium), 40,16% Pt (Platin) und 43,76% Cl (Chlor).

Welches ist die einfachste Formel, die dieser Zusammensetzung entspricht?

Dividiert man diese Prozentzahlen durch die Atomgewichte der betreffenden Elemente, erhält man die Anzahl der g-Atome der letzteren, welche in 100 g der Verbindung enthalten sind.

$$\text{Kalium} \ldots\ldots \frac{16{,}08}{39{,}10} = 0{,}41 \text{ g-Atome K},$$

$$\text{Platin} \ldots\ldots \frac{40{,}16}{195{,}09} = 0{,}20 \text{ g-Atome Pt},$$

$$\text{Chlor} \ldots\ldots \frac{43{,}76}{35{,}46} = 1{,}23 \text{ g-Atome Cl}.$$

Die Atome der einzelnen Elemente sind also im Verhältnis 0,41 (K) : 0,20 (Pt) : 1,23 (Cl) in der Verbindung enthalten.

Nach dem Gesetz der konstanten Proportion verbinden sich die Elemente in einem einfachen, ganzzahligen Atomverhältnis. Man muß daher diese Verhältniszahlen in ganze Zahlen umwandeln, indem man die kleinste Zahl als Einheit wählt (gleich 1 setzt) und daher sämtliche Zahlen durch diese kleinste Zahl dividiert:

0,41 : 0,20 = 2 K,
0,20 : 0,20 = 1 Pt und
1,23 . 0,20 = 6,1 oder abgerundet 6 Cl.

Die erhaltenen Zahlen sind infolge der Analysenfehler Näherungswerte, man wird also in unserem Beispiel statt 6,1, wie es die Rechnung ergibt, 6 setzen müssen.

Der Verbindung, für die somit das Atomverhältnis 2 K : 1 Pt : 6 Cl gilt, kommt die Formel K_2PtCl_6 zu.

Bei Mineralanalysen ist es üblich, das Analysenergebnis in Prozenten der enthaltenen Oxyde anzugeben (z. B. % CaO usw.). Die Berechnung der Formel erfolgt jedoch in analoger Weise wie vorher beschrieben.

Aufgaben: 173. Berechne die einfachste Formel für eine Verbindung folgender Zusammensetzung:

a) 39,34% Na, 60,66% Cl;
b) 32,86% Na, 12,85% Al und 54,29% F;
c) 15,40% C, 3,23% H und 81,37% J;
d) 75,92% C, 6,37% H und 17,71% N;
e) 18,29% Ca, 32,37% Cl und 49,34% H_2O;
f) 12,06% Na, 11,35% B, 29,36% O und 47,23% H_2O.

174. Welche Zusammensetzung kommt einem Mineral, bzw. einer Verbindung zu, welche

a) 30,40% CaO, 21,87% MgO und 47,73% CO_2;
b) 16,93% K_2O, 18,32% Al_2O_3 und 64,75% SiO_2;
c) 55,06% H_2SO_4 und 44,94% SO_3 enthält?

D. Chemische Reaktionsgleichungen.

1. Aufstellung chemischer Reaktionsgleichungen.

Da ein Grundstoff nicht in einen anderen Grundstoff verwandelt werden kann und alle Elemente aus Atomen aufgebaut sind, muß die Anzahl und Art der Atome vor und nach der Reaktion die gleiche sein.

$$H_2SO_4 + 2\,NaOH = Na_2SO_4 + 2\,H_2O.$$

Nach dem Gesagten muß die linke Hälfte der Gleichung die gleiche Anzahl Atome derselben Art enthalten wie die rechte.

Linke Seite:

4 Atome H (2 Atome in H_2SO_4 und 2 Atome in 2 NaOH),
1 Atom S (in H_2SO_4),
6 Atome O (4 Atome in H_2SO_4 und 2 Atome in 2 NaOH),
2 Atome Na (in 2 NaOH).

Rechte Seite:

4 Atome H (in 2 H_2O),
1 Atom S (in Na_2SO_4),
6 Atome O (4 Atome in Na_2SO_4 und 2 Atome in 2 H_2O),
2 Atome Na (in Na_2SO_4).

Wir erkennen die Übereinstimmung der beiden Gleichungshälften, die Gleichung ist also richtig.

Unter den Koeffizienten einer chemischen Reaktionsgleichung versteht man die Anzahl der einzelnen Moleküle, die an der Reaktion teilnehmen (in obiger Gleichung ist die 2 vor NaOH ein Koeffizient).

123. Beispiel. Die folgende Reaktionsgleichung ist in bezug auf ihre Koeffizienten zu ergänzen:

$$Al_2O_3 + H_2O = Al(OH)_3.$$

Eine Reaktionsgleichung ist nur dann richtig, wenn links und rechts des Gleicheitszeichens die gleiche Anzahl gleichartiger Atome vorhanden sind. Die gegebene Gleichung erfüllt diese Bedingung noch nicht.

Die linke Hälfte weist 2 Al-Atome auf, die rechte nur 1 Al-Atom. Da nichts verloren gehen kann, müssen auch rechts 2 Atome Al auftreten, es werden daher 2 Moleküle $Al(OH)_3$ entstehen, in denen dann 2 Al-Atome enthalten sind. 2 Moleküle $Al(OH)_3$ enthalten wiederum 6 H-Atome, folglich müssen auch auf der linken Seite der Gleichung 6 H-Atome zur Anwendung kommen; das ist nur dadurch möglich, daß 3 Moleküle H_2O (in denen also $3 . 2 = 6$ Atome H enthalten sind) in Reaktion treten. Die so ergänzte Gleichung lautet nun

$$Al_2O_3 + 3\,H_2O = 2\,Al(OH)_3.$$

Die weitere Überprüfung ergibt, daß auch die O-Atome in beiden Gleichungshälften übereinstimmen (links $3 + 3 = 6$; rechts $3 . 2 = 6$).

Aufgaben: 175. Ergänze in den tieferstehenden Reaktionsgleichungen die Koeffizienten:

a) $Al + O = Al_2O_3$,
b) $KClO_3 = KCl + O_2$,
c) $Al + HCl = AlCl_3 + H$,
d) $Fe(OH)_3 = Fe_2O_3 + H_2O$,
e) $NH_3 + H_2SO_4 = (NH_4)_2SO_4$,
f) $NH_3 + Cl = NH_4Cl + N$,
g) $K_2CrO_4 + AgNO_3 = Ag_2CrO_4 + KNO_3$,
h) $TiF_4 + H_2SO_4 = HF + SO_3 + TiO_2$,
i) $P_2O_5 + H_2O = H_3PO_4$,
k) $C_2H_4O_2 + O_2 = CO_2 + H_2O$.

2. Auffinden der Koeffizienten einer chemischen Gleichung durch Rechnung.

Auch für die rechnerische Ermittlung ist die Kenntnis der Ausgangs- und Endprodukte der Reaktion Voraussetzung.

124. Beispiel. Jod wird durch Salpetersäure oxydiert. Bei dem Prozeß bilden sich außer Jodsäure noch Stickoxyd und Wasser.

Die gesuchte Gleichung lautet:

$$x\,HNO_3 + y\,J = u\,HJO_3 + v\,NO + w\,H_2O.$$

Die unbekannten Koeffizienten werden also nach den Grundsätzen der Algebra mit Buchstaben bezeichnet.

Eine Reaktionsgleichung ist nur dann richtig, wenn links die gleiche Anzahl Atome eines gegebenen Elementes auftritt wie rechts. Wasserstoff ist in der linken Gleichungshälfte nur in der Verbindung HNO_3 enthalten, und zwar enthält 1 Molekül HNO_3 1 Atom H. Die Zahl der H-Atome links ist also (da x Moleküle HNO_3 vorhanden sind) $1 . x$. In der rechten Gleichungshälfte ist Wasserstoff in den Verbindungen HJO_3 und H_2O enthalten, und zwar in 1 Molekül HJO_3 1 Atom H, folglich in u Molekülen $(1 . u)$ H-Atome; ferner in 1 Molekül H_2O 2 H-Atome, daher in w Molekülen $(2 . w)$ H-Atome. Insgesamt treten somit in der rechten

Gleichungshälfte $(1 \,.\, u + 2 \,.\, w)$ Atome H auf. Nun muß, um die Bedingung der Gleichheit zu erfüllen, für die H-Atome gelten:

$$x = u + 2 \,.\, w.$$

Analog gilt für die N-Atome .... $x = v$,
für die O-Atome .... $3 \,.\, x = 3 \,.\, u + v + w$,
für die J-Atome .... $y = u$.

Eine der 5 Unbekannten wird nun beliebig festgesetzt, z. B. $x = 1$. Dann ist, da nach der 2. Gleichung $x = v$, auch $v = 1$. Weiterhin kann in der 3. Gleichung $v = x$ gesetzt werden, wodurch dieselbe folgende Form erhält: $3 \,.\, x = 3 \,.\, u + x + w$, das ergibt reduziert: $2 \,.\, x = 3 \,.\, u + w$; x wurde zu 1 angenommen, so daß eine weitere Vereinfachung erfolgt: $2 = 3 \,.\, u + w$.

Setzen wir in der 1. Gleichung für $x = 1$ ein, dann lautet dieselbe $1 = u + 2 \,.\, w$; daraus errechnet sich $u = 1 - 2 \,.\, w$. Dieser Wert für u kann nun in die vorher vereinfachte Gleichung $2 = 3 \,.\, u + w$ eingesetzt werden, wodurch wir eine neue Gleichung $2 = 3 \,.\, (1 - 2 \,.\, w) + w$ erhalten, welche nur noch eine Unbekannte enthält und aufgelöst werden kann: $2 = 3 - 6 \,.\, w + w$, daraus ist $5 \,.\, w = 1$ und $w = \frac{1}{5}$.

Setzen wir die bereits errechneten Werte für x und w in die 1. Gleichung $x = u + 2 \,.\, w$ ein, so ergibt sich $1 = u + \frac{2}{5}$, daraus $u = \frac{3}{5}$. Und schließlich, da $y = u$, ist auch $y = \frac{3}{5}$.

Nun müssen, da sich Moleküle bzw. Atome nur in ganzzahligen Verhältnissen verbinden, die Koeffizienten ganzzahlig gemacht werden. Dies geschieht in unserem Fall durch Division sämtlicher Koeffizienten durch den kleinsten gefundenen $\left(= \frac{1}{5}\right)$ und wir erhalten:

$$x = 5,\ y = 3,\ u = 3,\ v = 5 \text{ und } w = 1.$$

Die vollständige Reaktionsgleichung lautet also:

$$5\,HNO_3 + 3\,J = 3\,HJO_3 + 5\,NO + H_2O.$$

Aufgaben: 176. Bestimme die Koeffizienten in folgenden Gleichungen durch Rechnung:

a) $K_2Cr_2O_7 + H_2S + H_2SO_4 = K_2SO_4 + Cr_2(SO_4)_3 + H_2O + S$,
b) $MnO_2 + HCl = MnCl_2 + Cl_2 + H_2O$,
c) $SnCl_2 + HCl + J = SnCl_4 + HJ$,
d) $NaOH + Br = NaBr + NaBrO_3 + H_2O$,
e) $KMnO_4 + FeSO_4 + H_2SO_4 = K_2SO_4 + MnSO_4 + Fe_2(SO_4)_3 + H_2O$,
f) $K_4Fe(CN)_6 + H_2SO_4 + H_2O = CO + K_2SO_4 + (NH_4)_2SO_4 + FeSO_4$,
g) $NH_4Cl + NH_4NO_3 = N + Cl + H_2O$,
h) $H_3BO_3 + Na_2CO_3 = Na_2B_4O_7 + H_2O + CO_2$.

3. Gewichtsmengen bei chemischen Reaktionen.

Ebenso wie die chemische Formel hat auch die chemische Reaktionsgleichung eine doppelte Bedeutung. Sie gibt nicht nur Aufschluß über einen bestimmten Vorgang, sondern zugleich über die Mengenverhältnisse der Stoffe, welche an dem Vorgang beteiligt sind.

Findet die Reaktion im Verhältnis der nach der Reaktionsgleichung reagierenden g-Atome bzw. g-Moleküle statt, bezeichnen wir den Reaktionsverlauf als „stöchiometrisch".

$$\underbrace{\begin{matrix} Na_2Cr_2O_7 + 4\,H_2SO_4 + 3\,H_2 \\ 262{,}00\,g + 392{,}32\,g + 6{,}06\,g \end{matrix}}_{660{,}38\,g} \begin{matrix} = \\ = \end{matrix} \underbrace{\begin{matrix} Cr_2(SO_4)_3 + Na_2SO_4 + 7\,H_2O \\ 392{,}20\,g + 142{,}04\,g + 126{,}14\,g \end{matrix}}_{660{,}38\,g}$$

Die unter den Formeln stehenden Zahlen sind die Gewichtsmengen der miteinander reagierenden Stoffe. Wir sehen auch hier, daß die Bedingung für eine Gleichung erfüllt ist, wonach die Summe der Gewichtsmengen links vom Gleichheitszeichen gleich ist der Summe der Gewichtsmengen rechts vom Gleichheitszeichen.

Bei bekanntem Reaktionsverlauf können auf Grund dieser Tatsache die theoretischen (stöchiometrischen) Mengen der entstehenden Endprodukte, bzw. die anzuwendenden Mengen der Ausgangsstoffe durch einfache Schlußrechnung ermittelt werden.

125. Beispiel. Wieviel g Quecksilber (Hg) und Sauerstoff (O) erhält man durch Erhitzen von 30 g Quecksilberoxyd (HgO), wenn die Reaktion nach der Gleichung $HgO = Hg + O$ stattfindet?

Wir setzen unter die Gleichung die g-Moleküle, bzw. g-Atome:

$$\begin{matrix} HgO & = & Hg & + & O \\ 216{,}61\,g & & 200{,}61\,g & & 16{,}00\,g \end{matrix}$$

und schließen:

aus 216,61 g HgO erhält man 200,61 g Hg und 16,00 g O
folglich aus 30 g HgO .... x g Hg und y g O

$$x = \frac{30\,.\,200{,}61}{216{,}61} = 27{,}78\text{ g Hg},\quad y = \frac{30\,.\,16{,}00}{216{,}61} = 2{,}22\text{ g O}.$$

126. Beispiel. Wieviel g Zink muß in Schwefelsäure gelöst werden, um 25 g Wasserstoff zu erhalten?

$$\begin{matrix} Zn + H_2SO_4 = ZnSO_4 + H_2 \\ 65{,}38 \qquad\qquad\qquad 2\,.\,1{,}01 = 2{,}02 \end{matrix}$$

Für 2,02 g H benötigt man 65,38 g Zn
für 25 g H .... x g Zn

$$x = \frac{25\,.\,65{,}38}{2{,}02} = 809{,}1\text{ g Zn}.$$

127. Beispiel. Wie groß ist die tatsächliche Ausbeute an krist. Sulfanilsäure in Prozenten (bezogen auf die angewandte Menge Anilin), wenn aus 7,5 g Anilin und 25 g konz. Schwefelsäure 8,5 g krist. Sulfanilsäure erhalten wurden?

Die Reaktion verläuft nach der Gleichung:

$$C_6H_5NH_2 + H_2SO_4 + H_2O = C_6H_4(NH_2)SO_3H \,.\, 2\,H_2O.$$

Da nach der Gleichung aus 1 Mol Anilin 1 Mol Sulfanilsäure entsteht, müssen theoretisch aus 93,14 g Anilin (= 1 Mol) 209,24 g krist. Sulfanilsäure (= 1 Mol) entstehen.

93,14 g Anilin ...... 209,24 g krist. Sulfanilsäure
7,5 g Anilin ...... x g krist. Sulfanilsäure

$$x = \frac{7{,}5 \,.\, 209{,}24}{93{,}14} = 16{,}85 \text{ g}.$$

Wäre die Ausbeute 100%ig, müßten demnach 16,85 g krist. Sulfanilsäure gebildet worden sein; in Wirklichkeit wurden aber nur 8,5 g erhalten.

16,85 g sind......... 100%
8,5 g .... x%

$$x = \frac{8{,}5 \,.\, 100}{16{,}85} = 50{,}4\% \text{ Ausbeute}.$$

128. Beispiel. Wieviel g eines 95%igen Ätzkalkes sind notwendig, um aus 50 g Ammonchlorid alles NH_3 auszutreiben? Um vollständige Reaktion zu gewährleisten, soll der Ätzkalk in 10%igem Überschuß angewendet werden.

Der Vorgang spielt sich nach folgender Gleichung ab:

$2\,NH_4Cl$	+	CaO	=	$CaCl_2$	+	H_2O	+	$2\,NH_3$
107,02 g		56,08 g		(111,00 g)		(18,02 g)		(34,08 g)

Für 107,02 g NH_4Cl sind 56,08 g reines CaO notwendig
daher für 50 g NH_4Cl .... x g reines CaO

$$x = \frac{50 \,.\, 56{,}08}{107{,}02} = 26{,}2 \text{ g reines CaO}.$$

Da das verwendete CaO nicht rein (100%ig), sondern nur 95%ig ist, wird entsprechend mehr gebraucht (umgekehrt proportional), und zwar

$$\frac{100 \,.\, 26{,}2}{95} = 27{,}6 \text{ g CaO } (95\%\text{ig}).$$

Ferner ist ein Überschuß von 10% gefordert. 10% von 27,6 sind 2,76 g, das sind abgerundet 2,8 g.

Der Gesamtverbrauch an 95%igem CaO ergibt sich daher zu

$$27{,}6 + 2{,}8 = 30{,}4 \text{ g}.$$

Aufgaben: 177. Wieviel g Sauerstoff werden beim Erhitzen von 25 g (*110 g*) Kaliumchlorat erhalten, wenn die Reaktion nach der Gleichung $KClO_3 = KCl + 3\,O$ vor sich geht?

178. Wieviel g Chlor sind theoretisch zur Überführung von 15 g (*32,3 g*) Phosphortrichlorid in Phosphorpentachlorid erforderlich?

$$PCl_3 + Cl_2 = PCl_5.$$

179. Wieviel g Silbernitrat und Kaliumchromat sind zur Herstellung von 100 g (*32,5 g*) Silberchromat notwendig?

$$2\,AgNO_3 + K_2CrO_4 = Ag_2CrO_4 + 2\,KNO_3.$$

180. Wieviel mg Eisen sind in 1,0000 g (*3,550 g*) Mohrschem Salz $FeSO_4 \cdot (NH_4)_2SO_4 \cdot 6\,H_2O$ enthalten?

181. Wieviel g $BaSO_4$ entstehen beim Fällen von 1,000 g (*0,254 g*) $BaCl_2 \cdot 2\,H_2O$ mit verdünnter Schwefelsäure?

182. Wie groß ist die Gewichtszunahme bei der Umwandlung von 10 g (*1,45 g*) Eisenpulver in Fe_2O_3?

183. Wie groß ist der Gewichtsverlust beim Glühen von 0,3475 g (*2500 kg*) Calciumcarbonat? $CaCO_3 = CaO + CO_2$ (CO_2 entweicht).

184. Wieviel g Chlor erhält man durch Behandlung von 75 g Braunstein, welcher 92,4% (*79,1%*) MnO_2 enthält, mit Salzsäure?

$$MnO_2 + 4\,HCl = MnCl_2 + Cl_2 + 2\,H_2O.$$

185. Wieviel g Kalium können aus 50 g Kaliumchlorid (KCl) gewonnen werden, wenn der Verlust 12% (*16,5%*) beträgt?

186. Wieviel g Nitrobenzol braucht man theoretisch zur Herstellung von 250 g (*40 g*) Phenylhydroxylamin, wenn die Reaktion nach der Gleichung $C_6H_5NO_2 + 2\,H_2 = C_6H_5NHOH + H_2O$ vor sich geht?

187. Wieviel %ig ist eine Schwefelsäure, von der 5 g aus einer Bariumchloridlösung 1,165 g (*0,685 g*) $BaSO_4$ ausfällen?

$$BaCl_2 + H_2SO_4 = BaSO_4 + 2\,HCl.$$

188. Berechne die aus 250 kg (*8,2 t*) Toluol erhältliche Benzoesäure, wenn die Ausbeute 91% der Theorie (bezogen auf das verwendete Toluol) beträgt. $C_6H_5CH_3 \rightarrow C_6H_5COOH$.

189. Berechne die tatsächliche Ausbeute in % der Theorie (bezogen auf das angewandte FeS_2), wenn bei der Durchführung der Reaktion $2\,FeS_2 + 11\,O = \mathbf{Fe_2O_3} + 4\,SO_2$ aus 16 t Pyrit mit 87,4% FeS_2-Gehalt 14,2 t (*13,95 t*) SO_2 erhalten werden.

190. Wieviel g 97,2%ige Soda werden zur Neutralisation von 25 g einer 31,7%igen (*13,4%igen*) Salzsäure benötigt?

191. Wieviel g Ammoniak erhält man bei der Einwirkung von Ätznatronlauge auf 350 g 99,2%iges (*93,4%iges*) Ammoniumsulfat, wenn der NH_3-Verlust 2,4% beträgt?

$$(NH_4)_2SO_4 + 2\,NaOH = Na_2SO_4 + 2\,NH_3 + 2\,H_2O.$$

192. Wieviel t 97%iges Kochsalz und 98,2%ige Schwefelsäure sind theoretisch zur Darstellung von 20 t 30%iger (*36%iger*) Salzsäure notwendig? $2\,NaCl + H_2SO_4 = Na_2SO_4 + 2\,HCl$.

193. Wieviel g wäßrige Ammoniaklösung von 25% (*3%*) NH_3-Gehalt sind notwendig, um aus einer Eisenchloridlösung, welche 2,478 g $FeCl_3$ enthält, alles Eisen als $Fe(OH)_3$ auszufällen, wenn ein Überschuß an Ammoniak von 5% verwendet werden soll?

$$FeCl_3 + 3\,NH_3 + 3\,H_2O = Fe(OH)_3 + 3\,NH_4Cl.$$

194. Wie groß ist die tatsächliche Ausbeute an Phthalimid, wenn 15 g (*45,4 g*) desselben aus 15,1 g (*46 g*) Phthalsäureanhydrid erhalten wurden? $C_6H_4(CO)_2O + NH_3 = C_6H_4(CO)_2NH + H_2O$.

195. Wieviel g reines, kristallisiertes Kupfersulfat $CuSO_4 \cdot 5\,H_2O$ müßte man einwägen, um bei der analytischen Bestimmung des Kupfers als Kupferrhodanür CuCNS (*als Kupferoxyd CuO*) eine Auswaage von 0,3000 g zu erhalten?

196. Wieviel g Glaubersalz $Na_2SO_4 \cdot 10\,H_2O$ erhält man aus 50 g Ätznatron mit einem Gehalt von 99,1% NaOH, wenn mit einer Ausbeute von 100% (*95%*) gerechnet werden kann?

197. Wieviel %ig ist eine Phosphorsäure, welche erhalten wird durch Auflösen von 50 g P_2O_5 in 50 g Wasser (*von 12,5 g P_2O_5 in 50 g Wasser*)? $P_2O_5 + 3\,H_2O = 2\,H_3PO_4$.

198. Wieviel %ig ist eine Natronlauge, welche durch Auflösen von 11,5 g Natrium in 39 g Wasser (*in 500 g Wasser*) entsteht?

$$Na + H_2O = NaOH + H.$$

E. Äquivalentgewicht.

1. Äquivalentgewicht der Elemente.

Unter dem *Äquivalentgewicht* eines Elementes versteht man jene Zahl, die angibt, wieviel g des Elementes direkt oder indirekt 1 g-Atom Wasserstoff (= 1,008 g Wasserstoff) binden können oder zu ersetzen vermögen.

Treten also beispielsweise bei der Bildung von Silberchlorid aus Chlorwasserstoff an Stelle von 1,01 g H 107,88 g Ag, so ergibt sich, da 107,88 g Ag 1,01 g H (= 1 g-Atom) ersetzt haben, für das Silber ein Äquivalentgewicht von 107,88.

1 Gramm-Äquivalent oder *Val* ist die Anzahl Gramm eines Elementes (oder einer Verbindung), die das Äquivalentgewicht angibt. Während 1 g-Äquivalent oder Val eine benannte Zahl ist (z. B. 8 g Sauerstoff), ist das Äquivalentgewicht eine unbenannte (Verhältnis-) Zahl. Das Äquivalentgewicht von Sauerstoff ist also 8.

Zwischen dem Äquivalentgewicht und dem Atomgewicht besteht auch folgende Beziehung:

$$\textit{Äquivalentgewicht} = \frac{\textit{Atomgewicht}}{\textit{Wertigkeit}}$$

Die *Wertigkeit* (oder Valenz) eines Elementes gibt also an, wieviel g-Atome Wasserstoff 1 g-Atom des betreffenden Elementes direkt oder indirekt binden oder ersetzen können.

Tritt ein Element in mehreren Wertigkeitsstufen auf, so hat dasselbe auch mehrere Äquivalentgewichte. Allgemein gilt, daß eine gegebene Anzahl g-Äquivalente eines Grundstoffes (oder einer Verbindung) ebenso viele g-Äquivalente eines anderen Grundstoffes (oder Verbindung) ersetzen können oder anders ausgedrückt: Äquivalente Mengen verschiedener Stoffe können einander ersetzen. **(Tabelle der Wertigkeiten siehe dritte Umschlagseite.)**

129. Beispiel. Wird in Schwefelsäure H_2SO_4 der Wasserstoff durch Natrium ersetzt, erhalten wir Natriumsulfat Na_2SO_4, und zwar werden dabei 2 Val H durch 2 Val Na ersetzt, folglich 1 Val H durch 1 Val Na, d. h. mit anderen Worten 1,01 g H sind **22,99** g Na äquivalent. Das Äquivalentgewicht von Na ist demnach **22,99**. Zu dem gleichen Ergebnis gelangt man nach der Formel

$$\text{Äquivalentgewicht} = \frac{\text{Atomgewicht}}{\text{Wertigkeit}},$$

wobei, da Natrium 1wertig ist (durch 1 H ersetzbar) **22,99** erhalten wird.

Wird in H_2SO_4 der Wasserstoff durch Barium ersetzt, entsteht $BaSO_4$. Hierbei mußten wiederum 2 Val H durch 2 Val Ba ersetzt werden, das sind 2,02 g H durch 137,36 g Ba. Diese 137,36 g Ba sind 2 Val, folglich ist 1 Val $= \frac{137,36}{2} = 68,68$ g, welche Zahl als das Äquivalentgewicht des Bariums anzusehen ist.

Umgekehrt errechnet sich die Anzahl der g-Äquivalente oder Val nach der Formel

$$\text{Anzahl Val} = \frac{\text{g}}{\text{Äquivalentgewicht}}.$$

130. Beispiel. Wieviel g-Äquivalente (Val) Sauerstoff sind 24 g Sauerstoff?

Da das Äquivalentgewicht von Sauerstoff $\frac{16,00}{2} = 8,00$ ist, ergibt sich die Anzahl Val zu $\frac{24}{8,00} = 3$.

Auf Grund des Satzes, daß äquivalente Mengen verschiedener Stoffe einander zu ersetzen vermögen, kann das Äquivalentgewicht aus den Analysendaten errechnet werden.

131. Beispiel. Aus 2,5430 g Zn wurden 3,1653 g ZnO erhalten. Das Äquivalentgewicht des Sauerstoffes ist 8,00. Zu berechnen ist das Äquivalentgewicht des Zinks.

2,5430 g Zn verbinden sich mit (3,1653 — 2,5430 =) 0,6223 g O.

Die Anzahl g-Äquivalente Sauerstoff errechnet sich nach der oben genannten Formel zu $\frac{0,6223}{8} = 0,0778$.

Die Anzahl g-Äquivalente Zink ist nach der gleichen Formel $\frac{2,5430}{x}$, worin x das Äquivalentgewicht von Zink bedeutet.

Da sich nur die gleiche Anzahl g-Äquivalente ersetzen oder verbinden können, kann $0,0778 = \frac{2,5430}{x}$ gesetzt werden. Daraus errechnet sich

$$x = \frac{2,5430}{0,0778} = 32,69.$$

Das Äquivalentgewicht des Zinks beträgt 32,69.

132. Beispiel. Silberchlorid besteht aus 75,26% Ag und 24,74% Cl. Welches ist das Äquivalentgewicht von Silber (Ag), wenn dasjenige des Chlors (Cl) 35,46 ist?

Wir nehmen an, daß 100 g Silberchlorid vorliegen; dann ist die Anzahl der Vale Ag $= \frac{75,26}{x}$ (100 g AgCl enthalten 75,26 g Ag; das Äquivalentgewicht des Silbers ist mit x bezeichnet). Die Anzahl der Vale Cl $= \frac{24,74}{35,46}$.

Wir können wiederum $\frac{75,26}{x} = \frac{24,74}{35,46}$ setzen und daraus x berechnen.

$$x = \frac{75,26 \cdot 35,46}{24,74} = 107,88.$$

Da sich nur die gleiche Anzahl g-Äquivalente oder Vale miteinander verbinden, können wir auch sagen, daß sich die Mengen, die sich miteinander verbinden, wie ihre Äquivalentgewichte verhalten müssen.

$$75,26 \text{ g Ag} : 24,74 \text{ g Cl} = x : 35,46;$$

daraus ist

$$x = 107,88.$$

Aufgaben: 199. Welches ist das Äquivalentgewicht des Bleis, wenn 1 g Blei (Pb) bei der Oxydation 1,077 g PbO liefert. Das Äquivalentgewicht des Sauerstoffs ist 8,00.

200. Wievielwertig ist Blei (Pb), wenn aus Bleiacetat durch 10 g Zink (= 2wertig) 32 g Pb abgeschieden werden? Atomgewicht des Bleis ist 207,2.

201. Wievielwertig ist Quecksilber (Hg), wenn aus einer Quecksilberchloridlösung durch 6 g Zink (= 2wertig) 18,4 g Quecksilber abgeschieden werden? Atomgewicht von Hg = 200,6.

202. Zinnchlorid besteht aus 45,56% Sn und 54,44% Cl. Berechne das Äquivalentgewicht des Zinns im Zinnchlorid, wenn dasjenige des Chlors 35,46 ist.

203. Silberbromid besteht aus 57,45% Ag und 42,55% Br. Wie groß ist das Äquivalentgewicht des Broms, wenn dasjenige des Silbers 107,88 ist?

204. Zur Bestimmung des Äquivalentgewichtes von Silber wurden 0,1948 g NaCl mit Silbernitrat zu AgCl umgesetzt und 0,4778 g davon erhalten. Berechne daraus das Äquivalentgewicht des Silbers, wenn das des Chlors 35,46 ist.

2. Äquivalentgewicht chemischer Verbindungen.

Salzsäure HCl als einbasische Säure enthält pro Molekül 1 reaktionsfähiges H-Atom. Das Äquivalentgewicht ist also gleich dem Molekulargewicht $\left(\frac{\text{Molekulargewicht}}{1}\right)$.

Schwefelsäure H_2SO_4 ist eine zweibasische Säure, da sie 2 reaktionsfähige H-Atome im Molekül besitzt. Ihr Äquivalentgewicht ist also gleich $\frac{H_2SO_4}{2} = \frac{98{,}08}{2} = 49{,}04$. (1 Val Schwefelsäure sind somit 49,04 g Schwefelsäure).

Allgemein gilt:

Äquivalentgewicht

$$\textit{einer Säure} = \frac{\textit{Molekulargewicht}}{\textit{Anzahl der durch Metall ersetzbaren Wasserstoffatome}}.$$

Für Basen ist die Anzahl der OH-Gruppen (Hydroxylgruppen) maßgebend (1 OH-Gruppe entspricht 1 H-Atom, d. h. sie ist imstande 1 Atom H zu binden).

$$\text{Äquivalentgewicht von NaOH} = \frac{\text{NaOH}}{1} \text{ (da 1 OH-Gruppe)},$$

$$\text{von Ca(OH)}_2 = \frac{\text{Ca(OH)}_2}{2} \text{ (da 2 OH-Gruppen)}.$$

Allgemein gilt:

$$\textit{Äquivalentgewicht einer Base} = \frac{\textit{Molekulargewicht}}{\textit{Anzahl der OH-Gruppen}}.$$

Soda Na_2CO_3 braucht zur Neutralisation 2 Moleküle HCl; folglich würde 1 Molekül HCl $\frac{1}{2}$ Molekül Soda neutralisieren. 1 Molekül HCl (enthaltend 1 g-Atom H) ist äquivalent $\frac{1}{2}$ Molekül Na_2CO_3; das Äquivalentgewicht von Na_2CO_3 ist daher $\frac{Na_2CO_3}{2}$.

Anderseits kann das Äquivalentgewicht von Na_2CO_3 nach folgender Überlegung errechnet werden: Na_2CO_3 ist das Salz der Kohlensäure H_2CO_3, welche ihrerseits 2 reaktionsfähige (durch Metall ersetzbare) H-Atome enthält und somit ein Äquivalentgewicht von $\frac{H_2CO_3}{2}$ besitzt. Dementsprechend ist auch das Äquivalentgewicht ihres (vollständig abgesättigten) Natriumsalzes, da insgesamt 2 H-Atome mit 2 Wertigkeiten durch Metall ersetzt sind, $\frac{Na_2CO_3}{2}$

Allgemein ergibt sich daraus:

Äquivalentgewicht eines

$$\text{Salzes} = \frac{\textit{Molekulargewicht}}{\textit{Summe der Wertigkeiten des metallischen Bestandteiles}}.$$

Das *Äquivalentgewicht von Oxydations- und Reduktionsmitteln* wird auf die Anzahl der pro Molekül abgegebenen (bzw. aufgenommenen) Sauerstoffäquivalente bezogen.

Kaliumpermanganat $KMnO_4$ reagiert in saurer Lösung nach folgender Gleichung:

$$2\,KMnO_4 = K_2O + 2\,MnO + 5\,O.$$

5 O sind 10 H äquivalent.

Da also 10 H ..... nach obiger Gleichung 2 KMnO äquivalent sind, muß 1 H .... $\frac{2\,KMnO_4}{10} = \frac{KMnO_4}{5}$ äquivalent sein. Das Äquivalentgewicht von $KMnO_4$ ist (bei Reaktionen in saurer Lösung) $\frac{1}{5}$ seines Molekulargewichtes.

Aufgaben: 205. Wie groß ist das Äquivalentgewicht von

a) $NaHCO_3$, b) HNO_3, c) $CaCO_3$, d) COOH | COOH,

e) CH_3COOH, f) H_2S (Gleichung: $H_2S + O = H_2O + S$).

206. Berechne das Äquivalentgewicht von

a) NaCl, c) Na_2SO_4, e) Na_2S,
b) KOH, d) $NaHSO_4$, f) $AgNO_3$.

207. Wieviel g-Äquivalent (Val) sind

a) 98 g H_3PO_4, d) 63,02 g Na_2SO_3,
b) 74,56 g KCl, e) 378,27 g $Na_2SO_3 \cdot 7\,H_2O$,
c) 490,4 g H_2SO_4, f) 28,055 g KOH ?

4. Lösungen.

A. Arten der Lösung.

Eine Lösung besteht aus dem Lösungsmittel und dem darin gelösten Stoff. Die Angabe des Gehaltes (der Stärke oder Konzentration) einer Lösung erfolgt nach verschiedenen Gesichtspunkten.

1. Lösungen nach Gewichtsprozenten.

Gewichtsprozente beziehen sich auf die enthaltene Gewichtsmenge des gelösten Stoffes in 100 Gewichtsteilen Lösung (nicht Lösungsmittel!).

Fehlen besondere Angaben (z. B. Volumprozent), dann handelt es sich stets um Lösungen nach Gewichtsprozenten.

Eine 20%ige Lösung enthält also in 100 g der fertigen Lösung 20 g des gelösten Stoffes. Zu ihrer Herstellung waren 80 g Lösungsmittel und 20 g des zu lösenden Stoffes (gibt als Summe 100) notwendig.

133. Beispiel. Es sollen 600 g einer 5%igen Kochsalzlösung hergestellt werden. Wieviel g Kochsalz und Wasser werden dazu benötigt

100 g 5%iger Kochsalzlsg. bestehen aus 5 g Kochsalz u. 95 g Wasser
600 g 5%iger Kochsalzlsg. . . . . x g Kochsalz u. y g Wasser

$$x = \frac{600 \,.\, 5}{100} = 30 \text{ g Kochsalz.} \qquad y = \frac{600 \,.\, 95}{100} = 570 \text{ g Wasser.}$$

Es ist nicht erforderlich, beide Komponenten (Kochsalz und Wasser) auf diese Art zu errechnen, es genügt die Berechnung des einen Bestandteiles, z. B. der Kochsalzmenge. Die Wassermenge ergibt sich aus der Differenz zu der herzustellenden Gesamtmenge; in unserem Beispiel: 600 — 30 = 570 g Wasser.

134. Beispiel. Wieviel g chemisch reines Ätznatron und Wasser werden zur Herstellung von 3 Litern einer 16%igen Natronlauge benötigt?

Zur Umrechnung des Volumens (3 Liter) in das Gewicht entnehmen wir aus der Dichtetabelle 10 auf S. 284 das Litergewicht (oder spezifische Gewicht) für eine 16%ige Natronlauge. Es beträgt 1175 g.

3 Liter wiegen demnach 3 . 1175 = 3525 g.

Nun folgt die Errechnung der benötigten Mengen:

100 g Lösung enthalten 16 g NaOH
3525 g Lösung . . . . x g NaOH

$$x = \frac{3525 \,.\, 16}{100} = 564 \text{ g NaOH.}$$

Wassermenge: 3525 — 564 = 2961 g.

135. Beispiel. Herzustellen sind 250 g einer 8%igen Sodalösung. Wieviel g kalzinierte Soda mit einem Gehalt von 96% Na_2CO_3 sind dafür erforderlich?

Für 100 g 8%iger Sodalösung sind 8 g Na_2CO_3 (100%ig) erforderlich
für 250 g 8%iger Sodalösung . . . x g Na_2CO_3 (100%ig)

$$x = \frac{250 \,.\, 8}{100} = 20 \text{ g Soda (100\%ig).}$$

Die zur Verwendung kommende Soda ist jedoch nur 96%ig, es wird also mehr gebraucht, und zwar

$$\frac{20 \cdot 100}{96} = 20{,}83 \text{ g Soda (96\%ig).}$$

Wassermenge: 250 — 20,83 = 229,17 g.

136. Beispiel. Herzustellen sind 5 Liter einer Kupfersulfatlösung, welche 10% $CuSO_4$ enthält. Zur Anwendung kommt kristallisiertes Kupfersulfat von der Zusammensetzung $CuSO_4 \cdot 5\,H_2O$. Wieviel davon müssen aufgelöst werden?

Nach den Tabellen des Chemiker-Taschenbuches hat eine 10%ige Kupfersulfatlösung bei 20° das spez. Gewicht 1,107.

5 Liter wiegen also 5000 . 1,107 = 5535 g.

Für 100 g 10%iger Lösung werden 10 g $CuSO_4$ benötigt
für 5535 g daher .... x g $CuSO_4$

$$x = \frac{5535 \cdot 10}{100} = 553{,}5 \text{ g } CuSO_4.$$

Kristallisiertes Kupfersulfat hat die Zusammensetzung $CuSO_4 \cdot 5\,H_2O$ (Molekulargewicht 249,70).

159,60 g $CuSO_4$ sind in 249,70 g $CuSO_4 \cdot 5\,H_2O$ enthalten
553,5 g $CuSO_4$ in ..... x g $CuSO_4 \cdot 5\,H_2O$

$$x = \frac{553{,}5 \cdot 249{,}70}{159{,}60} = 866{,}0 \text{ g } CuSO_4 \cdot 5\,H_2O.$$

Wassermenge: 5535 — 866 = **4669 g.**

137. Beispiel. Aus 45 g Salpeter ist eine 3%ige Lösung herzustellen. Wieviel g dieser Lösung werden erhalten?

Bei einer 3%igen Lösung sind enthalten:

3 g Salpeter in 100 g Lösung
daher 45 g Salpeter in x g Lösung

$$x = \frac{45 \cdot 100}{3} = 1500 \text{ g Lösung.}$$

Aufgaben: **208.** Wieviel g Natriumchlorid und Wasser werden benötigt, um

a) 500 g einer 10%igen Natriumchloridlösung,
b) 250 g ,, 2,5%igen ,,
c) 1235 g ,, 0,75%igen ,,
d) 722 g ,, 1,4%igen ,,
e) 65 g ,, 8,0%igen ,,
f) 610 g ,, 26,4%igen ,,
g) 2400 g ,, 18,2%igen ,, herzustellen?

209. Wie stark ist eine Lösung, welche erhalten wird durch Auflösen von

a) 40 g Kochsalz in 360 g Wasser?
b) 20 g „ „ 380 g „
c) 25 g „ „ 125 g „
d) 2,5 g „ „ 150 g „
e) 12 g „ „ 100 g „
f) 340 g „ „ 2000 g „
g) 64,8 g „ „ 457 g „
h) 116,9 g „ „ 634 g „

210. Wieviel g der tieferstehend angeführten Endlösung werden erhalten durch Auflösen von

a) 20 g Salz, Endlösung 18%ig
b) 24,3 g „ „ 4%ig
c) 130 g „ „ 10%ig
d) 262 g „ „ 25%ig
e) 74,3 g „ „ 40%ig
f) 12,7 g „ „ 0,5%ig?

211. Herzustellen sind 50 g einer 2%igen (*5%igen*) Silbernitratlösung. Wieviel g Silbernitrat und Wasser sind hierzu erforderlich?

212. Wieviel g chemisch reiner Eisessig und Wasser müssen zur Herstellung von 250 g (*600 g*) einer 12%igen Essigsäure abgewogen werden?

213. Herzustellen sind 5 kg einer 25%igen (*17,5%igen*) Kaliumchloridlösung. Wieviel g Kaliumchlorid und Wasser sind dazu erforderlich?

214. Wieviel g 20%iger (*0,3%iger*) $MgSO_4$-Lösung können aus 60 g $MgSO_4$ hergestellt werden?

215. Wieviel g kristallisiertes Bariumchlorid $BaCl_2 \cdot 2\,H_2O$ werden zur Herstellung von 500 g einer Lösung mit 10% (*20%*) $BaCl_2$-Gehalt benötigt?

216. Wieviel g $Co(NO_3)_2 \cdot 6\,H_2O$ sind notwendig, um 200 g einer Lösung mit 5% (*2%*) $Co(NO_3)_2$-Gehalt herstellen zu können?

217. Wieviel kg 66%iger Schwefelsäure erhält man aus 500 kg Pyrit, welcher 16,5% (*13,1%*) Gangart enthält?

$$2\,FeS_2 + 11\,O = Fe_2O_3 + 4\,SO_2, \quad SO_2 + O + H_2O = H_2SO_4.$$

218. Wieviel kg 98%iger (*92%iger*) Schwefelsäure erhält man aus 60 kg Schwefel, wenn die Verluste 2,5% betragen?

219. Wieviel g Natriumhydroxyd 100%ig sind aufzulösen, um folgende verdünnte Natronlaugen, deren spez. Gew. den Dichtetabellen, S. 284 ff., zu entnehmen sind, herzustellen?

a) 800 ml einer 20%igen Natronlauge,
b) 1,5 Liter einer 10%igen Natronlauge,
c) 350 ml einer 42,6%igen Natronlauge,
d) 60 ml einer 26%igen Natronlauge,
e) 420 ml einer 4,2%igen Natronlauge,
f) 4,8 Liter einer 12%igen Natronlauge,
g) 13 Liter einer 32%igen Natronlauge.

220. Herzustellen sind 5 Liter einer 10%igen Kochsalzlösung vom spez. Gew. 1,071 (*einer 20%igen Kochsalzlösung vom spez. Gew. 1,148*) aus reinem Kochsalz. Wieviel des letzteren und wieviel g Wasser sind dazu notwendig?

221. Wieviel g reines Ätznatron und Wasser sind notwendig, um 350 ml einer 40%igen Natronlauge vom spez. Gew. 1,432 (*einer 12%igen Natronlauge vom spez. Gew. 1,133*) herstellen zu können?

222. Wieviel Liter einer Lösung mit 5% Na_2SO_4-Gehalt vom spez. Gew. 1,044 erhält man aus 75 g $Na_2SO_4 \cdot 10\,H_2O$ (*aus 120 g wasserfreiem* Na_2SO_4)?

223. Wieviel ml Lösung mit 12% $CuSO_4$-Gehalt vom spez. Gew. 1,131 erhält man aus 20 g $CuSO_4 \cdot 5\,H_2O$?

2. Lösungen nach Volumprozenten.

Volumprozente geben an, wieviel Volumteile des reinen Stoffes in 100 Volumteilen der Lösung (nicht des Lösungsmittels!) enthalten sind. Z. B. enthält eine 70 vol.-%ige Lösung in 100 ml der Lösung 70 ml des gelösten Stoffes. Diese Angabe wird in der Hauptsache für Lösungen von Alkohol u. dgl. verwendet.

Aufgaben: 224. Wieviel Volumprozent Alkohol enthält ein Alkohol-Wasser-Gemisch, welches in

a) 750 ml Gemisch 200 ml Alkohol,
b) 500 ml Gemisch 125 ml Alkohol,
c) 4,2 Liter Gemisch 840 ml Alkohol,
d) 2 Liter Gemisch 980 ml Alkohol,
e) 300 ml Gemisch 297 ml Alkohol enthält?

3. Lösungen mit Angabe der Gewichtsmenge des gelösten Stoffes, die in 100 Gewichtsteilen des reinen Lösungsmittels gelöst wurde.

Diese Art der Bezeichnung findet Anwendung bei *Löslichkeitsangaben* (g Substanz in 100 g Lösungsmittel). (Abb. 39.)

Wenn die Löslichkeit von Kochsalz bei 25° 36,1 beträgt, so heißt dies, daß bei dieser Temperatur 36,1 g Kochsalz in 100 g Wasser löslich sind. (Beachte den Unterschied dieser Angabe und der Prozentigkeit!)

Wird die Löslichkeit eines Stoffes aus Tabellen entnommen, hat man sich zu vergewissern, ob die angegebenen Zahlen Prozente (also g gelöster Substanz in 100 g Lösung) bedeuten oder ob es sich um die Angabe der Löslichkeit (g in 100 g Lösungsmittel) handelt.

138. Beispiel. Die Löslichkeit von Kaliumnitrat in Wasser beträgt bei 40° 64 g in 100 g Wasser. Wieviel prozentig ist eine bei dieser Temperatur gesättigte Lösung?

Wenn sich 64 g in 100 g Wasser lösen, erhalten wir 64 + 100 = 164 g Lösung.

In 164 g Lösung sind 64 g Kaliumnitrat enthalten
folglich in 100 g Lösung .... x g Kaliumnitrat

$$x = \frac{100 \cdot 64}{164} = 39{,}0\%.$$

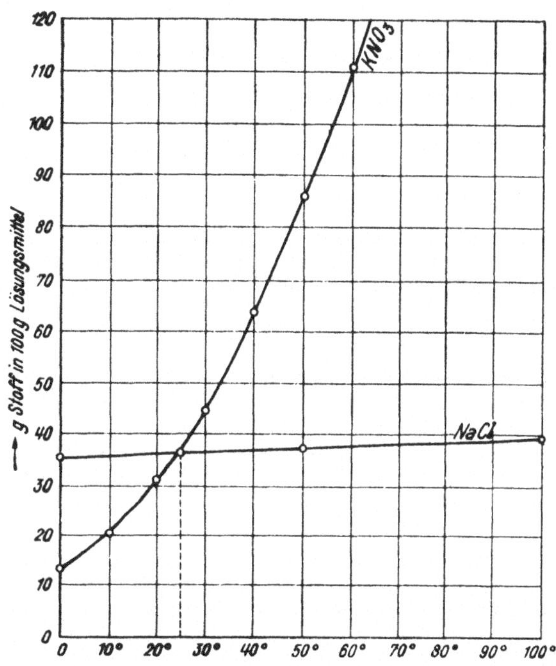

Abb. 39. Löslichkeitskurve.

139. Beispiel. Wie groß ist die Löslichkeit von Natriumchlorid in Wasser bei 50°, wenn eine bei dieser Temperatur gesättigte Lösung 27%ig ist?

Eine 27%ige Lösung enthält in 100 g Lösung 27 g NaCl, folglich

müssen 27 g NaCl in (100 — 27 =) 73 g Wasser gelöst sein
daher x g NaCl in ....100 g Wasser

$$x = \frac{100 \cdot 27}{73} = 37 \text{ g NaCl}.$$

140. Beispiel. 500 g einer gesättigten Lösung von KNO_3 werden von 60° auf 20° abgekühlt. Da die Löslichkeit von KNO_3 bei 20°

geringer ist als diejenige bei 60°, muß Kaliumnitrat bei der Abkühlung ausgeschieden werden. Wie groß ist diese Menge?

Die Löslichkeit von KNO_3 ist nach der Tabelle 9, S. 283, bei 60° = 111 g, bei 20° = 31,2 g.

Bei 60° waren 111 g KNO_3 in 100 g Wasser gelöst = 211,0 g Lsg.
bei 20° waren 31,2 g KNO_3 in 100 g Wasser gelöst = 131,2 g Lsg.

Bei der Abkühlung wurden daher ausgeschieden: 79,8 g KNO_3.

Aus 211 g Lösung gelangten 79,8 g KNO_3 zur Ausscheidung
aus 500 g Lösung .... x g KNO_3

$$x = \frac{500 \cdot 79{,}8}{211} = 189{,}1 \text{ g } KNO_3.$$

Aufgaben: 225. Die Löslichkeit von Kaliumsulfat bei 20° ist 11,1 g (*bei 50° ist 16,5 g*) in 100 g Wasser. Wieviel prozentig ist eine bei dieser Temperatur gesättigte Lösung?

226. Wieviel prozentig sind die bei 20°, 50° und 100° gesättigten Lösungen von

a) Rohrzucker, **b)** NH_4NO_3, **c)** NaCl?

Die Löslichkeiten der genannten Stoffe sind aus den Löslichkeitstabellen, S. 283, zu entnehmen.

227. Eine bei 30° gesättigte Natriumnitratlösung enthält 49% $NaNO_3$ (*bei 100° gesättigte Lösung 63,5% $NaNO_3$*). Wie groß ist die Löslichkeit des Natriumnitrates in Wasser bei dieser Temperatur, bezogen auf 100 g Lösungsmittel?

228. Eine gesättigte Lösung von

a) $NaHCO_3$ in Wasser ist bei 0° 6,45%ig, bei 20° 8,76%ig, bei 60° 14,09%ig;

b) $MgCl_2 \cdot 6\,H_2O$ in Wasser bei 0° 34,6%ig, bei 20° 35,3%ig, bei 60° 37,9%ig;

c) Schwefel in Toluol ist bei 0° 0,90%ig, bei 20° 1,79%ig, bei 60° 5,93%ig;

d) $AgNO_3$ in Wasser ist bei 0° 53,5%ig, bei 20° 68,3%ig, bei 60° 82,5%ig.

Berechne aus diesen Angaben die Löslichkeit dieser Stoffe bei den betreffenden Temperaturen.

229. Wieviel g Kaliumchlorid werden aus 250 g einer bei 80° gesättigten Lösung durch Abkühlen auf 20° (*auf 30°*) ausgeschieden? Die Löslichkeit von Kaliumchlorid in Wasser ist bei 80° 51 g, bei 30° 37,3 g und bei 20° 34,2 g in 100 g Wasser.

230. Wie groß ist die Löslichkeit von Bariumnitrat in Wasser bei 40° (*20°*), wenn beim Abkühlen von 1000 g einer bei 100° gesättigten Lösung auf 40° 149 g (*auf 20° 189,2 g*) Bariumnitrat ausgeschieden werden? Die Löslichkeit von Bariumnitrat bei 100° beträgt 34,2 g in 100 g Wasser.

4. Lösungen mit Angabe der Gewichtsmenge des gelösten Stoffes, die in einem bestimmten Volumen der Lösung enthalten ist.

Es handelt sich dabei um Angaben wie 1 g NH_3 im Liter (d. h. in 1 Liter der fertigen Lösung ist 1 g NH_3 enthalten).

Die Herstellung solcher Lösungen erfolgt durch genaue Einwaage und Verdünnen auf das gewünschte Volumen (im Maßkolben).

141. Beispiel. Herzustellen ist 1 Liter einer Lösung, welche 1 mg Eisen in 1 ml enthält. Wieviel g MOHRsches Salz $Fe(NH_4)_2(SO_4)_2 . 6\,H_2O$ müssen eingewogen werden?

1 Molekül MOHRsches Salz enthält 1 Atom Eisen, d. h.

55,85 g Fe sind in 392,19 g MOHRschem Salz enthalten
1 g Fe in ..... x g MOHRschem Salz

$$x = \frac{392,19}{55,85} = 7,022 \text{ g MOHRsches Salz}$$

(welche gelöst und zu 1 Liter verdünnt werden).

Umrechnung von % in g pro Liter.

142. Beispiel. Wieviel g chemisch reiner Schwefelsäure sind im Liter einer 31,4%igen Schwefelsäure enthalten, wenn ihr Litergewicht (welches bestimmt oder aus den Dichtetabellen entnommen werden kann) 1230 g beträgt?

100 kg dieser Säure haben ein Volumen von $\frac{100}{1,230} = 81,3$ Liter.

100 kg = 81,3 Liter enthalten 31,4 kg H_2SO_4
folglich 1 Liter .... $\frac{31,4}{81,3} = 0,386$ kg H_2SO_4.

Setzen wir an Stelle der errechneten 81,3 Liter den Bruch $\frac{100}{1,230}$ ein, ergibt sich als Formel für die Berechnung:

$$\frac{31,4 \,.\, 1,230}{100} = 0,386 \text{ kg/Liter} = 386 \text{ g/Liter}.$$

Daraus ergibt sich die allgemeine Formel:

$$g/Liter = \frac{\% \times spez.\,Gew. \times 1000}{100} = \% \times spez.\,Gew. \times 10.$$

143. Beispiel. Wieviel % HNO_3 enthält eine Salpetersäure vom spez. Gew. 1,360, welche 0,800 kg HNO_3 im Liter enthält?

1 Liter dieser Säure wiegt 1 . 1,360 = 1,360 kg.

1 Liter = 1,360 kg enthalten 0,800 kg HNO_3,
folglich 100 kg .... $\frac{0,800 \,.\, 100}{1,360} = 58,82\%$ HNO_3.

Als allgemeine Formel ergibt sich:

$$\% = \frac{kg/Liter \times 100}{spez.\ Gew.} = \frac{g/Liter}{spez.\ Gew. \times 10}.$$

Aufgaben: 231. Herzustellen sind 750 ml (*6,5 Liter*) einer Kochsalzlösung, welche 15 g NaCl im Liter enthält. Wievielg Kochsalz sind abzuwägen, wenn dasselbe **a)** 100%ig, **b)** 96,6%ig ist?

232. Wieviel g $TiCl_3$ muß man einwägen, um 200 ml einer Lösung zu erhalten, welche 1 mg Ti pro ml enthält?

233. Wieviel ml Kupfersulfatlösung, welche 2 g Cu im Liter enthält, können aus 5 g (*0,75 g*) $CuSO_4 . 5\,H_2O$ hergestellt werden?

234. Welche Konzentration (in %) hat eine wäßrige Ammoniaklösung vom spez. Gew. 0,938, welche 145,1 g NH_3 (*vom spez. Gew. 0,962, welche 84,8* g NH_3) im Liter enthält?

235. Wieviel g CaO im Liter enthält eine 10%ige $Ca(OH)_2$-Lösung vom spez. Gew. 1,061 (*eine 25%ige* $Ca(OH)_2$*-Lösung vom spez. Gew. 1,161*)?

236. Welches Litergewicht hat eine 60%ige Schwefelsäure, welche 905,3 g H_2SO_4 im Liter (*eine 82%ige Schwefelsäure, welche 1170* g SO_3 *im Liter*) enthält?

237. Wieviel g CH_3COOH im Liter enthält eine 1%ige Essigsäure vom spez. Gew. 0,9997 (*eine 50%ige Essigsäure vom spez. Gew. 1,0575*)?

5. Lösungen mit Angabe des Mischungsverhältnisses.

Die Verwendung dieser Konzentrationsangabe ist für Säuren gebräuchlich. Eine Salzsäure 1:3 besteht aus 1 Volumteil konz. Salzsäure und 3 Volumteilen Wasser.

144. Beispiel. Herzustellen sind 2 Liter Salzsäure 1:3.

Es müssen also 1 Teil konz. Salzsäure mit 3 Teilen Wasser verdünnt werden. Dadurch werden (1 + 3 =) 4 Teile der geforderten Säure erhalten.

4 ml Salzs. 1:3 bestehen aus 1 ml konz. Salzs. + 3 ml Wasser
2000 ml Salzs. 1:3 .... x ml konz. Salzs. + y ml Wasser

$$x = \frac{2000 . 1}{4} = 500 \text{ ml konz. Salzsäure,}$$

$$y = \frac{2000 . 3}{4} = 1500 \text{ ml Wasser.}$$

Aufgaben: 238. Wieviel ml konz. Schwefelsäure und Wasser benötigt man zur Herstellung von 4 Liter Schwefelsäure 1:1 (*1 : 5*)?

239. Herzustellen sind 750 ml Salzsäure 1:4 (*1 : 10*) aus einer Salzsäure 1:3 durch Zugabe von Wasser. Wieviel ml der vorhandenen Säure 1:3 und wieviel ml Wasser sind abzumessen?

6. Lösungen mit Angabe der molaren Konzentration (Molarität).

Unter dieser Angabe wird die in 1 Liter Lösung enthaltene Anzahl Mole an gelöster Substanz verstanden.

Eine 2molare (2 m) Lösung enthält demnach 2 Mol des Stoffes pro Liter Lösung.[1]

145. Beispiel. Wie groß ist die molare Konzentration (Molarität) einer Lösung, welche hergestellt wurde durch Auflösen von 7,3075 g NaCl in Wasser und verdünnen auf 250 ml?

250 ml der Lösung enthalten 7,3075 g NaCl, in 1000 ml also 29,23 g NaCl.

58,45 g NaCl = 1 Mol
29,23 g NaCl = x Mol

$$x = \frac{29{,}23\ .\ 1}{58{,}45} = 0{,}5\ \text{m}.$$ Die Lösung ist 0,5 molar.

Aufgaben: 240. Wieviel g NH_3 im Liter enthält eine
a) 0,5 molare, **b)** 2,5 molare,
c) 5,88 molare wäßrige Ammoniaklösung?

241. Welche Molarität besitzt eine Salzsäure, die in 50 ml
a) 17 g HCl, **b)** 21,5 g HCl, **c)** 0,1824 g HCl enthält?

242. Berechne die Molarität einer $KMnO_4$-Lösung, welche
a) 2%ig (spez. Gew. 1,013), **b)** 5%ig (spez. Gew. 1,034) ist?

243. Berechne die Molarität einer Schwefelsäure, welche
a) 70%ig (spez. Gew. 1,615), **b)** 78%ig (spez. Gew. 1,710), **c)** 20%ig (spez. Gew. 1,143) ist.

7. Normallösungen.

Unter *Normalität* einer Lösung versteht man die in 1 Liter Lösung enthaltene Anzahl g-Äquivalente (Val) an gelöster Substanz. Über die Berechnung derselben siehe unter Maßanalyse, S. 143.

B. Verdünnen und Mischen von Lösungen.

1. Verdünnen von Lösungen.

Beim Verdünnen oder Konzentrieren einer Lösung bleibt die Menge des in ihr enthaltenen reinen (100%igen) Stoffes gleich.

146. Beispiel. 300 g einer 40%igen Lösung sollen so verdünnt werden, daß eine 20%ige Lösung entsteht.

Da die Lösung schwächer (20%ig) werden soll, muß Wasser zugesetzt werden, wodurch die Menge der Lösung größer wird.

Die in der Lösung enthaltene Menge an reinem 100%igem Stoff berechnet sich wie folgt:

[1] Über Molprozente siehe Nachtrag Seite 255.

100 g einer 40%igen Lösung enthalten 40 g der 100%igen Substanz
300 g einer 40%igen Lösung .... x g der 100%igen Substanz

$$x = \frac{300 \,.\, 40}{100} = 120\,\text{g}\ 100\%\text{iger Substanz.}$$

Diese 120 g Substanz sind auch nach dem Verdünnen der Lösung auf 20% noch unverändert vorhanden.

In 100 g 20%igen Lsg. sind 20 g 100%iger Subst. enthalten
folglich in x g 20%igen Lsg. ... 120 g 100%iger Subst.

$$x = \frac{120 \,.\, 100}{20} = 600\,\text{g Lösung.}$$

Da sich die Menge des enthaltenen reinen Stoffes durch Multiplikation der Lösungsmenge und der Prozentigkeit (dividiert durch 100) ergibt und diese Menge unverändert bleibt, muß auch das Produkt aus Menge und Konzentration der entstandenen Lösung den gleichen Wert ergeben.

Vorhandene Lösung: Menge 300 g, Konzentration 40%
Gesuchte Lösung: Menge x g, Konzentration 20%

Nach dem Gesagten muß $300 \,.\, 40 = x \,.\, 20$; daraus ist

$$x = \frac{300 \,.\, 40}{20} = 600\,\text{g Lösung.}$$

Aus dieser Überlegung ergibt sich als Handregel: Man bildet das Produkt aus Menge und Konzentration der gegebenen Lösung und dividiert durch den bekannten Faktor der gesuchten Lösung.

147. Beispiel. 200 g einer 60%igen Lösung werden mit 100 g Wasser verdünnt. Wieviel prozentig ist die erhaltene Lösung?

Die Menge der erhaltenen Lösung = 200 g + 100 g = 300 g.

Vorhandene Lösung: 200 g ... 60%
Gesuchte Lösung: 300 g ... x%

$$200 \,.\, 60 = 300 \,.\, x;\quad \text{daraus } x = \frac{200 \,.\, 60}{300} = 40\%.$$

Ist nicht das Gewicht, sondern das Volumen der Lösung gegeben, dann muß dasselbe mit Hilfe des spez. Gew. in das Gewicht umgerechnet werden, um grundlegende Fehler bei der Berechnung zu vermeiden. Ein weiteres Beispiel soll diesen Unterschied veranschaulichen:

148. Beispiel. 5 Liter einer 65,2%igen Schwefelsäure vom spez. Gew. 1,56 sollen mit Wasser so verdünnt werden, daß eine

17%ige Säure (spez. Gew. 1,12) entsteht. Wieviel Wasser muß zugesetzt werden?

a) Umrechnung auf Gewichtsmengen.

5 Liter Säure vom spez. Gew. 1,56 sind 5 . 1,56 = 7,8 kg. 7,8 . 65,2 = x . 17; daraus ist x = 29,9 kg 17%ige Säure; es müssen also 29,9 — 7,8 = 22,1 kg Wasser zugesetzt werden.

b) Würde die Umrechnung auf das Gewicht unterbleiben, erhielten wir folgendes falsche Ergebnis:

5 . 65,2 = x . 17; daraus wäre x = 19,1 Liter 17%ige Säure, folglich ein Wasserzusatz von 19,1 — 5 = 14,1 Liter nötig.

Eine Analyse dieser so erhaltenen Säure würde einen Gehalt von über 23% Säure ergeben und nicht die geforderten 17%!

Man mache es sich daher zur Gewohnheit, bei Mischungs- und Verdünnungsrechnungen stets mit Gewichtsmengen zu rechnen (falls nicht ausdrücklich Mischungen nach Volumteilen gefordert sind).

Aufgaben: 244. Wieviel prozentig ist eine Lösung, welche erhalten wird durch Zusammengießen von

a) 50 kg 100%iger Substanz + 50 kg Wasser,
b) 50 kg 92%iger Lösung + 50 kg Wasser,
c) 22,5 kg 48%iger Lösung + 12,5 kg Wasser,
d) 0,75 kg 78%iger Lösung + 0,25 kg Wasser,
e) 660 g 36%iger Lösung + 2040 g Wasser,
f) 834 g 80%iger Lösung + 28 g Wasser?

245. Wieviel prozentig ist eine Lösung, welche entstanden ist durch Vereinigung folgender Mengen:

a) 40 kg 50%iger Lösung + 60 kg 100%iger Substanz,
b) 25 kg 75%iger Lösung + 35 kg 100%iger Substanz,
c) 4,5 kg 32%iger Lösung + 0,3 kg 100%iger Substanz,
d) 820 g 12%iger Lösung + 9,8 g 100%iger Substanz?

246. Wieviel g Lösung werden erhalten, wenn

a) 1000 g 60%iger Lösung mit Wasser auf 50% verdünnt werden,
b) 5 kg 12,3%iger Lösung mit Wasser auf 10% verdünnt werden,
c) 750 g 41%iger Lösung mit Wasser auf 36% verdünnt werden,
d) 50 g 92%iger Lösung mit Wasser auf 20% verdünnt werden?

2. Mischen von Lösungen.

149. Beispiel.

a) Zu mischen sind

250 g einer 20%igen Lösung,
450 g einer 30%igen Lösung und
500 g einer 80%igen Lösung.

Wieviel prozentig ist die erhaltene Mischung?

250 g der 20%igen Lösung enthalten	$\frac{250 \cdot 20}{100} =$	50 g	Substanz (100%ig).
450 g der 30%igen Lösung enthalten	$\frac{450 \cdot 30}{100} =$	135 g	
500 g der 80%igen Lösung enthalten	$\frac{500 \cdot 80}{100} =$	400 g	
1200 g der Mischung enthalten somit	....	585 g	
100 g der Mischung	....	x g	

$$x = \frac{585 \cdot 100}{1200} = 48{,}75\%\text{ig}.$$

b) Mischungsgleichung.

Für das Mischen zweier Lösungen kann ganz allgemein die Mischungsgleichung angewendet werden, wobei es gleichgültig ist, ob die Menge oder die Konzentration einer der beiden Lösungen oder die Konzentration der erhaltenen Mischung zu berechnen ist. Die Mischungsgleichung beruht auf dem bereits genannten Satz, daß sich die Menge der in der Lösung enthaltenen 100%igen Substanz aus dem Produkt von Lösungsmenge und Prozentigkeit ergibt. Sie lautet:

$$a \cdot x + b \cdot y = (a + b) \cdot z.$$

Darin bedeuten:

a die Menge der Lösung I in g,
x die Konzentration der Lösung I in %,
b die Menge der Lösung II in g,
y die Konzentration der Lösung II in %,
$(a + b)$ die Summe der Mengen beider Lösungen (= Menge der erhaltenen Mischung) in g und
z die Konzentration der erhaltenen Mischung in %.

150. Beispiel. 400 g einer 92%igen Schwefelsäure werden mit 1200 g einer 76%igen Schwefelsäure gemischt. Wieviel prozentig ist die erhaltene Mischung?

$$400 \cdot 92 + 1200 \cdot 76 = (400 + 1200) \cdot z$$
$$36800 + 91200 = 1600 \cdot z$$
$$128000 = 1600 \cdot z$$
$$z = \frac{128000}{1600} = 80\%.$$

151. Beispiel. 600 g einer 32%igen Salzsäure sollen mit einer 18%igen Salzsäure so verdünnt werden, daß eine 28%ige Säure entsteht. Wieviel g der 18%igen Salzsäure müssen zugesetzt werden?

$$600 \,.\, 32 + b \,.\, 18 = (600 + b) \,.\, 28$$
$$19200 + 18\,b = 16800 + 28\,b$$
$$19200 - 16800 = 28\,b - 18\,b$$
$$2400 = 10\,b$$
$$b = \frac{2400}{10} = 240\text{ g } 18\%\text{iger Säure.}$$

Menge der erhaltenen Mischung: 600 + 240 = 840 g.

Wird nicht mit einer Lösung des gleichen Stoffes, sondern mit Wasser verdünnt, dann wird y (d. i. die Konzentration der Lösung II) null, wodurch der ganze Ausdruck $b \,.\, y = 0$ wird und wegfällt. Wir erhalten dadurch die rechnerische Bestätigung der auf S. 124 angeführten Handregel.

152. Beispiel. Wieviel g einer 40%igen Natronlauge müssen mit Wasser verdünnt werden, um 2000 g einer 25%igen Lauge herzustellen?

$$a \,.\, 40 + b \,.\, y = 2000 \,.\, 25$$
$$40\,a + 0 = 50000$$
$$a = \frac{50000}{40} = 1250\text{ g } 40\%\text{iger Lösung.}$$

Die zugesetzte Wassermenge errechnet sich zu

$$2000 - 1250 = 750\text{ g.}$$

Auch hier mache man es sich zur Gewohnheit, stets mit Gewichtsmengen zu rechnen.

c) Zu dem gleichen Ergebnis gelangt man durch Anwendung der sog. *Mischungsregel.*

Entwicklung der Mischungsregel:

Eine Lösung von 78% soll mit einer Lösung von 48% auf 66% gestellt werden. Die Konzentration der Ausgangslösungen beträgt also 78% und 48%.

Nehmen wir 100 g 78%iger Lösung, so haben wir darin an 100%igem Stoff (78 — 66 =) 12 g zu viel, um sie auf 66% einzustellen.

Nehmen wir 100 g 48%iger Lösung, so haben wir darin an 100%igem Stoff (66 — 48 =) 18 g zu wenig, um sie auf 66% einzustellen.

Nun muß ein Ausgleich geschaffen werden, indem wir zu der stärkeren Lösung soviel von der schwächeren zufügen, daß die in letzterer zu wenig enthaltene Menge die in der stärkeren Lösung zu viel enthaltene Menge aufhebt. In unserem Falle müssen wir daher $1\frac{1}{2}$ Teile der 78%igen (darin sind $12 + 6 = 18$ g zu viel) mit 1 Teil der 48%igen Lösung (darin sind 18 g zu wenig) mischen, damit sich das Zuviel und Zuwenig gerade aufhebt. Das Mischungsverhältnis ist also $1\frac{1}{2}:1$, oder ganzzahlig ausgedrückt 3:2 (oder 18:12).

Zur raschen Errechnung dieses Verhältnisses dient die Mischungsregel.

Wir schreiben die Konzentrationen der vorhandenen Ausgangslösungen untereinander und deuten durch Pfeile auf die Konzentration der herzustellenden Lösung:

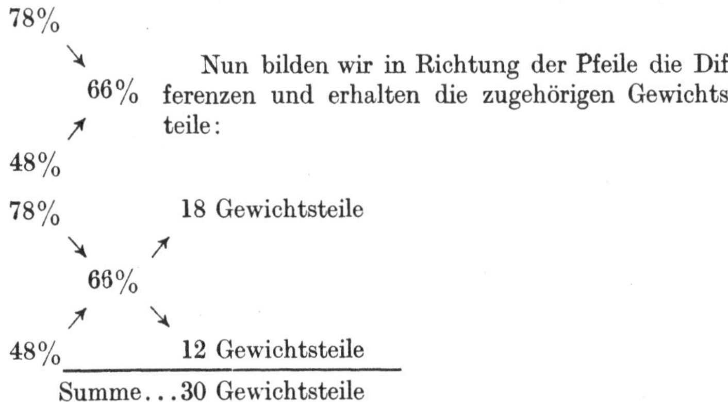

Nun bilden wir in Richtung der Pfeile die Differenzen und erhalten die zugehörigen Gewichtsteile:

Das Verhältnis der anzuwendenden Mengen der Ausgangslösungen ergibt sich aus dem Pfeilkreuz mit 18:12 (18 Gewichtsteile 78%iger Lösung + 12 Gewichtsteile 48%iger Lösung = = 30 Gewichtsteile 66%iger Lösung).

Die jeweils zusammengehörenden % und Gewichtsteile stehen im Pfeilkreuz in einer Linie: 78% — 18 Gewichtsteile und 48% — 12 Gewichtsteile.

Handelt es sich (wie dies fast stets der Fall ist) um Gewichtsprozente und sind Volumteile gegeben, müssen letztere vor der Mischungsrechnung mit Hilfe der spez. Gew. in Gewichtsmengen umgerechnet werden, um grundlegende Fehler zu vermeiden.

Die Mischungsregel läßt sich ebenso für die Berechnung des Mischungsverhältnisses beim Verdünnen einer Lösung mit Wasser anwenden; die „Konzentration" des Wassers ist dabei mit 0% einzusetzen.

153. Beispiel. Es sollen 5 Liter 10%iger Schwefelsäure durch Verdünnen einer 92,2%igen Säure mit Wasser hergestellt werden.

Umrechnung auf Gewichtsteile: Die 10%ige Schwefelsäure hat nach der Dichtetabelle 10 auf S. 284 ein Litergewicht von 1066 g. 5 Liter dieser Säure wiegen daher 5 . 1066 = 5330 g.

Nun folgt die Berechnung des Mischungsverhältnisses durch Anwendung der Mischungsregel.

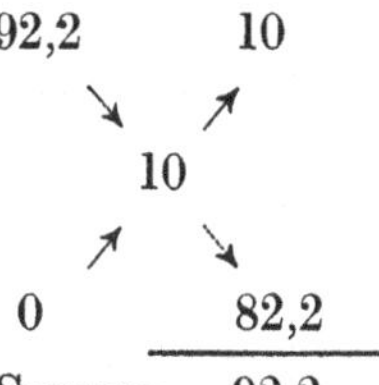

Zur Herstellung von 92,2 g 10%iger Schwefelsäure werden demnach 10 g 92,2%iger Säure und 82,2 g Wasser benötigt.

Durch einfache Schlußrechnung folgt:

Für 92,2 g (10%iger) benötigt man 10 g (92,2%iger)
für 5330 g .... x g (92,2%iger)

$$x = \frac{5330 \,.\, 10}{92{,}2} = 578 \text{ g Schwefelsäure } (92{,}2\%\text{ig}).$$

Die Wassermenge errechnet sich entweder ebenfalls durch Schlußrechnung aus dem Pfeilkreuz oder aus der Differenz zur Endmenge: 5330 g — 578 g = 4752 g Wasser.

Zur Berechnung des Volumens der ermittelten 578 g Schwefelsäure (92,2%ig) müssen wir durch das spez. Gew. (nach der Dichtetabelle 10 auf S. 284 = 1,825) dividieren und erhalten 316,7 ml; 4752 g Wasser sind unter Vernachlässigung der Dichte des Wassers bei der Versuchstemperatur = 4752 ml. Die Summe beider ergibt 5068,7 ml. Tatsächlich entstehen jedoch nur 5000 ml. Die Differenz ist durch die Volumkontraktion (Zusammenziehung) beim Mischen zweier Flüssigkeiten (besonders bei solchen von hoher Konzentration) bedingt.

154. Beispiel. 500 kg einer 35,7%igen Salzsäure sind mit einer im Betrieb vorhandenen 8,5%igen Salzsäure so zu verdünnen, daß eine 30%ige Säure entsteht. Wieviel kg der 8,5%igen Säure müssen zugesetzt werden?

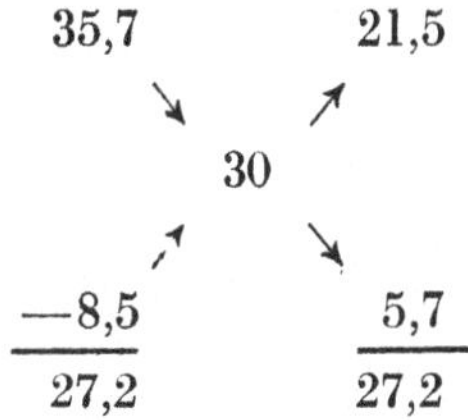

(Als Kontrolle der Richtigkeit kann die Differenz der linksstehenden % gebildet werden, wodurch die gleiche Zahl erhalten werden muß, die durch die Addition der Gewichtsteile rechts erhalten wurde.)

Die Mischungsregel hat ergeben:

$$\underset{(35{,}7\%\text{ige Säure})}{21{,}5\,\text{kg}} + \underset{(8{,}5\%\text{ige Säure})}{5{,}7\,\text{kg}} = \underset{(30\%\text{ige Säure})}{27{,}2\,\text{kg}}$$

Nach der Methode des abgekürzten Dreiersatzes schreiben wir Gleiches unter Gleiches und erhalten folgenden Ansatz:

$$\begin{array}{l} 21{,}5 \text{ kg } (35{,}7\%) \ldots + 5{,}7 \text{ kg } (8{,}5\%) \ldots = 27{,}2 \text{ kg } (30\%) \\ 500 \text{ kg } (35{,}7\%) \ldots \quad x \text{ kg } (8{,}5\%) \\ \hline \end{array}$$

$$x = \frac{500 \,.\, 5{,}7}{21{,}5} = 132{,}5 \text{ kg } (8{,}5\%\text{ige}) \text{ Säure.}$$

d) Anwendung der Mischungsregel auf das *Verstärken von Lösungen* durch Wasserentzug.

155. Beispiel. Eine 24%ige Lösung soll durch Wasserentzug auf eine 60%ige konzentriert werden.

Wir schreiben die vorhandene Lösung und das zu entziehende Wasser auf die linke Seite, die Pfeile deuten in Richtung der herzustellenden Lösung. Nach Bilden der Differenzen hat das Pfeilkreuz folgende Form:

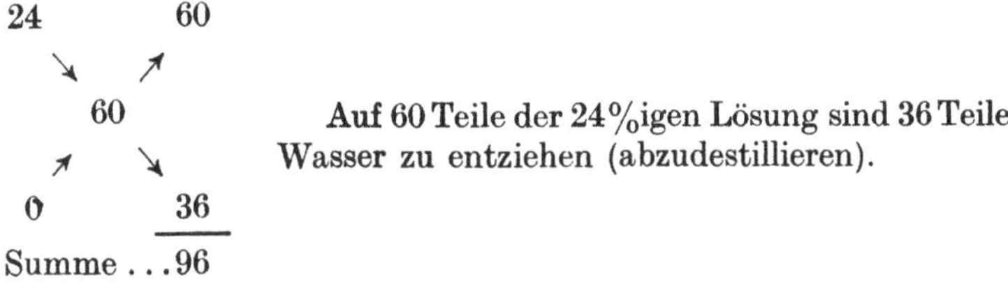

Auf 60 Teile der 24%igen Lösung sind 36 Teile Wasser zu entziehen (abzudestillieren).

Als Verhältnis ausgedrückt ergibt sich $60:36 = 5:3$; aus 5 Teilen Lösung sind 3 Teile Wasser abzudestillieren.

e) Verdünnung von Oleum.

Für die Verdünnung eines höherprozentigen Oleums auf ein solches mit geringerem SO_3-Gehalt gelten folgende Formeln:

α) Eine gegebene Menge Oleum ist mit Schwefelsäure zu verdünnen.

$$x = \frac{100 \,.\, (a - b)}{444 + b - 4{,}44 \,.\, c}.$$

Darin bedeuten:

x = g Schwefelsäure, welche zu 100 g Oleum zuzusetzen sind,
a = % freies SO_3 des gegebenen Oleums,
b = % freies SO_3 des gesuchten Oleums und
c = % H_2SO_4 der angewandten Schwefelsäure.

156. Beispiel.

21,1%iges Oleum ist mit Schwefelsäure von 98,5% H_2SO_4-Gehalt so zu verdünnen, daß das erhaltene Oleum 20% freies SO_3 enthält.

$$x = \frac{100 \,.\, (21{,}1 - 20)}{444 + 20 - 4{,}44 \,.\, 98{,}5} = \frac{110}{26{,}7} = 4{,}12\,\text{g}$$

Schwefelsäure für je 100 g des 21,1%igen Oleums.

β) Zu berechnen ist eine bestimmte Menge Oleum mit gefordertem SO_3-Gehalt.

$$x = \frac{b + 4{,}44 \,.\, (100 - c)}{a + 4{,}44 \,.\, (100 - c)} \,.\, A \text{ g Oleum (von } a\% \text{ SO}_3),$$

$$y = \frac{a - b}{a + 4{,}44 \,.\, (100 - c)} \,.\, A \text{ g Schwefelsäure (von } c\% \text{ H}_2\text{SO}_4).$$

Gegebenes Oleum: a = % freies SO_3; x = gesuchte Menge.
Gegebene Schwefelsäure: c = % H_2SO_4; y = gesuchte Menge.
Gefordertes Oleum: A = geforderte Menge; b = % freies SO_3.

γ) Verdünnung des Oleums mit Wasser.

$$x = \frac{100 \,.\, (a - b)}{444 + b} \text{ g Wasser für je 100 g des zu verdünnenden Oleums,}$$

a = % freies SO_3, im gegebenen Oleum,
b = % freies SO_3 im gesuchten Oleum.

Aufgaben: 247. Wieviel prozentig ist eine Mischung, welche erhalten wird durch Zusammengießen von

a) 20 kg 40%iger Lösung + 20 kg 60%iger Lösung,
b) 12 kg 72%iger Lösung + 2 kg 12%iger Lösung,
c) 500 g 19%iger Lösung + 2150 g 25%iger Lösung,
d) 480 g 10%iger Lösung + 240 g 15%iger Lösung + + 80 g 12%iger Lösung,
e) 4,2 kg 5%iger Lösung + 0,5 kg 0,9%iger Lösung + + 7,4 kg 11,5%iger Lösung?

248. Wie stark ist eine Kaliumchloridlösung, welche erhalten wurde durch Mischen von 80 g einer 25%igen mit 320 g einer 15%igen (*30%igen*) Lösung?

249. 800 kg einer 42,1%igen (*47,8%igen*) Natronlauge, 12500 kg einer 40,7%igen (*41,5%igen*) Natronlauge und 7200 kg einer 29,2%igen (*30,6%igen*) Natronlauge werden miteinander vermischt. Berechne die Konzentration der Mischung in %. Wieviel kg 32%iger Natronlauge können aus der erhaltenen Mischung hergestellt werden?

250. In welchem Mischungsverhältnis sind eine 80%ige (*32,5%ige*) Lösung und Wasser zu mischen, um eine 25%ige Lösung zu erhalten?

251. In welchem Mischungsverhältnis ist eine 95%ige mit einer 75%igen (*18%igen*) Lösung zu mischen, um eine 80%ige Lösung zu erhalten?

252. Wieviel g der beiden Ausgangslösungen sind notwendig, um folgende Lösungen herzustellen:

a) 10 kg einer 50%igen Lösung aus einer
80%igen + Wasser,
b) 5 kg einer 20%igen Lösung aus einer
94%igen + Wasser,
c) 360 g einer 0,8%igen Lösung aus einer
10%igen + Wasser,
d) 2,25 kg einer 12%igen Lösung aus einer
13,2%igen + Wasser,
e) 3,75 kg einer 40%igen Lösung aus einer
45,2%igen + 36%igen,
f) 1250 g einer 88%igen Lösung aus einer
92,6%igen + 85%igen,
g) 1250 g einer 88%igen Lösung aus einer
92,6%igen + 65,8%igen?

253. Mit wieviel g Wasser bzw. einer verdünnten Lösung ist die gegebene Menge einer starken Lösung zu verdünnen, um eine Lösung von geforderter Prozentigkeit zu erhalten?

a) 1 kg 80%iger Lösung
verdünnen mit Wasser auf eine 75%ige Lösung,
b) 5,2 kg 98,3%iger Lösung
verdünnen mit Wasser auf eine 98%ige Lösung,
c) 725 g 78,3%iger Lösung
verdünnen mit Wasser auf eine 76%ige Lösung,
d) 2,46 kg 51,5%iger Lösung
verdünnen mit Wasser auf eine 40%ige Lösung,
e) 12,4 kg 89,9%iger Lösung
verdünnen mit 60%iger Lösung auf eine 85%ige Lösung,
f) 916 g 16,7%iger Lösung
verdünnen mit 0,8%iger Lösung auf eine 15%ige Lösung,
g) 6,6 kg 47,8%iger Lösung
verdünnen mit 37,1%iger Lösung auf eine 42%ige Lösung.

254. Wieviel g 98%iger Schwefelsäure und Wasser sind zur Herstellung von 500 g 15%iger (*42%iger*) Schwefelsäure abzuwägen?

255. Wieviel g 98,9%iges Ätznatron und Wasser sind zur Herstellung von 2 kg einer 40%igen (*von 2,5 kg einer 0,5%igen*) Natronlauge nötig?

256. Mit wieviel g Wasser sind 250 g einer 16%igen Salzlösung zu verdünnen, um eine 15%ige (*2%ige*) Lösung zu erhalten?

257. Herzustellen sind 10 Liter einer 20%igen Salpetersäure vom Litergewicht 1115 g, durch Verdünnen einer 63,2%igen (*64,7%igen*) Säure mit Wasser. Wieviel g der konz. Salpetersäure und Wasser sind erforderlich?

258. Herzustellen sind 2,5 Liter einer 5%igen Kochsalzlösung vom spez. Gew. 1,034 durch Verdünnen einer 26%igen (*25,1%igen*) Lösung mit Wasser. Wieviel g dieser Kochsalzlösung sind anzuwenden?

259. Herzustellen sind 7,5 Liter einer 20%igen Schwefelsäure (*einer 50%igen Schwefelsäure*) durch Verdünnen einer Schwefelsäure von 52,4° Bé mit Wasser. Wieviel g dieser Schwefelsäure und wieviel Wasser sind abzuwägen? (Das Litergewicht der verdünnten Säure sowie die Konzentration der 52,4gradigen Säure sind den Dichtetabellen auf S. 284 zu entnehmen.)

260. Wieviel ml einer 10%igen Natronlauge vom spez. Gew. 1,109 und wieviel g Wasser sind zur Herstellung von 3 Liter einer 2%igen Lauge vom spez. Gew. 1,021 (*einer 7,5%igen Lauge vom spez. Gew. 1,082*) notwendig?

261. 500 g einer 97,9%igen Schwefelsäure sollen durch Mischen mit einer 66%igen Schwefelsäure auf 92% (*auf 78%*) verdünnt werden. Wieviel g der 66%igen Säure sind zuzusetzen?

262. Wie stark muß eine Schwefelsäure sein, die zu 380 g einer 89,3%igen Schwefelsäure zugegeben werden muß, um 500 g einer 80%igen (*einer 75%igen*) Säure zu erhalten?

263. Von wieviel kg 48%iger Lösung muß man ausgehen, um durch Abdestillieren von Wasser 200 kg einer 50%igen (*125 kg einer 75%igen*) Lösung zu erhalten?

264. Wieviel kg Wasser müssen 365 kg einer 18%igen Lösung entzogen werden, damit eine 25%ige (*eine 54%ige*) Lösung entsteht?

265. Aus wieviel kg einer 12,5%igen Lösung müssen 56 kg Wasser (*122 kg Wasser*) abdestilliert werden, damit eine 20%ige Lösung erhalten wird?

266. Durch Abdestillieren von Wasser sollen aus einer 66%igen (*92%igen*) Schwefelsäure 420 kg einer 98%igen Säure hergestellt werden. Wieviel kg der schwächeren Säure sind anzusetzen und wieviel Wasser ist abzudestillieren?

267. Eine Zuckerfabrik verarbeitet täglich 300 t Zuckerrüben und erhält pro 100 kg Rüben 130 Liter Dünnsaft vom spez. Gew. 1,103 mit einem Zuckergehalt von 7,5%. Aus dem Dünnsaft wird durch Abdampfen von Wasser die Füllmasse, welche 90% Trockensubstanz enthält, gewonnen. Wieviel Wasser muß täglich abgedampft werden?

268. Wieviel kg 98,2%iger (*92,3%iger*) Schwefelsäure müssen zu 800 kg Oleum mit einem Gehalt an freiem SO_3 von 12,4% zugesetzt werden, um ein 10%iges Oleum zu erhalten?

269. Mit wieviel g Wasser müssen 350 kg Oleum mit 21,2% freiem SO_3 (*mit 20,9% freiem SO_3*) verdünnt werden, um ein Oleum mit 20% freiem SO_3 zu erhalten?

5. Gewichtsanalyse.

A. Feuchtigkeit und Asche.

1. Berechnung des Feuchtigkeitsgehaltes und des Glührückstandes.

Grundsätzlich ist zu unterscheiden zwischen Feuchtigkeit (Wassergehalt), welche durch Trocknen entfernt wird und dem Trockenrückstand, also dem nach dem Trocknen zurückbleibenden Rückstand.

157. Beispiel. 2,0815 g (Einwaage) eines Kiesabbrandes wurden bei 105° bis zur Gewichtskonstanz getrocknet. Auswaage 2,0348 g. Wieviel % Feuchtigkeit enthält der Kiesabbrand?

Der Gewichtsverlust 2,0815 — 2,0348 = 0,0467 g entspricht der in der ursprünglichen Substanzmenge enthaltenen. Feuchtigkeit. Zur Umrechnung in % genügt eine einfache Schlußrechnung:

2,0815 g waren 100%
0,0467 g . . . . . . x %

bzw. 2,0815 g Einwaage enthielten 0,0467 g H_2O
100 g . . . . x g H_2O

In beiden Fällen ist

$$x = \frac{0{,}0467 \,.\, 100}{2{,}0815} = 2{,}24\%.$$

Der Gehalt an Trockensubstanz errechnet sich nun entweder durch Ermittlung der % Auswaage von der gemachten Einwaage (2,0348 g ausgewogene Trockensubstanz sind 97,76% der Einwaage) oder aus der Differenz der erhaltenen Feuchtigkeit zu 100, in unserem Fall 100 — 2,24 = 97,76 % Trockensubstanz.

In analoger Weise erfolgt die Berechnung des Aschengehaltes bzw. Glühverlustes einer Analysenprobe. Auch hier ist zu unterscheiden zwischen der Asche oder dem Glührückstand und dem Glühverlust, der, wie schon der Name sagt, den Verlust darstellt, den die Substanz beim Glühen erleidet.

158. Beispiel. Bei der Bestimmung des Glührückstandes eines Dolomites wurden folgende Wägungen ausgeführt:

Leerer Tiegel . . . . 7,4856 g
Tiegel + Dolomit . . . . 8,4203 g
Nach dem Glühen (bis zur Gewichtskonstanz) . . . . 7,9849 g

Daraus ergibt sich eine Einwaage von

8,4203 — 7,4856 = 0,9347 g Dolomit

und eine Auswaage von 7,9849 — 7,4856 = 0,4993 g Glührückstand.

0,9347 g Dolomit ergaben 0,4993 g Glührückstand
100 g Dolomit . . . . x g Glührückstand

$$x = \frac{100 \,.\, 0{,}4993}{0{,}9347} = 53{,}42\%\ \text{Glührückstand.}$$

Der Glühverlust errechnet sich zu 100 — 53,42 = 46,58%.

Aufgaben: 270. Wieviel % Trockensubstanz errechnet sich aus folgenden Einwaagen und Auswaagen?

a) Einwaage an feuchter Substanz 5,210 g,
Gewicht der trockenen Substanz 5,1800 g;

b) Einwaage an feuchter Substanz 0,9835 g,
Gewicht der trockenen Substanz 0,9130 g;

c) Einwaage an feuchter Substanz 2,1260 g,
Gewicht der trockenen Substanz 1,4385 g;

d) Einwaage an feuchter Substanz 1,8437 g,
Gewicht der trockenen Substanz 0,8932 g.

271. Wieviel % Feuchtigkeit errechnet sich aus folgenden Einwaagen an feuchter und Auswaagen an trockener Substanz?

a) Einwaage: 20,1340 g, Auswaage: 19,8460 g;
b) Einwaage: 1,7650 g, Auswaage: 1,4385 g;
c) Einwaage: 2,0084 g, Auswaage: 1,9925 g;
d) Einwaage: 1,9845 g, Auswaage: 1,0815 g.

272. Wieviel % Feuchtigkeit enthielt eine Braunkohle, von der 0,9992 g nach dem Trocknen bei 105° einen Gewichtsverlust von 0,1702 g (*von 0,1086 g*) erlitten?

273. Zur Bestimmung des Trockengehaltes einer Farbstoffpaste wurden folgende Wägungen ausgeführt:

	a)	**b)**
Leeres Wägeglas	9,0750 g,	12,7564 g,
Wägeglas + Farbstoffpaste	18,6550 g,	18,9176 g,
Nach dem Trocknen	16,7840 g,	14,0095 g.

Wieviel % Trockengehalt enthält die Paste?

274. 10,4563 g eines Farbstoffteiges ergaben beim Trocknen 1,7540 g (*1,1894 g*). Wie groß ist der Trockengehalt des Teiges in % und wieviel kg Wasser müssen zu 750 kg dieses Teiges zugesetzt werden, damit er genau 10%ig wird?

275. Wieviel % Feuchtigkeit enthält eine Schlempekohle, von der 5,7683 g nach dem Trocknen bei 140° einen Rückstand von 5,5157 g (*5,5379 g*) ergaben?

276. Berechne den theoretischen Glühverlust von Calciumcarbonat $CaCO_3$ (*Magnesiumcarbonat* $MgCO_3$).

277. Zur Bestimmung des Glühverlustes bzw. Glührückstandes eines Gemisches von $CaCO_3$ und $MgCO_3$ wurden folgende Wägungen ausgeführt:

	a)	**b)**
Leerer Tiegel	17,4582 g,	11,9760 g,
Tiegel + Gemisch	18,5022 g,	13,9435 g,
Tiegel + Gemisch nach dem Glühen ..	17,9757 g,	13,0025 g.

Berechne % Glühverlust sowie kg Glührückstand, die durch Glühen von 2000 kg der Mischung auf Grund der Analyse erhalten werden müßten.

278. Wieviel Moleküle Kristallwasser enthält getrocknetes Magnesiumsulfat, wenn 2,7645 g kristallisiertes Magnesiumsulfat von der Zusammensetzung $MgSO_4 \cdot 7\,H_2O$ nach dem Erhitzen auf dem Wasserbad noch 1,7410 g wiegen?

2. Umrechnung von Analysenergebnissen auf Trockensubstanz.

Um Analysenwerte miteinander vergleichen zu können, ist es notwendig, nicht auf die zur Analyse vorgelegene, feuchte Substanz zu beziehen (deren Feuchtigkeitsgehalt ständig wechseln kann), sondern auf Trockensubstanz umzurechnen.

159. Beispiel. Die Analyse eines Kiesabbrandes ergab folgende Werte:

Feuchtigkeit (Wassergehalt)	2,33%
Fe_2O_3	79,40%
Gesamtschwefel	4,71%
Blei	1,23%
Unlösliches	4,05% usw.

Der Fe_2O_3-Gehalt wird sich nun bei eintretender Änderung des Wassergehaltes ebenfalls ändern. Wird er jedoch auf die in der Probe enthaltene Trockensubstanz bezogen, erhalten wir eine gleichbleibende Zahl, welche sich (nachdem sie vom Feuchtigkeitsgehalt unabhängig ist) auch bei Zu- oder Abnahme des Feuchtigkeitsgehaltes nicht ändert.

Der zur Analyse vorliegende Kiesabbrand enthält 2,33% Feuchtigkeit, folglich $100 - 2{,}33 = 97{,}67\%$ Trockensubstanz.

100 g Kiesabbrand = 97,67 g Trockensubst. enthalten 79,40 g Fe_2O_3
folglich 100 g Trockensubst. .... x g Fe_2O_3

$$x = \frac{100 \cdot 79{,}40}{97{,}67} = 81{,}30\%\ Fe_2O_3.$$

In der Trockensubstanz sind also 81,30% Fe_2O_3 enthalten.

In gleicher Weise kann die Umrechnung der übrigen Analysenwerte erfolgen. Da dieses Verfahren jedoch langwierig ist, errechnet man sich für die betreffende Analyse einen „*Umrechnungsfaktor*", mit dem die erhaltenen Analysenwerte multipliziert werden müssen, um die Prozentzahlen, bezogen auf Trockensubstanz, zu erhalten.

Für unser Beispiel wäre der Umrechnungsfaktor

$$f = \frac{100}{\%\ \text{Trockensubstanz}} = \frac{100}{97{,}67} = 1{,}0238.$$

Durch Multiplikation der Analysenwerte mit f erhalten wir

für Fe_2O_3 .... $79{,}40 \cdot 1{,}0238 = 81{,}30\%$
für Gesamtschwefel .... $4{,}71 \cdot 1{,}0238 = 4{,}82\%$ usw.

Falls die Analysenberechnung logarithmisch erfolgt, läßt sich in einem Rechengang sofort, ohne Aufsuchen der Zwischenresultate, % Fe_2O_3 usw., bezogen auf Trockensubstanz, ermitteln.

Umgekehrt kann der Fall eintreten, Analysenwerte auf die ursprüngliche Analysensubstanz zu beziehen (wodurch sich die Werte verkleinern).

160. Beispiel. Eine Kohle enthält 8,4% Grubenfeuchtigkeit. Die nach der Entfernung dieses „groben Wassers" erhaltene lufttrockene Kohle wurde analysiert und ein Aschengehalt von 7,24% gefunden. Wieviel % Asche sind dies, bezogen auf die ursprüngliche (nicht vorgetrocknete) Kohle?

100 g lufttrockene Kohle $= 100 \cdot \frac{100}{100 - 8{,}4}$ g ursprüngliche Kohle, welche einen Aschengehalt von 7,24 g haben. Folglich haben 100 g ursprüngliche Kohle einen Aschengehalt von

$$x = \frac{100 \cdot 7{,}24 \cdot (100 - 8{,}4)}{100 \cdot 100} = \frac{7{,}24 \cdot 91{,}6}{100} = 6{,}63\%.$$

Der Umrechnungsfaktor

$$f = \frac{100 - \text{grobes Wasser}}{100} = \frac{91{,}6}{100} = 0{,}916.$$

Aufgaben: 279. Zur Bestimmung der Feuchtigkeit eines Kaliumsulfates wurden 2,0000 g desselben bei 140° getrocknet und ein Gewichtsverlust von 0,0167 g (*0,0184 g*) festgestellt. Wieviel % Feuchtigkeit enthält das Kaliumsulfat? Berechne den Umrechnungsfaktor auf Trockensubstanz.

280. Wie groß ist der Aschengehalt einer Braunkohle, bezogen auf Trockensubstanz, wenn bei einer Einwaage von 1,0000 g feuchter Kohle nach dem Veraschen 0,0589 g Auswaage erhalten wurden und der Feuchtigkeitsgehalt der Kohle 12,54% (*9,6%*) beträgt?

281. Wieviel % MnO_2 bezogen auf Trockensubstanz enthält ein Braunstein, dessen Analyse 0,33% Feuchtigkeit und 54,72% MnO_2 (*0,49% Feuchtigkeit und 76,85%* MnO_2) ergab?

282. Bei der Analyse eines Kiesabbrandes wurden folgende Analysenwerte erhalten:

	a)	b)
Feuchtigkeit	3,31%,	2,54%,
Unlösliches	2,86%,	3,96%,
Fe_2O_3	75,29%,	79,37%,
Schwefel	5,49%,	4,65%,
Blei	1,39%,	1,18%,
Zink	7,76%,	2,65%.

Rechne die erhaltenen Werte auf Trockensubstanz um.

283. Eine Kohle enthielt

a) 5,16%, **b)** 11,42% grobes Wasser.

Die nach Entfernung dieses groben Wassers erhaltene lufttrockene Kohle ergab folgende Analysenwerte:

	a)	b)
Hygroskopisches Wasser	14,37%,	17,93%,
Asche	16,21%,	12,16%.

Rechne diese Analysenwerte auf die ursprüngliche, grubenfeuchte Kohle um.

B. Gravimetrische Bestimmungen.

Die Berechnung von gravimetrischen oder gewichtsanalytischen Bestimmungen beruht auf der rechnerischen Auswertung der Reaktionsgleichungen, welche den jeweiligen Reaktionen zugrunde liegen (siehe auch S. 107).

1. Berechnung von Gewichtsanalysen (mit Hilfe der Reaktionsgleichung).

161. Beispiel. Zur Bestimmung des Chromgehaltes eines Chromsalzes wurden 0,2130 g desselben eingewogen, gelöst, gefällt und als Auswaage 0,1129 g Cr_2O_3 erhalten. Wieviel % Cr enthielt das Chromsalz?

Die Berechnung der % Cr_2O_3 und die Umrechnung auf % Cr kann in einem Rechengang erfolgen. In unserem Beispiel soll jedoch, um die Übersicht zu wahren, die Rechnung in zwei Teile zerlegt werden.

Berechnung der % Cr_2O_3:

0,2130 g Einwaage ergaben 0,1129 g Cr_2O_3
100 g Einwaage .... x g Cr_2O_3

$$x = \frac{100 \,.\, 0{,}1129}{0{,}2130} = 53{,}00\%\ Cr_2O_3.$$

Umrechnung auf % Cr:

1 Molekül Cr_2O_3 enthält 2 Atome Cr; in g-Molekülen bzw. g-Atomen ausgedrückt heißt dies

152,02 g Cr_2O_3 enthalten (2 . 52,01 =) 104,02 g Cr
53,00 g Cr_2O_3 .... y g Cr

$$y = \frac{53{,}00 \,.\, 104{,}02}{152{,}02} = 36{,}26\%\ Cr.$$

2. Umrechnungsfaktor.

Um diesen zweiten Teil der Rechnung nicht bei jeder Chrombestimmung erneut durchführen zu müssen, kann man sich ein für allemal einen „Umrechnungsfaktor" ermitteln, mit welchem der gefundene Cr_2O_3-Wert multipliziert werden muß, um die ihm entsprechende (oder in ihm enthaltene) Menge Cr zu erhalten.

Dieser Umrechnungsfaktor wird wie folgt berechnet:

1 Molekül Cr_2O_3 enthält 2 Atome Cr, d. h.

in 152,02 g Cr_2O_3 sind (2 . 52,01 =) 104,02 g Cr enthalten
folglich in 1,00 g Cr_2O_3 .... x g Cr

$$x = \frac{104{,}02}{152{,}02} = 0{,}6843.$$

Setzen wir in diese Formel die Symbole und chemischen Formeln ein, kommen wir zu folgender Form:

Umrechnungsfaktor von Cr_2O_3 auf $Cr = \frac{2\,Cr}{Cr_2O_3}$, oder allgemein geschrieben:

$$f = \frac{\textit{Gesucht}}{\textit{Gefunden}}.$$

Dabei ist darauf zu achten, daß Gesucht und Gefunden im richtigen Verhältnis stehen. 1 Cr_2O_3 enthält 2 Cr, folglich $\frac{2\,Cr}{Cr_2O_3}$; 1 $BaSO_4$ enthält 1 S, folglich $\frac{S}{BaSO_4}$ usw.

Wollen wir das oben angeführte Beispiel in einem einzigen Rechengang erledigen, so können wir dies nach der Formel:

$$\%\,Cr = \frac{100 \cdot 0{,}1129 \cdot 0{,}6843}{0{,}2130} = 36{,}26,$$

welche in allgemeingültiger Form folgendermaßen lautet:

$$\% = \frac{100 \cdot \textit{Auswaage} \cdot \textit{Faktor}}{\textit{Einwaage}}.$$

162. Beispiel. Wieviel % Ba enthält eine Bariumchloridlösung, von der 5,00 g nach Fällung mit Schwefelsäure 0,35 g $BaSO_4$ lieferten?

Berechnung des Faktors: $\frac{Ba}{BaSO_4} = \frac{137{,}36}{233{,}42} = 0{,}5885.$

Umrechnung des ausgewogenen $BaSO_4$ auf Ba:

$$0{,}35 \cdot 0{,}5885 = 0{,}206 \text{ g Ba}.$$

In 5,00 g eingewogener Lsg. sind somit 0,206 g Ba enthalten
daher in 100 g .... x g Ba

$$x = 4{,}12\%\ \text{Ba}.$$

Zur Erleichterung analytischer Berechnungen sind in der Tabelle 7 auf S. 279 die wichtigsten Umrechnungsfaktoren und ihre Logarithmen (Mantissen) zusammengestellt.

Über die Berechnung derartiger Analysen mit Hilfe des Chemiker-Rechenschiebers siehe S. 54.

Benutzung der Faktorentabelle (Seite 279).

Der zu berechnende Bestandteil ist in der Spalte „Gesucht" aufzusuchen. In der Spalte „Gewogen" (oder „Gefunden") findet sich die bei der Analyse ermittelte und gewogene Verbindung. Neben diesen Angaben steht in der gleichen Zeile der Umrechnungsfaktor f.

Für das 161. Beispiel hätten wir in der Spalte „Gesucht“ Cr und in der Spalte „Gewogen“ Cr_2O_3 aufzusuchen. In der gleichen Zeile der 3. Spalte finden wir den zugehörigen Faktor 0,6843.

163. Beispiel. Zur Bestimmung des Magnesiums in einem Magnesiumsalz wurden 2,2867 g desselben in Wasser gelöst, die Lösung auf 250 ml verdünnt und 50 ml davon nach Zusatz von Ammoniak mit Natriumphosphatlösung gefällt. Nach dem Filtrieren, Waschen, Trocknen, Veraschen und Abrauchen wurden 0,2032 g $Mg_2P_2O_7$ ausgewogen. Zu berechnen sind % MgO, welche in dem Magnesiumsalz enthalten sind.

Die Einwaage betrug 2,2867 g. Zur Analyse wurde ein aliquoter Teil verwendet, und zwar 2,2867 g/250 ml/50 ml = 0,4573 g.

Der Umrechnungsfaktor von $Mg_2P_2O_7$ wird aus der Tabelle 7 entnommen. Er beträgt 0,3623.

$$\%\,MgO = \frac{100 \,.\, 0{,}2032 \,.\, 0{,}3623}{0{,}4573} = 16{,}10.$$

In der Regel werden zur Filtration analytischer Niederschläge sog. „aschenfreie“ Filter verwendet. Das Gewicht der Filterasche dieser Filter ist so gering, daß es vernachlässigt werden kann. Verwendet man jedoch Filter mit einem größeren Aschengehalt, muß das Gewicht der Filterasche (welches auf den Packungen der Filtrierpapiere angegeben ist) vom Gewicht des geglühten Niederschlages in Abzug gebracht werden.

Aufgaben: 284. 0,1937 g einer Bleiverbindung ergaben nach der Fällung mit Schwefelsäure 0,2294 g $PbSO_4$. Wieviel % Pb (*% PbO*) sind in dieser Verbindung enthalten?

285. Die analytische Bestimmung des Magnesiums in einer Magnesiumverbindung ergab bei einer Einwaage von 0,3287 g eine Auswaage von 0,1616 g $Mg_2P_2O_7$. Wieviel % MgO (*% Mg*) enthält die Verbindung?

286. Zur Bestimmung des Kupfers als CuO in einem Kupfersalz mußten folgende Wägungen ausgeführt werden:

	a)	b)
Einwaage an Kupfersalz	0,1962 g,	0,4025 g,
Leerer Tiegel..........................	8,7031 g,	8,8833 g,
Tiegel + Niederschlag nach dem Glühen .	8,7839 g,	9,0256 g,
Das Gewicht der Filterasche beträgt (abgelesen von der Packung)	0,0033 g,	0,0044 g.

Wieviel % Cu enthält das zur Analyse vorgelegene Salz?

287. Zur Bestimmung des Zinks wurden 0,9673 g einer Analysenprobe in Wasser gelöst, die Lösung auf 250 ml verdünnt und aus 100 ml derselben das Zink als ZnS gefällt. Auswaage 0,1616 g ZnS. Wieviel % Zn (*% $ZnCl_2$*) enthält das Zinksalz?

288. Berechne den Sb-Gehalt eines Grauspießglanzes, von dem 0,2939 g bei der Analyse 0,1920 g Sb_2S_3 (*0,1875 g Sb_2S_3*) lieferten.

289. 20 ml einer zur Analyse vorliegenden Lösung eines Eisensalzes wurden im Maßkolben auf 250 ml aufgefüllt und aus 100 ml der so erhaltenen Lösung das Eisen nach gegebener Analysenvorschrift gefällt und als Fe_2O_3 gewogen. Auswaage: 0,4577 g (*0,2195 g*). Wieviel g Eisen sind im Liter der ursprünglichen Lösung enthalten?

290. Aus 10 ml eines Schwefelsäure-Salpetersäure-Gemisches wurde die Schwefelsäure mittels Bariumchlorid als $BaSO_4$ gefällt und von letzterem 2,3960 g (*0,4385 g*) erhalten. Wieviel g H_2SO_4 sind in 1 Liter des Säuregemisches enthalten?

291. Bei der Durchführung einer Glasanalyse wurden bei der Bestimmung des Eisens und Aluminiums aus 1,0000 g Einwaage 0,0163 g eines Gemisches von $Al_2O_3 + Fe_2O_3$ erhalten. Der Eisengehalt wurde colorimetrisch zu 0,13% Fe ermittelt. Wieviel % Al_2O_3 enthält die Glasprobe?

292. Berechne den Prozentgehalt an Kohlenstoff und Wasserstoff einer Braunkohle, von welcher bei der Elementaranalyse aus 0,2000 g Einwaage 0,0975 g H_2O und 0,4344 g CO_2 (*aus 0,1885 g Einwaage 0,1015 g H_2O und 0,5160 g CO_2*) erhalten wurden.

293. Wieviel prozentig ist ein Eisenvitriol $FeSO_4 \cdot 7\,H_2O$, von dem 0,7413 g (*0,7838 g*) bei der Analyse 0,2120 g Fe_2O_3 ergaben?

294. Zur Bestimmung des Silber- und Kupfergehaltes einer Silbermünze wurde eine 4,5813 g schwere Münze in Salpetersäure gelöst, die Lösung auf 250 ml verdünnt und aus 25 ml der Lösung das Silber als AgCl gefällt und davon 0,5029 g erhalten. Im Filtrat der Silberfällung wurde das Kupfer als CuO bestimmt; Auswaage 0,0989 g. Berechne die prozentuale Zusammensetzung der Münze.

295. Wie viel % basisches Wismutgallat $C_6H_2(OH)_3CO_2 \cdot Bi(OH)_2$ enthält ein Präparat, von dem 1 g nach dem Veraschen, Lösen des Rückstandes in Salpetersäure, Eindampfen zur Trockene und abermaligem Glühen 0,525 g Bi_2O_3 ergibt?

296. Berechne den Umrechnungsfaktor von

a) AgCl in Ag,
b) $PbSO_4$ in Pb,
c) $BaSO_4$ in S,
d) $BaSO_4$ in SO_4,
e) Sb_2S_3 in Sb,
f) $Mg_2P_2O_7$ in Mg,
g) $BaSO_4$ in $SrSO_4$,
h) $BaCrO_4$ in Cr_2O_3,
i) CuCNS in $CuSO_4 \cdot 5\,H_2O$,
k) AgCl in J.

C. Indirekte Analyse.

Bei der gewöhnlichen quantitativen Analyse trennt man jeden der zu bestimmenden Bestandteile von den übrigen ab und führt ihn in eine genau bekannte Verbindung über, die man wägt. Dieses Verfahren soll immer angewendet werden, wenn sich die Möglichkeit dazu bietet. Liegt jedoch ein Stoffgemisch chemisch sehr ähnlicher und daher schwer trennbarer Stoffe vor, kann man den Weg der „indirekten Analyse" einschlagen. Bei dieser wird ein seiner Natur nach bekanntes Stoffgemisch gewogen, dasselbe in eine andere Verbindungsform übergeführt und wiederum gewogen (oder maßanalytisch bestimmt).[1]

[1] Siehe auch Zeitschr. f. angewandte Chemie 1941, S. 512—516, PAUL FUCHS, Einheitliche Gestaltung indirekter Analysen nach

164. Beispiel. 0,6190 g eines Gemisches von Natriumchlorid und Kaliumchlorid wurden in Wasser gelöst und mit Silbernitrat gefällt. Erhalten wurden 1,3211 g AgCl. Wieviel % NaCl und KCl enthält dieses Gemisch?

Das Gemisch besteht aus *a* g NaCl und *b* g KCl.

$$\text{Aus } 58{,}45 \text{ g NaCl entstehen } 143{,}34 \text{ g AgCl}$$

$$\text{folglich aus } a \text{ g NaCl } \frac{a \,.\, 143{,}34}{58{,}45} = 2{,}452 \,.\, a \text{ g AgCl}$$

$$\left(\text{oder allgemein: } \frac{a \,.\, \text{AgCl}}{\text{NaCl}}\right).$$

$$\text{Aus } 74{,}56 \text{ g KCl entstehen } 143{,}34 \text{ g AgCl}$$

$$\text{daher aus } b \text{ g KCl} \ldots \frac{b \,.\, 143{,}34}{74{,}56} \left(= \frac{b \,.\, \text{AgCl}}{\text{KCl}}\right) = 1{,}922 . b \text{ g AgCl}$$

Daraus ergeben sich zwei Gleichungen:

$$a + b = 0{,}6190,$$

$$2{,}452 \,.\, a + 1{,}922 \,.\, b = 1{,}3211.$$

Aus der ersten Gleichung errechnet sich $b = 0{,}6190 - a$.

Diesen Wert in die zweite Gleichung eingesetzt, ergibt:

$$2{,}452 \,.\, a + 1{,}922 \,.\, (0{,}6190 - a) = 1{,}3211,$$
$$2{,}452 \,.\, a + 1{,}1897 - 1{,}922 \,.\, a = 1{,}3211,$$
$$0{,}530 \,.\, a = 0{,}1314,$$
$$a = 0{,}2479 \text{ g NaCl}.$$

Aus der ersten Gleichung ergibt sich nun

$$b = 0{,}619 - 0{,}2479 = 0{,}3711 \text{ g KCl}.$$

Durch Umrechnung auf % von der gemachten Einwaage erhalten wir 40,05% NaCl und 59,95% KCl.

Aufgaben: 297. 0,3200 g eines Gemisches von NaCl und KCl wurden durch Fällung mit Silbernitrat in AgCl übergeführt und 0,6480 g (*0,7025 g*) davon erhalten. Wieviel % NaCl und KCl enthielt das Gemisch?

---

typischen Grundformen. Beschrieben sind die Grundformen der indirekten Analyse mit Angabe der Bestimmungsgleichungen.

Über die graphische Darstellung indirekter Analysen sowie über die Berechnung von Dreistoffsystemen siehe Zeitschr. f. Technische Chemie 1942, S. 74—76. O. Fuchs, Einige Bemerkungen zum chemischen Rechnen. (Es wird vorgeschlagen, die Äquivalentanteile und nicht die Gemischbestandteile als Unbekannte zu wählen und in den Gleichungen an Stelle der Verbindungsformeln, z. B. KCl, die Summe, also K + Cl zu schreiben.)

298. 1,2360 g eines Gemisches von KCl und K_2SO_4 ergaben beim Abrauchen mit konz. Schwefelsäure 1,3850 g (*1,2980 g*) K_2SO_4. Wieviel % KCl und K_2SO_4 sind in dem Gemisch enthalten?

299. 1,5000 g eines Gemisches von KCl und KBr wurden mit Schwefelsäure abgeraucht und 1,5985 g (*1,4015 g*) K_2SO_4 erhalten. Berechne den %-Gehalt an beiden Salzen in der Mischung.

300. Beim Glühen von 2,250 g Dolomit $MgCO_3 + CaCO_3$ wurden 1,208 g Rückstand MgO + CaO erhalten. Wieviel % $MgCO_3$ und $CaCO_3$ enthält der Dolomit?

6. Maßanalyse.

Bei der Maßanalyse wird die unbekannte Menge eines gelösten Stoffes dadurch ermittelt, daß man ihn quantitativ von einem chemisch genau bekannten Anfangszustand in einen ebenso bekannten Endzustand überführt, und zwar durch Zugabe einer Reagenzlösung (Normallösung), deren Wirkungswert genau bekannt ist und deren Volumen mit Hilfe von Büretten genau gemessen wird. Der Vorgang wird als „Titration" bezeichnet.

A. Normallösungen.

1. Begriff der Normallösung.

Unter einer Normallösung versteht man eine Lösung, welche im Liter 1 g-Äquivalent (Val) des Stoffes gelöst enthält, also eine Menge, die nach ihrem chemischen Wirkungswert jeweils 1 g-Atom Wasserstoff entspricht.

In der *Neutralisationsanalyse* (Acidimetrie und Alkalimetrie) ergibt sich das Äquivalentgewicht aus der Basizität der Säure, bzw. aus der Anzahl der Hydroxylgruppen der Lauge. Die Berechnung desselben siehe S. 113.

Zusammenfassend kann gesagt werden, daß 1 g-Äquivalent Säure 1 g-Äquivalent einer Base bindet oder zur Neutralisation benötigt. Nachdem Normallösungen im Liter 1 g-Äquivalent des Stoffes gelöst enthalten, müssen gleiche Volumina von Lösungen gleicher Normalität (welche also äquivalente Mengen gelöst enthalten) einander entsprechen. Es brauchen daher z. B. 20 ml einer normalen Säure genau 20 ml einer normalen Lauge zur Neutralisation.

Bei den *Oxydations- und Reduktionsanalysen* wird das Äquivalentgewicht von der Anzahl der pro Molekül abgegebenen bzw. aufgenommenen Sauerstoffatome abgeleitet. Es ist daher wohl möglich, daß das Äquivalentgewicht ein und desselben Stoffes (je nach der Reaktion, an welcher der Stoff teilnimmt) verschieden sein kann. Als Beispiel diene das Kaliumpermanganat.

Kaliumpermanganat reagiert in saurer Lösung nach der Gleichung $2\,KMnO_4 = K_2O + 2\,MnO + 5\,O$.

2 $KMnO_4$ geben 5 O ab, welche wiederum 10 H äquivalent sind (2 H binden 1 O zu H_2O). 1 $KMnO_4$ entspricht infolgedessen 5 H. Das Äquivalentgewicht von $KMnO_4$ ist in diesem Falle $\frac{KMnO_4}{5}$.

In alkalischer Lösung dagegen reagiert Kaliumpermanganat nach folgender Gleichung:

$$2\,KMnO_4 = K_2O + 2\,MnO_2 + 3\,O.$$

2 $KMnO_4$ geben 3 O ab, diese entsprechen 6 H. 1 $KMnO_4$ entspricht daher 3 H; daraus ergibt sich ein Äquivalentgewicht von $\frac{KMnO_4}{3}$.

Die wichtigsten *maßanalytischen Äquivalente* sind in der Tabelle 8, S. 282, zusammengestellt.

Lösungen, die das doppelte Äquivalentgewicht (oder richtiger, die 2 g-Äquivalente) des Stoffes im Liter enthalten, heißen zweifachnormal (2 n); enthalten sie nur den zehnten Teil eines g-Äquivalents im Liter, sind sie zehntelnormal (0,1 n oder $\frac{n}{10}$) usw.

Für die Berechnung der Normalität gilt somit folgende Formel:

$$\textit{Normalität} = \frac{\textit{Gramm im Liter}}{\textit{Äquivalentgewicht}}.$$

165. Beispiel. Welche Normalität hat eine Natronlauge, welche 8,000 g NaOH im Liter enthält?

Das Äquivalent von NaOH ist 40,00.

$$\text{Normalität} = \frac{8{,}000}{40{,}00} = 0{,}2\,n = \frac{1}{5}\,n \text{ (wir schreiben } \tfrac{n}{5}\text{)}.$$

Aufgaben: 301. Wieviel g der betreffenden Verbindung enthält 1 Liter

a) $\frac{n}{1}$ Na_2CO_3-Lösung, **b)** 2 n HCl-Lösung, **c)** $\frac{n}{10}$ NaCl-Lösung,
d) $\frac{n}{2}$ H_2SO_4-Lösung, **e)** $\frac{n}{5}$ KOH-Lösung?

302. Wieviel g $KMnO_4$ sind in 1 Liter (*in 40,5 ml*) einer $\frac{n}{10}$ Kaliumpermanganatlösung enthalten?

303. Wievielfach normal ist eine verdünnte Essigsäure, welche 400,04 g (*120 g*) CH_3COOH im Liter enthält?

304. Welche Normalität besitzt eine Sodalösung, welche 106 g (*5,3* g) Na_2CO_3 im Liter enthält?

305. Welche Normalität besitzen folgende Lösungen:

a) 12,7%ige Schwefelsäure vom Litergewicht 1085 g,
b) 17%ige Kalilauge vom spez. Gewicht 1,157,
c) Kaliumpermanganatlösung, welche in 25 ml 0,07 g $KMnO_4$ enthält?

306. Welche Normalität besitzen folgende Lösungen:

a) 25,2%ige Salzsäure vom spez. Gew. 1,125,
b) 5%ige Sodalösung vom spez. Gew. 1,050,
c) 10%ige Natriumchloridlösung vom spez. Gew. 1,073?

2. Herstellen von Normallösungen.

a) Durch genaue Einwaage.

Die durch das berechnete oder aus der Tabelle entnommene Äquivalentgewicht angegebene Menge des reinen Stoffes wird gelöst und die Lösung auf 1 Liter verdünnt.

166. Beispiel. Wieviel g Natriumthiosulfat müssen aufgelöst werden, um 5 Liter einer $\frac{n}{10}$ Lösung zu erhalten?

Das zur Verwendung kommende Natriumthiosulfat ist kristallisiert und hat die Zusammensetzung $Na_2S_2O_3 . 5\,H_2O$, sein Molekulargewicht beträgt also 248,20. Nachdem das Äquivalentgewicht des Natriumthiosulfats bei jodometrischen Titrationen gleich ist seinem Molekulargewicht, werden für 1 Liter $\frac{n}{1}$ Lösung 248,20 g davon benötigt, folglich für 1 Liter $\frac{n}{10}$ Lösung nur 24,820 g. Für 5 Liter müßten daher 5 . 24,820 = 124,10 g krist. Natriumthiosulfat abgewogen werden.

b) Herstellung von Lösungen ungefährer Normalität und Berechnung des *Normalfaktors* derselben.

Bei der Verwendung nicht vollkommen reiner oder technischer Substanzen ist es notwendig, die Normalität der erhaltenen Lösung zu überprüfen und den „Normalfaktor" der Lösung zu bestimmen. Unter dem Normalfaktor einer Normallösung versteht man jene Zahl, mit der die Anzahl ml der ungefähr normalen Lösung multipliziert werden muß, um die Anzahl ml zu erhalten, die einer genau $\frac{n}{1}$ Lösung entsprechen.

167. Beispiel. Eine Normalsalzsäure habe den Normalfaktor 0,9960. Das bedeutet, daß die Lösung etwas schwächer ist als $\frac{n}{1}$.

26,5 ml dieser Säure würden 26,5 . 0,9960 = 26,394 ml genau $\frac{n}{1}$ Salzsäure entsprechen.

Man gewöhne sich daran, den Normalfaktor auf dem Etikett der Flasche (und den zugehörigen Logarithmus) zu vermerken. Da von Zeit zu Zeit eine Kontrolle des Normalfaktors notwendig ist, muß auch das Datum der Bestimmung mit angegeben werden.

Man überzeuge sich stets davon, auf welche Grundnormalität sich der Normalfaktor bezieht. Wenn der Normalfaktor einer $\frac{n}{10}$ Natronlauge zu 1,0180 bestimmt wurde, so ersehen wir aus der Zahl, die nahezu 1 beträgt, bereits, daß sie sich auf eine $\frac{n}{10}$ Lösung bezieht, d. h. die ml mit 1,0180 multipliziert ergeben die Anzahl ml genau $\frac{n}{10}$ Lösung. Lautet jedoch der Normalfaktor dieser ungefähr zehntelnormalen Lösung 0,1080, so ersehen wir wiederum sogleich aus der Zahl, die nahezu 0,1 ausmacht, daß sich der Normalfaktor auf eine $\frac{n}{1}$ Lösung beziehen muß (wie dies stets der Fall sein sollte!). In diesem Fall erhalten wir durch Multiplikation der ml mit 0,1080 die Anzahl ml einer genau $\frac{n}{1}$ (und nicht $\frac{n}{10}$) Lösung.

Die Bestimmung des Normalfaktors erfolgt durch Titration mit einer genau bekannten Normallösung oder mit einer Urtitersubstanz.

$$\textit{Normalfaktor} = \frac{\textit{ml der Lösung von genauer Normalität}}{\textit{ml der Lösung von ungefährer Normalität}}.$$

168. Beispiel. 24 ml einer ungefähr normalen Natronlauge verbrauchen zur Neutralisation 25 ml einer genau $\frac{n}{1}$ Salzsäure. Die Lauge ist daher etwas stärker als $\frac{n}{1}$ (folglich muß ihr Faktor größer sein als 1),

$$f = \frac{25}{24} = 1{,}0417.$$

Kontrolle: 24 ml müssen, multipliziert mit dem Normalfaktor 1,0417, 25 ml (genau $\frac{n}{1}$) Lauge ergeben.

c) Einstellen einer Lösung auf genaue Normalität.[1]

Nach der Ermittlung des Normalfaktors einer ungefähr normalen Lösung kann dieselbe durch Zugabe des fehlenden Wassers bzw. der fehlenden Substanz auf genaue Normalität eingestellt werden, wodurch man sich die bei allen Titrationen mit dieser Lösung stets wiederkehrende Multiplikation mit dem Normalfaktor erspart. Zur Kontrolle muß nach Zugabe der errechneten Menge Wasser oder Substanz eine neue Titration („Titerstellung") ausgeführt werden. Man soll bei Herstellung von Normallösungen stets den Weg einschlagen, die Lösung etwas stärker als gefordert zu machen und die Lösung dann durch Zugabe von Wasser genau einstellen, da dies einfacher ist, als eine zu schwache Lösung zu verstärken.

---

[1] Siehe auch Zeitschr. „Die Chemie" 1944, S. 156—158. PAUL FUCHS, Präzisionsverfahren zur einfachsten Herstellung maßanalytischer oder sonstiger Lösungen von genau bestimmtem Gehalt.

Der Verf. beschreibt ein Verfahren, bei dem nicht das Flüssigkeitsvolumen, sondern die darin gelöste Menge Titersubstanz zur Grundlage der Berechnung dient. Das Verfahren arbeitet unabhängig von geeichten Behältern und erlaubt ohne Kenntnis des Volumens der einzustellenden Lösung beliebig große Mengen davon herzustellen. Angegeben sind drei einfache, allgemein gültige Formeln zur Berechnung der fehlenden Titersubstanz bzw. des fehlenden Wassers, je nachdem die hergestellte Rohlösung schwächer oder stärker als die gewünschte Lösung ist.

α) Der Normalfaktor ist größer als 1, die Lösung also etwas zu stark.

169. Beispiel. Der Normalfaktor einer Normalnatronlauge sei 1,0250. Wieviel ml Wasser müssen pro Liter dieser Lauge zugesetzt werden, um eine genau $\frac{n}{1}$ Lauge zu erhalten?

1000 ml der Natronlauge vom Normalfaktor 1,0250 entsprechen 1000 . 1,0250 = 1025 ml genau $\frac{n}{1}$ Lauge.

Diese 1000 ml müssen daher auf 1025 ml gebracht werden, damit sie genau $\frac{n}{1}$ wird, d. h. es müssen 1025 — 1000 = 25 ml Wasser zugesetzt werden.

β) Der Normalfaktor ist kleiner als 1, die Lösung also etwas zu schwach.

170. Beispiel. Eine Normalsalzsäure vom Normalfaktor 0,9780 ist so einzustellen, daß eine genau $\frac{n}{1}$ Säure entsteht. Zur Verfügung steht eine Salzsäure, welche 0,418 kg HCl im Liter enthält (letztere ist laut Dichtetabelle 35,52%ig).

a) 1000 ml der unternormalen Säure entsprechen 1000 . 0,9780 = = 978 ml $\frac{n}{1}$ Säure; es sind also 22 ml Wasser zu viel. Die zuzusetzende Salzsäure, welche 418 g HCl im Liter enthält, ist $\frac{418}{36,47} = 11,46$fach normal. Wollte man aus dieser Säure 1000 ml einer $\frac{n}{1}$ Säure herstellen, müßte man $\frac{1000}{11,46} = 87,26$ ml der 11,46 n Säure mit 1000 — 87,26 = 912,74 ml Wasser verdünnen. Für die überschüssigen 22 ml Wasser werden daher $\frac{22 \,.\, 87,26}{912,74} = 2,1$ ml Säure benötigt.

b) Auf Grund folgender Überlegung gelangen wir zu dem gleichen Resultat:

1000 ml der unternormalen Säure entsprechen 1000 . 0,9780 = = 978 ml $\frac{n}{1}$ Säure.

Nachdem in 1000 ml $\frac{n}{1}$ Salzsäure 36,47 g HCl enthalten sind, müssen in 978 ml $\frac{978 \,.\, 36,47}{1000} = 35,67$ g HCl enthalten sein.

In 1 Liter der unternormalen Salzsäure sind demnach anstatt 36,47 g nur 35,67 g HCl enthalten. Wir müssen daher noch eine gewisse Menge (x ml) der zur Verfügung stehenden 35,52%igen Salzsäure zugeben, um die Lösung auf genaue Normalität einzustellen.

Die zuzusetzenden x ml enthalten x . 0,418 g HCl.

Durch den Zusatz der x ml erhalten wir ein Gesamtvolumen von 1000 + x ml.

Da in 1000 ml einer genau $\frac{n}{1}$ Salzsäure 36,47 g HCl enthalten sein müssen, verhält sich

$$1000:36,47 = (1000 + x):(35,67 + x \,.\, 0,418).$$

Ursprünglich vorhandene Menge HCl. — Zugesetzte Menge HCl.

Daraus errechnet sich:

$$36,47 \,.\, (1000 + x) = 1000 \,.\, (35,67 + 0,418 \,.\, x),$$
$$36470 + 36,47\,x = 35670 + 418\,x.$$

$x = 2,1$ ml Salzsäure (35,52%ig) pro Liter der unternormalen Säure.

Aufgaben: 307. Wieviel g chemisch reines Silbernitrat (*Ammoniumrhodanid*) müssen abgewogen werden, um 2 Liter einer $\frac{n}{10}$ Lösung herzustellen?

308. Wieviel g 98,7%iges Ätznatron (*98,2%igen Schwefelsäure*) müssen abgewogen werden, um 5 Liter einer $\frac{n}{2}$ Lösung zu erhalten?

309. Welche Normalität besitzt eine Oxalsäurelösung, welche erhalten wurde durch Auflösen von 12,608 g (*63,04 g*) chemisch reiner, kristallisierter Oxalsäure $C_2H_2O_4 \,.\, 2\,H_2O$ und Verdünnen auf 2 Liter?

310. Wieviel ml 36%iger Salzsäure vom spez. Gew. 1,179 sind abzumessen, um 4 Liter einer $\frac{n}{10}$ (*2,5 Liter einer* $\frac{n}{2}$) Salzsäure herzustellen?

311. Wieviel % KOH enthält ein Ätzkali, von dem 58 g (*56,5 g*) zu 1 Liter gelöst wurden und die erhaltene Lösung genau $\frac{n}{1}$ war?

312. Welchen Normalfaktor müßte eine Normalkalilauge besitzen, welche erhalten wurde durch Auflösen von

- **a)** 56,25 g Ätzkali 100%ig und Verdünnen auf 1 Liter,
- **b)** 65 g Ätzkali 86,2%ig und Verdünnen auf 1 Liter,
- **c)** 167,5 g Ätzkali 100%ig und Verdünnen auf 3 Liter?

313. Berechne den Normalfaktor einer $\frac{n}{10}$ Salzsäure, von der 40 ml bei der Titerstellung 38,5 ml (*40,7 ml*) $\frac{n}{10}$ Natronlauge benötigten.

314. Welchen Normalfaktor hat eine Normalnatronlauge, von der

- **a)** 40 ml zur Titration 40,2 ml $\frac{n}{1}$ Schwefelsäure benötigen,
- **b)** 45,3 ml zur Titration 44,9 ml $\frac{n}{1}$ Schwefelsäure benötigen,
- **c)** 46 ml zur Titration 23,3 ml 2 n Salzsäure benötigen,
- **d)** 36 ml zur Titration 36 ml Normalschwefelsäure vom Normalfaktor 0,9940 benötigen,
- **e)** 40 ml zur Titration 40,3 ml Normalsalzsäure vom Normalfaktor 1,0350 benötigen?

315. Berechne den Normalfaktor einer Normalkalilauge, von der 25 ml zur Neutralisation 26,15 ml (*24,85 ml*) einer Normalschwefelsäure vom Normalfaktor 1,0075 benötigen.

316. Wieviel ml einer Normalnatronlauge vom Normalfaktor 1,0340 (*0,9840*) müssen mit Wasser zu 1 Liter verdünnt werden, um eine $\frac{n}{10}$ Lauge zu erhalten?

317. Wieviel ml Wasser müssen zu 10 Liter $\frac{n}{2}$ (*2 n*) Natronlauge vom Normalfaktor 1,0105 zugesetzt werden, um sie auf die angegebene Normalität genau einzustellen? (Der angegebene Normalfaktor bezieht sich auf die genannte Grundnormalität.)

318. Wieviel ml Wasser müssen zu 5 Liter einer Normalschwefelsäure vom Normalfaktor 1,0086 (*1,0254*) zugesetzt werden, damit sie genau $\frac{n}{1}$ wird?

319. Wieviel ml 2 n Schwefelsäure sind zu 1 Liter zehntelnormaler Schwefelsäure vom Normalfaktor 0,9890 (*zu 2 Liter halbnormaler Schwefelsäure vom Normalfaktor 0,9545*) zuzusetzen, um die Lösung auf genaue, angegebene Normalität zu bringen? (Der Normalfaktor bezieht sich auf die angegebene Grundnormalität.)

320. Wieviel ml 66,2%iger (*30,3%iger*) Schwefelsäure müssen zu 9,5 Liter einer halbnormalen Schwefelsäure vom Normalfaktor 0,9352 (bezogen auf $\frac{n}{2}$) zugesetzt werden, damit die Säure genau $\frac{n}{2}$ wird? (g H_2SO_4 pro Liter sind aus den Dichtetabellen zu entnehmen.)

B. Acidimetrie und Alkalimetrie.

Die acidimetrischen und alkalimetrischen Bestimmungen (Neutralisationsanalysen) beruhen auf der gegenseitigen Umsetzung von Säuren und Basen. Als Acidimetrie wird die Messung von Säuren durch Laugen von bekanntem Gehalt, als Alkalimetrie die Messung von Alkalien durch Säuren von bekanntem Gehalt bezeichnet.

Die Erkennung des Endpunktes der Reaktion erfolgt durch den Farbumschlag des zugesetzten Indikators.

Als Grundlage für die Berechnung solcher Analysen dient die Reaktionsgleichung, nach welcher die Reaktion verläuft, bzw. die Tatsache, daß äquivalente Mengen verschiedener Stoffe miteinander reagieren.

171. Beispiel. Wieviel g HCl im Liter enthält eine Salzsäure, von der 20 ml auf 250 ml verdünnt und 25 ml der erhaltenen verdünnten Lösung (das sind also 2 ml der ursprünglichen Säure) mit $\frac{n}{2}$ Natronlauge titriert wurden? Verbrauch: 22,17 ml.

22,17 ml $\frac{n}{2}$ Natronlauge haben denselben Wirkungswert wie 22,17 : 2 = 11,085 ml $\frac{n}{1}$ Natronlauge.

1000 ml $\frac{n}{1}$ Natronlauge sind 1000 ml $\frac{n}{1}$ Salzsäure äquivalent, letztere enthalten 36,47 g HCl.

1000 ml $\frac{n}{1}$ Natronlauge neutralisieren also 36,47 g HCl
1 ml .... folglich 0,03647 g HCl
und 11,085 ml .... 0,03647 . 11,085 = 0,4043 g HCl

2 ml der ursprünglichen Salzsäure enthalten 0,4043 g HCl
1000 ml .... x g HCl

$$x = \frac{1000 \cdot 0{,}4043}{2} = 202{,}15 \text{ g HCl.}$$

Soll aus diesem Wert die Prozentigkeit der Säure ermittelt werden, ist die Kenntnis des spez. Gew. dieser Säure notwendig. Dasselbe kann durch Bestimmung ermittelt oder aus den Dichtetabellen entnommen werden.

Ist in den Dichtetabellen neben dem Prozentgehalt auch der Gehalt in g/Liter angegeben, kann durch einfache Interpolation der zugehörige Wert errechnet werden.

Für unser 171. Beispiel entnehmen wir aus der Tabelle:

1 Liter enthält 200,89 g HCl, entsprechend 18,43%,
212,54 g HCl, entsprechend 19,41%.

Daraus ergibt sich durch Interpolation für eine Säure von

202,15 g HCl, ... = 18,54%.

172. Beispiel. Zu bestimmen ist der Prozentgehalt einer Oxalsäure ($C_2H_2O_4 \cdot 2\,H_2O$) von der 0,2338 g 37,02 ml $\frac{n}{10}$ Natronlauge verbrauchten.

1000 ml $\frac{n}{10}$ Natronlauge sind 6,303 g krist. Oxalsäure $\left(=\frac{\text{Mol}}{20}\right)$ äquiv.
37,02 ml .... x g krist. Oxalsäure

$$x = \frac{37{,}02 \cdot 6{,}303}{1000}.$$

Um % zu erhalten, muß der erhaltene Wert noch mit 100 multipliziert und durch die Einwaage dividiert werden, also:

$$\% = \frac{37{,}02 \cdot 6{,}303 \cdot 100}{1000 \cdot 0{,}2338} = 99{,}80.$$

173. Beispiel. Wieviel g einer 95%igen Soda müssen eingewogen werden, um bei der Titration mit $\frac{n}{1}$ Schwefelsäure etwa 40 ml der letzteren zu verbrauchen?

1000 ml $\frac{n}{1}$ Schwefelsäure sind äquivalent 53,00 g Soda (100%ig)
oder $\frac{53{,}00 \cdot 100}{95} = 55{,}8$ g Soda (95%ig)
40 ml .... x g Soda (95%ig)

$$x = \frac{40 \cdot 55{,}8}{1000} = 2{,}23\text{ g}.$$

174. Beispiel. Zur Bestimmung des NH_3-Gehaltes eines Ammoniumsalzes wurden 0,7065 g desselben in Wasser gelöst, Natronlauge zugesetzt und das gebildete NH_3 in 25 ml $\frac{n}{1}$ Schwefelsäure geleitet. Nach beendeter Destillation wurde der Überschuß an Schwefelsäure mit 32,2 ml $\frac{n}{2}$ Natronlauge zurücktitriert.

32,2 ml $\frac{n}{2}$ Natronlauge = 16,1 ml $\frac{n}{1}$ Natronlauge, diese sind äquivalent 16,1 ml $\frac{n}{1}$ Schwefelsäure.

Der tatsächliche Verbrauch zur Bindung des NH_3 ist somit: 25 — 16,1 = 8,9 ml $\frac{n}{1}$ Schwefelsäure.

1000 ml $\frac{n}{1}$ Schwefelsäure sind äquivalent 17,03 g NH_3
1 ml .... demnach 0,01703 g NH_3
und 8,9 ml ....8,9 . 0,01703 = 0,1516 g NH_3.

In 0,7065 g Einwaage sind also 0,1516 g NH_3 enthalten
in 100 g .... x g NH_3 enthalten

$$x = \frac{100 \cdot 0,1516}{0,7065} = 21,46\%\ NH_3.$$

Die in den Beispielen 171 und 174 errechneten Stoffmengen, welche 1 ml Normallösung äquivalent sind, also für HCl = 0,03647 und für NH_3 = 0,01703 werden *maßanalytische Äquivalente* oder Faktoren genannt. Mit diesen Äquivalenten (von denen die wichtigsten in der Tabelle 8, S. 282, zusammengestellt sind) muß die Anzahl der verbrauchten ml Normallösung multipliziert werden, um den Gehalt an reinem Stoff in der titrierten Probenlösung zu erhalten. Da sich diese Äquivalente auf $\frac{n}{1}$ Lösungen beziehen, sind sie bei Anwendung von z. B. $\frac{n}{10}$ Lösungen durch 10 zu dividieren, bei $\frac{n}{2}$ Lösungen durch 2 zu dividieren usw. (also 0,003647 bei $\frac{n}{10}$ bzw. 0,01823 bei $\frac{n}{2}$ HCl).

Das maßanalytische Äquivalent Na_2CO_3 = 0,0530 bedeutet also, daß 1 ml der Titrierlösung (z. B. $\frac{n}{1}$ Salzsäure) 0,0530 g (= 53,0 mg) Na_2CO_3 anzeigt.

175. Beispiel. Zur Bestimmung von Alkalicarbonat neben Alkalihydroxyd nach Winkler wurde 1,0000 g der Probe in Wasser gelöst, im Maßkolben auf 250 ml verdünnt und 50 ml dieser Lösung (in welcher also 0,2 g Einwaage enthalten sind) zur Bestimmung des Gesamtalkalis mit $\frac{n}{10}$ Salzsäure (Indikator Methylorange) titriert. Verbrauch: 46,3 ml. Weitere 50 ml der Stammlösung wurden zur Ausfällung des Carbonats mit Bariumchloridlösung versetzt und in Gegenwart des Niederschlages mit $\frac{n}{10}$ Salzsäure (Indikator Phenolphthalein) titriert. Verbrauch 45,5 ml. In letzterem Falle wurde somit lediglich das Alkalihydroxyd titriert.

Berechnung: 50 ml der Stammlösung erforderten:

1. 46,3 ml $\frac{n}{10}$ Salzsäure, entsprechend d. Gehalt an NaOH + Na_2CO_3
2. 45,5 ml $\frac{n}{10}$ Salzsäure, entsprechend d. Gehalt an NaOH

0,8 ml $\frac{n}{10}$ Salzsäure waren also z. Neutralisation d. Na_2CO_3 nötig

1 ml $\frac{n}{10}$ Salzsäure ist äquivalent 0,0053 g Na_2CO_3,
0,8 ml Salzsäure ... daher 0,8 . 0,0053 = 0,00424 g Na_2CO_3,
d. s., bezogen auf die Einwaage von 0,2 g: 2,12% Na_2CO_3.

1 ml $\frac{n}{10}$ Salzsäure ist äquivalent 0,004000 g NaOH,
45,5 ml $\frac{n}{10}$ Salzsäure ... daher 45,5 . 0,004000 = 0,18200 g NaOH,
d. s., bezogen auf die Einwaage von 0,2 g: 91,00% NaOH.

176. Beispiel. Berechnung einer Oleumanalyse.

Oleum ist eine Auflösung von SO_3 in Schwefelsäure. Durch Titration mit Natronlauge wird das Gesamt-SO_3 bestimmt.

Einwaage.

$H_2SO_4 + SO_3$ → Freies SO_3.

H_2O SO_3 } Gesamt-SO_3.

↓

Gebundenes SO_3.

Einwaage: 1,2350 g Oleum; Verbrauch an $\frac{n}{1}$ Natronlauge 28,6 ml.

1000 ml $\frac{n}{1}$ Natronlauge sind äquivalent 40,03 g SO_3,
1 ml $\frac{n}{1}$ Natronlauge .... folglich 0,04003 g SO_3
und 28,6 ml $\frac{n}{1}$ Natronlauge .. 28,6 . 0,04003 = 1,1449 g SO_3.

1,2350 g (Einwaage an Oleum = $H_2SO_4 + SO_3$),
— 1,1449 g (durch Titration ermittelte Gesamtmenge an SO_3),
= 0,0901 g (H_2O, welches an das SO_3 der H_2SO_4 gebunden ist).

18,016 g H_2O binden 80,06 g SO_3 (Reaktion $H_2O + SO_3 = H_2SO_4$)

1 g H_2O daher $\frac{80,06}{18,02} = 4,44$ g SO_3;

folglich binden 0,0901 g H_2O ..... 0,0901 . 4,44 = 0,4000 g SO_3.

1,1449 g (Gesamt-SO_3)
— 0,4000 g (gebundenes SO_3)
= 0,7449 g (freies SO_3)

1,2350 g Oleum (Einwaage) enthalten 0,7449 g freies SO_3,

100 g Oleum daher $\frac{100 \,.\, 0,7449}{1,2350} = 60,3$ g.

Das analysierte Oleum enthält 60,3% freies SO_3.

Die Titrieranalyse gibt uns ein einfaches Hilfsmittel zur *Bestimmung des Fassungsvermögens von Gefäßen*, bei denen eine Inhaltsbestimmung durch Ausmessen umständlich oder nahezu undurchführbar ist, z. B. bei Kesseln mit Rührwerk u. a. (siehe S. 80).

Wir füllen das Gefäß mit Wasser, setzen eine genau bekannte Menge eines Alkalis oder einer Säure zu und ermitteln nach dem Auflösen und Durchmischen durch Titration den Gehalt an zugesetztem Stoff im Liter der Lösung. Aus dem erhaltenen Wert kann in einfacher Weise das Gesamtvolumen der enthaltenen Flüssigkeit ermittelt werden.

177. Beispiel. In einem mit Wasser gefüllten Rührbottich wurden 1000 g Soda, gerechnet 100%ig, aufgelöst, die Lösung gut durchgemischt und 250 ml derselben mit $\frac{n}{2}$ Salzsäure titriert. Verbrauch: 42,2 ml. Wieviel Liter faßt der Bottich?

1 ml $\frac{n}{2}$ Salzsäure ist äquivalent 0,0265 g Na_2CO_3,
42,2 ml $\frac{n}{2}$ Salzsäure daher 42,2 . 0,0265 = 1,1183 g Na_2CO_3.

Diese 1,1183 g Na_2CO_3 sind in 250 ml = 0,25 Liter enthalten
daher 1000 g Na_2CO_3 in .... x Liter

$$x = \frac{1000 \cdot 0{,}25}{1{,}1183} = 223{,}5 \text{ Liter.}$$

Aufgaben: 321. Wieviel ml $\frac{n}{10}$ Schwefelsäure wären erforderlich zur Titration von

a) 4 g 20%iger Natronlauge, **c)** 25 g 0,5%iger Natronlauge,
b) 1,5 g 48%iger Kalilauge, **d)** 2,34 g 5%iger Sodalösung?

322. Wieviel ml $\frac{n}{1}$ Natronlauge wären erforderlich zur Titration von

a) 10 g 15%iger Schwefelsäure, **c)** 1,58 g 31,4%iger Salzsäure,
b) 22,4 g 10%iger Salpetersäure, **d)** 8,4 g 12,1%iger Salzsäure?

323. 20 ml 14%iger Schwefelsäure vom spez. Gew. 1,095 wurden mit 37 ml 2 n Natronlauge versetzt. Wie reagiert die Lösung nach dem Zusammengießen?

324. Wieviel prozentig ist eine Salzsäure, von der 20 g bei der Titration folgende Laugenmengen verbrauchten:

a) 50 ml $\frac{n}{1}$ Natronlauge, **c)** 19,3 ml 2 n Natronlauge,
b) 37,2 ml $\frac{n}{2}$ Kalilauge, **d)** 41,5 ml $\frac{n}{10}$ Natronlauge?

325. 3,2930 g Ätzkali (*1,8630 g Ätznatron*) verbrauchten zur Neutralisation 46,5 ml $\frac{n}{1}$ Salzsäure. Wieviel % KOH (% *NaOH*) enthält das Produkt?

326. 2,9980 g Ätzkali verbrauchten zur Neutralisation 48,4 ml Normalsalzsäure vom Normalfaktor 0,9935 (*40,7 ml Normalsalzsäure vom Normalfaktor 1,0660*). Wieviel % KOH enthält das Ätzkali?

327. 4,4856 g Schwefelsäure wurden auf 250 ml verdünnt und 50 ml der erhaltenen Lösung mit $\frac{n}{2}$ Natronlauge titriert. Verbrauch: 35,2 ml (*30,9 ml*). Wieviel % H_2SO_4 enthält die Schwefelsäure?

328. Zur Neutralisation von 25 ml einer verdünnten Natronlauge wurden 42,7 ml $\frac{n}{1}$ Salzsäure (*38,9 ml Normalsalzsäure vom Normalfaktor 1,0326*) benötigt. Wieviel g NaOH sind im Liter der ursprünglichen Natronlauge enthalten? Berechne den Prozentgehalt der Lauge unter Benutzung der Dichtetabellen.

329. 25 ml einer verdünnten Salzsäure wurden auf 250 ml verdünnt und 50 ml der erhaltenen Lösung mit $\frac{n}{2}$ Natronlauge titriert. Verbrauch: 23,5 ml (*37,2 ml*). Wieviel g HCl im Liter enthält die zur Analyse vorgelegene Säure? Welche Normalität besitzt dieselbe?

330. Wieviel g Na_2CO_3 im Liter enthält eine Sodalösung, von der 20 ml 41,2 ml $\frac{n}{1}$ Salzsäure (*35,9 ml Normalsalzsäure vom Normalfaktor 1,0082*) zur Neutralisation benötigen?

331. Wieviel % K_2CO_3 sind in einer Pottasche enthalten, von der 3,5 g (*4,8840 g*) durch 42 ml $\frac{n}{1}$ Schwefelsäure neutralisiert werden?

332. 4,0 g 98%iger (*92,3%iger*) Schwefelsäure wurden auf 500 ml verdünnt. Wieviel ml $\frac{n}{10}$ Natronlauge sind zur Neutralisation von 25 ml dieser verdünnten Lösung erforderlich?

333. 25 ml einer Natronlauge vom spez. Gew. 1,220 (*1,158*) wurden mit Wasser auf 250 ml verdünnt. 50 ml der erhaltenen Lösung verbrauchten zur Neutralisation 24,88 ml (*17,05 ml*) $\frac{n}{1}$ Schwefelsäure. Wieviel prozentig ist die zur Analyse vorliegende Lauge?

334. Zur Gehaltsbestimmung von Natriumbisulfat $NaHSO_4 . H_2O$ wurden 4,420 g nach dem Auflösen in Wasser mit 31,5 ml (*29,7 ml*) $\frac{n}{1}$ Natronlauge titriert. Wieviel % $NaHSO_4 . H_2O$ enthält die Probe?

335. Zur Bestimmung des KNO_3-Gehaltes eines Kalisalpeters nach ULTSCH wurden 0,5560 g des Produktes durch Erwärmen mit Ferrum reductum und verdünnter Schwefelsäure reduziert, das Reaktionsgemisch mit Natronlauge versetzt und das gebildete NH_3 in 25 ml $\frac{n}{1}$ Schwefelsäure aufgefangen. Die unverbrauchte Schwefelsäure wurde mit 19,5 ml (*20,7 ml*) $\frac{n}{1}$ Natronlauge zurücktitriert. Wieviel % KNO_3 enthält der Salpeter, wenn sich die Reaktion nach den Gleichungen

$$2\,KNO_3 + H_2SO_4 + 16\,H = K_2SO_4 + 2\,NH_3 + 6\,H_2O$$

und $2\,NH_3 + H_2SO_4 = (NH_4)_2SO_4$ vollzieht?

336. Zur Bestimmung des Stickstoffgehaltes einer Braunkohle nach KJELDAHL wurde 1,000 g derselben mit 25 ml konz. Schwefelsäure, 15 g Kaliumsulfat und 1 Tropfen Quecksilber versetzt und im Kjeldahlkolben langsam zum Sieden erhitzt. Nach dem Abkühlen wurde der Kolbeninhalt in einen Destillierkolben überführt, mit Wasser verdünnt, mit Soda neutralisiert und unter Kühlung 50 ml 30%iger Natronlauge, 10 ml Schwefelnatriumlösung und 1 g Zinkstaub zugesetzt und das bei der anschließenden Destillation gebildete NH_3 in 50 ml $\frac{n}{1}$ Schwefelsäure geleitet. Nach beendeter Destillation wurde der Überschuß an Schwefelsäure mit $\frac{n}{1}$ Kalilauge gegen Methylorange als Indikator zurücktitriert Verbrauch: 49,2 ml (*48,7 ml*). Wieviel % N enthält die Kohle?

337. Die Säurezahl eines Fettes gibt an, wieviel mg KOH zur Sättigung der in 1 g Fett enthaltenen freien Fettsäuren erforderlich sind. 3,155 g Elain wurden in 100 g Spiritus gelöst und mit alkoholischer Kalilauge bei Gegenwart von Phenolphthalein titriert. Verbrauch:

12,7 ml Kalilauge vom Normalfaktor 0,3981. Berechne daraus die Säurezahl des Elains.

338. Unter der Verseifungszahl eines Fettes versteht man die Anzahl mg KOH, welche zur vollständigen Verseifung von 1 g Fett erforderlich ist. Zur Bestimmung der Verseifungszahl eines Leinöls wurden 1,620 g desselben mit 25 ml alkoholischer Kalilauge verseift und die unverbrauchte Lauge mit 12,8 ml $\frac{n}{2}$ Salzsäure zurücktitriert. 25 ml der verwendeten Kalilauge verbrauchten bei einem Blindversuch 24,2 ml $\frac{n}{2}$ Salzsäure. Berechne die Verseifungszahl des Leinöls.

339. Aus 500 ml eines $CaSO_4$-haltigen Wassers wurde das gesamte Calcium mit Sodalösung gefällt. Der ausgewaschene $CaCO_3$-Niederschlag wurde in 30 ml $\frac{n}{10}$ Salzsäure gelöst. Zur Titration der überschüssigen Salzsäure wurden 10,1 ml (*13,5 ml*) $\frac{n}{10}$ Natronlauge benötigt. Wieviel mg $CaSO_4$ sind in 1 Liter des Wassers enthalten?

340. Zum Zwecke der Bestimmung des Fassungsvermögens eines Rührkessels wurde derselbe mit Wasser gefüllt und darin 1 kg Soda 100%ig gelöst. 500 ml der entstandenen verdünnten Sodalösung verbrauchten zur Neutralisation 38,9 ml $\frac{n}{2}$ Salzsäure (*27,1 ml* $\frac{n}{1}$ *Salzsäure*). Wieviel Liter beinhaltet der Kessel?

341. 2,0910 g (*1,8580 g*) eines Oleums verbrauchten zur Neutralisation 43,2 ml $\frac{n}{1}$ Natronlauge. Wieviel % freies SO_3 enthält das Oleum?

342. 1,8750 g eines Produktes wurden zur Ermittlung des NaOH- und Na_2CO_3-Gehaltes in Wasser gelöst, die Lösung auf 250 ml verdünnt und 25 ml dieser erhaltenen Stammlösung bei Gegenwart von Methylorange mit $\frac{n}{10}$ Salzsäure titriert (Titration des Gesamtalkalis). Verbrauch: 46,4 ml (*45,1 ml*). In weiteren 25 ml der Stammlösung wurde das Carbonat mit Bariumchloridlösung gefällt und die Lösung in Gegenwart des Niederschlages mit $\frac{n}{10}$ Salzsäure gegen Phenolphthalein titriert. Verbrauch: 45,9 ml (*39,8 ml*). Wieviel % NaOH und Na_2CO_3 enthält die Substanz?

343. Zur Bestimmung des $NaHCO_3$-Gehaltes einer Soda wurde das Bicarbonat nach der Gleichung $NaHCO_3 + NaOH = Na_2CO_3 + H_2O$ durch Zugabe von Natronlauge in das normale Carbonat übergeführt und der Überschuß der Natronlauge nach Ausfällung des Carbonats als $BaCO_3$ mit Oxalsäure gegen Phenolphthalein zurücktitriert. Einwaage: 5,0000 g; Zusatz von $\frac{n}{2}$ Natronlauge: 25 ml. Zurücktitriert:

a) 13,5 ml $\frac{n}{2}$ Oxalsäure, **b)** 22,2 ml $\frac{n}{2}$ Oxalsäure.

Wieviel % $NaHCO_3$ sind in der Soda enthalten?

344. Zur Bestimmung des Na_2CO_3-, NaOH- und Na_2S-Gehaltes der Weißlauge einer Zellstoffabrik werden folgende Titrationen ausgeführt:

1. mit $\frac{n}{1}$ Salzsäure gegen Methylorange, Verbrauch *a* ml ($Na_2CO_3 + NaOH + Na_2S$);
2. mit $\frac{n}{1}$ Salzsäure gegen Phenolphthalein oder Thymolblau, Verbrauch *b* ml $\left(\frac{1}{2} Na_2CO_3 + NaOH + \frac{1}{2} Na_2S\right)$;

3. Ausfällung des Carbonats mit Bariumchlorid und Titration in Gegenwart des Niederschlages mit $\frac{n}{1}$ Salzsäure gegen Phenolphthalein oder Nilblau, Verbrauch c ml $\left(NaOH + \frac{1}{2} Na_2S\right)$.

Wieviel g NaOH, Na_2CO_3 und Na_2S sind im Liter der Weißlauge enthalten, wenn 50 ml derselben auf 250 ml verdünnt wurden und für 25 ml der erhaltenen Lösung der Säureverbrauch wie folgt ermittelt wurde:

a = 21,7 ml (*21,1 ml*), b = 17,9 ml (*17,0 ml*), c = 15,9 ml (*15,2 ml*)?

C. Oxydimetrie.

1. Permanganatmethoden.

Kaliumpermanganat gibt in Gegenwart einer hinreichenden Menge Schwefelsäure Sauerstoff ab nach der Gleichung

$$2\,KMnO_4 + 3\,H_2SO_4 = K_2SO_4 + 2\,MnSO_4 + 3\,H_2O + 5\,O.$$

Die tiefrot gefärbte Lösung (man verwendet fast stets $\frac{n}{10}$ Lösungen) geht bei der Reaktion in die fast farblos erscheinende Mangansulfatlösung über, wodurch der Endpunkt der Reaktion erkannt wird.

1 Liter $\frac{n}{1}$ Kaliumpermanganatlösung enthält

$$31{,}608\text{ g } KMnO_4 = \frac{KMnO_4}{5}.$$

178. Beispiel. Welche Normalität besitzt eine Kaliumpermanganatlösung, von der 40,6 ml durch eine Lösung von 0,1265 g chemisch reiner, kristallisierter Oxalsäure entfärbt werden?

$$5\,C_2O_4H_2 + 2\,KMnO_4 + 3\,H_2SO_4 = \\ = K_2SO_4 + 2\,MnSO_4 + 10\,CO_2 + 8\,H_2O.$$

63,025 g $C_2O_4H_2 \,.\, 2\,H_2O$ sind äquiv. 31,608 g $KMnO_4$ (= 1000 ml $\frac{n}{1}$)
0,1265 g $C_2O_4H_2 \,.\, 2\,H_2O$ daher .... x g $KMnO_4$

$$x = \frac{0{,}1265\,.\,31{,}608}{63{,}025} = 0{,}06344\text{ g } KMnO_4.$$

Diese 0,06344 g $KMnO_4$ sind enthalten in 40,6 ml, folglich $\frac{0{,}06344}{40{,}6}$ in 1 ml und $\frac{0{,}06344\,.\,1000}{40{,}6} = 1{,}5625$ g $KMnO_4$ in 1 Liter.

$$\text{Normalität} = \frac{\text{g/Liter}}{\text{Äquivalentgewicht}} = \frac{1{,}5625}{31{,}608} = 0{,}0494\text{ n.}$$

Zu dem gleichen Ergebnis gelangt man auf folgende einfache Art:

63,025 g $C_2O_4H_2 \cdot 2\,H_2O$ sind äquivalent 1000 ml $\frac{n}{1}$ $KMnO_4$,
0,1265 g .... folglich 2,0071 ml $\frac{n}{1}$ $KMnO_4$.

Normalität und Verbrauch sind umgekehrt proportional, also: 2,0071 : 40,6 = x : 1; daraus ist x = 0,0494 n.

179. Beispiel. Zur Bestimmung des Eisengehaltes einer Eisenlegierung wurden 0,204 g derselben unter Luftabschluß in Schwefelsäure gelöst und die entstandene Lösung mit 30,9 ml $\frac{n}{10}$ Kaliumpermanganatlösung titriert.

Zur Berechnung des Eisengehaltes entnehmen wir aus der Tabelle 8, S. 282, das maßanalytische Äquivalent für Eisen (= g Eisen, welche 1 ml $\frac{n}{10}$ Kaliumpermanganatlösung äquivalent sind) oder berechnen uns dasselbe mit Hilfe der Reaktionsgleichung, nach welcher sich die Reaktion vollzieht.

$$10\,FeSO_4 + 8\,H_2SO_4 + 2\,KMnO_4 = 5\,Fe_2(SO_4)_3 + K_2SO_4 + 2\,MnSO_4 + 8\,H_2O.$$

2 Mol $KMnO_4$ (= 316,08 g) oxydieren 10 Mol $FeSO_4$, welche 10 g-Atome Fe (= 558,5 g) enthalten.

1000 ml $\frac{n}{10}$ $KMnO_4$-Lösung enthalten 3,1608 g $KMnO_4$, diese oxydieren somit 5,585 g Fe, folglich 1 ml 0,005585 g Fe.

Die zur Titration verbrauchten 30,9 ml $\frac{n}{10}$ $KMnO_4$-Lösung oxydieren also 30,9 . 0,005585 = 0,1726 g Fe, das sind von 0,204 g Einwaage 84,61 % Fe.

180. Beispiel. Bei der Titration einer Ferrosulfatlösung (Einwaage: 0,7380 g krist. Ferrosulfat) mit $\frac{n}{10}$ Kaliumpermanganatlösung wurde versehentlich zu viel Permanganat zugesetzt. Es wurden daher 0,2000 g Mohrsches Salz $(NH_4)_2SO_4 \cdot FeSO_4 \cdot 6\,H_2O$ zugegeben und nun mit Permanganat weitertitriert. Insgesamt waren dann 31,6 ml $\frac{n}{10}$ $KMnO_4$-Lösung verbraucht. Wieviel % $FeSO_4 \cdot 7\,H_2O$ enthielt das Ferrosulfat? Das Molekulargewicht des Mohrschen Salzes beträgt 392,19.

39,219 g Mohrsches Salz sind äquiv. 1000 ml $\frac{n}{10}$ $KMnO_4$,
0,039219 g Mohrsches Salz . . daher 1 ml und die zugesetzten
0,2 g . . . . 0,2 : 0,039219 = 5,1 ml.

31,6 ml $\frac{n}{10}$ $KMnO_4$ (= Gesamtverbrauch)
— 5,1 ml $\frac{n}{10}$ $KMnO_4$ (= Verbrauch f. d. zugesetzte Mohrsche Salz)
= 26,5 ml $\frac{n}{10}$ $KMnO_4$ (= Verbrauch zur Oxydation des Ferrosulfats)

1 ml $\frac{n}{10}$ $KMnO_4$ ist äquiv. 0,005585 g Fe = 0,027805 g $FeSO_4 \cdot 7\,H_2O$,
26,5 ml $\frac{n}{10}$ $KMnO_4$ folglich 26,5 . 0,027805 = 0,7368 g $FeSO_4 \cdot 7\,H_2O$,

das sind 99,83 % des eingewogenen Salzes.

Aufgaben: 345. Zur Bestimmung des Prozentgehaltes eines Ammoniumoxalates wurden 0,3040 g desselben in Wasser gelöst, die Lösung mit Schwefelsäure angesäuert und mit $\frac{n}{10}$ Kaliumpermanganatlösung bis zur schwachen Rosafärbung titriert. Verbrauch: 42,3 ml (*43,1 ml*).

$5\,(NH_4)_2C_2O_4 + 2\,KMnO_4 + 8\,H_2SO_4 =$
$= 10\,CO_2 + K_2SO_4 + 2\,MnSO_4 + 5\,(NH_4)_2\,SO_4 + 8\,H_2O.$

Wieviel % $(NH_4)_2\,C_2O_4$ enthält die zur Analyse vorliegende Substanzprobe?

346. 25 ml einer Lösung von Schwefeldioxyd in Wasser wurden zur Analyse auf 250 ml verdünnt und 10 ml der erhaltenen Lösung nach Zusatz von Schwefelsäure mit 26,1 ml (*28,3 ml*) zehntelnormaler $KMnO_4$-Lösung vom Faktor 0,9914 (bezogen auf $\frac{n}{10}$) titriert. Wieviel g SO_2 sind im Liter der ursprünglichen Lösung vorhanden?

$$5\,SO_2 + 2\,KMnO_4 + 2\,H_2O = K_2SO_4 + 2\,MnSO_4 + 2\,H_2SO_4.$$

347. 2,5 ml eines Wasserstoffsuperoxydes verbrauchten nach Zusatz von Schwefelsäure 39,15 ml (*34.9 ml*) $\frac{n}{10}$ Kaliumpermanganatlösung. Wieviel g H_2O_2 im Liter enthält das Wasserstoffsuperoxyd?

$$5\,H_2O_2 + 2\,KMnO_4 + 3\,H_2SO_4 = 2\,MnSO_4 + K_2SO_4 + 5\,O + 8\,H_2O.$$

348. 0,2788 g eines Mangansalzes wurden nach dem Auflösen in Wasser mit einigen Tropfen Salpetersäure angesäuert, mit Zinksulfat versetzt und in der Siedehitze mit Kaliumpermanganatlösung titriert, bis die über dem braunen Niederschlag befindliche Lösung rosa gefärbt erscheint. Verbrauch: 37,9 ml $\frac{n}{10}$ $KMnO_4$-Lösung (*32,8 ml zehntelnormaler Kaliumpermanganatlösung vom Normalfaktor 1,032*). Wieviel % Mn enthält das Mangansalz?

$$3\,MnSO_4 + 2\,KMnO_4 + 2\,H_2O = 5\,MnO_2 + K_2SO_4 + 2\,H_2SO_4.$$

349. Zur Titerstellung einer zehntelnormalen Permanganatlösung wurden 0,264 g rostfreier Eisendraht mit einem Kohlenstoffgehalt von 0,3% in verdünnter Schwefelsäure unter Luftabschluß gelöst und die erhaltene Ferrosulfatlösung mit der Permanganatlösung titriert. Verbrauch: 42,7 ml (*44,2 ml*). Mit wieviel ml Wasser sind $2\frac{3}{4}$ Liter der Permanganatlösung zu verdünnen, um eine genau $\frac{n}{10}$ Lösung zu erhalten?

$10\,FeSO_4 + 8\,H_2SO_4 + 2\,KMnO_4 =$
$= 5\,Fe_2(SO_4)_3 + K_2SO_4 + 2\,MnSO_4 + 8\,H_2O.$

350. 0,8000 g eines Boronatroncalcits wurden gelöst, mit Ammoniak übersättigt und mit Ammoniumoxalat gefällt. Der Niederschlag, welcher das gesamte Calcium als CaC_2O_4 enthält, wurde nach dem Auswaschen samt dem Filter in ein Becherglas gebracht, mit verdünnter Schwefelsäure versetzt und in der Wärme mit zehntelnormaler Kaliumpermanganatlösung vom Normalfaktor 1,035 (bezogen auf $\frac{n}{10}$) titriert. Verbrauch: 38,8 ml (*35,7 ml*). Wieviel % Ca enthält die Substanz?

351. 50 ml einer Lösung, welche Ferro- und Ferrisalz enthält, wurde zur Bestimmung des 2wertigen Eisens direkt mit $\frac{n}{10}$ $KMnO_4$-Lösung titriert, wozu 15,1 ml verbraucht wurden. Weitere 50 ml der Lösung wurden mit Zink und Säure reduziert und die Lösung, welche nun das gesamte Eisen in der Ferroform enthält, wiederum mit $\frac{n}{10}$ $KMnO_4$-

Lösung titriert. Verbrauch: 24 ml. Berechne den Gehalt an 2wertigem und 3wertigem Eisen pro Liter Lösung.

352. 0,3250 g Braunstein wurden mit 10 ml $\frac{n}{1}$ Oxalsäure und verdünnter Schwefelsäure erwärmt, wodurch Reduktion des 4wertigen Mangans zum 2wertigen eintritt:

$$MnO_2 + C_2O_4H_2 + H_2SO_4 = MnSO + 2\,CO_2 + 2\,H_2O.$$

Die überschüssige Oxalsäure wurde mit $\frac{n}{10}$ Kaliumpermanganatlösung zurücktitriert, wozu 44,2 ml (*38,6 ml*) nötig waren.

$$5\,C_2O_4H_2 + 2\,KMnO_4 + 3\,H_2SO_4 =$$
$$= K_2SO_4 + 2\,MnSO_4 + 10\,CO_2 + 8\,H_2O.$$

Wieviel % MnO_2 enthält der Braunstein?

2. Kaliumbichromatmethoden.

Kaliumbichromat reagiert nach der Gleichung:

$$K_2Cr_2O = Cr_2O_3 + K_2O + 3\,O \text{ (welche 6 H entsprechen).}$$

Das Äquivalentgewicht von $K_2Cr_2O_7$ ist also gleich $\frac{\text{Molekulargewicht}}{6}$

181. Beispiel. Zur Bestimmung des $FeSO_4$-Gehaltes einer Ferrosulfatlösung wurden für 25 ml der Lösung 47,48 ml $\frac{n}{10}$ Kaliumbichromatlösung benötigt. (Erkennung des Endpunktes durch Tüpfeln mit Kaliumferricyanidlösung.)

1 ml $\frac{n}{10}$ $K_2Cr_2O_7$-Lsg. ist äquiv. 0,005585 g Fe = 0,015191 g $FeSO_4$,
47,48 ml $\frac{n}{1}$ $K_2Cr_2O_7$-Lsg. . . . daher 47,48 . 0,015191 = 0,7213 g $FeSO_4$.

25 ml der Ferrosulfatlösung enthalten also 0,7213 g $FeSO_4$
1000 ml der Ferrosulfatlösung . . . . x g $FeSO_4$

$$x = \frac{1000\,.\,0{,}7213}{25} = 28{,}85\,\text{g } FeSO_4/\text{Liter}.$$

3. Kaliumbromatmethoden.

Kaliumbromat reagiert nach der Gleichung:

$$KBrO_3 = KBr + 3\,O.$$

Das Äquivalentgewicht von $KBrO_3$ errechnet sich daraus zu $\frac{\text{Molekulargewicht}}{6} = 27{,}8353.$

Im Augenblick der Erreichung des Endpunktes der Titration wird das gebildete Bromid zu elementarem Brom oxydiert, welches das als Indikator zugesetzte Methylorange entfärbt.

182. Beispiel. 10 ml einer Natriumarsenitlösung wurden mit Salzsäure angesäuert, nach Zugabe von Methylorange erwärmt und mit $\frac{n}{10}$ $KBrO_3$-Lösung bis zur Entfärbung titriert. Verbrauch: 40,3 ml.

$$3\,Na_3AsO_3 + KBrO_3 = 3\,Na_3AsO_4 + KBr.$$

1 Mol $KBrO_3$ vermag 3 Mol Arsenit zu oxydieren.

1000 ml $\frac{n}{10}$ $KBrO_3$-Lösung (enthalten $\frac{1}{60}$ Mol $KBrO_3$) oxydieren $\frac{3}{60}$ Mol = 9,595 g Na_3AsO_3 = 4,9452 g As_2O_3,

40,3 ml $\frac{n}{10}$ $KBrO_3$-Lösung daher... $\frac{40{,}3\,.\,4{,}9452}{1000} = 0{,}1993$ g As_2O_3.

Diese 0,1993 g As_2O_3 waren in 10 ml der Analysenlösung vorhanden, folglich in 1 Liter 19,93 g As_2O_3.

Aufgaben: 353. Bei der Analyse eines arsenhaltigen Minerals wurde in 20 g desselben das Arsen in die 3wertige Form übergeführt und die Lösung mit $\frac{n}{10}$ $KBrO_3$-Lösung titriert. Verbrauch: 43,8 ml. Berechne den Arsengehalt des Minerals in %.

354. Zur Bestimmung des Antimongehaltes eines Lötzinns wurden 4,0000 g in starker Salpetersäure gelöst und der Überschuß der Säure durch Kochen mit einigen ml Schwefelsäure entfernt. Der erhaltenen Lösung wurde Phosphorsäurelösung zugesetzt und unter Durchleiten von Kohlendioxyd mit der Destillation begonnen. Bei 150° wurde Salzsäure zugetropft. Das in der Vorlage in Wasser aufgefangene Antimonchlorid wurde durch Kochen mit Ferrum reductum reduziert und schließlich mit $\frac{n}{10}$ Kaliumbromatlösung titriert. Verbrauch: 20,8 ml (*18,7 ml*). Wieviel % Sb enthält die Legierung?

D. Reduktionsmethoden.

1. Jodometrie.

Die Grundlage für die Jodometrie bildet folgende Reaktion:

$$2\,Na_2S_2O_3 + J_2 = 2\,NaJ + Na_2S_4O_6.$$

Aus der Gleichung ist ersichtlich, daß 1 g-Molekül $Na_2S_2O_3$ (Natriumthiosulfat) äquivalent ist 1 g-Atom Jod, welches wiederum 1 g-Atom H äquivalent ist. Das Äquivalentgewicht von Jod und Natriumthiosulfat ist also gleich dem Atom- bzw. Molekulargewicht dieser Stoffe.

Als Indikator wird Stärkelösung zugesetzt, welche sich bei Anwesenheit von elementarem Jod blau färbt.

183. Beispiel. Bei der Titerstellung von zehntelnormaler Natriumthiosulfatlösung wurden für 0,4672 g Jod 39,1 ml der Thiosulfatlösung benötigt. Berechne den Faktor der Thiosulfatlösung (bezogen auf die Grundnormalität $\frac{n}{10}$).

12,691 g Jod $\left(\triangleq \frac{1}{10}\text{ g-Atom}\right)$ würde 1000 ml einer genau $\frac{n}{10}$ $Na_2S_2O_3$-Lösung benötigen, 0,4672 g Jod (= Einwaage) daher $\frac{1000 \cdot 0{,}4672}{12{,}691} = 36{,}81$ ml.

$$\text{Faktor} = \frac{\text{ml der genau } \frac{n}{10}}{\text{tatsächlich verbrauchte ml}} = \frac{36{,}81}{39{,}1} = 0{,}9414.$$

184. Beispiel. Zur Bestimmung des CrO_3-Gehaltes einer Kaliumbichromatlösung wurden 10 ml derselben angesäuert, mit KJ versetzt und das ausgeschiedene Jod mit $\frac{n}{10}$ Thiosulfatlösung bis zum Verschwinden der durch Stärke verursachten Blaufärbung titriert. Verbrauch: 48,65 ml.

Die Reaktion verläuft nach der Gleichung:

$$K_2Cr_2O_7 + 6\,KJ + 7\,H_2SO_4 = 4\,K_2SO_4 + Cr_2(SO_4)_3 + 7\,H_2O + 6\,J.$$

$$1\,Na_2S_2O_3 = 1\,J = \frac{K_2Cr_2O_7}{6} = \frac{CrO_3}{3}.$$

1000 ml $\frac{n}{10}$ $Na_2S_2O_3$-Lsg. sind äquiv. $\frac{CrO_3}{30} = 3{,}3337$ g CrO_3,
1 ml $\frac{n}{10}$ $Na_2S_2O_3$-Lsg. daher .... 0,0033337 g CrO_3 und
48,65 ml ...... 48,65 . 0,0033337 = 0,1622 g CrO_3.

Nachdem diese 0,1622 g CrO_3 in 10 ml der Bichromatlösung enthalten waren, sind in 1 Liter derselben 16,22 g CrO_3 enthalten.

185. Beispiel. Bei der Bestimmung des Zinngehaltes eines Zinnchlorürs betrug die Einwaage 0,3468 g, der Verbrauch an $\frac{n}{10}$ Jodlösung 24,87 ml.

Die Reaktion verläuft nach der Gleichung:

$$SnCl_2 + 6\,NaHCO_3 + J_2 = $$
$$= Na_2SnO_3 + 2\,NaCl + 2\,NaJ + 6\,CO_2 + 3\,H_2O.$$

$$1\,J \text{ ist also äquivalent } \frac{SnCl_2}{2} \text{ bzw. } \frac{Sn}{2}.$$

1000 ml $\frac{n}{10}$ Jodlösung sind äquivalent 5,935 g Sn,
1 ml $\frac{n}{10}$ Jodlösung daher .... 0,005935 g Sn und
24,87 ml .... 24,87 . 0,005935 = 0,1476 g Sn,
das sind bezogen auf die Einwaage von 0,3468 g = 42,56% Sn.

Aufgaben: 355. Welchen Faktor hat eine zehntelnormale Natriumthiosulfatlösung (bezogen auf $\frac{n}{10}$), von der 40 ml (*38,7 ml*) nötig waren, um 0,4938 g Jod zu reduzieren?

356. Wieviel % Chlor enthält ein Chlorwasser, von dem 20 g in Kaliumjodidlösung gegossen durch 27 ml (*29,1 ml*) $\frac{n}{10}$ $Na_2S_2O_3$-Lösung (Stärke als Indikator) entfärbt wurden?

357. Wieviel g $CuSO_4$ im Liter enthält eine Kupfersulfatlösung, von der 10 ml nach dem Ansäuern, Kaliumjodidzusatz und 10 Minuten langem Stehen 42,3 ml (*48,7 ml*) $\frac{n}{10}$ Thiosulfatlösung verbrauchten?

$$2\,CuSO_4 + 4\,KJ = 2\,CuJ + 2\,K_2SO_4 + J_2.$$

358. 25 ml eines Schwefelwasserstoffwassers wurden mit 30 ml $\frac{n}{10}$ Jodlösung und 1 bis 2 ml Schwefelkohlenstoff versetzt und gut durchgeschüttelt. Das überschüssige Jod wurde mit 11,9 ml (*12,7 ml*) $\frac{n}{10}$ Thiosulfatlösung zurücktitriert.

$$H_2S + J_2 = S + 2\,HJ.$$

Wieviel g H_2S im Liter enthält das Schwefelwasserstoffwasser?

359. Zur Bestimmung des Antimongehaltes eines Brechweinsteins wurden 0,4220 g (*0,3980 g*) desselben in heißem Wasser unter Zusatz von Salzsäure gelöst und hierauf mit Natriumbicarbonat alkalisch gemacht. Nach Zusatz von Seignettesalz und Stärkelösung wurde mit 26,6 ml $\frac{n}{10}$ Jodlösung bis zum Auftreten der Blaufärbung titriert. Wieviel % Antimon enthält der Brechweinstein, wenn die Reaktion nach der Gleichung $Sb_2O_3 + 2\,J_2 + 2\,H_2O = Sb_2O_5 + 4\,HJ$ verläuft?

360. Zur Bestimmung des Chromgehaltes eines Azofarbstoffes wurden 0,1046 g desselben mit Soda verschmolzen, die Schmelze in Wasser gelöst, vorsichtig angesäuert und die erhaltene Lösung nach Zusatz von Kaliumjodid und Stärkelösung mit $\frac{n}{30}$ $Na_2S_2O_3$-Lösung titriert. Verbrauch: 24,15 ml (*40,3 ml*). Wieviel % Chrom enthält der Farbstoff?

$$Na_2Cr_2O_7 + 6\,KJ + 7\,H_2SO_4 = 4\,Na_2SO_4 + Cr_2(SO_4)_3 + 7\,H_2O + 3\,J_2.$$

361. 10 ml einer Natriumbisulfitlösung vom spez. Gew. 1,355 wurden auf 1000 ml verdünnt und 50 ml der erhaltenen verdünnten Lösung mit $\frac{n}{10}$ Jodlösung titriert. Verbrauch: 34,7 ml. Wieviel prozentig ist die Natriumbisulfitlösung?

$$NaHSO_3 + J_2 + H_2O = NaHSO_4 + 2\,HJ.$$

362. Zur Titerstellung einer zehntelnormalen Jodlösung wurden 0,1240 g reinstes As_2O_3 in zirka 10 ml Normalnatronlauge gelöst und die Lösung sofort mit 12 ml Normalschwefelsäure angesäuert. Nunmehr wurden 2 g reinstes Natriumbicarbonat zugegeben und auf 200 ml verdünnt. Nach Zugabe von Stärkelösung wurde mit der einzustellenden Jodlösung bis zur bleibenden Blaufärbung titriert. Verbrauch: 25,2 ml (*24,9 ml*). Berechne den Faktor der Jodlösung (bezogen auf $\frac{n}{10}$).

$$J_2 + Na_3AsO_3 + 2\,NaHCO_3 = 2\,NaJ + Na_3AsO_4 + 2\,CO_2 + H_2O.$$

363. 2 ml eine Jodtinktur vom spez. Gew. 0,830 wurden nach dem Verdünnen mit Alkohol mit 13,1 ml $\frac{n}{10}$ Thiosulfatlösung titriert. Wieviel % Jod enthält die Tinktur?

2. Sonstige Reduktionsanalysen.

Außer Thiosulfat kommen als maßanalytisches Reduktionsmittel u. a. Zinnchlorür und arsenige Säure in Betracht.

186. Beispiel. Zur Bestimmung des wirksamen Chlors eines Chlorkalkes wurden 7,092 g desselben mit Wasser zu einem Brei verrieben und derselbe zu einem Liter verdünnt. 50 ml des Kolbeninhalts wurden mit $\frac{n}{10}$ Arsenitlösung titriert (Prüfung auf Jodkalistärkepapier). Verbrauch: 32,7 ml. Die Reaktion verläuft nach der Gleichung:

$$As_2O_3 + 4\,Cl + 5\,H_2O = 4\,HCl + 2\,H_3AsO_4.$$

1 Cl ist demnach $\frac{As_2O_3}{4}$ äquivalent (= Äquivalentgewicht von As_2O_3),

1000 ml $\frac{n}{10}$ Arsenitlösung reduzieren 3,546 g Cl,
1 ml $\frac{n}{10}$ Arsenitlösung daher.... 0,003546 g Cl.

Nachdem die Einwaage an Chlorkalk $\frac{7,092}{20} = 0,3546$ g betrug, sind 0,003546 g Cl (welche 1 ml der Arsenitlösung äquivalent sind) 1% der Einwaage, das bedeutet, daß in diesem Fall die verbrauchten 32,7 ml sofort die Prozentigkeit, also 32,7% aktives Chlor, angeben.

Aufgaben. 364. Zur Bestimmung des Zinngehaltes eines Natriumstannats wurde 1 g desselben in Salzsäure gelöst und das Zinn durch Zugabe von Aluminiumspänen abgeschieden, filtriert, in konz. Salzsäure gelöst, verdünnt und mit einer $FeCl_3$-Lösung nach Zusatz von Kaliumjodid und Stärkelösung bis zum Auftreten der Blaufärbung titriert. Verbrauch 20,3 ml. Zur Gehaltbestimmung der $FeCl_3$-Lösung wurden 0,2016 g reines Zinn in Salzsäure gelöst und wie oben mit der Eisenlösung titriert. Verbrauch: 31,7 ml. Wieviel % Zinn enthält das Stannat?

$$SnCl_2 + 2\,FeCl_3 = 2\,FeCl_2 + SnCl_4.$$

365. Wieviel g wirksames Chlor im Liter enthält eine Natriumhypochloritlauge von der 10 ml nach der PENOTschen Methode mit $\frac{n}{10}$ Arsenitlösung titriert wurden, bis ein Tropfen auf Jodkalistärkepapier getüpfelt keine Blaufärbung mehr hervorruft? Verbrauch: 20,5 ml zehntelnormaler Arsenitlösung vom Faktor 0,9950 (*24,1 ml zehntelnormaler Arsenitlösung vom Faktor 1,0083*).

E. Fällungsanalysen.

Bei den Fällungsanalysen wird zu der zu titrierenden Lösung so lange Reagenzlösung von bekanntem Gehalt zulaufen gelassen, bis erstere vollständig ausgefällt ist. Der Endpunkt wird dadurch erkannt, daß bei weiterer Zugabe der Reagenzlösung keine Trübung mehr entsteht. Da dieser Punkt schwer zu erkennen ist, werden in den meisten Fällen bestimmte Salzlösungen als Indikatoren zugesetzt. Diese erzeugen mit einem Überschuß der Reagenzlösung eine charakteristische Färbung oder Fällung.

187. Beispiel. 0,2277 g Kochsalz wurden in Wasser gelöst, etwas Kaliumchromatlösung zugefügt und mit 38,9 ml $\frac{n}{10}$ Silbernitratlösung bis zur deutlichen Rötlichfärbung titriert. Die Reaktion verläuft nach der Gleichung:

$$NaCl + AgNO_3 = AgCl + NaNO_3.$$

Wieviel % NaCl enthält das Kochsalz?

1000 ml $\frac{n}{10}$ Silbernitratlösung (welche 16,989 g $AgNO_3$ enthält) sind äquivalent 5,845 g NaCl,
1 ml $\frac{n}{10}$ Silbernitratlösung daher ...... 0,005845 g NaCl und
38,9 ml ..... Silbernitratlsg. 38,9 . 0,005845 = 0,2274 g NaCl,

das sind, bezogen auf die Einwaage von 0,2277 g Kochsalz = 99,87% NaCl.

188. Beispiel. Bei der Gehaltsbestimmung einer Ammoniumrhodanidlösung nach VOLHARD wurden 50 ml derselben auf 250 ml verdünnt und 50 ml der so erhaltenen Stammlösung mit einem Überschuß an $\frac{n}{10}$ Silbernitratlösung versetzt. Verwendet wurden 20 ml. Der Überschuß an Silbernitrat wurde mit $\frac{n}{10}$ NH_4CNS-Lösung (Eisenammoniumalaun als Indikator) zurücktitriert. Verbrauch: 8,4 ml.

$$NH_4CNS + AgNO_3 = NH_4NO_3 + AgCNS.$$

Der tatsächliche Verbrauch an $\frac{n}{10}$ Silbernitratlösung beträgt somit 20 — 8,4 = 11,6 ml.

1000 ml $\frac{n}{10}$ Silbernitratlösung sind äquiv. 7,613 g NH_4CNS,
1 ml $\frac{n}{10}$ Silbernitratlösung daher .... 0,007613 g NH_4CNS und
11,6 ml .... 11,6 . 0,007613 = 0,0883 g NH_4CNS.

Diese 0,0883 g NH_4CNS sind in 10 ml der ursprünglichen Lösung (denn 50 ml/250 ml/50 ml = 10 ml) enthalten, folglich in 1 Liter 8,83 g NH_4CNS.

Aufgaben: 366. Wieviel g KCl enthält eine Lösung, welche nach Zugabe von Kaliumchromat als Indikator 30,7 ml *(19,9 ml)* $\frac{n}{10}$ Silbernitrat zur Titration benötigte?

367. 0,8808 g eines Bromids wurden in Wasser gelöst und die Lösung auf 250 ml verdünnt. 100 ml der erhaltenen, verdünnten Lösung verbrauchten 30,3 ml *(24,7 ml)* $\frac{n}{10}$ Silbernitratlösung zur vollständigen Ausfällung des Bromids. Wieviel % Br enthält das Bromid?

$$KBr + AgNO_3 = KNO_3 + AgBr.$$

368. 25 ml einer Silbernitratlösung wurden nach dem Verdünnen mit Wasser mit Eisenammoniumalaunlösung als Indikator versetzt und mit $\frac{n}{10}$ Ammoniumrhodanidlösung bis zum Auftreten der Rotfärbung titriert. Verbrauch: 40,1 ml *(26,2 ml)*. Wieviel g $AgNO_3$ im Liter enthält die Silbernitratlösung und welche Normalität besitzt sie?

369. 0,4000 g eines kochsalzhaltigen Produktes wurden in Wasser gelöst und mit zehntelnormaler Silbernitratlösung vom Normalfaktor 0,9952 titriert. Verbrauch: 24,7 ml (*31,5 ml*). Wieviel % NaCl enthält das Produkt?

370. Zur Titration von 0,25 g eines Gemisches von KCl und NaCl wurden 34,2 ml (*37,3 ml*) $\frac{n}{10}$ Silbernitratlösung verbraucht. Wieviel % der beiden Chloride enthält das Gemisch? (Die Aufgabe ist nach den Regeln der „indirekten Analyse“ zu lösen.)

371. 0,2185 g Kochsalz wurden nach dem Auflösen in Wasser und Zugabe von Ferrisalzlösung mit Salpetersäure angesäuert und mit 50 ml $\frac{n}{10}$ Silbernitratlösung versetzt. Der Überschuß an Silbernitrat wurde mit 12,7 ml (*13,15 ml*) $\frac{n}{10}$ Ammoniumrhodanidlösung zurücktitriert. Wieviel % NaCl enthält das Kochsalz?

F. Diazotierungsreaktionen.

Zur Bestimmung der Prozentigkeit eines Amins (organische Verbindung, welche NH_2-Gruppen im Molekül enthält) wird eine gewogene Menge desselben gelöst und bei niedriger Temperatur bei Gegenwart von Salzsäure mit Natriumnitritlösung von bekanntem Wirkungswert „diazotiert“. Der Endpunkt der Reaktion wird durch Tüpfeln auf Jodkalistärkepapier festgestellt (Überschuß an Nitrit ergibt eine Blaufärbung).

Das Äquivalentgewicht von $NaNO_2$, bezogen auf die Diazotierungsreaktion, beträgt $\frac{NaNO_2}{1}$.

189. Beispiel. Zur Bestimmung der Prozentigkeit (des sog. Nitritwertes) einer technischen **H-Säure (Aminonaphtholdisulfosäure** mit 1 NH_2-Gruppe im Molekül; Molekulargewicht 319) wurden 12 g derselben in Soda gelöst, die Lösung mit Wasser verdünnt, mit konz. Salzsäure ausgefällt und bei 5° mit $\frac{n}{1}$ Natriumnitritlösung titriert (Tüpfeln auf Jodkalistärkepapier). Verbrauch: 32,1 ml.

Die Reaktion verläuft nach der Gleichung:

$$\begin{matrix} R{-}NH_2\,.\,HCl \\ NO_2H \end{matrix} \rightarrow R{-}N_2Cl + 2\,H_2O.$$

Darin bedeutet R den organischen Rest. Die in der Gleichung auftretende HNO_2 wird gebildet aus $NaNO_2$ + HCl!

1 Mol des primären Amins (in unserem Falle H-Säure) benötigt nach obiger Gleichung 1 Mol HNO_2 bzw. 1 Mol $NaNO_2$.

1000 ml $\frac{n}{1}$ $NaNO_2$-Lösung diazotieren .... 319 g H-Säure,
1 ml $\frac{n}{1}$ $NaNO_2$-Lösung daher .... 0,319 g H-Säure,
32,1 ml folglich .... 32,1 . 0,319 = 10,2399 g H-Säure,
das sind von 12 g Einwaage = 85,3%.

Aufgaben: 372. Zur Ermittlung des Prozentgehaltes eines primären Amins wurden 0,24 g desselben in konz. Salzsäure gelöst, die Lösung nach dem Verdünnen mit Wasser unter Eiskühlung mit $\frac{n}{10}$ $NaNO_2$-Lösung titriert. Verbrauch: 16,7 ml (*9,85 ml*). Das Analysenergebnis ist in % NH_2 anzugeben.

373. Zur Titerstellung einer Normalnatriumnitritlösung wurden 8,000 g reinster Sulfanilsäure ($C_6H_4 . SO_3H . NH_2$) unter Zusatz von Natronlauge gelöst, nach dem Abkühlen auf 7° mit Salzsäure angesäuert und mit der Normallösung diazotiert. Verbrauch: 46,5 ml (*45,7 ml*). Berechne den Faktor der Nitritlösung.

$$C_6H_4\begin{cases}SO_3H\\NH_2\end{cases} + NaNO_2 + 2\,HCl = C_6H_4\begin{cases}SO_3H\\N_2Cl\end{cases} + NaCl + 2\,H_2O.$$

Gemischte Aufgaben aus der Maß- und Gewichtsanalyse.

374. 25 g eines Gemisches von verdünnter Schwefelsäure und Salpetersäure wurden mit Wasser auf 500 ml verdünnt und durch Fällung von 10 ml der erhaltenen Stammlösung mit Bariumchlorid 0,3620 g $BaSO_4$ erhalten. 100 ml der Stammlösung verbrauchten zur Neutralisation 39,2 ml $\frac{n}{1}$ Natronlauge. Berechne den Prozentgehalt an H_2SO_4 und HNO_3 im ursprünglichen Gemisch.

375. Zur Bestimmung des NaOH-, Na_2CO_3- und NaCl-Gehaltes eines technischen Ätznatrons wurden 37,82 g desselben in Wasser gelöst, die Lösung zu 1 Liter verdünnt und je 50 ml der erhaltenen Stammlösung für die Titration verwendet.

1. Mit $\frac{n}{1}$ Salzsäure und Phenolphthalein als Indikator (titriert wird NaOH + $\frac{1}{2}$ Na_2CO_3); Verbrauch: 44,4 ml (*45,4 ml*).

2. Mit $\frac{n}{1}$ Salzsäure und Methylorange als Indikator (titriert wird NaOH + Na_2CO_3); Verbrauch: 44,8 ml (*46,2 ml*).

3. Mit $\frac{n}{10}$ Silbernitrat (titriert wird NaCl); Verbrauch: 7,9 ml (*1,8 ml*).

Wieviel % NaOH, Na_2CO_3 und NaCl enthält das Ätznatron?

376. Zur maßanalytischen Bestimmung eines Gemisches von Na_2CO_3 und $Na_2B_4O_7$ wurden 4 g der Probe in Wasser gelöst und auf 500 ml verdünnt. 50 ml der Stammlösung wurden mit Säure neutralisiert und die Kohlensäure durch Kochen ausgetrieben. Die freigemachte Borsäure wurde sodann in Gegenwart von Glycerin und Phenolphthalein mit $\frac{n}{10}$ Natronlauge bis zum Auftreten der Rotfärbung titriert. Verbrauch: 10,1 ml (*15,4 ml*).

$$Na_2B_4O_7 + 2\,HCl + H_2O = 4\,HBO_2 + 2\,NaCl,$$
$$HBO_2 + NaOH = NaBO_2 + H_2O.$$

Zur Bestimmung des Gesamtalkalis (Na_2CO_3 + $Na_2B_4O_7$) wurden 25 ml der Stammlösung mit $\frac{n}{10}$ Salzsäure gegen Methylorange als Indikator titriert. Verbrauch: 24,8 ml (*25,8 ml*). Wieviel % Na_2CO_3 und $Na_2B_4O_7$ enthält das Gemisch?

377. In einem technischen Bariumchlorid sind % $BaCl_2$ und $CaCl_2$ zu bestimmen. Eingewogen wurden 20 g, welche in Wasser gelöst und auf 500 ml verdünnt wurden. Aus 50 ml der Stammlösung wurde nach dem Verdünnen und Zugabe von Ammoniumacetat das Barium als $BaCrO_4$ gefällt. Auswaage: 2,0523 g (*2,0638 g*).

Das Filtrat der Fällung wurde mit Ammoniak versetzt und kochend mit Ammoniumoxalat gefällt. Der abfiltrierte und ausgewaschene Niederschlag wurde in ein Becherglas gespült, mit verdünnter Schwefelsäure versetzt und warm mit $\frac{n}{10}$ Kaliumpermanganatlösung titriert. Verbrauch: 4,0 ml (*4,1 ml*).

378. Unter der Jodzahl versteht man die Anzahl der g Jod, welche von 100 g eines Öles aufgenommen werden.

Zur Bestimmung der Jodzahl eines Elains wurden 0,277 g desselben in 10 ml Schwefelkohlenstoff gelöst, mit 25 ml einer $\frac{n}{5}$ $KBrO_3$-KBr-Lösung versetzt und mit 10 ml 10%iger Salzsäure angesäuert. Nach Umschütteln und 2stündigem Stehen im Dunklen wurden 10 ml 10%iger Kaliumjodidlösung und Wasser zugesetzt und das ausgeschiedene Jod mit $\frac{n}{10}$ Thiosulfatlösung titriert. Verbrauch: 46,6 ml. Ein Blindversuch ohne Elain ergab einen Verbrauch von 31,6 ml $\frac{n}{10}$ Thiosulfatlösung. Zu berechnen ist die Jodzahl des Elains.

379. Zur Bestimmung des $NaOH$-, Na_2CO_3- und Na_2S-Gehaltes der Weißlauge einer Zellstoffabrik wurden 50 ml der Lauge auf 250 ml verdünnt und je 25 ml der erhaltenen Stammlösung wie folgt titriert:

1. Mit $\frac{n}{1}$ Salzsäure und Methylorange als Indikator. Verbrauch: a ml (titriert wird $NaOH + Na_2CO_3 + Na_2S$).

2. Mit $\frac{n}{1}$ Salzsäure und Thymolblau als Indikator. Verbrauch: b ml $\left(\text{titriert wird } NaOH + \frac{1}{2} Na_2CO_3 + \frac{1}{2} Na_2S\right)$.

3. Nach dem Ansäuern mit Essigsäure mit $\frac{n}{10}$ Jodlösung. Verbrauch: c ml (titriert wird Na_2S).

Bei der durchgeführten Bestimmung wurden verbraucht:

$a = 21{,}0$ ml (*21,4 ml*), $b = 17{,}6$ ml (*17,3 ml*), $c = 28{,}0$ ml (*29,1 ml*).

Wieviel g $NaOH$, Na_2CO_3 und Na_2S sind im Liter der Weißlauge enthalten?

380. Zur Bestimmung des Glyceringehaltes wurden 5 g Glycerin auf 500 ml verdünnt und 25 ml davon nach dem weiteren Verdünnen mit Wasser mit 50 ml Kaliumbichromatlösung vom Faktor 0,7303 (bezogen auf $\frac{n}{1}$) und 25 ml konz. Schwefelsäure versetzt. Nach halbstündigem Kochen wurde auf 250 ml verdünnt, 50 ml der jetzt erhaltenen Lösung in einer Schüttelflasche mit Kaliumjodid versetzt und das überschüssige Kaliumbichromat mit $\frac{n}{10}$ Thiosulfatlösung zurücktitriert. Verbrauch: 2,8 ml. Wieviel prozentig ist das Glycerin?

$$3\,C_3H_8O_3 + 7\,K_2Cr_2O_7 + 28\,H_2SO_4 = $$
$$= 9\,CO_2 + 7\,Cr_2(SO_4)_3 + 7\,K_2SO_4 + 40\,H_2O.$$

7. Physikalische Rechnungen.

A. Temperaturmessung.

1. Thermometerskalen.

Als thermometrische Fixpunkte gelten der Eispunkt und der Siedepunkt des Wassers. Der Abstand zwischen beiden ist nach *Celsius* in 100°, nach *Reaumur* in 80° geteilt, wobei der Eispunkt des Wassers als 0° eingesetzt wird.

Es entsprechen demnach 100° C (Grad Celsius) = 80° R (Grad Réaumur).

Alle Temperaturangaben ohne nähere Bezeichnung sind Grade Celsius, da heute allgemein nach diesen gerechnet wird.

In englischen und amerikanischen Arbeiten sind Temperaturen oftmals in Grad *Fahrenheit* angegeben. Bei der Fahrenheitskala ist der Abstand zwischen dem Eispunkt und dem Siedepunkt des Wassers in 180° geteilt, wobei der Eispunkt mit +32°, der Siedepunkt demnach mit +212° bezeichnet ist.

Umrechnungsformeln:

$$°C = \frac{5}{4} \cdot R \quad \text{oder} \quad \frac{5}{9} \cdot (F - 32),$$

$$°R = \frac{4}{5} \cdot C \quad \text{oder} \quad \frac{4}{9} \cdot (F - 32),$$

$$°F = \frac{9}{5} \cdot C + 32 \quad \text{oder} \quad \frac{9}{4} \cdot R + 32.$$

190. Beispiel. +30° R sind in °C umzurechnen.

$$°C = \frac{5}{4} \cdot R = \frac{5}{4} \cdot 30 = 37{,}5.$$

191. Beispiel. Ein Thermometer zeigt bei der Überprüfung den Siedepunkt des Wassers (bei einem Luftdruck von 760 Torr) bei 98°, den Eispunkt bei 0°. Welches ist die wahre Temperatur, wenn dieses Thermometer + 24,5° anzeigt?

98° (0 bis 98) dieses Thermometers entsprechen 100° eines richtigen Thermometers, folglich 24,5° ... $\frac{24{,}5 \cdot 100}{98} = 25°$ C.

Aufgaben. 381. Ein Thermometer, welches nach °R geteilt ist, zeigt eine Temperatur von

a) —14° **b)** +21,5°, **c)** +36°, **d)** +68,2°

an. Rechne die Temperatur auf °C um.

382. Eine Vorschrift besagt, daß eine Reaktion bei

a) +140° F, **b)** +248° F **c)** +32° F, **d)** +23° F

ausgeführt werden soll. Wieviel °C entsprechen diesen Temperaturen?

383. Bei welchen Temperaturen zeigt

a) C und R, **b)** C und F, **c)** R und F

dieselbe Temperatur an?

384. Ein Thermometer zeigt bei der Überprüfung beim Eispunkt des Wassers —0,5° C, beim Siedepunkt des Wassers +101,5° C an. Welches ist die wahre Temperatur, wenn dieses Thermometer (unter der Annahme, daß es eine gleichmäßige Teilung besitzt)

a) +10°, **b)** +25°, **c)** +51°, **d)** +93° anzeigt?

2. Der „herausragende Faden".

Der sog. „herausragende Faden" eines Thermometers (das ist jener Teil der Quecksilbersäule eines Thermometers, welcher aus der Versuchsapparatur, beispielsweise aus dem Stopfen eines Destillationskolbens, herausragt) bewirkt infolge der geringeren Ausdehnung des Quecksilbers in diesem Bereich (kältere Umgebung) eine zu niedrige Temperaturanzeige. Für genaue Bestimmungen muß die abgelesene Temperatur daher korrigiert werden, was nach Tabellen, Nomogrammen oder nach folgender Formel geschehen kann:

$$\textit{Temperaturkorrektur in Graden} = (\alpha_1 - \alpha_2) \cdot (t_1 - t_0) \cdot h.$$

Darin bedeuten:

α_1 der Ausdehnungskoeffizient des Quecksilbers;

α_2 der Ausdehnungskoeffizient des Glases [für Jenaer Normalglas beträgt $(\alpha_1 - \alpha_2) = 0{,}00016$];

h die Länge des herausragenden Quecksilberfadens in Graden (Anzahl der herausragenden Grade);

t_1 die abgelesene Temperatur und

t_0 die mittlere Temperatur des herausragenden Fadens, die mittels eines angelegten Thermometers gemessen wird.

Durch Hinzuzählen der errechneten Temperaturkorrektur zu der abgelesenen Temperatur t_1 wird die wahre Temperatur erhalten, das ist also jene Temperatur, die das Thermometer anzeigen würde, wenn der gesamte Quecksilberfaden die Temperatur des Apparateinnern besäße.

192. Beispiel. Bei der Siedepunktsbestimmung von Nitrobenzol zeigte das Thermometer 206,7°, das angelegte Thermometer 24°, die Länge des aus dem Siedekolben herausragenden Quecksilberfadens betrug 140°. Der korrigierte Siedepunkt ist zu berechnen.

Temperaturkorrektur = 0,00016 . (206,7 — 24) . 140 = 4,09°.

Korrigierter Siedepunkt = 206,7 + 4,09 = 210,79°.

Aufgaben. 385. Bei der Siedepunkts- bzw. Schmelzpunktsbestimmung der nachstehend angeführten Stoffe wurde eine Siedetemperatur Kp, bzw. eine Schmelztemperatur Fp festgestellt. Das angelegte Thermometer zeigte eine Temperatur von t_0°. Die Länge des herausragenden Fadens betrug h°. Berechne den korrigierten Siede- bzw. Schmelzpunkt, wenn für

a) Chlorbenzol Kp = 131°, t_0 = 22° und h = 35°,

b) Anilin Kp = 181°, t_0 = 29° und h = 120°,

c) Phthalanil Fp = 202,5°, t_0 = 31,5° und h = 80° betrug.

3. Der Normalsiedepunkt.

Die Siedetemperatur einer Flüssigkeit ist abhängig vom herrschenden Luftdruck, und zwar steigt der Siedepunkt bei Erhöhung des Druckes.

Um vergleichbare Werte zu erhalten ist es notwendig, auf den „Normalsiedepunkt", das ist der Siedepunkt bei 760 Torr, umzurechnen.

Bei den meisten Stoffen ändert sich der Siedepunkt bei Atmosphärendruck für jedes Torr Druckschwankung um etwa 0,04°. Für annähernde Berechnungen genügt es mithin, wenn man für 1 Torr Abweichung von 760 Torr je 0,04° zu- bzw. abzählt.

193. Beispiel. Der Siedepunkt des Hexans wurde bei 747 Torr zu 68,4°. bestimmt.

Für 1 Torr Druckabweichung beträgt die Korrektur nach oben Gesagtem 0,04°, für 760 — 747 = 13 Torr daher 13 . 0,04 = = 0,52° oder abgerundet 0,5°.

Da bei der Umrechnung auf 760 Torr eine Druckerhöhung eintritt, muß die Korrektur zugezählt werden.

Korrigierter Siedepunkt = 68,4 + 0,5 = 68,9°.

Aufgaben. 386. Der Siedepunkt der nachstehend näher bezeichneten Flüssigkeit wurde bei p Torr zu t_1 ° bestimmt. Berechne den Normalsiedepunkt.

a) Bernsteinsäureanhydrid, p = 750 Torr, t_1 = 260°,

b) Isopropylalkohol, p = 738 Torr, t_1 = 80,9°,

c) Isopentan, p = 745 Torr, t_1 = 30,1°.

B. Die Waage.

1. Gleichgewichtszustand der Waage (Hebelgesetz).

Die Wirkungsweise der Waage beruht auf dem Gesetz des Hebels. Am Hebel herrscht Gleichgewicht, wenn das Produkt Kraft (K) mal Kraftarm (k) = dem Produkt Last (L) mal Lastarm (l), also

$$K \,.\, k = L \,.\, l.$$

Sind k und l gleich groß (gleicharmige Waage, gleichlange Waagebalken), dann müssen auch K und L einander gleich sein, um Gleichgewicht herzustellen.

Bei der *Dezimalwaage* ist das Verhältnis von $k : l = 10 : 1$.

In der Gleichgewichtslage ist also $K \,.\, 10 = L \,.\, 1$, woraus $L = \frac{K \,.\, 1}{10}$, das bedeutet, daß die Kraft (aufgelegte Gewichte) den zehnten Teil der zu wägenden Last beträgt.

Abb. 40.

Bei der Brückenwaage (*Zentesimalwaage*) ist das Verhältnis $k : l = 100 : 1$. Man benötigt also nur den 100. Teil der Last an Gewichten.

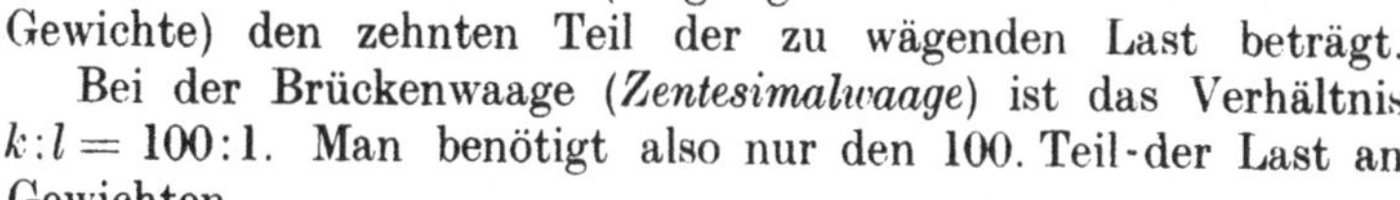

194. Beispiel. Mit einer 1 m langen Brechstange, welche in $\frac{1}{4}$ ihrer Länge unterstützt ist, soll eine Last von 150 kg, unter welche das kürzere Ende des entstandenen zweiarmigen Hebels geschoben wurde, gehoben werden. Welche Kraft muß am anderen Ende der Brechstange wirken?

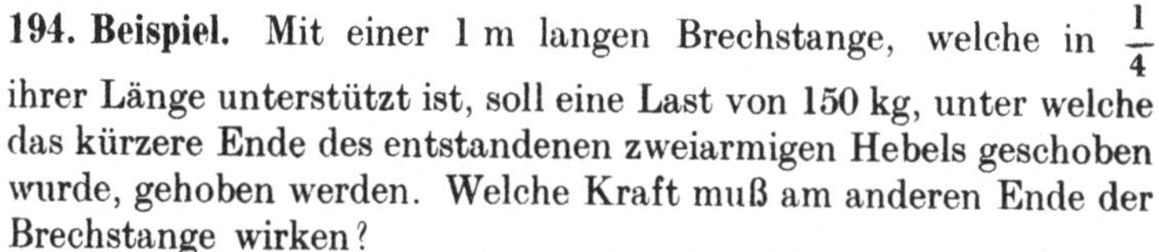

Die Last beträgt 150 kg, der zugehörige Lastarm 25 cm; die gesuchte Kraft sei K, der zugehörige Kraftarm ist 75 cm.

Nach obigem Gleichgewichtssatz wäre $150 \,.\, 25 = K \,.\, 75$, daraus ist $K = \frac{150 \,.\, 25}{75} = 50$ kg.

Aufgaben. 387. An einem zweiarmigen Hebel beträgt die Länge des einen Hebelarmes 30 cm, die Länge des anderen 20 cm. Am Endpunkt des ersteren hängt eine Last von 9 kg (*48 kg*). Mit welchem Gewicht muß der andere Hebelarm belastet werden, um Gleichgewicht herzustellen?

388. Die Waagschale einer Dezimalwaage ist mit folgenden Gewichtsstücken belastet:

a) 10 kg, 5 kg, 1 kg und 75 dkg; **b)** 5 kg, 2 kg und 200 g.

Welches Gewicht hat die auf der Waage stehende Last?

389. Auf der Brücke einer Dezimalwaage stehen ein gefüllter Sack sowie ein 500 g-Gewicht (*ein Sack und ein 5 kg-Gewicht*). Welches Gewicht hat der Sack, wenn auf der Waagschale der Waage folgende Gewichte stehen: 10 kg, 2 kg, 1 kg, 200 g und 50 g?

2. Wägen mit unrichtigen Waagen.

Um mit unrichtigen Waagen (Ungleichheit der Waagebalken) richtig zu wägen, muß nach einer der folgenden Methoden vorgegangen werden:

a) Borda*sche Tarawägung.*

Man bringt zunächst die Ware W mit der Tara T ins Gleichgewicht und ersetzt hierauf die Ware durch Gewichtsstücke G.

Dann ist $W = G$.

b) GAUSSsche *Doppelwägung.*

Die auf der linken Waagschale befindlichen Gewichte G_1 werden mit der Ware W (auf der rechten Waagschale befindlich) ins Gleichgewicht gebracht. Sodann wird die Ware W auf die andere (linke) Waagschale gelegt und durch Gewichtsstücke G_2 (auf der rechten Waagschale) wiederum ins Gleichgewicht gebracht.

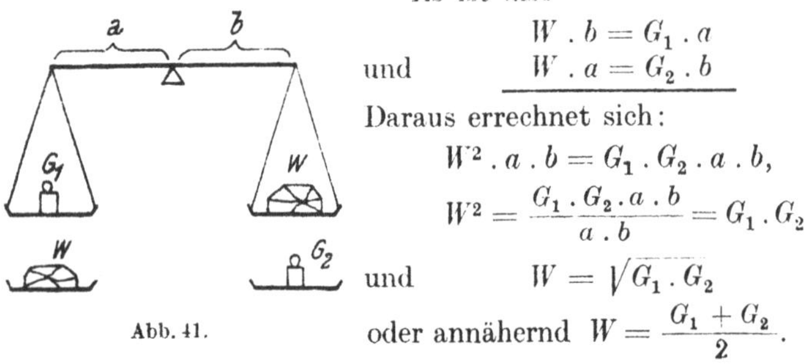

Abb. 41.

Es ist also

$$W \,.\, b = G_1 \,.\, a$$

und

$$W \,.\, a = G_2 \,.\, b$$

Daraus errechnet sich:

$$W^2 \,.\, a \,.\, b = G_1 \,.\, G_2 \,.\, a \,.\, b,$$

$$W^2 = \frac{G_1 \,.\, G_2 \,.\, a \,.\, b}{a \,.\, b} = G_1 \,.\, G_2$$

und

$$W = \sqrt{G_1 \,.\, G_2}$$

oder annähernd $W = \dfrac{G_1 + G_2}{2}$.

195. Beispiel. Auf einer ungenauen Küchenwaage wog eine Ware auf der linken Waagschale 400 g; auf der rechten 415 g. Welches ist das tatsächliche Gewicht der Ware?

$$W = \sqrt{G_1 \,.\, G_2} = \sqrt{400 \,.\, 415} = \sqrt{166000} = 407{,}4 \text{ g}$$

$$\left(\text{oder nach der Näherungsformel: } W = \frac{400 + 415}{2} = 407{,}5 \text{ g}\right).$$

Aufgaben. 390. Auf einer ungenauen Küchenwaage wog ein Gegenstand auf der linken Waagschale p g, auf der rechten q g. Wie groß ist das tatsächliche Gewicht des Gegenstandes, wenn

a) $p = 60$ g und $q = 70$ g,
b) $p = 245$ g und $q = 232$ g,
c) $p = 1{,}5$ kg und $q = 1540$ g ist?

3. Empfindlichkeit der analytischen Waage.

Unter *Empfindlichkeit* einer Waage (bezeichnet mit e) versteht man die Größe des Zeigerausschlages bei einer Mehrbelastung einer Waagschale mit 1 mg. Die Zahl e gibt daher die Anzahl der Teilstriche an, die 1 mg entsprechen.

Die Empfindlichkeit ist im allgemeinen abhängig von der Belastung. Zur Bestimmung der Empfindlichkeit belastet man beide Waagschalen gleich stark und bestimmt die Ruhelage n_1 (das ist jene Stellung, die der Zeiger auf der Skala einnehmen würde, wenn er vollkommen ausschwingen und zur Ruhe kommen würde. Sie wird aus den Schwingungen nach links und den Schwingungen nach rechts als Mittelwert errechnet).

Dann legt man auf eine Waagschale ein Übergewicht von p mg und bestimmt wiederum die Ruhelage (n_2). Die Empfindlichkeit errechnet sich zu

$$e = \frac{n_1 - n_2}{p} \text{ Skalenteile pro mg.}$$

Diese Bestimmung führt man bei verschiedenen Belastungen durch und trägt die erhaltenen Werte in eine Tabelle ein oder stellt die Empfindlichkeit graphisch in ihrer Abhängigkeit von der Belastung dar.

196. Beispiel. Bei der Bestimmung der Empfindlichkeit einer analytischen Waage wurden folgende Schwingungen (Zeigerausschläge) abgelesen (um negative Vorzeichen zu vermeiden, numeriert man die Skala von links nach rechts mit 0 bis 20, so daß der Mittelpunkt bei Teilstrich 10 liegt):

Die beiderseitige Belastung der Waagschalen war 0 g.

	0 g Ausschlag links	0 g Ausschlag rechts	+ 0,5 g mg Übergewicht auf der rechten Waagschale Ausschlag links	+ 0,5 g mg Übergewicht auf der rechten Waagschale Ausschlag rechts
	5,2	13	1,0	10,3
	5,6	13	1,5	9,5
	6,0		2,0	
Daraus das Mittel...	5,6	13	1,5	9,9

Das Hauptmittel aus den beiden Einzelmitteln (= Ruhelage):

$$n_1 = \frac{5,6 + 13}{2} = 9,3, \qquad n_2 = \frac{1,5 + 9,9}{2} = 5,7,$$

$$e = \frac{n_1 - n_2}{p} = \frac{9,3 - 5,7}{0,5} = \frac{3,6}{0,5} = 7,2.$$

(Abgelesen wird jeweils eine ungerade Anzahl von Schwingungen!)

Das gleiche wird nun bei einer beiderseitigen Belastung mit 1 g (bzw. 1 g + Übergewicht), 2 g usw. ausgeführt. Die so erhaltenen Werte seien:

Belastung in g	Empfindlichkeit e
0	7,2
1	8,8
2	9,4
5	9,5
10	9,2
20	7,9
50	7,7
100	6,3

Diese Werte in ein Koordinatensystem eingetragen, ergeben eine Kurve, aus welcher rasch jeder beliebige Zwischenwert ermittelt werden kann. Über die Zeichnung dieser Kurve und die Ermittlung von Zwischenwerten aus derselben siehe S. 81.

197. Beispiel. Ausführung einer *Wägung nach der Schwingungsmethode:*

Die Nullstellung der Waage n_0 (= Ruhelage der unbelasteten Waage) sei zu 9,3 bestimmt worden. Zur Wägung eines bestimmten Gegenstandes mußten, damit die Waage annähernd Gleichgewicht anzeigt, 20,765 g aufgelegt werden. Bei dieser Gewichtsauflage wurde die Ruhelage $n = 17{,}9$ gefunden.

Die Anzahl mg, die zu dem aufgelegten Gewicht noch zu- bzw. davon abgerechnet werden müssen, wird berechnet:

$$\text{mg} = \frac{n - n_0}{e},$$

wobei die Empfindlichkeit e bei dieser Belastung aus der Kurve entnommen wird. Sie beträgt für zirka 20 g 7,9. Ist n größer als n_0, dann ist die erhaltene Zahl positiv, muß also zum Gewicht zugezählt werden, ist n kleiner als n_0, dann ist der errechnete Wert negativ, muß daher vom Gewicht abgezogen werden.

Unser Beispiel ergibt:

$$\frac{n - n_0}{e} = \frac{17{,}9 - 9{,}3}{7{,}9} = \frac{8{,}6}{7{,}9} = 1{,}1 \text{ mg}.$$

Das tatsächliche Gewicht des abgewogenen Gegenstandes beträgt somit 20,7650 + 0,0011 = 20,7661 g.

Aufgaben. 391. Bei der Bestimmung der Empfindlichkeit einer analytischen Waage wurden bei 0 g Belastung folgende Schwingungen beobachtet:

		a)	b)
Ausschläge	links	7,5 — 8,0 — 8,3,	10,0 — 10,5 — 11,0.
	rechts	11,2 — 11,0,	13,0 — 12,0,

+ 0,5 mg Überbelastung auf der einen Seite:

		a)	b)
Ausschläge	links	3,5 — 4,5 — 5,0,	7,5 — 8,0 — 8,5,
	rechts	9,0 — 8,4,	9,5 — 9,5.

Berechne die Empfindlichkeit e der Waage bei 0 g Belastung. Wieviel mg zeigt ein Ausschlag um 1 Skalenteilstrich an?

392. Zur Bestimmung der Empfindlichkeit einer analytischen Waage wurden folgende Schwingungen beobachtet:

	links	rechts
bei 0 g Belastung	3,3 — 3,5 — 3,8	12,80 — 12,50
0 g + 2 mg	0,9 — 1,0 — 1,2	11,90 — 11,55
bei 1 g Belastung	4,3 — 4,5 — 4,7	13,10 — 12,90
1 g + 2 mg	2,6 — 2,8 — 3,0	10,00 — 9,80

	links	rechts
bei 2 g Belastung	4,0 — 4,3 — 4,6	11,60 — 11,40
2 g + 2 mg	1,6 — 1,8 — 2,0	7,00 — 7,00
bei 5 g Belastung ...	5,4 — 5,6 — 5,7	16,60 — 16,50
5 g + 2 mg..........	2,9 — 3,1 — 3,4	10,35 — 10,10
bei 10 g Belastung ...	2,6 — 2,7 — 2,8	13,80 — 13,60
10 g + 2 mg	0,4 — 0,6 — 0,8	5,70 — 5,10
bei 20 g Belastung ...	6,3 — 6,5 — 6,7	18,90 — 18,50
20 g + 2 mg	3,3 — 3,4 — 3,5	10,60 — 10,60
bei 50 g Belastung ...	4,8 — 4,9 — 5,0	15,20 — 14,90
50 g + 2 mg.........	3,0 — 3,2 — 3,6	6,80 — 6,65

Berechne die Empfindlichkeit e bei den angegebenen Belastungen und zeichne die Empfindlichkeitskurve.

393. Bei der Ausführung einer Wägung nach der Schwingungsmethode betrug das aufgelegte Gewicht

a) 7,634 g, **b)** 12,945 g, **c)** 34,03 g.

Die Ruhelage n wurde bei diesen Belastungen zu 7,5 festgestellt; die Ruhelage der Waage (Ruhelage der unbelasteten Waage) n_0 betrug 12,5. Die Empfindlichkeit e ist aus der Empfindlichkeitskurve auf S. 82 zu entnehmen. Wie groß ist das tatsächliche Gewicht des abgewogenen Körpers?

4. Reduktion der Wägung auf den luftleeren Raum.

Die Wägungen werden in der Regel in der Luft (und mit Messinggewichten) ausgeführt, wodurch ein durch den Auftrieb der Luft bedingter Fehler entsteht. Dieser ist jedoch so klein, daß er für fast alle analytischen Arbeiten vernachlässigt werden kann. Lediglich für feinere Arbeiten (Atomgewichtsbestimmungen, Kalibrierungen von Meßgefäßen, Dichtebestimmungen usw.) muß er berücksichtigt werden.

Bezeichnet man mit M das Gewicht des Körpers im luftleeren Raum, mit m das Gewicht desselben in der Luft (ausgedrückt durch die auf der Waagschale stehenden Gewichte), mit ϱ die Dichte der zu wägenden Substanz und mit ϱ_G die Dichte der benutzten Gewichte, dann ist $\frac{M}{\varrho}$ das Volumen der Substanz und $\frac{m}{\varrho_G}$ das Volumen der Gewichte.

Die Dichte der Luft sei ϱ_L. Dann ist der Luftauftrieb der Substanz $\varrho_L \cdot \frac{M}{\varrho}$, der Luftauftrieb der Gewichte $\varrho_L \cdot \frac{m}{\varrho_G}$. Die Gleichgewichtslage der Waage wird erreicht, wenn

$$M - \frac{M}{\varrho} \cdot \varrho_L = m - \frac{m}{\varrho_G} \cdot \varrho_L,$$

daraus ist

$$M = m + \left(\frac{M}{\varrho} \cdot \varrho_L - \frac{m}{\varrho_G} \cdot \varrho_L\right)$$

oder nach Umwandlung, unter Vernachlässigung kleiner Größen

$$M = m + m \cdot \varrho_L \cdot \left(\frac{1}{\varrho} - \frac{1}{\varrho_G}\right).$$

Daraus leitet sich die Formel für die Errechnung der Korrektur k für 1 g ab (bei der Annahme, daß $\varrho_L = 0{,}0012$):

$$k = 1{,}20 \cdot \left(\frac{1}{\varrho} - \frac{1}{\varrho_G}\right) \text{mg}.$$

1 g des in der Luft gewogenen Körpers hätte also im luftleeren Raum gewogen ein Gewicht von $(1000 + k)$ mg.

ϱ_G ist für Messinggewichte = 8,0 (das spez. Gew. von Messing ist 8,4, bei Gewichten mit eingeschraubtem Kopf, infolge des eingeschlossenen Luftraumes nur 8,0), für Platin-Iridium-Gewichte = 21,5 und für Quarz- oder Aluminiumgewichte = 2,65.

In den verschiedenen Tabellenbüchern (Chemiker-Taschenbuch, KÜSTER-THIEL u. a.) sind die bereits errechneten Korrekturen in Tabellen zusammengestellt.

198. Beispiel. Eine Menge Wasser besitzt in der Luft mit Messinggewichten gewogen, ein Gewicht von 50 g. Das spez. Gewicht des Wassers ist mit 1 anzunehmen. Berechne das Gew. dieser Wassermenge bei der Wägung im luftleeren Raum.

$$k = 1{,}20 \cdot \left(\frac{1}{1} - \frac{1}{8}\right) = 1{,}20 \cdot 0{,}875 = 1{,}050 \text{ mg} = 0{,}00105 \text{ g}$$

für 1 g Daher für 50 g 50 . 0,00105 = 0,053 g. Das Gewicht im luftleeren Raum wäre also 50,053 g.

Aufgaben: 394. Das Gewicht verschiedener Gegenstände von bekannter Dichte wurde durch Wägung mit Messinggewichten in Luft festgestellt zu:

a) 20 g, Dichte 1,24; **d)** 2,4680 g, Dichte 8,025;
b) 0,640 g, Dichte 2,65; **e)** 150 g, Dichte 5,32.
c) 12,802 g, Dichte 0,88;

Wieviel g würden diese Gegenstände im luftleeren Raum wiegen?

C. Eichen von Meßgefäßen.

Alle Meßgefäße sollen eine Bezeichnung über die Art ihrer Eichung tragen. Es bedeutet z. B. $\frac{250 \text{ ml}}{E + 20}$ oder 250 ccm $\frac{20}{4}$, daß das Meßgefäß bei der Normaltemperatur 20° genau 250 ml Wasser von + 4° C enthält (geeicht auf das wahre Liter). Der Buchstabe E gibt an, daß das Gefäß auf Einguß geeicht ist (A ist die Bezeichnung für Ausguß).

Nach dem Gesagten müßte man bei der Eichung eines Meßgefäßes Wasser von $+4°$ in einem Gefäß von $20°$ in einem luftleeren Raum wägen. Diese experimentell undurchführbare Aufgabe kann dadurch umgangen werden, daß man auf rechnerischem Wege ermittelt, wieviel g Wasser von $+4°$ bei der Temperatur von $20°$ in das noch nicht geeichte Gefäß eingewogen werden müßten, damit der Gefäßinhalt auf das wahre Liter geeicht ist.

Handelt es sich beispielsweise darum, einen Literkolben zu eichen, tariert man den leeren Kolben auf einer genauen Waage aus, legt zur Tara ein 1-kg-Gewicht und zu dem Kolben die mit Hilfe der angegebenen Tabelle errechnete Zulage und stellt Gleichgewicht durch Eingießen von destilliertem Wasser her (letzteres sowie das zu eichende Gefäß müssen sich längere Zeit in demselben Raum befunden haben).

Zulagetafel. Die Tafel gibt die Zulage in mg für 1000 ml an unter Annahme eines kubischen Ausdehnungskoeffizienten des Glases von 0,000027 pro Grad Celsius, einer Normaltemperatur von $20°$, die Temperatur des Wassers ist $t°$, einem Barometerstand von 760 Torr, einer Lufttemperatur von $15°$ und einer normalen mittleren Luftfeuchtigkeit.

t	,0	,1	,2	,3	,4	,5	,6	,7	,8	,9
15	2065	2078	2090	2103	2116	2129	2142	2155	2168	2182
16	2195	2209	2223	2237	2251	2265	2279	2294	2308	2323
17	2337	2352	2367	2382	2397	2413	2428	2443	2459	2475
18	2490	2506	2522	2539	2555	2571	2588	2604	2621	2638
19	2654	2671	2688	2706	2723	2740	2758	2775	2793	2811
20	2829	2847	2865	2883	2901	2920	2938	2957	2976	2995
21	3014	3033	3052	3071	3091	3110	3130	3150	3170	3190
22	3210	3230	3250	3270	3291	3311	3332	3352	3373	3394
23	3415	3436	3457	3478	3500	3521	3543	3564	3586	3608
24	3630	3652	3674	3697	3719	3742	3764	3787	3810	3833
25	3856	3879	3902	3926	3949	3973	3996	4020	4044	4068

Will man die Abweichung der Temperatur und des Luftdruckes berücksichtigen, so reicht es aus, für jedes Torr über bzw. unter 760 die Zahl um 1,4 mg zu vergrößern, bzw. zu verkleinern und für jeden Grad über bzw. unter $15°$ Lufttemperatur um 4 mg zu verkleinern bzw. zu vergrößern.

199. Beispiel. Zu eichen ist ein Literkolben. Die Temperatur des Wassers sei $17{,}35°$, der Barometerstand 720 Torr und die Lufttemperatur $23{,}7°$.

Nach der Tafel beträgt die Zulage für $17{,}35°$ (zwischen 17,3 und 17,4) 2390 mg; diese Zahl ist nun zu vermindern um $40 \cdot 1{,}4 = 56$ mg (errechnet aus $760 - 720$ Torr), ferner um

8,7 . 4 = 35 mg (errechnet aus 23,7 — 15°), das gibt zusammen 91 mg. Die korrigierte Zulage beträgt also 2390 — 91 = 2299 mg.

200. Beispiel. Eichung einer 10-ml-Vollpipette. Die Wassertemperatur beträgt 18°, der Barometerstand 743 Torr, die Lufttemperatur 23°.

Man klebt an das Saugrohr der tadellos gereinigten, fettfreien Pipette einen Streifen Papier, schließt das untere Ende mit dem Finger, füllt von oben mit einer Pipette derselben Größe oder mittels einer Bürette mit dest. Wasser, das längere Zeit im Wägezimmer gestanden und konstante Temperatur angenommen hat, markiert den Stand des Wassers mit einem Bleistift an dem Papierstreifen und läßt das Wasser ausfließen.

Nach der Zulagetafel findet man eine Zulage von 2490 mg. Diese ist zu verringern

für den Barometerstand 743 Torr um (760—743) = 17 . 1,4 = 24 mg
für die Lufttemperatur 23° um (23—15) = 8 . 4 = 32 mg
zusammen . . . 56 mg

Die korrigierte Zulage ist also 2490 — 56 = 2434 mg.

Das heißt, 1000—2,434 = abgerundet 997,57 g Wasser, in der Luft gewogen, würden genau 1000 ml einnehmen; folglich 9,9757 g Wasser von 18°, in der Luft gewogen, genau 10 ml entsprechen.

Nun saugt man das Wasser bis oberhalb der Bleistiftmarke in die Pipette, verschließt mit dem Zeigefinger, wischt außen anhaftendes Wasser ab und stellt durch Ausfließenlassen (Pipettenspitze an die Becherglaswandung halten!) genau auf die Marke ein. Schließlich läßt man den Inhalt der Pipette in ein tariertes Wägegläschen längs der Wandung ausfließen und wägt das verschlossene Gefäß.

Man habe 9,9257 g gefunden, also um 0,0500 g zu wenig. Nun wird oberhalb der ersten Marke ein zweiter Strich gezogen und die Bestimmung wiederholt. Sie habe 9,9852 g ergeben. Diese Marke befindet sich also etwas zu hoch. Unterhalb derselben wird ein dritter Strich angebracht, wieder ausgewogen und habe diesmal 9,9746 g ergeben. Diese Marke kann als richtig angesehen werden.

201. Beispiel. *Prüfung eines Liter-Maßkolbens auf Richtigkeit.* Die Temperatur des Wassers wurde zu 16° gemessen, die Lufttemperatur sei 14°, der Barometerstand 730 Torr.

Man habe in drei Versuchen durch Auswägen des Kolbens mit Wasser folgende Zulagen auf der Kolbenseite zur Herstellung des Gleichgewichtes benötigt: 2,13 g, 2,088 g und 2,106 g. Mittelwert daraus 2,108 g.

Berechnung der Zulage nach der Tafel:

Abgelesene Korrektur für 16° Wassertemperatur	2,195 g
Korrektur für die Lufttemperatur 14°	
(15 — 14) = 1 . 4 = ...	+0,004 g
Korrektur für den Barometerstand (760 — 730) =	
= 30 . 1,4 = ...	—0,042 g
Daraus ergibt sich eine korrigierte Zulage von	2,157 g

Wäre der Kolben ganz richtig, hätte man bei der Wägung eine Zulage von 2,157 g finden müssen. Die durch Wägung bestimmte Zulage ist daher um 2,157 — 2,108 = 0,049 g zu klein, der Kolben also um 0,049 ml zu groß. Das wäre eine gute Übereinstimmung.

Fehlergrenzen bei Meßgefäßen:

a) Maßkolben:

Inhalt	2000	1000	500	250	100	ml
zulässiger Fehler ...	0,5	0,25	0,14	0,08	0,08	ml

b) Vollpipetten:

Inhalt:	100	50	25	20	10	2	ml
zulässiger Fehler ..	0,07	0,05	0,025	0,025	0,020	0,006	ml

c) Büretten:

Die Gesamtabweichung einer 50-ml-Bürette darf nicht mehr als 0,04 ml betragen.

Aufgaben: 395. Berechne die Zulage für die Eichung eines Literkolbens für eine Wassertemperatur 24,2° (*18°*), Lufttemperatur 28° (*23°*), Barometerstand 750 Torr (*743 Torr*).

396. Wieviel g Wasser muß eine 25-ml-Pipette beinhalten, wenn zur Zeit der Eichung die Wassertemperatur zu 16,3° (*21°*), Lufttemperatur 14,5° (*22°*), Barometerstand 740 Torr (*738 Torr*) gemessen wurde?

397. Wie groß ist der Fehler eines 500-ml-Maßkolbens, wenn beim Auswägen mit Wasser von 23° (*18,5°*), einer Lufttemperatur von 26° (*20°*) und einem Barometerstand von 730 Torr (*742 Torr*) eine Zulage von 1,7350 g zur Herstellung des Gleichgewichtes benötigt wurde?

D. Grundgesetze der Elektrizität.

1. Das Ohmsche Gesetz und Kirchhoffsche Verzweigungsgesetz.

Das Grundgesetz der fließenden Elektrizität, das Ohm*sche Gesetz*, lautet:

$$I = \frac{U}{R}.$$

Darin bedeuten:

I die Stromstärke in Ampere (A),
U die Spannung in Volt (V) und
R den Widerstand in Ohm (Ω).

Die Spannung des Stromerzeugers (wenn kein Strom entnommen wird) wird als elektromotorische Kraft E bezeichnet.

Bei einem geschlossenen Stromkreis, der eine Elektrizitätsquelle einschließt, ist sowohl der innere Widerstand R_i (z. B. der Widerstand der Flüssigkeit innerhalb eines Elements) als auch der Widerstand der äußeren Leitung R_a zu berücksichtigen.

Die so erweiterte Gleichung lautet: $I = \frac{E}{R_i + R_a}$, daraus ergibt sich $E = I \, . \, R_a + I \, . \, R_i$. Die elektromotorische Kraft zerfällt also in die beiden Summanden $I \, . \, R_i$ (Spannungsverlust im Element), welcher den Strom durch das Element zu treiben hat, und $I \, . \, R_a$ (Klemmenspannung U), welcher den Strom durch die äußere Leitung treibt. (Der innere Widerstand eines galvanischen Elements ist um so kleiner, je größer seine Metallplatten sind und je kleiner der Abstand zwischen ihnen ist. Er beträgt in den meisten Fällen 0,1—0,6 Ω). Es ist also $U = E - I \, . \, R_i$.

Mehrere Elemente werden miteinander zu einer Batterie vereinigt.

Wird der +-Pol jeden Elements mit dem —-Pol des folgenden leitend verbunden, sprechen wir von *Hintereinanderschaltung* (Reihen- oder Serienschaltung). Die Spannung zwischen den offenen Enden einer solchen Batterie ist gleich der Summe der Spannungen der Einzelelemente (n = Anzahl der Elemente).

$$I = \frac{n \, . \, E}{n \, . \, R_i + R_a} .$$

Bei der *Nebeneinander- oder Parallelschaltung* werden alle gleichnamigen Pole miteinander verbunden. Die Spannung ist dann gleich der eines einzelnen Elements. Der innere Widerstand verringert sich, und zwar wird er, wenn n Elemente nebeneinandergeschaltet sind (und daher alle verbundenen Elemente wie ein einziges Element mit n-mal so großer Plattenoberfläche wirken), n-mal kleiner.

$$I = \frac{E}{\frac{R_i}{n} + R_a} .$$

Werden n gleiche Elemente hintereinandergeschaltet und ist der äußere Widerstand R_a im Vergleich zum inneren Widerstand R_i sehr groß, kann letzterer vernachlässigt werden: dann ist

$$I = n \, . \, \frac{E}{R_a} .$$

Umgekehrt kann bei Nebeneinanderschaltung n gleicher Elemente, bei sehr kleinem äußerem Widerstand im Vergleich zum inneren Widerstand, ersterer vernachlässigt werden; es ist dann

$$I = n \cdot \frac{E}{R_i}.$$

202. Beispiel. Eine galvanische Batterie von 16,5 Ω Widerstand liefert bei einem äußeren Widerstand von 11,8 Ω eine Stromstärke von 0,22 A. Welches ist die elektromotorische Kraft und die Klemmenspannung der Batterie?

Elektromotorische Kraft $E = I \cdot R_i + I \cdot R_a =$

$$= 0{,}22 \cdot 16{,}5 + 0{,}22 \cdot 11{,}8 = 3{,}63 + 2{,}60 = 6{,}2 \text{ V}.$$

Klemmenspannung U $(= I \cdot R_a) = 2{,}6$ V.

203. Beispiel. Welche Stromstärken lassen sich durch 8 Elemente herstellen, wenn jedes Einzelelement die Spannung (= elektromotorische Kraft) 1,88 V und einen inneren Widerstand $R_i = 0{,}24\,\Omega$ besitzt und ein Leitungswiderstand (R_a) von 5 Ω vorhanden ist?

a) Hintereinanderschaltung:

$$I = \frac{8 \cdot 1{,}88}{8 \cdot 0{,}24 + 5} = 2{,}17 \text{ A}$$

b) Nebeneinanderschaltung:

$$I = \frac{1{,}88}{\frac{0{,}24}{8} + 5} = 0{,}37 \text{ A}$$

c) Je 2 Elemente hintereinander-, 4 nebeneinandergeschaltet.

$$I = \frac{2 \cdot 1{,}88}{\frac{2 \cdot 0{,}24}{4} + 5} = 0{,}73 \text{ A}.$$

Wird ein metallischer Leiter, durch den ein Strom fließt (Stromstärke I), in zwei Leiter verzweigt (welche die Widerstände R_1 und R_2 und die Stromstärken I_1 und I_2 besitzen), so ist

$$I = I_1 + I_2 \quad \text{und} \quad I_1 : I_2 = \frac{1}{R_1} : \frac{1}{R_2}$$ (KIRCHHOFF*sches Gesetz*).

204. Beispiel. Durch einen Draht fließt ein Strom von 4 A. Der Draht verzweigt sich in einem Punkt in drei Äste, die sich wiederum in einem Punkt vereinigen. Die Widerstände der einzelnen Äste betragen 2, 5 und 10 Ω. Welche Stromstärke herrscht in jeder dieser Zweigleitungen?

$$I_1 + I_2 + I_3 = 4 \text{ A},$$

$$I_1 : I_2 : I_3 = \frac{1}{R_1} : \frac{1}{R_2} : \frac{1}{R_3} = \frac{1}{2} : \frac{1}{5} : \frac{1}{10} = 5 : 2 : 1.$$

$5 + 2 + 1 = 8$ A; da jedoch nur 4 A zur Verfügung stehen, beträgt der Multiplikationsfaktor $\frac{4}{8} = \frac{1}{2}$.

$$I_1 = 5 \cdot \frac{1}{2} = 2{,}5 \text{ A}, \quad I_2 = 2 \cdot \frac{1}{2} = 1 \text{ A}, \quad I_3 = 1 \cdot \frac{1}{2} = 0{,}5 \text{ A}.$$

Bei der *Hintereinanderschaltung von Widerständen* ist der Gesamtwiderstand gleich der Summe der Einzelwiderstände.

Bei der *Parallelschaltung von Widerständen* ist der reziproke Wert des Gesamtwiderstandes gleich der Summe der reziproken Werte der Einzelwiderstände.

205. Beispiel. Zwei Widerstände von 4 und 6 Ω befinden sich in Parallelschaltung. Wie groß ist der Ersatzwiderstand R?

$\frac{1}{R} = \frac{1}{4} + \frac{1}{6}$ (Die Gleichung wird auf gleichen Nenner gebracht, d. i. auf $12\,R$, und mit diesem multipliziert:)

$12 = 3\,R + 2\,R$, daraus ist $R = 2{,}4$.

Der elektrische Leitungswiderstand ist von der Materialbeschaffenheit des Stromleiters abhängig und außerdem desto größer, je größer die Länge l und kleiner der Querschnitt F des Leiters ist.

$R = \varrho \cdot \frac{l}{F}$; daraus ergibt sich, wenn $l = 1$ m und $F = 1\ \text{mm}^2$ wird, für $R = \varrho$ (der spezifische Leitungswiderstand).

Der *spezifische Leitungswiderstand* ϱ eines elektrischen Leiters ist also der Widerstand eines drahtförmigen Stückes desselben von 1 m Länge und einem Querschnitt von 1 mm².

Den reziproken Wert $\frac{1}{\varrho} = \varkappa$ nennt man das spezifische Leitvermögen (*Leitfähigkeit*).

Der Widerstand von Metallen wächst mit ihrer Erwärmung, und zwar bei reinen, festen Metallen um 0,4% pro 1° C, bei Neusilber um 0,04%, bei Quecksilber um 0,08%.

206. Beispiel. Welchen spezifischen Widerstand hat ein Siliciumbronzedraht von 2 mm Durchmesser, von dem 1 km Länge 5,4 Ω Widerstand hat?

$R = \varrho \cdot \frac{l}{F}$; daraus ist $\varrho = \frac{R \cdot F}{l} = \frac{5{,}4 \cdot 3{,}14}{1000} = 0{,}017\,\Omega$.

Die Messung des Widerstandes kann mit Hilfe der Wheatstone-*schen Brücke* vorgenommen werden. (Schaltung siehe Abb. 42.)

Sind W der zu messende Widerstand, R ein bekannter Widerstand und a und b Meßdrähte von bekannter Länge, dann verhält sich $W : R = a : b$, woraus $W = \frac{a}{b} \cdot R$.

Durch Verschieben des Brückenkontaktes kann Stromfreiheit der Brücke erzielt werden (das Galvanometer zeigt dann keinen Ausschlag) und sodann die Ablesung der Längen a und b erfolgen.

207. Beispiel. Der bekannte Widerstand einer WHEATSTONEschen Brücke beträgt 60 Ω. Die Brücke ist stromlos, wenn der Schleifkontakt auf dem 1 m langen Meßdraht über der Teilung 32 cm steht. Wie groß ist der unbekannte Widerstand R_x?

$$R_x = \frac{32}{68} \cdot 60 = 28{,}2\,\Omega.$$

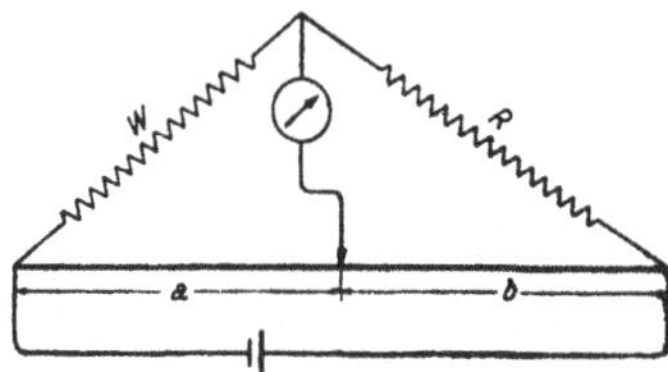

Abb. 42. WHEATSTONEsche Brücke.

Die *elektrische Leistung* wird in Watt angegeben und berechnet sich nach der Formel

Leistung = *Stromstärke* × *Spannung* (Watt = Ampere × Volt).

Der tausendfache Wert wird als Kilowatt bezeichnet.

Die elektrische Arbeit wird durch Multiplikation der Leistung (in Kilowatt) mit der Zeitdauer der Leistung (Anzahl der Stunden) erhalten. Als Einheit gilt die Kilowattstunde.

Aufgaben: 398. Welche Spannung herrscht an den Klemmen eines Drahtes von 12 Ω Widerstand, wenn durch ihn ein Strom von 3,6 A (*4,4* A) fließt?

399. Berechne den Widerstand der Heizspirale eines elektrischen Kochgerätes, welches bei einer Spannung von 220 V (*130* V) einen Strom von 10 A verbraucht.

400. Welchen Widerstand ergeben 8 Glühlampen von je 200 Ω Widerstand in Hintereinander- und Parallelschaltung?

401. Ein Stromkreis enthält in Hintereinanderschaltung eine Glühlampe von 85 Ω Widerstand, ein Meßinstrument von 0,01 Ω und den Zuleitungsdraht von 0,17 Ω Widerstand. Der innere Widerstand der Elektrizitätsquelle beträgt 0,02 Ω. Wie groß ist der Widerstand des Stromkreises?

402. Bei welchem äußeren Widerstand R_a liefert eine galvanische Batterie von 8 hintereinandergeschalteten Chromsäureelementen (E = *2,01* V, R_i = *0,67* Ω) eine Stromstärke von 1,5 A (*2* A)?

403. Wie groß ist der innere Widerstand einer Stromquelle von 55 V elektromotorischer Kraft, welche durch ein Amperemeter von 0,24 Ω Widerstand und durch einen Stöpselrheostaten von 44,8 Ω (*35,7* Ω) geschlossen ist und dabei 1 A Stromstärke liefert?

404. Welche Stromstärke I liefern 20 Bunsenelemente von E = 1,9 V und W_i = 0,24 Ω (*20 Leclanchéelemente von* E = *1,5* V *und* W_i = *0,3* Ω) bei 2 Ω äußerem Widerstand, wenn je 5 dieser Elemente hintereinander- und diese 4 Gruppen sodann parallelgeschaltet sind?

405. Ein Leclanchéelement hat die elektromotorische Kraft 1,48 V und den inneren Widerstand 0,3 Ω. **a)** Wie stark ist der Strom, welcher entsteht, wenn an das Element ein Widerstand von 1,18 Ω angeschlossen ist? **b)** Wie groß muß der äußere Widerstand sein, damit ein Strom von 0,6 A entsteht?

406. 24 Elemente, deren jedes eine elektromotorische Kraft von 1,5 V und einen inneren Widerstand von 0,25 Ω besitzt, sind parallelgeschaltet und an die Batterie ein Widerstand von 200 Ω (*75 Ω*) angeschlossen. Wie groß ist die Stromstärke? (R_i ist gegenüber R_a sehr klein!)

407. Eine Stromquelle von 1.9 Ω innerem Widerstand erzeugt bei einem äußeren Widerstand von 3,1 Ω eine Stromstärke von 32,4 A (*24,5* A). Wie groß ist die hierbei erzeugte elektrische Energie in Watt?

408. 12 (*20*) Daniellelemente von der elektromotorischen Kraft $E = 1{,}12$ V und dem inneren Widerstand 0,6 Ω werden hintereinandergeschaltet. Wie groß ist die Stromstärke I, wenn der Widerstand der Leitung 3,6 Ω beträgt?

409. Es sollen 2 parallelgeschaltete Drähte von 2,4 und 6 Ω Widerstand durch eine einzige Leitung ersetzt werden. Welchen Widerstand hat diese?

410. 2 Widerstände, 3 und 12 Ω, befinden sich in Parallelschaltung. Wie groß ist der Ersatzwiderstand?

411. Welchen Durchmesser hat ein Silberdraht vom spezifischen Leitungswiderstand $\varrho = 0{,}0157$ (*ein Platindraht vom spezifischen Leitungswiderstand* $\varrho = 0{,}0916$), von welchem 25 m einen Widerstand von 0,5 Ω haben?

412. Der spezifische Leitungswiderstand des Aluminiums beträgt 0,0295 Ω (*des Kupfers beträgt 0,0162 Ω*). Wie groß ist der Widerstand einer 4500 m langen Leitung, wenn der Drahtdurchmesser 2,5 mm mißt?

413. Eine 2 mm (*3* mm) starke Kupferleitung soll durch eine ebenso gute und gleich lange Eisenleitung ersetzt werden. In welcher Stärke muß diese ausgeführt werden? Der spezifische Leitungswiderstand ist für Kupfer 0,0162, für Eisen 0,102.

414. Mit einem Voltmeter für 0,15 V, das 25 Ω Widerstand besitzt, sollen 150 V (*3* V) gemessen werden. Wie groß muß der Vorschaltwiderstand gewählt werden? (Um mit einem Instrument die x-fache Spannung zu messen, muß der Gesamtwiderstand auf den x-fachen Betrag gebracht werden!)

2. Wärmewirkungen des elektrischen Stromes.

Da der elektrische Strom beim Durchfließen eines Leiters einen Widerstand zu überwinden hat, findet eine Erwärmung des Leiters statt. Die entwickelte Wärmemenge ist um so größer, je höher der Widerstand, die Stromstärke und die Zeitdauer der Einwirkung sind. Nach dem JOULEschen-Gesetz entwickelt ein Strom von 1 A, der 1 Sekunde lang in einem Widerstand von 1 Ω fließt, 0,24 cal.

$$\textit{Wärmemenge} = 0{,}24 \,.\, R \,.\, I^2 \,.\, t$$

(die Angabe der Wärmemenge erfolgt in cal, die der Zeit t in Sekunden).

Wird statt I der aus dem OHMschen Gesetz erhaltene Wert $\frac{U}{R}$ gesetzt, erhält die Formel folgende Form:

$$\textit{Wärmemenge} = 0{,}24 \,.\, U \,.\, I \,.\, t.$$

208. Beispiel. Durch einen Kurbelrheostaten von 8 Ω Widerstand fließt ein konstanter Strom von 3,5 A. Welche Wärmemenge wird sich im Rheostatdraht in 10 Minuten (= 600 Sekunden) entwickeln?

Wärmemenge = 0,24 . 8 . $3,5^2$. 600 = 14 112 cal = 14,1 kcal.

Aufgaben: 415. Der Widerstand einer Drahtspule sei 12,5 Ω (*17,4 Ω*). Welche Wärmemenge wird darin während 1 Minute erzeugt, wenn sie von einem 2,2 A starken Strom durchflossen wird?

416. Eine Glühlampe von 108 Ω Widerstand verbraucht einen 0,8 A starken Strom. Welche Wärmemenge gibt sie in 15 Minuten ab, wenn davon 7,5% auf leuchtende Strahlung entfallen?

417. Wie groß muß der Widerstand von Heizdrähten gewählt werden, wenn bei einer Netzspannung von 230 V in 10 Minuten 600 kcal (*in* $^1/_2$ *Stunde 2000* kcal) erzeugt werden sollen?

E. Spezifische Wärme.

1. Spezifische Wärme.

Jene Wärmemenge, die notwendig ist, um 1 kg Wasser um 1° C (oder genauer von 14,5 auf 15,5°) zu erwärmen, wird 1 *Kalorie* (kcal, große Kalorie, Kilogrammkalorie) genannt. Der tausendste Teil ist die Grammkalorie (cal, kleine Kalorie).

Für die Erwärmung eines beliebigen Körpers wird eine andere Wärmemenge als für die Erwärmung des Wassers notwendig sein. Und zwar wird jene Wärmemenge, die notwendig ist, um 1 kg irgendeines Stoffes um 1° C zu erwärmen, als seine *spezifische Wärme c* bezeichnet.

Mit Hilfe der spezifischen Wärme eines Stoffes kann also die Wärmemenge errechnet werden, die notwendig ist, um eine gegebene Menge dieses Stoffes auf eine bestimmte, höhere Temperatur zu bringen.

Nach dem Gesagten ist die spezifische Wärme des Wassers 1,00. Streng genommen gilt dieser Wert nur für eine Temperatur von 15° C. Da sich jedoch die spezifische Wärme des Wassers zwischen 0° und 100° nur sehr wenig ändert, setzen wir als mittlere spezifische Wärme des Wassers für den Temperaturbereich von 0° bis 100° die Zahl 1. Bei anderen Stoffen ist die Änderung der spezifischen Wärme mit der Temperatur bedeutend und muß berücksichtigt werden. Beispielsweise steigt die spezifische Wärme des Chroms zwischen 100° und 600° von 0,1121 auf 0,1634. Man rechnet daher in solchen Fällen mit der mittleren spezifischen Wärme, die z. B. für Eisen zwischen 0° und 500° 0,1330, zwischen 0° und 800° 0,1647 beträgt. Will man die spezifische Wärme des Eisens zwischen 0° und 700° berechnen, trägt man die bekannten spezifischen Wärmen in ein Koordinatensystem ein und ermittelt aus der gefundenen Kurve den gesuchten Wert.

Im Gegensatz zu den festen und flüssigen Körpern, die sich bei der Erwärmung verhältnismäßig wenig ausdehnen, findet bei der Erwärmung eines Gases eine ungehinderte Volumsvergrößerung oder, falls das Gas eingeschlossen und eine Volumsvergrößerung mithin nicht möglich ist, eine Zunahme des Druckes, unter dem es steht, statt.

Man unterscheidet daher bei den Gasen zwischen einer spezifischen Wärme bei konstantem Druck c_p und bei konstantem Volumen c_v. Die Ursache der Verschiedenheit ist darin zu suchen, daß durch die Ausdehnung Arbeit verbraucht wird, also Wärme zugeführt werden muß, ohne daß eine Temperaturerhöhung stattfindet.

Beziehen wir die Wärmemenge nicht auf 1 g, sondern auf 1 Mol eines Gases, so erhalten wir die *Molwärmen* C_p (bei konstantem Druck) und C_v (bei konstantem Volumen). Molwärme ist also = spez. Wärme × Molekulargewicht. Der Unterschied zwischen C_p und C_v, also $C_p - C_v$, beträgt 2 cal. Dieser Betrag, der für Raumtemperatur gilt und für alle Gase nahezu gleich ist, besagt, daß die Ausdehnungsarbeit, die bei der Erwärmung eines Mols eines Gases um 1° unter konstantem Druck geleistet wird, einer Wärmezufuhr von 2 cal je Grad bedarf.

209. Beispiel. Wieviel kcal sind zur Erwärmung von 2,5 kg Quecksilber von 15° auf 50° notwendig, wenn die spez. Wärme des Quecksilbers $c = 0{,}033$ ist?

Für 1 kg Hg benötigt man zur Erwärmung um 1° ... 0,033 kcal, folglich zur Erwärmung um $50 - 15 = 35°$ ... $35 \cdot 0{,}033 = 1{,}155$ kcal.

Für 2,5 kg Hg daher ... $2{,}5 \cdot 1{,}155 = 2{,}8875 = 2{,}9$ kcal.

210. Beispiel. Wieviel kg Wasser von 5° müssen zu 40 kg Wasser von 60° zugemischt werden, um eine Ausgleichstemperatur von 25° zu erhalten, bei der Annahme, daß keine Wärme durch Strahlung usw. verlorengeht.

Es muß also der Gesamtwärmeinhalt vor und nach der Mischung der gleiche sein.

Wir bezeichnen die zuzumischende Wassermenge von 5° mit x. Wärmeinhalt von x kg Wasser von 5° (Wärmeinhalt = Menge × × spez. Wärme × Temperatur) = $(x \cdot 1 \cdot 5)$ kcal.

Wärmeinhalt von 40 kg Wasser von 60° = $(40 \cdot 1 \cdot 60)$ kcal.

Wir erhalten $40 + x$ kg Wasser von 25°, diese haben also einen Wärmeinhalt = $(40 + x) \cdot 1 \cdot 25$ kcal.

Da von der Wärme bei der Mischung nichts verlorengeht, setzen wir:

$$(5 \cdot 1 \cdot x) + (40 \cdot 1 \cdot 60) = (40 + x) \cdot 1 \cdot 25$$
$$5\,x + 2400 = 1000 + 25\,x$$
$$x = 70 \text{ kg}$$

Beispiele über die spezifische Wärme von Gasen siehe S. 242.

Aufgaben: 418. Es werden 15 kg Wasser von 18° mit 10 kg Wasser von 55° (*15* kg *Wasser von 18° mit 18* kg *Wasser von 42°*) gemischt. Welche Temperatur hat die Mischung?

419. Es werden 6 kg Wasser von 10°, 12 kg Wasser von 80° und 5 kg Wasser von 36° gemischt. Welche Temperatur müßte (unter Ausschaltung von Wärmeverlusten) die Mischung haben?

420. Wieviel Liter Wasser von 15° müssen zu 80 Liter Wasser von 40° zugemischt werden, um eine Ausgleichstemperatur von 25° (*35°*) zu erzielen?

421. Ein 9 kg schwerer und auf 100° erhitzter Kupferblock wird in 10 kg Wasser von 18° gebracht. Nach Ausgleich der Wärmen ergab sich eine Temperatur von 24,46°. Welches ist die spezifische Wärme des Kupfers? (*Der gleiche Versuch wurde mit einem ebenso schweren Eisenblock durchgeführt und ergab eine Endtemperatur von 25,62°. Berechne daraus die spezifische Wärme des Eisens.*)

422. Welches ist die spezifische Wärme des Silbers, wenn eine 300 g schwere Silberkugel von 200° in einem Messingkalorimeter von 550 g Gewicht und 0,0939 spezifischer Wärme des Messings, mit 1,2 kg Wasser von 19° eine Ausgleichstemperatur von 21,44° ergab?

423. Welches ist die Temperatur eines rotglühenden Eisens, wenn 350 g desselben, in 2 kg Wasser von 17° gebracht, eine Endtemperatur von 26,81° (*eine Endtemperatur von 29,65°*) ergaben? Die spezifische Wärme des Eisens beträgt 0,1137.

2. Schmelz- und Verdampfungswärme.

Bei der Erwärmung von Eis, dessen Temperatur —5° betrug, steigt seine Temperatur an, bis 0° erreicht sind; dann bleibt sie konstant, obzwar weiter Wärme zugeführt wird. Es tritt jedoch Schmelzen des Eises ein, d. h. das feste Wasser wird in flüssiges Wasser verwandelt. Erst wenn die gesamte Eismenge geschmolzen ist, tritt bei fortgesetzter Wärmezufuhr Erwärmung des entstandenen Wassers ein. Hat das Wasser eine Temperatur von 100° erreicht, bleibt sie trotz weiterer Wärmezufuhr wiederum konstant. Diese zugeführte Wärmemenge wird benötigt, um das Wasser zu verdampfen, d. h. aus dem flüssigen in den dampfförmigen Zustand überzuführen. Wir können also von einer Schmelzwärme und einer Verdampfungswärme sprechen.

Als *Schmelzwärme* bezeichnen wir somit jene Wärmemenge, die notwendig ist, um 1 kg eines Stoffes aus dem festen in den flüssigen Aggregatzustand überzuführen. Sie beträgt für Wasser rund 80 kcal.

Als *Verdampfungswärme* bezeichnen wir jene Wärmemenge, die notwendig ist, um 1 kg eines flüssigen Stoffes (von Siedetemperatur) zu verdampfen. Sie beträgt für Wasser 539 kcal.

211. Beispiel. Welche Wärmemenge ist erforderlich, um 2 kg Eis von —10° in Wasserdampf von 120° überzuführen? Die spez.

Wärme des Eises beträgt 0,5 . c_p für Wasserdampf zwischen 100° und 120° = 0,46.

Für 1 kg Eis werden benötigt:

zur Erwärmung von —10° auf 0° .... 10 . 0,5 =	5 kcal
zum Schmelzen des Eises	80 kcal
zur Erwärmung des Wassers von 0° auf 100°	100 kcal
zum Verdampfen des Wassers	539 kcal
zum Erhitzen des Dampfes von 100° auf 120° 20 . 0,46 = abgerundet	9 kcal
Summe ...	733 kcal

Folglich für 2 kg Eis ... 2 . 733 = 1466 kcal.

212. Beispiel. Welche Temperatur erhält 1 kg Wasser von 100°, wenn in dasselbe 1 kg Schnee von 0° eingemischt wird?

1 kg Schnee benötigt zum Schmelzen rund 80 kcal, welche dem Wasser entzogen werden. Da die spez. Wärme des Wassers $c = 1$ beträgt, wird dadurch 1 kg Wasser um 80°, also von 100° auf 20° abgekühlt. Wir hätten nun 1 kg Wasser von 20° und 1 kg Wasser von 0° (aus dem geschmolzenen Schnee), welche sich mischen.

1 kg Wasser von 20° hat einen Wärmeinhalt = 1 . 1 . 20 = 20 kcal
1 kg Wasser von 0° hat einen Wärmeinhalt = 1 . 1 . 0 = 0 kcal

Gemischt erhalten wir 2 kg Wasser mit einem Gesamtwärmeinhalt von 20 + 0 kcal = 20 kcal.

$$1 \cdot 1 \cdot 20 + 1 \cdot 1 \cdot 0 = 2 \cdot 1 \cdot x$$
$$20 + 0 = 2x$$
$$x = 10^\circ$$

Aufgaben: 424. Wieviel kg Eis von 0° können durch Zufuhr von 100 kcal (*537* kcal) zum Schmelzen gebracht werden?

425. Wieviel kg Wasserdampf von 100° sind erforderlich, um 800 Liter Wasser von 14° durch direktes Einleiten auf 45° (*von 17° auf 36°*) anzuwärmen?

F. Umdrehungszahl.

Das *Übersetzungsverhältnis von Riemenscheiben* berechnet sich nach der Formel:

$$i = \frac{n_2}{n_1} = \frac{D_1}{D_2}.$$

Darin sind n_1 und n_2 die Umdrehungszahlen pro Minute, D_1 und D_2 die Durchmesser der Riemenscheiben (Abb. 43).

Es verhält sich also $D_1 : D_2 = n_2 : n_1$, d. h. Durchmesser und Umdrehungszahlen zweier miteinander verbundener Riemenscheiben sind umgekehrt proportional.

Bei *Zahnrädern* kann außerdem die Beziehung aufgestellt werden: $n_1 : n_2 = z_2 : z_1$, worin z_1 und z_2 die Anzahl der Zähne des ersten bzw. des zweiten Zahnrades bedeuten.

213. Beispiel. Die größere Scheibe eines Riementriebes hat einen Durchmesser $D_1 = 40$ cm und eine Umdrehungszahl $n_1 = 120$. Wie groß ist die Umdrehungszahl der kleineren Scheibe, welche einen Durchmesser $D_2 = 10$ cm hat?

$40 : 10 = n_2 : 120$; daraus ist $n_2 = \frac{40 \cdot 120}{10} = 480$ Umdrehungen pro Minute.

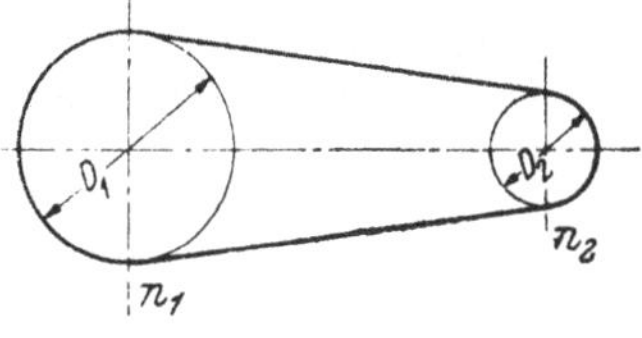

Abb. 43.

Aufgaben: 426. Die beiden Riemenscheiben eines Riementriebes haben einen Durchmesser von **a)** 12 dm und 4 dm, **b)** 80 cm und 64 cm. Welche Umdrehungszahl besitzt die größere Scheibe, wenn die kleinere 300 Umdrehungen pro Minute macht?

427. Wie groß muß der Durchmesser der zweiten Scheibe eines Riementriebes gewählt werden, wenn die erste Scheibe **a)** 114 cm, **b)** 18 cm Durchmesser hat und die Umdrehungszahlen für den Fall a $n_1 = 80$, $n_2 = 480$; für den Fall b $n_1 = 960$, $n_2 = 250$ betragen?

8. Gasvolumina.

A. Druck.

Als *Druck* bezeichnet man jene Kraft, die auf die Flächeneinheit wirkt.

Die physikalische Einheit für den Druck ist die Atmosphäre, und zwar ist 1 Atmosphäre (Atm.) jener Druck, den eine Quecksilbersäule von 760 mm Länge bei 0° auf eine Fläche von 1 cm² ausübt. Er beträgt 1,033 kg.

1 *technische Atmosphäre* (at) ist der Druck von 1 kg auf 1 cm².

Der Druck, den die uns umgebende Luft auf alle Körper ausübt, beträgt in Meeresspiegelhöhe bei 0° 760 mm Quecksilbersäule oder 760 Torr (= 1 Atm.). Der Druck von 1 mm Quecksilbersäule wird 1 Torr genannt. Gemessen wird der Luftdruck mit dem Barometer.

Für technische Gasuntersuchungen und Gasmessungen genügt es, mit dem abgelesenen Barometerstand zu rechnen. Für genaue Messungen muß jedoch, infolge der Temperaturabhängigkeit der Dichte des Quecksilbers und der Länge der Skala der bei $t°$ abgelesene Barometerstand b *auf den Barometerstand bei* 0° b_0 *reduziert* werden. Diesem Zweck dient folgende Formel:

$$b_0 = \frac{1 + \beta \cdot t}{1 + \gamma \cdot t} \cdot b.$$

Darin sind γ der kubische Ausdehnungskoeffizient des Quecksilbers = 0,000182 und β der lineare Ausdehnungskoeffizient der Skala für Glas = 0,000008, für Messing = 0,000019.

Werden solche Messungen ständig durchgeführt, empfiehlt es sich, die Korrektur des Barometerstandes aus vorhandenen Tabellen zu entnehmen.

Für die meisten Zwecke genügt es, vom abgelesenen Barometerstand b für Temperaturen von

5 bis 12° ... 1 Torr,
12 bis 20° ... 2 Torr,
21 bis 28° ... 3 Torr,
29 bis 35° ... 4 Torr

in Abzug zu bringen.

B. Gasgesetze.

1. Das Boyle-Mariottesche Gesetz.

Jedes in einem Gefäß befindliche Gas steht unter einem gewissen Druck und nimmt ein bestimmtes, durch das Gefäß festgelegtes Volumen ein. Druck und Volumen eines Gases stehen aber in einem ganz bestimmten, voneinander abhängigen Verhältnis.

Bezeichnen wir mit v das Volumen eines Gases, welches unter dem Druck p steht, und mit v_1 das Volumen der gleichen Gasmenge, wenn sie unter dem Druck p_1 steht, so gilt unter der Voraussetzung, daß die Temperatur gleich bleibt, die Beziehung:

$$v : v_1 = p_1 : p,$$

d. h. Druck und Volumen sind umgekehrt proportional. Durch Auflösen der Proportion erhalten wir

$$v \,.\, p = v_1 \,.\, p_1.$$

Diese Gleichung kann beliebig fortgesetzt werden:

$$v \,.\, p = v_1 \,.\, p_1 = v_2 \,.\, p_2 = v_3 \,.\, p_3 = \ldots,$$

woraus sich ergibt, daß das Produkt aus Volumen und Druck (ein und derselben Gasmenge) konstant ist.

$$v \,.\, p = \mathit{konstant}.$$

Wird also das Volumen eines Gases auf ein Drittel verkleinert (Zusammendrücken des Gases), steigt der Druck unter dem das Gas steht. auf das Dreifache an.

214. Beispiel. Welches Volumen nehmen 32 cm³ Stickstoff, welche bei 735 Torr gemessen wurden, bei 760 Torr ein?

$$v \cdot p = v_1 \cdot p_1;$$

daraus ist

$$v_1 = \frac{v \cdot p}{p_1} = \frac{32 \cdot 735}{760} = 30{,}94 \text{ cm}^3.$$

215. Beispiel. Welcher Druck ist notwendig, um 100 cm³ Luft von 1 at auf 5 cm³ zusammenzudrücken?

$$v \cdot p = v_1 \cdot p_1; \text{ daraus ist } p_1 = \frac{v \cdot p}{v_1} = \frac{100 \cdot 1}{5} = 20 \text{ at.}$$

Aufgaben: 428. Welches Volumen nehmen 21 cm³ Stickstoff, gemessen bei einem Barometerstand von 760 Torr, bei 735 Torr (*bei 748 Torr*) ein?

429. Welchen Raum nehmen 50 Liter eines Gases, gemessen bei einem Barometerstand von 752 Torr, ein, wenn der Luftdruck auf 745 Torr (*auf 728 Torr*) sinkt?

430. Welches Volumen würde 1 Liter Luft, gemessen bei Atmosphärendruck, bei 10 at (*bei 24* at) einnehmen?

431. Welcher Druck ist notwendig, um 100 cm³ Stickstoff, gemessen bei Atmosphärendruck, auf 75 cm³ (*auf 60* cm³) zusammenzudrücken?

432. Um wieviel muß der Druck herabgesetzt werden, um 400 cm³ Kohlendioxyd, welche unter einem Druck von 760 Torr stehen, auf 500 cm³ (*auf 750* cm³) auszudehnen?

2. Das Gay-Lussacsche Gesetz.

Wird einem Gas Wärme zugeführt, ohne daß sich dabei der Druck ändert, so dehnt es sich aus. Diese Volumsänderung ist für alle Gase gleich, und zwar beträgt die Volumszunahme bei der Erwärmung um 1° C $\frac{1}{273} = 0{,}00367$ ($= \alpha$, Ausdehnungskoeffizient der Gase) des Volumens bei 0°. 1 Liter eines Gases von 0° dehnt sich also bei der Erwärmung auf 1° um $\frac{1}{273}$ Liter ($= 0{,}00367$ Liter) aus.

Ein Volumen v_0 (bei 0°) wird sich nach dem Gesagten bei der Erwärmung um 1° um $v_0 \cdot \alpha$ ausdehnen. Findet eine Erwärmung um $t°$ statt, wird die Volumszunahme $v_0 \cdot \alpha \cdot t$ betragen.

Das Endvolumen $v = v_0 + v_0 \cdot \alpha \cdot t = v_0 \cdot (1 + \alpha \cdot t)$.

Daraus ist $v_0 = \frac{v}{1 + \alpha \cdot t} = \frac{v}{1 + 0{,}00367 \cdot t}$, oder, wenn an Stelle $\alpha = \frac{1}{273}$ gesetzt wird, ist

$$v = v_0 \cdot \left(1 + \frac{t}{273}\right) = v_0 \cdot \frac{273 + t}{273} \quad \text{und} \quad v = \frac{v \cdot 273}{273 + t}.$$

$273 + t = T$, die absolute Temperatur, die sich mithin aus den um 273 vermehrten Celsiusgraden errechnet. Für die Temperatur —273° wird $T = 0$. Diese Temperatur (genauer —273,2°) ist der absolute Nullpunkt, der im Experiment bis auf wenige Zehntelgrade erreicht wurde. Eine noch tiefere Temperatur ist für uns unvorstellbar (T wird auch als Grad Kelvin, °K, bezeichnet).

216. Beispiel. Welches Volumen nehmen 14,5 cm³ Stickstoff, gemessen bei 15°, ein, wenn sie auf 0° abgekühlt werden, unter der Voraussetzung, daß der Druck konstant bleibt?

$$v_0 = \frac{v}{1 + \alpha \cdot t} = \frac{14{,}5}{1 + 0{,}00367 \cdot 15} = \frac{14{,}5}{1{,}05505} = 13{,}74 \text{ cm}^3.$$

217. Beispiel. Welches Volumen nehmen 2 Liter Sauerstoff von 0° ein, wenn sie bei unverändertem Druck auf —12° abgekühlt werden?

t ist in diesem Falle also —12°.

$$v = v_0 \cdot (1 + \alpha \cdot t) = v_0 \cdot \frac{273 + t}{273} = 2 \cdot \frac{273 - 12}{273} = 1{,}912 \text{ Liter.}$$

Wird ein gegebenes Volumen v_0 eines Gases bei 0°, welches unter einem Druck p_0 steht, um 1° erwärmt, so dehnt es sich um $\frac{1}{273}$ seines Volumens aus. Um es wieder auf das ursprüngliche Volumen v_0 zusammenzudrücken, müßte nach dem Boyle-Mariotteschen Gesetz der Druck um $\frac{1}{273}$ erhöht werden. Daraus ergibt sich, daß bei der Erwärmung eines Gases um 1° bei gleichbleibendem Volumen der Druck p_0 um $\frac{1}{273}$ seines Wertes bei 0° auf den Druck p gestiegen ist.

Analog obiger Formel erhalten wir

$$p = p_0 \cdot (1 + \alpha \cdot t) = p_0 \cdot \frac{273 + t}{273}.$$

218. Beispiel. Unter welchem Druck p steht eine Gasmenge bei 25°, wenn bei 0° ein Druck $p_0 = 3$ at gemessen wurde?

$$p = p_0 \cdot \frac{273 + t}{273} = 3 \cdot \frac{298}{273} = 3{,}27 \text{ at.}$$

Aufgaben: 433. Welches Volumen nehmen 2 Liter Sauerstoff von 10° ein, wenn sie bei gleichbleibendem Druck auf 0° abgekühlt (*auf 22° erwärmt*) werden?

434. Welchen Raum nimmt 1 m³ Wasserdampf ein, wenn derselbe von 100° auf 110° (*auf 120°*) erhitzt wird?

435. Ein bestimmtes Gasvolumen steht bei 20° unter einem Druck von 740 Torr. Unter welchem Druck wird das gleiche Volumen bei 32° (*bei 5°*) stehen?

3. Die Zustandsgleichung der Gase.

Steht das Volumen v_0 eines Gases unter dem Druck p_0, so wird es, unter der Voraussetzung, daß die Temperatur konstant bleibt, bei einer Änderung des Druckes auf p_t ein anderes Volumen v' einnehmen. Nach dem BOYLE-MARIOTTEschen Gesetz ist dann

$$v_0 \cdot p_0 = v' \cdot p_t; \quad \text{daraus} \quad v' = \frac{v_0 \cdot p_0}{p_t}.$$

Halten wir nun den Druck konstant und bringen das Volumen v' auf die Temperatur $t°$, so gilt nach dem GAY-LUSSACschen Gesetz

$$v_t = v' \cdot (1 + \alpha \cdot t).$$

Der Wert für v' aus der ersten Gleichung hier eingesetzt, ergibt:

$$v_t = \frac{v_0 \cdot p_0}{p_t} \cdot (1 + \alpha \cdot t) \quad \text{und daraus} \quad v_t \cdot p_t = v_0 \cdot p_0 \cdot (1 + \alpha \cdot t).$$

Darin sind, um nochmals zu wiederholen,

v_t und p_t Volumen und Druck des Gases bei $t°$ und

v_0 und p_0 Volumen und Druck bei 0°.

Diese Beziehung, welche die Abhängigkeit zwischen Volumen, Druck und Temperatur eines Gases beinhaltet, wird als Zustandsgleichung der Gase bezeichnet.

Setzen wir für α den Zahlenwert $\frac{1}{273}$ ein, dann erhält die Gleichung die Form

$$v_t \cdot p_t = \frac{v_0 \cdot p_0 \cdot (273 + t)}{273} = v_0 \cdot p_0 \cdot \frac{T}{273}.$$

Mit Hilfe der Zustandsgleichung ist es möglich, das Volumen eines Gases auf „*Normalverhältnisse*" (oder Normalbedingungen) umzurechnen, d. h. auf eine Temperatur von 0° und einen Druck von 760 Torr ($= p_0$), wodurch vergleichbare Werte erhalten werden.

219. Beispiel. Welchen Raum nehmen 20 cm³ Sauerstoff, gemessen bei 18° und 740 Torr, unter Normalbedingungen ein?

$$v_t \cdot p_t = v_0 \cdot p_0 \cdot (1 + \alpha \cdot t);$$

daraus ist

$$v_0 = \frac{v_t \cdot p_t}{p_0 \cdot (1 + \alpha \cdot t)} = \frac{20 \cdot 740}{760 \cdot (1 + 0{,}00367 \cdot 18)} =$$

$$= \frac{14\,800}{760 \cdot 1{,}06606} = 18{,}27 \text{ cm}^3.$$

220. Beispiel. 1 Liter Kohlendioxyd von Normalverhältnissen wird bei einer Temperatur von 200° einem Druck von 5 at ausgesetzt. Berechne das neue Volumen.

$v_0 = 1$ Liter; $p_0 = 760$ Torr $= 1$ at,

$$v_t = \frac{v_0 \cdot p_0 \cdot (1 + \alpha \cdot t)}{p_t} = \frac{1 \cdot 1 \cdot (1 + 0{,}00367 \cdot 200)}{5} = 0{,}347 \text{ Liter.}$$

Es kann nun der Fall eintreten, daß ein Gas, welches bei einer Temperatur t_1 unter den Verhältnissen p_1 und v_1 steht, auf die Verhältnisse p_2 und v_2 bei einer Temperatur t_2 umgerechnet werden soll.

Dabei könnte man so vorgehen, daß man zuerst auf Normalverhältnisse umrechnet und aus dem erhaltenen Wert auf die Verhältnisse p_2 und v_2 schließt.

Durch Ableitung aus der Zustandsgleichung gelangen wir zu folgender Formel, die beide Teilrechnungen vereinigt:

$$v_2 \cdot p_2 \cdot (1 + \alpha \cdot t_1) = v_1 \cdot p_1 \cdot (1 + \alpha \cdot t_2).$$

221. Beispiel. Welcher Druck ist nötig, um 5 Liter Wasserstoff, welche bei 10° und 740 Torr gemessen wurden, bei 25° auf $\frac{1}{5}$ des Volumens zusammenzupressen?

$$p_2 = \frac{v_1 \cdot p_1 \cdot (1 + \alpha \cdot t_2)}{v_2 \cdot (1 + \alpha \cdot t_1)} = \frac{5 \cdot 740 \cdot (1 + 0{,}00367 \cdot 25)}{1 \cdot (1 + 0{,}00367 \cdot 10)} =$$

$$= 3896 \text{ Torr} = \frac{3896}{760} \text{ Atm.} = 5{,}1 \text{ Atm.}$$

Aufgaben: 436. Welchen Raum nehmen 32,5 cm³ Sauerstoff, gemessen bei 18° und 747 Torr (*bei 30° und 765 Torr*), unter Normalverhältnissen ein?

437. Folgende Volumina sind auf Normalverhältnisse umzurechnen: **a)** 32 cm³, gemessen bei 5° und 745 Torr; **b)** 242 cm³, gemessen bei 18° und 751 Torr; **c)** 60,5 cm³, gemessen bei 21° und 763 Torr.

438. Welches Volumen nehmen 346 cm³ Stickstoff, gemessen unter Normalverhältnissen, bei **a)** —5° und 725,5 Torr; **b)** 0° und 746 Torr; **c)** +5° und 735 Torr; **d)** 18° und 756 Torr ein?

439. 5 Liter Wasserstoffgas unter Normalbedingungen werden bei einer Temperatur von 400° einem Druck von 20 Atm. ausgesetzt. Berechne das neue Volumen.

440. Welchen Raum nehmen 17,8 cm³ Luft unter Normalverhältnissen bei —10° und 740 Torr (*bei +15° und 750 Torr*) ein?

441. Unter welchem Druck stehen 250 cm³ eines Gases, gemessen unter Normalverhältnissen, wenn sie **a)** nach dem Erwärmen auf 24° ein Volumen von 254,2 cm³, **b)** nach dem Erwärmen auf 19° ein Volumen von 252,8 cm³ einnehmen?

442. Welches Volumen nehmen 100 cm³ Kohlendioxyd, gemessen bei 12° und 725 Torr, bei 20° und 750 Torr (*bei —10° und 730 Torr*) ein?

443. Wie hoch muß die Temperatur gesteigert werden, um 5 Liter eines Gases, gemessen bei 10° und 740 Torr, bei 750 Torr auf 6 Liter (*bei 760 Torr auf das Dreifache seines Volumens*) auszudehnen?

444. 1 Liter Wasserstoff wiegt unter Normalverhältnissen 0,08987 g. Wieviel g Wasserstoff sind bei 26° und 744 Torr (*bei 12° und 720 Torr*) in einem Raum von 20 Litern enthalten?

445. 430 cm³ Kohlendioxyd wiegen bei 20° und 730 Torr 0,751 g. Wieviel g wiegt 1 Liter Kohlendioxyd **a)** unter Normalverhältnissen, **b)** bei 14° und 757 Torr?

446. Wieviel cm³ Wasserstoff entstehen bei 20° und 750 Torr (*bei 18° und 756 Torr*) bei der Einwirkung von 30 g Natrium auf Wasser? 2,02 g Wasserstoff nehmen unter Normalverhältnissen einen Raum von 22,4 Liter ein. $2\,Na + 2\,H_2O = 2\,NaOH + H_2$.

447. Wieviel Liter Sauerstoff, gemessen bei 28° und 749 Torr (*bei 23° und 737 Torr*), werden beim Erhitzen von 25 g reinem Quecksilberoxyd gebildet? 32 g Sauerstoff nehmen unter Normalverhältnissen einen Raum von 22,4 Liter ein. $HgO = Hg + O$.

4. Die Gasreduktionstabelle.

Zur Vereinfachung der Umrechnung von Gasvolumina auf Normalverhältnisse sind in der Tabelle 17 auf S. 295 die Werte für $\frac{p_t}{(1 + 0,00367\,.\,t)\,.\,760}$ für Temperaturen von 2° bis 35° und Drucke von 721 bis 770 Torr zusammengestellt. Das reduzierte Gasvolumen v_0 erhält man durch Multiplikation des Tabellenwertes mit dem gemessenen Volumen v_t.

222. Beispiel. Welchen Raum nehmen 20 cm³ Sauerstoff, gemessen bei 18° und 740 Torr, unter Normalverhältnissen ein?

Aus der Tabelle entnehmen wir für 18° und 740 Torr den Wert 0,9134.

$$v_0 = 20\,.\,0,9134 = 18,268\ \text{cm}^3.$$

Aufgaben: 448. Reduziere mit Hilfe der Gasreduktionstabelle folgende Gasvolumina auf den Normalzustand:

a) 35,2 cm³, gemessen bei 16° und 759 Torr;
b) 7,5 cm³, gemessen bei 14° und 727 Torr;
c) 49,1 cm³, gemessen bei 29° und 763 Torr.

C. Molvolumen.

1. Die Avogadrosche Regel.

Die AVOGADROsche Regel besagt: Gleiche Gasvolumina enthalten bei gleichem Druck und gleicher Temperatur die gleiche Anzahl Moleküle.

Ein Mol eines Gases nimmt infolgedessen bei bestimmtem Druck und bestimmter Temperatur ein bestimmtes, für alle Gase gleiches Volumen ein. Dieses Volumen wird als *Molvolumen* (v_m) bezeichnet.

Unter Normalverhältnissen beträgt das Molvolumen 22,4 Liter.

Diese Konstante ermöglicht die Umrechnung von Gasgewichten in Gasvolumina und umgekehrt.

Der Wert für das Molvolumen ist bei den einzelnen Gasen etwas verschieden, da dieselben den Gasgesetzen nicht vollständig genau folgen. Er beträgt für Kohlendioxyd 22,26 Liter, für Sauerstoff 22,39 Liter, für Kohlenoxyd 22,40 Liter, für Wasserstoff 22,43 Liter. Den folgenden Rechnungen ist jedoch stets der Durchschnittswert von 22,4 Liter zugrunde gelegt.

232. Beispiel. Welchen Raum nehmen 10 g Sauerstoff unter Normalverhältnissen ein?

1 Mol Sauerstoff (O_2) =
= 32 g, diese nehmen den Raum von 22,4 Liter ein,
folglich 10 g .... x Liter

$$x = \frac{10 \,.\, 22{,}4}{32} = 7 \text{ Liter.}$$

224. Beispiel. Berechne das Litergewicht und Grammvolumen des Stickstoffes bei Normalbedingungen.

1 Mol Stickstoff (N_2) wiegt 28,0 g und nimmt unter Normalverhältnissen einen Raum von 22,4 Liter ein.

Grammvolumen (= Volumen eines Gramms) $= \frac{22{,}4}{28{,}0} = 0{,}80$ Liter,

Litergewicht (= Gewicht eines Liters) $= \frac{28{,}0}{22{,}4} = 1{,}250$ g.

225. Beispiel. Wieviel Liter Chlorwasserstoffgas von 21° und 740 Torr entstehen aus 40 g Kochsalz?

$$2\,NaCl + H_2SO_4 = Na_2SO_4 + 2\,HCl$$

116,90 g (= 2 Mol) .... 44,8 Liter (= 2 Mol)
40 g .... x Liter

$$x = \frac{40 \,.\, 44{,}8}{116{,}90} = 15{,}33 \text{ Liter HCl unter Normalverhältnissen.}$$

$$v_t = \frac{v_0 \cdot p_0 \cdot (273 + t)}{273 \cdot p_t} = \frac{15{,}33 \,.\, 760 \,.\, 294}{273 \,.\, 740} = 16{,}95 \text{ Liter.}$$

Die auf Grund der Reaktionsgleichung errechneten Werte beziehen sich stets auf Normalverhältnisse!

Aufgaben: 449. Berechne das Gewicht von 1 Liter Kohlenmonoxyd

a) unter Normalverhältnissen,
b) bei 18° und 751 Torr.

450. Berechne das Gewicht von 1 Liter Chlor

a) unter Normalverhältnissen,
b) bei 60° und 740 Torr.

451. Wieviel Liter Chlorwasserstoffgas sind in 1 Liter 20%iger Salzsäure vom spez. Gewicht 1,098 (*in 1 Liter 31,5%iger Salzsäure vom spez. Gewicht 1,157*) enthalten? Angenommen sind Normalverhältnisse.

452. Welches Volumen nimmt 1 g Stickstoff
a) unter Normalverhältnissen,
b) bei 25° und 752 Torr ein?

453. Wieviel g Marmor und 30%iger Salzsäure sind zur Herstellung von 50 Liter Kohlendioxyd unter Normalverhältnissen notwendig?

454. Wieviel g Sauerstoff enthält ein zylindrischer Behälter von den inneren Ausmaßen Höhe 42 cm, Durchmesser 28 cm, wenn er bei 21° und 744 Torr mit dem Gas gefüllt wurde?

455. Wieviel g Wasser entstehen bei der Verbrennung von 5 Liter Wasserstoff
a) unter Normalverhältnissen,
b) von 18° und 720 Torr?

456. Wieviel g Zink braucht man zur Herstellung von 6 Liter Wasserstoff a) bei Normalbedingungen, b) bei 17° und 739 Torr, wenn die Verluste (in beiden Fällen) 10% betragen?

457. Wieviel g Magnesium lassen sich in einem Raum verbrennen, welcher bei 18° und 735 Torr 20,7 Liter Luft (*bei 23° und 760 Torr 14,5 Liter Luft*) enthält? Der Sauerstoffgehalt der Luft beträgt 20,9 Vol.-%.

458. Wieviel Liter Sauerstoff unter Normalverhältnissen lassen sich aus 50 g Kaliumchlorat herstellen? $KClO_3 = KCl + 3\,O$.

459. Wieviel g Kochsalz werden zur Herstellung von 10 Liter HCl-Gas
a) unter Normalbedingungen,
b) von 14° und 736 Torr benötigt?

460. Wieviel Liter Schwefelwasserstoff werden bei 22° und 748 Torr aus 300 g Schwefeleisen beim Übergießen desselben mit verdünnter Salzsäure gebildet?

461. Wieviel cm³ NH_3-Gas werden bei 18° und 762 Torr aus 6,3 g Ammoniumchlorid gebildet? $NH_4Cl + NaOH = NaCl + NH_3 + H_2O$.

462. Wieviel m³ SO_2 erhält man theoretisch beim Rösten von 8,5 t Pyrit, welcher 11,8% Gangart enthält? Wieviel kg 66%iger Schwefelsäure können daraus gewonnen werden?

463. Eine Stahlflasche enthält 20 Liter Kohlendioxyd unter einem Druck von 60 at bei 20°. Wieviel kg sind dies unter Normalbedingungen?

464. Wieviel Gewichtsprozent Sauerstoff und Stickstoff enthält die Luft, wenn bei ihrer Analyse 20,9 Vol.-% Sauerstoff und 79,1 Vol.-% Stickstoff gefunden wurden?

465. 10 g einer Mischung von je 50% reinem Calciumcarbonat und Magnesiumcarbonat werden mit verdünnter Salzsäure gekocht. Welches Volumen nimmt das entwickelte Kohlendioxyd bei 19° und 751 Torr ein? $Ca\,CO_3(MgCO_3) + 2\,HCl = CaCl_2(MgCl_2) + H_2O + CO_2$.

466. Calciumcarbid wird durch Wasser nach der Gleichung $CaC_2 + H_2O = C_2H_2 + CaO$ unter Bildung von Acetylen zersetzt. Wievielprozentig ist das Carbid, wenn pro kg 310 Liter Acetylen
a) unter Normalverhältnissen,
b) bei 20° und 750 Torr geliefert werden?

467. Welchen Druck erzeugt Nitroglycerin bei der Explosion? Das spezifische Gewicht des Nitroglycerins beträgt 1,596; die Explosionstemperatur ist 2600°. Nitroglycerin zersetzt sich nach der Gleichung: $2\,C_3H_5(NO_2)_3O_3 = 6\,CO_2 + 5\,H_2O + 6\,N + O$.

2. Die universelle Gaskonstante.

Beziehen wir die allgemeine Zustandsgleichung auf 1 Mol eines beliebigen Gases, so erhält, da 1 Mol eines jeden Gases den gleichen Raum, und zwar 22,4 Liter, ausfüllt, der Wert $\frac{v_0 \cdot p_0}{273}$ eine unveränderliche und für alle Gase gleichbleibende Größe, die wir als *universelle Gaskonstante* R bezeichnen.

Die Zustandsgleichung lautet dann: $v_m \,.\, p = R \,.\, T$.

Das Produkt aus Volumen und Druck ist also für alle Gase der absoluten Temperatur T proportional. In der Gleichung bedeutet v_m das Molvolumen für ein beliebiges Gas beim Druck p und der absoluten Temperatur T. Der Wert für R ist nur abhängig von den gewählten Einheiten. Wird v_m in Litern und p in Atmosphären ausgedrückt, dann ist unter der Voraussetzung von Normalverhältnissen das Molvolumen $v_m = 22{,}4$ Liter, der Druck $p = 1$ Atm. und die Temperatur $T = 273°$ (= 0° C). Für diesen Fall ist

$$R = \frac{22{,}4 \,.\, 1}{273} = 0{,}082 \text{ Literatmosphären.}$$

Sind nun n Mol einer Gasmasse beim Druck p und der absoluten Temperatur T im Volumen v enthalten, dann ist $v_m = \frac{v}{n}$ und

$$p \,.\, v = n \,.\, R \,.\, T.$$

Haben diese n Moleküle eines Gases vom Molekulargewicht M ein Gewicht von a g, dann ist $n = \frac{a}{M}$ und

$$p \,.\, v = \frac{a}{M} \,.\, R \,.\, T.$$

Die Zustandsgleichung der Gase gilt nur annäherungsweise. Streng gültig wäre sie nur für ein sogenanntes ideales Gas. Bei den wirklichen oder realen Gasen schwankt das Molvolumen um ein Geringes (siehe S. 196).

In der Zustandsgleichung finden wir eine allgemein anwendbare Methode zur *Molekulargewichtsbestimmung*. Wurden beispielsweise 0,412 g Jod nach der Methode von Viktor Meyer bei 450° verdampft und das Volumen der bei 450° verdrängten und bei 15° gemessenen Luft zu 39,3 cm³ bestimmt, während der korrigierte Luftdruck 730 Torr betrug, so berechnet sich daraus das Molekulargewicht des Joddampfes nach der Formel $M = \frac{R \cdot T \cdot a}{p \cdot v}$, worin $p = 730$ Torr = = 0,96 Atm. und $v = 0{,}0393$ Liter zu setzen sind.

$$M = \frac{0{,}082 \cdot 288 \cdot 0{,}412}{0{,}96 \cdot 0{,}0393} = 258.$$

Daraus geht hervor, daß das Jodmolekül 2atomig ist (2·127 = 254).

D. Reduktion feuchter Gasvolumina.

1. Das Daltonsche Gesetz.

Alle Gase nehmen Wasserdampf auf, und zwar in der gleichen Menge, wie die Luft Wasserdampf aufnimmt. Diese Eigenschaft der Gase ist wichtig und muß berücksichtigt werden beim Messen von Gasen, welche über Wasser (oder anderen Flüssigkeiten) als Sperrflüssigkeit aufgefangen wurden. Jedes Gas, welches über Wasser aufgefangen wird, sättigt sich in kurzer Zeit mit Wasserdampf. Der Sättigungsgrad ist abhängig von der Temperatur. Das Gasvolumen, welches gemessen wird, ist daher größer als das Volumen des trockenen Gases bei der gleichen Temperatur.

Die Berechnung solcher Fälle erfolgt mit Hilfe des DALTONschen Gesetzes, welches besagt, daß der Gesamtdruck eines Gasgemisches gleich ist der Summe der Partialdrucke (Teildrucke) der einzelnen Komponenten.

Unter dem *Partialdruck* einer Komponente versteht man den Druck, den die betreffende Komponente ausüben würde, wenn sie allein den Raum einnähme, den das ganze Gemisch einnimmt.

Der Teildruck des Wasserdampfes (Sättigungsdruck, Tension des Wasserdampfes) bei verschiedenen Temperaturen ist in der Tabelle 16, S. 294, aufzufinden.

226. Beispiel. In einem Gasmeßgefäß sind 20 cm³ Stickstoff über Wasser bei 18° und 740 Torr abgesperrt. Wieviel cm³ trockenem Stickstoff entspricht dieses Volumen?

Das feuchte Gas steht unter einem Druck von 740 Torr. Dieser Gesamtdruck setzt sich zusammen aus dem Partialdruck des Wasserdampfes und dem Partialdruck des Stickstoffs.

Der Partialdruck des Wasserdampfes ist nach der Tabelle 16, S. 294, für 18° = 15,477 Torr.

Der Partialdruck des Stickstoffes ist daher 740 — 15,477 = = 724,523 Torr.

Zusammen nehmen beide Gase (Stickstoff und Wasserdampf) einen Raum von 20 cm³ ein. Der trockene Stickstoff würde daher, da sein Partialdruck 724,523 Torr beträgt, nur bei diesem Druck den gesamten Raum von 20 cm³ einnehmen. (Würde der Wasserdampf aus dem Meßgefäß plötzlich verschwinden, so stünde der trockene Stickstoff tatsächlich unter einem Druck von 724,523 Torr.)

Wir müssen daher umrechnen, welchen Raum der Stickstoff bei 740 Torr (dem abgelesenen Barometerstand) einnehmen würde. $v_1 \cdot p_1 = v_2 \cdot p_2$; daraus ist

$$v_2 = \frac{v_1 \cdot p_1}{p_2} = \frac{20 \cdot 724{,}523}{740} = 19{,}58 \text{ cm}^3.$$

Von den gemessenen 20 cm³ sind also nur 19,58 cm³ trockener Stickstoff.

Über Salzlösungen ist der Druck des Wasserdampfes ein anderer als über reinem Wasser. Auch hierfür gibt es entsprechende Tabellen in den einschlägigen Tabellenbüchern.

Auf Grund der im vorstehenden Beispiel durchgeführten Ableitung können folgende allgemeingültige Formeln aufgestellt werden:

$$P = p + e \quad \text{und} \quad p \,.\, V = v \,.\, P.$$

Darin sind

V das Gesamtvolumen und P der Gesamtdruck,
v das Teilvolumen des reinen Gases und
p der Teildruck des reinen Gases.
e ist der Druck (Tension) des Wasserdampfes bei der Versuchstemperatur.

227. Beispiel. Berechne die Teildrucke p_{O_2} und p_{N_2} von Sauerstoff und Stickstoff in der Luft bei einem Druck $P = 760$ Torr und einer Zusammensetzung der Luft von 20,9 Vol.-% Sauerstoff und 79,1 Vol.-% Stickstoff.

Aus der Gleichung $p_{O_2} \,.\, V = v \,.\, P$ ist unter der Annahme, daß der Teildruck des Sauerstoffes mit p_{O_2} bezeichnet wird,

$$p_{O_2} = \frac{P \,.\, v}{V} = \frac{760 \,.\, 20{,}9}{100} = 158{,}8 \text{ Torr.}$$

V wird zu 100 angenommen, da Sauerstoff und Stickstoff in Vol.-% angegeben sind.

Nachdem $P = p_{O_2} + p_{N_2}$, ist $p_{N_2} = 760 - 158{,}8 = 601{,}2$ Torr.

Aufgaben: 468. 82,5 Liter eines Gemisches von 1 Volumteil Wasserstoff und 3 Volumteilen Ammoniak stehen unter Atmosphärendruck. Berechne die Teildrucke des Wasserstoffs und Ammoniaks.

469. In einem Gasometer sind über Wasser als Sperrflüssigkeit 4,3 Liter Sauerstoff bei 19° und 742 Torr (*bei 23° und 751 Torr*) enthalten. Wieviel Liter Sauerstoff in trockenem Zustand sind bei gleichbleibendem Druck und gleichbleibender Temperatur in dieser Menge enthalten?

2. Sättigung eines Gases mit Feuchtigkeit.

Soll das Volumen eines trockenen Gases auf das Volumen V umgerechnet werden, das es in feuchtigkeitsgesättigtem Zustand einnimmt, so ist, wenn das trockene Gas unter einem Druck P steht, nach der Sättigung mit Wasserdampf (bei gleichbleibendem Druck) der Druck des Gemisches ebenfalls P, der des Gases allein $P - e$, wobei e den Sättigungsdruck des Wasserdampfes bedeutet.

Ist das Volumen des trockenen Gases v, dann ist nach dem BOYLE-MARIOTTEschen Gesetz

$$v : V = (P - e) : P; \text{ daraus ist } V = \frac{v \cdot P}{P - e}.$$

228. Beispiel. Welches Volumen nehmen 4800 m³ trockenen Leuchtgases, gemessen bei 17° und 741 Torr, bei gleicher Temperatur über Wasser abgesperrt (also in mit Wasserdampf gesättigtem Zustand) ein?

Der Sättigungsdruck des Wasserdampfes bei 17° beträgt laut Tabelle 16 14,53 Torr.

$$V = \frac{4800 \cdot 741}{741 - 14{,}53} = 4896 \text{ m}^3.$$

Aufgaben: 470. Welches Volumen nehmen 2 Liter Luft ein, welche trocken bei 20° und 740 Torr gemessen wurden, wenn sie bei dieser Temperatur mit Feuchtigkeit gesättigt werden?

471. 5 Liter Sauerstoff unter Normalverhältnissen wurden über Wasser aufgefangen. Welches Volumen nehmen diese in mit Wasserdampf gesättigtem Zustand bei 25° und 750 Torr (*bei 19° und 765 Torr*) ein?

3. Reduktion feuchter Gasvolumina auf Normalverhältnisse.

In allen Fällen, bei denen Gase über Wasser (oder Salzlösungen) aufgefangen und gemessen werden, ist es notwendig, das gemessene Volumen auf Normalverhältnisse, bezogen auf das trockene Gas, umzurechnen.

Aus der Zustandsgleichung berechnet sich $v_0 = \frac{v_t \cdot p_t}{p_0 \cdot (1 + \alpha \cdot t)}$.

Anderseits kann $v_t = \frac{V \cdot p}{p_t}$ gesetzt werden. In die Zustandsgleichung eingesetzt, ergibt sich:

$$v_0 = \frac{\frac{V \cdot p}{p_t} \cdot p_t}{p_0 \cdot (1 + \alpha \cdot t)} = \frac{V \cdot p}{p_0 \cdot (1 + \alpha \cdot t)}.$$

$p = p_t - e$, welcher Wert in die Gleichung eingesetzt werden muß.

Ist also

v_0 das auf Normalverhältnisse reduzierte Volumen des trockenen Gases,

V das abgelesene Volumen,

b der abgelesene Barometerstand bei $t°$ (der für genaue Messungen auf 0° reduziert werden muß, siehe S. 189),

e der Sättigungsdruck des Wasserdampfes bei $t°$ und

t die herrschende Temperatur, dann lautet die *Reduktionsformel:*

$$v_0 = \frac{V \cdot (b - e)}{760 \cdot (1 + \alpha \cdot t)} = \frac{V \cdot (b - e) \cdot 273}{760 \cdot (273 + t)}.$$

229. Beispiel. In einer Gasbürette wurden 24,2 cm³ Stickoxyd über Wasser von 17°, bei einem äußeren Luftdruck von 756 Torr, aufgefangen. Wieviel cm³ trockenes Stickoxyd sind dies unter Normalverhältnissen?

Der Sättigungsdruck des Wasserdampfes bei 17° beträgt laut Tabelle 14,53 Torr.

$$v_0 = \frac{24{,}2 \,.\, (756 - 14{,}53) \,.\, 273}{760 \,.\, 290} = 22{,}23 \text{ cm}^3.$$

Bei Benützung der Gasreduktionstabelle (S. 295) ist vor Aufsuchen des Tabellenwertes der Sättigungsdruck des Wasserdampfes vom abgelesenen Barometerstand in Abzug zu bringen.

Aufgaben: 472. Ein Gasometer ist bei 750 Torr und 18° mit 2250 m³ Leuchtgas gefüllt, welche über Wasser abgesperrt sind. Welches Volumen trockenen Gases enthält der Gasometer unter Normalverhältnissen?

473. Bei der quantitativen Bestimmung des Prozentgehaltes eines Natronsalpeters nach Schulze-Tiemann wurden 0,7790 g desselben in Wasser gelöst, die Lösung auf 250 ml verdünnt und 50 ml der erhaltenen Stammlösung zur Analyse verwendet. Erhalten wurden 42 cm³ NO, gemessen bei 21° und 733,5 Torr (*40,3 cm³ NO, gemessen bei 17° und 752 Torr*). Wieviel % $NaNO_3$ enthält der Salpeter?

474. Bei der gasvolumetrischen Bestimmung eines Wasserstoffperoxyds wurden 10 ml desselben auf 100 ml verdünnt und 20 ml der erhaltenen Lösung mit Schwefelsäure angesäuert und mit Kaliumpermanganat in Reaktion gebracht.

$$2\,KMnO_4 + 5\,H_2O_2 + 3\,H_2SO_4 = K_2SO_4 + 2\,MnSO_4 + 8\,H_2O + 5\,O_2.$$

Erhalten wurden 10,2 cm³ Sauerstoff, aufgefangen über Wasser bei 18° und 737 Torr (*bei 22° und 748 Torr*). Wieviel g H_2O_2 sind in 100 ml des zur Analyse vorgelegenen Wasserstoffperoxyds enthalten?

475. 0,1540 g Zinkstaub ergaben mit überschüssiger Salzsäure 43,1 cm³ Wasserstoff, gemessen über Wasser bei 18° und 758 Torr. Wieviel % Zink enthält das Präparat?

4. Stickstoffbestimmung nach Dumas.

Bei der Stickstoffbestimmung nach Dumas wird die stickstoffhaltige Substanz in einer luftfreien Verbrennungsröhre mit Kupferoxyd und vorgelegter Kupferspirale wie bei der Elementaranalyse verbrannt und der entwickelte Stickstoff über Kalilauge aufgefangen.

Die Einwaage sei E g, das erhaltene feuchte Stickstoffvolumen V cm³, die Temperatur t° und der Barometerstand b Torr.

Wäre das Gas über Wasser aufgefangen, könnte zur Berechnung des reduzierten Volumens die unter 3 entwickelte Formel dienen.

Da jedoch, um das bei der Verbrennung entstandene Kohlendioxyd zu absorbieren, der Stickstoff nicht über Wasser, sondern über Kalilauge aufgefangen wird und der Sättigungsdruck der Lauge kleiner ist als der des reinen Wassers, müßte eine besondere Korrektur eingeführt werden.

Bei Anwendung einer 23%igen Kalilauge ist die Verminderung des Sättigungsdruckes fast ebenso groß wie die Korrektur, die man zur Reduktion des abgelesenen Barometerstandes auf 0° anbringen müßte. Man kann daher mit hinreichender Genauigkeit den abgelesenen Barometerstand ohne Korrektur und dafür den Sättigungsdruck des reinen Wassers einsetzen.

Das reduzierte Stickstoffvolumen errechnet sich daher nach der Formel:

$$v_0 = \frac{V \cdot (b - e) \cdot 273}{760 \cdot (273 + t)}.$$

Nun wiegt 1 cm³ Stickstoff unter Normalverhältnissen 0,0012505 g, daher wiegen v_0 cm³ 0,0012505 . v_0 g, das sind, bezogen auf die Einwaage E ... $\frac{0{,}0012505 \cdot v_0 \cdot 100}{E}$ %.

Der Wert für v_0 in diese Formel eingesetzt, ergibt:

$$\% N = \frac{0{,}12505 \cdot V \cdot (b - e) \cdot 273}{760 \cdot (273 + t) \cdot E} = 0{,}04492 \cdot \frac{V \cdot (b - e)}{(273 + t) \cdot E}.$$

Wird der Stickstoff über 50%iger Kalilauge aufgefangen, kann er als praktisch trocken angesehen werden, wodurch die Berücksichtigung des Sättigungsdruckes e wegfällt.

230. Beispiel. Zur Bestimmung des Gehaltes einer organischen Substanz an Stickstoff wurden 0,150 g derselben zur Analyse verwendet. Das entwickelte Stickstoffvolumen wurde bei 21° und 756 Torr zu 27,63 cm³ (aufgefangen über 23%iger Kalilauge) bestimmt.

Der Sättigungsdruck des Wasserdampfes bei 21° beträgt 18,65 Torr.

$$\% N = 0{,}04492 \cdot \frac{27{,}63 \cdot (756 - 18{,}65)}{(273 + 21) \cdot 0{,}150} = 20{,}75.$$

Aufgaben: 476. Die Stickstoffbestimmung eines Teerrückstandes ergab bei einer Einwaage E g, einem Barometerstand b Torr und einer Temperatur $t°$ ein Stickstoffvolumen von V cm³. Aufgefangen und gemessen wurde der Stickstoff über 23%iger Kalilauge. Wieviel % N enthält das Produkt, wenn

a) $E = 0{,}1625$ g, $b = 756$ Torr, $t = 23°$ und $V = 26.20$ cm³;

b) $E = 0{,}3595$ g, $b = 753$ Torr, $t = 24°$ und $V = 45{,}70$ cm³?

E. Spezifisches Gewicht der Gase.

1. Spezifisches Gewicht und Dampfdichte.

Unter spezifischem Gewicht eines Körpers versteht man jene Zahl, welche angibt, wievielmal schwerer ein Körper ist als das gleiche Volumen Wasser bei $+4°$.

Würde man die spezifischen Gewichte der Gase auf Wasser als Einheit beziehen, erhielte man Werte, die sehr klein sind, da Gase ein sehr geringes Gewicht haben. So wiegt beispielsweise 1 cm³ Luft bei 0° und 760 Torr 0,001293 g, d. h. die Luft ist 0,001293mal schwerer oder $\frac{1}{0{,}001293} = 773$mal leichter als das gleiche Volumen Wasser.

Es ist daher üblich, entweder das Litergewicht der Gase anzugeben, oder das spezifische Gewicht auf Luft als Einheit zu beziehen.

Das *Litergewicht* ist das Gewicht eines Liters des Gases (unter Normalverhältnissen) in g. Bei Luft wäre dies mithin 1,293 g.

Wird das spezifische Gewicht auf Luft = 1 bezogen, dann gibt das Verhältnis $\frac{\textit{Gewicht des Gases}}{\textit{Gewicht der Luft}} = D$, die *Dampfdichte* des Gases an.

Über die Litergewichte der wichtigsten Gase siehe Tabelle 18, S. 299.

2. Abhängigkeit des spezifischen Gewichtes von Druck und Temperatur.

Druck und Temperatur eines Gases beeinflussen in hohem Maße sein Volumen, infolgedessen muß zwangläufig auch das spezifische Gewicht bzw. die Gasdichte temperatur- und druckabhängig sein.

Da unter Dichte das Verhältnis der Masse eines Körpers zu seinem Volumen verstanden wird (d. h. je mehr Masse ein Körper bei gleichem Volumen hat, um so dichter ist er), muß, nachdem beim Zusammendrücken eines Gases die Zahl der Moleküle in der Volumseinheit größer wird, das Gas dichter werden. Daraus folgt, daß die Dichte eines Gases bei konstanter Temperatur dem Druck direkt und dem Volumen umgekehrt proportional ist.

$$d_1 : d_2 = p_1 : p_2 \quad \text{und} \quad d_1 : d_2 = v_2 : v_1.$$

Darin sind d_1 die Dichte und v_1 das Volumen beim Druck p_1
und d_2 „ „ „ v_2 „ „ „ „ p_2.

Führen wir außerdem die Temperaturabhängigkeit nach dem

GAY-LUSSACschen Gesetz ein, erhalten wir für die Berechnung der Dichte oder des spezifischen Gewichtes folgende Formel:

$$d = \frac{d_0 \cdot p}{p_0 \cdot (1 + \alpha \cdot t)},$$

worin d die Dichte bei $t°$ und d_0 die Dichte bei 0° bedeuten.

231. Beispiel. Wie groß ist das Litergewicht von Kohlensäure bei 20° und 730 Torr, wenn dasselbe unter Normalverhältnissen 1,9768 g beträgt?

$$L = \frac{L_0 \cdot p}{p_0 \cdot (1 + \alpha \cdot t)} = \frac{1{,}9768 \cdot 730}{760 \cdot (1 + 0{,}00367 \cdot 20)} = 1{,}7689 \text{ g}.$$

Aufgaben: 477. Wie groß ist das Litergewicht von Schwefeldioxyd bei 12° und 718 Torr, wenn dasselbe unter Normalverhältnissen 2,9263 g beträgt?

478. Wie groß ist das Litergewicht von Luft bei 18° und 745 Torr (*bei 26° und 763 Torr*), wenn dasselbe unter Normalverhältnissen 1,2929 g beträgt?

3. Spezifisches Gewicht und Molekulargewicht.

Nach dem Gesetz von AVOGADRO enthalten gleiche Raumteile aller Gase unter gleichen Bedingungen die gleiche Anzahl von Molekülen.

Sind M_1 und M_2 die Molekulargewichte zweier Gase, die beide im gleichen Volumen v unter gleichen Bedingungen n Moleküle enthalten, dann sind die Gewichte der beiden Gase $n \cdot M_1$ und $n \cdot M_2$.

Anderseits können die Gewichte beider Gase aus ihrem Volumen v (welches für beide Gase das gleiche ist) und den spezifischen Gewichten s_1 und s_2 errechnet werden zu $v \cdot s_1$ und $v \cdot s_2$.

Es ist also $n \cdot M_1 = v \cdot s_1$ und $n \cdot M_2 = v \cdot s_2$.

Daraus folgt: $n \cdot M_1 : n \cdot M_2 = v \cdot s_1 : v \cdot s_2$ und nach Kürzen der gleichen Faktoren: $M_1 : M_2 = s_1 : s_2$, d. h. die Molekulargewichte zweier Gase verhalten sich wie ihre spezifischen Gewichte.

Aufgaben: 479. Berechne das theoretische Molekulargewicht der Luft, wenn ihr Litergewicht 1,2929 g beträgt. Das Litergewicht des Sauerstoffs ist 1,4289 g.

F. Gasanalyse.

1. Das Gay-Lussacsche Gesetz der einfachen Volumsverhältnisse.

Ähnlich wie die Vereinigung von Elementen nach einfachen, ganzzahligen Gewichtsverhältnissen vor sich geht, findet auch bei den Gasen die Bildung von Verbindungen nach einfachen, ganzzahligen Volumsverhältnissen statt.

Das Gesetz besagt: Die Volumina zweier sich verbindender Gase (unter der Voraussetzung der gleichen Temperatur und des gleichen Druckes) stehen stets in einem einfachen Zahlenverhältnis. Ist der gebildete Stoff wieder gasförmiger (oder dampfförmiger) Natur, so steht auch dessen Volumen in einem einfachen Verhältnis zu den Volumina der zusammentretenden Gase.

$$\begin{array}{ccccc} \text{1 Vol.} & & \text{1 Vol.} & & \text{2 Vol.} \\ Cl_2 & + & H_2 & = & 2\,HCl \end{array} \qquad \begin{array}{ccccc} \text{1 Vol.} & & \text{3 Vol.} & & \text{2 Vol.} \\ N_2 & + & 3\,H_2 & = & 2\,NH_3 \end{array}$$

$$\begin{array}{ccccc} \text{2 Vol.} & & \text{1 Vol.} & & \text{2 Vol.} \\ 2\,H_2 & + & O_2 & = & 2\,H_2O \end{array}$$

2. Gasanalyse.

Diese einfachen Verhältnisse, nach welchen sich die Gase verbinden, werden zur quantitativen Bestimmung der Bestandteile eines Gasgemisches benutzt. Man bringt ein gemessenes Volumen des Gasgemisches mit einem gemessenen Volumen eines Gases zusammen, welches sich mit dem zu bestimmenden Bestandteil des Gemisches verbindet (z. B. mit Sauerstoff) und bewirkt durch äußere Ursachen (z. B. elektrische Funken, Belichtung usw.) die Vereinigung. Ist die entstandene Verbindung flüssiger Natur (z. B. Wasser), so tritt Volumsverminderung ein, aus der direkt die Menge des zu bestimmenden Bestandteiles ermittelt werden kann. Ist die gebildete Verbindung ein Gas, muß dieses durch ein Absorptionsmittel entfernt werden. Aus der daraufhin wiederum eintretenden Volumsveränderung kann die Menge des entfernten Bestandteiles errechnet werden.

Enthält beispielsweise ein Gemisch Wasserstoff und Methan, so können beide Bestandteile nach dem Hinzumischen einer gemessenen Menge Sauerstoff (oder Luft) verbrannt werden:

$$2\,H_2 + O_2 = 2\,H_2O \quad \text{und} \quad CH_4 + 2\,O_2 = CO_2 + 2\,H_2O.$$

2 Vol. H_2 + 1 Vol. O_2 ergeben also 0 Vol. H_2O (flüssig), d. h. es verschwinden 3 Vol. Gas. Von diesen 3 Vol. waren 2 Vol. H_2, folglich beträgt der Wasserstoffgehalt $^2/_3$ der Volumsverminderung (Kontraktion).

Anders liegt der Fall beim Methan. 1 Vol. CH_4 + 2 Vol. O_2 geben 1 Vol. CO_2 (+ 0 Vol. H_2O flüssig). Aus 3 Vol. ist 1 Vol. entstanden, folglich sind 2 Vol. verschwunden (die Kontraktion ist 2 Vol.). Nachdem 1 Vol. CH_4 vorhanden war, entspricht die Hälfte der Kontraktion dem CH_4-Gehalt.

Da jedoch anderseits aus 1 Vol. CH_4 1 Vol. CO_2 gebildet wurde, welches durch Kalilauge absorbiert werden kann, entspricht das durch Absorption festgestellte CO_2-Volumen dem CH_4-Volumen.

232. Beispiel. Bei der Durchführung einer Leuchtgasanalyse wurden folgende Einzelbestimmungen ausgeführt:

100 cm³ des angesaugten Leuchtgases wurden nacheinander mit verschiedenen Absorptionsmitteln behandelt und ergaben:

a) mit Kalilauge .... Ablesung 2,4 cm³ = 2,4 Vol.-% CO_2,
b) mit Schwefelsäure (und anschließend Kalilauge) .... Ablesung 3,2 cm³.

Aus der Differenz der beiden Ablesungen ergibt sich der Gehalt an dem entfernten Bestandteil ... 3,2 — 2,4 = 0,8 Vol.-% $C_n H_{2n}$.

c) Mit Pyrogallol; Ablesung 3,7 cm³. 3,7 — 3,2 = 0,5 Vol.-% O_2.
d) Mit Kupferchlorür; Ablesung 10,0 cm³. 10—3,7 = 6,3 Vol.-% CO.
e) Der verbleibende Gasrest beträgt 100 — 10 = 90 cm³.

In diesem Gasrest werden H_2 und CH_4 durch Verbrennung (in der Explosionspipette) bestimmt. Zu diesem Zweck muß das Gas mit Luft gemischt werden, um den zur Verbrennung notwendigen Sauerstoff bereitzustellen. Die Verbrennung verläuft nach den Gleichungen:

$$2\,H_2 + O_2 = 2\,H_2O$$
$$CH_4 + 2\,O_2 = CO_2 + 2\,H_2O$$

3 Vol. Gas brauchen also 3 Vol. O_2

1 Vol. Luft enthält rund $^1/_5$ Vol. O_2, folglich sind die etwa benötigten 3 Vol. O_2 in 15 Vol. Luft enthalten.

Wenn für 3 Vol. Gas 15 Vol. Luft benötigt werden, sind für 90 cm³ (das war der Gasrest) 90 . 5 = 450 cm³ Luft erforderlich. Das Gesamtvolumen würde dann aber 90 + 450 = 540 cm³ betragen. In die Explosionspipette kann im Höchstfall ein Volumen von 90 cm³ eingefüllt werden; benötigt wird außerdem ein Sauerstoffüberschuß, so daß in unserem Fall schließlich nur 12 bis 13 cm³ Gas zur Verbrennung kommen können. (Diese rein überschlägig gedachte Rechnung war nur nötig, um das Verhältnis von Gas und Luft und damit die zur Verbrennung gelangende Gasmenge und Mindestluftmenge zu ermitteln.)

Zur Verbrennung wurden von den 90 cm³ Restgas 12,6 cm³ verwendet, welche mit Luft gemischt ein Volumen von 86,1 cm³ ergaben.

Nach der nun erfolgten Verbrennung blieb ein Gasrest von 71 cm³ zurück, nach der anschließenden Absorption mit Kalilauge wurden 67,8 cm³ gemessen.

Berechnung des CH_4-Volumens:

Angewandtes Gasvolumen ...	12,6 cm^3
Gas + Luft	86,1 cm^3
Nach der Verbrennung	71,0 cm^3

folglich sind 86,1 — 71 = 15,1 cm^3 verschwunden.

Nach der CO_2-Absorption 67,8 cm^3, es wurden also 71 — 67,8 = = 3,2 cm^3 CO_2 entfernt.

Da 1 Vol. CO_2 aus 1 Vol. CH_4 entstanden ist, entsprechen die gefundenen 3,2 cm^3 CO_2 wiederum 3,2 cm^3 CH_4.

12,6 cm^3 Gas enthielten daher 3,2 cm^3 CH_4

$$90{,}0\ cm^3 = \frac{90\ .\ 3{,}2}{12{,}6} = 22{,}9\ cm^3\ CH_4.$$

Nachdem ursprünglich zur Analyse 100 cm^3 Gas verwendet wurden, sind die gefundenen 22,9 cm^3 gleich 22,9 Vol.-% CH_4.

f) Berechnung des Wasserstoffgehaltes.

Da bei der Verbrennung von 1 Vol. CH_4 mit 2 Vol. O_2, das sind insgesamt 3 Vol., 1 Vol. CO_2 (+ 2 Vol. H_2O flüssig = 0 Vol. Gas) gebildet wird, sind 2 Vol. verschwunden. Es müssen also durch die Verbrennung von 3,2 cm^3 CH_4 2 . 3,2 = 6,4 cm^3 Gas verschwunden sein. Die gesamte Volumsverminderung bei der Verbrennung betrug 15,1 cm^3, daher entfallen auf die Verbrennung des H_2: 15,1 — 6,4 = 8,7 cm^3.

Nach der Verbrennungsgleichung $2\,H_2 + O_2 = 2\,H_2O$ sind 2 Vol. H_2 und 1 Vol. O_2 (also insgesamt 3 Vol.) zur Reaktion gelangt. von denen $^2/_3$ dem Volumen des H_2 entsprechen. $^2/_3$ von 8,7 = 5,8 cm^3 H_2.

In 12,6 cm^3 Gas sind folglich 5,8 cm^3 H_2 enthalten, daher in 90 cm^3 Gas $\frac{90\ .\ 5{,}8}{12{,}6}$ = 41,4 cm^3 H_2, das sind von den ursprünglich zur Analyse verwendeten 100 cm^3 Gas = 41,4 Vol.-% H_2.

g) Berechnung des Stickstoffgehaltes.

Der Prozentgehalt an N_2 wird aus der Differenz zu 100 ermittelt. Bisher wurden gefunden:

2,4 Vol.-%	CO_2
0,8 Vol.-%	C_nH_{2n}
0,5 Vol.-%	O_2
6,3 Vol.-%	CO
22,9 Vol.-%	CH_4
41,4 Vol.-%	H_2
Summe... 74,3 Vol.-%	

100 — 74,3 = 25,7 Vol.-% N_2.

Aufgaben: 480. 100 cm³ einer mit Kohlendioxyd verunreinigten Luft ergaben bei der Behandlung mit Absorptionsmitteln folgende Volumsverminderungen:

CO_2-Gehalt: Absorption mit Kalilauge; abgelesenes Vol. 0,5 cm³ (*1,3* cm³)

O_2-Gehalt: Absorption mit Pyrogallol; abgelesenes Vol. 19,4 cm³ (*20,7* cm³)

Der N_2-Gehalt wird aus der Differenz zu 100 ermittelt. Wieviel Vol.-% der genannten Gase sind enthalten?

481. 1 Liter Wasserstoff, welcher geringe Mengen Methan und Stickstoff enthält, wurde zur Absorption des Wasserstoffs durch eine Palladiumlösung geleitet, wobei ein Gasrest von 24 cm³ verblieb. 15 cm³ davon wurden mit Luft gemischt und ein Gesamtvolumen von 93 cm³ erhalten. Nach der Verbrennung betrug das Volumen 82,8 cm³. Wieviel % CH_4 und N_2 enthielt das Gemisch?

482. 30 cm³ eines Gemisches von CO, CH_4 und H_2 wurden mit 60 cm³ Sauerstoff gemischt und das Gemisch zur Explosion gebracht, wodurch ein Gasrest von 38 cm³ erhalten wurde, der sich nach dem Waschen mit Kalilauge auf 10 cm³ verringerte. Welche Zusammensetzung hatte das Gemisch?

483. Hempel hat folgende Analyse eines Leuchtgases durchgeführt: 100 cm³ Gas gaben nach der Behandlung mit Kalilauge einen Gasrest von 96,6 cm³. Die folgende Absorption mit rauchender Schwefelsäure (zur Ermittlung des Gehaltes an C_nH_{2n}) ergab einen Gasrest von 91,6 cm³; die Behandlung mit feuchtem Phosphor (zur Absorption des Sauerstoffs) verursachte keine Volumsverminderung. Die Absorption mit Kupferchlorür (Bestimmung des CO) ergab einen Gasrest von 82 cm³. Von diesen 82 cm³ Gasrest wurden 13,2 cm³ mit Luft auf 99,6 cm³ verdünnt und in der Explosionspipette verbrannt. Die zurückgebliebene Gasmenge betrug 78 cm³, daraus wurde durch Kalilauge das gebildete CO_2 entfernt, wodurch ein Gasrest von 73,2 cm³ zurückblieb. Berechne aus diesen Analysendaten die Zusammensetzung des Leuchtgases.

484. Die Untersuchung von 100 cm³ eines Generatorgases hat bei der Bestimmung der absorbierbaren Bestandteile folgende Volumsablesungen ergeben:

mit Kalilauge (CO_2) .... 94,2 cm³,
mit rauchender Schwefelsäure und anschließend KOH
(für schwere Kohlenwasserstoffe) .... 94,1 cm³,
mit Phosphor (O_2) .... 94,1 cm³,
mit Kupferchlorür (CO) .... 71,5 cm³.

Zu dem nichtabsorbierten Gasrest wurde Sauerstoff zugemischt; Gesamtvolumen nach der Zumischung: 87,1 cm³.

Der im Gemisch enthaltene Wasserstoff wurde mit Palladiumasbest verbrannt. Gasvolumen nach der Verbrennung: 76,3 cm³.

In dem Gasrest von 76,3 cm³ wurde, da die vorhandene Sauerstoffmenge ausreichend ist, das Methan durch Verbrennung in der Platinkapillare bestimmt. Gasvolumen nach der Verbrennung und Absorption mit Kalilauge: 67,9 cm³.

Der Stickstoffgehalt ist aus der Differenz zu 100 zu berechnen. Berechne die Zusammensetzung des Generatorgases.

9. Physikalisch-chemische Rechnungen.

A. Optisches Drehvermögen.

Die Ebene des geradlinig schwingenden (polarisierten) Lichtes wird von gewissen Substanzen beim Durchgang desselben gedreht. Da diese Drehung eine für die betreffende Substanz charakteristische Größe ist, kann aus der gemessenen Drehung auf die Menge des in der Lösung enthaltenen Stoffes, bzw. bei Bestimmung des spezifischen Drehvermögens auf die Natur des gelösten Stoffes geschlossen werden.

Die Größe des Drehwinkels ist abhängig von der Länge der durchstrahlten Schicht, der Konzentration der Lösung, der Wellenlänge des angewandten Lichtes, der Temperatur der Flüssigkeit und der Natur des Lösungsmittels. Die Messung wird in Polarimetern vorgenommen.

Unter *spezifischem Drehvermögen* versteht man denjenigen Drehungswinkel, den eine Flüssigkeit erzeugt, wenn sie in dem Volumen 1 ml 1 g aktiver Substanz enthält, die in der Schicht von 1 dm Länge auf den Lichtstrahl wirkt.

Als Lichtquelle verwendet man Natriumlicht (Natrium zeigt im Spektrum die sog. D-Linie, daher wird der Bezeichnung des Drehvermögens ein D zugefügt). Als Beobachtungstemperatur wird 20° gewählt.

Das spezifische Drehvermögen, bezeichnet mit $[\alpha]_D^{20}$, ist eine charakteristische Konstante des betreffenden Stoffes.

Für Rohrzucker ist $[\alpha]_D = 66{,}5$, d. h. eine wäßrige Rohrzuckerlösung, welche pro ml 1 g Rohrzucker enthält, würde in einer 1 dm langen Schicht die Ebene des polarisierten Lichtes um 66,5° drehen.

Für *optisch aktive Flüssigkeiten* (also nicht Lösungen) ist $[\alpha]_D = \frac{\alpha}{l \, . \, d}$; darin bedeuten:

α den Drehungswinkel nach rechts (+) oder links (—), abgelesen auf einem in 360° geteilten Kreis,

l die Länge der angewandten Schicht in dm und

d das spezifische Gewicht der Flüssigkeit bei der Beobachtungstemperatur.

Für *Lösungen* (in optisch indifferenten Lösungsmitteln) lautet die Formel:

$$[\alpha]_D = \frac{\alpha \, . \, 100}{l \, . \, c},$$

wobei unter c die Konzentration (g in 100 ml Lösung) verstanden wird.

Wird statt c der Prozentgehalt p eingeführt ($c = p \,.\, d$), ergibt sich für

$$[\alpha]_D = \frac{\alpha \,.\, 100}{l \,.\, p \,.\, d} \quad (d \text{ ist die Dichte der Lösung}).$$

Diese Beziehung ist besonders für Stoffe wichtig, bei denen das spezifische Drehvermögen auch bei verschiedenen Konzentrationen konstant ist (wie z. B. beim Rohrzucker). In solchen Fällen läßt sich die Konzentration wie folgt ermitteln:

$$c = \frac{100 \,.\, \alpha}{l \,.\, [\alpha]_D}.$$

Treten an Stelle des Prozentgehaltes p die direkt bestimmten Gewichte (G = Gesamtgewicht der Lösung, s = Gewicht der darin enthaltenen aktiven Substanz), dann erhält die Formel folgendes Aussehen:

$$[\alpha]_D = \frac{\alpha \,.\, G}{l \,.\, s \,.\, d}.$$

233. Beispiel. Wie groß ist das spezifische Drehvermögen von Ricinusöl vom spez. Gew. $d = 0{,}960$, wenn eine 2 dm lange Schicht einen Drehwinkel $\alpha = 12{,}3°$ ergibt?

$$[\alpha] = \frac{\alpha}{l \,.\, d} = \frac{12{,}3}{2 \,.\, 0{,}96} = \frac{12{,}3}{1{,}92} = 6{,}4°.$$

234. Beispiel. Eine Rohrzuckerlösung ergab eine Ablenkung von 17,7° bei 2 dm Rohrlänge. Das spezifische Gewicht der Zuckerlösung wurde zu 1,0489 ermittelt. Das spezifische Drehvermögen von Rohrzucker ist 66,5°. Wieviel % Zucker enthält die untersuchte Lösung?

$$[\alpha] = \frac{\alpha \,.\, 100}{l \,.\, p \,.\, d};$$

daraus ist

$$p = \frac{\alpha \,.\, 100}{[\alpha] \,.\, l \,.\, d} = \frac{17{,}7 \,.\, 100}{66{,}5 \,.\, 2 \,.\, 1{,}0489} = 12{,}69\%.$$

Als *molekulares Drehvermögen* $[M]_D$ bezeichnet man die mit dem Molekulargewicht M multiplizierte spezifische Drehung $[\alpha]_D$. Es ist also die Drehung, die sich auf 1 Mol bezieht. Zur Vermeidung allzu großer Zahlen wird jedoch nur der hundertste Teil davon angegeben.

$$[M]_D = \frac{M \,.\, [\alpha]_D}{100}.$$

Aufgaben: 485. Wie groß ist das spezifische Drehvermögen von Terpentin, wenn eine 2 dm lange Schicht einen Drehwinkel von 71° ergab? Das spezifische Gewicht des Terpentins wurde zu 0,862 bestimmt.

486. Wie groß ist das spezifische Drehvermögen der nachstehend angeführten Stoffe, von denen in G g Lösung s g enthalten sind und die

Messung des Drehwinkels α in einem 2 dm langen Rohr vorgenommen wurde. Das spezifische Gewicht der Analysenlösung sei d.

a) Rohrzucker. $G = 100$ g, $s = 19{,}9$ g, $d = 1{,}0805$, $\alpha = 28{,}6°$.

b) Dextrose. Nach 24stündigem Stehen einer 6%igen Lösung,

$$d = 1{,}0216, \quad \alpha = 6{,}5°.$$

487. Zur Bestimmung des Gehaltes eines Rohrzuckers wurden 52 g in 148 g Wasser gelöst und die Lösung, welche ein spez. Gew. von 1,1072 bei 20° aufweist, im 2-dm-Rohr eine Ablenkung von 37,91° ergab. Das spezifische Drehvermögen des Rohrzuckers ist 66,5°. Wieviel % Rohrzucker enthält das Analysenprodukt?

488. Wievielprozentig ist eine Rohrzuckerlösung vom spez. Gew. 1,04646 (bei 20°), wenn der im 2-dm-Rohr beobachtete Drehungswinkel $\alpha = 16{,}71°$ ausmacht?

B. Viskosität.

Die mit dem ENGLER-Viskosimeter gemessene Zähflüssigkeit oder Viskosität einer Flüssigkeit wird in Englergraden (E) angegeben.

Man bestimmt die Auslaufzeit von 200 ml Untersuchungsflüssigkeit bei der geforderten Temperatur sowie die Auslaufzeit des gleichen Volumens Wasser bei 20° (Wasserwert des Viskosimeters).

$$°E_t = \frac{\textit{Auslaufzeit der Flüssigkeit bei } t°}{\textit{Auslaufzeit des Wassers bei } 20°}.$$

235. Beispiel. Ein zu untersuchendes Schmieröl ergab bei 50° eine Auslaufzeit von 18 Min. 52 Sek.; bei 100° eine solche von 2 Min. 15 Sek. Die Auslaufzeit des Wassers bei 20° wurde zu 52 Sek. ermittelt. Berechne die Viskosität in Englergraden.

$$E_{50} = \frac{18\,\text{m}\;52\,\text{s}}{52\,\text{s}} = \frac{1132\,\text{s}}{52\,\text{s}} = 21{,}8$$

$$E_{100} = \frac{2\,\text{m}\;15\,\text{s}}{52\,\text{s}} = \frac{135\,\text{s}}{52\,\text{s}} = 2{,}6.$$

Aufgaben: 489. Berechne die Viskosität eines Dampfturbinenöls in Graden Engler bei den angegebenen Temperaturen. Die Auslaufzeit betrug bei

30° ... 9 m 34 s,
50° ... 3 m 59 s,
75° ... 2 m 2 s,
100° ... 1 m 24 s.

Die Auslaufzeit des Wassers bei 20° wurde zu 52 s bestimmt.

490. Welche Viskosität hat ein Mineralöl, welches bei 20° eine Auslaufzeit von 24 m 15 s, bei 50° von 2 m 29 s und bei 95° von 1 m 17 s ergab? Der Wasserwert des Viskosimeters beträgt 53 s.

C. Elektrolyse.

Unter Elektrolyse versteht man die Zersetzung eines Stoffes durch den elektrischen Strom.

Die durch ein und denselben elektrischen Strom ausgeschiedenen Mengen verschiedener Stoffe verhalten sich wie ihre Äquivalentgewichte.

Die Menge eines in der Zeiteinheit durch den elektrischen Strom ausgeschiedenen Stoffes ist der Stromstärke proportional, d. h. jene wächst in dem gleichen Maße, wie diese zunimmt.

Diese beiden Gesetzmäßigkeiten werden als die FARADAY*schen Gesetze* bezeichnet.

Jene Strommenge, welche 1 g-Äquivalent (1 Val) eines Stoffes ausscheidet, wird 1 Faraday genannt.

1 Faraday = 96500 Coulomb (C).

1 Coulomb ist jene Elektrizitätsmenge, die ein Strom von 1 Ampere in 1 Sekunde transportiert.

Wenn also 96500 C 1 g-Äquivalent ausscheiden, dann scheidet ein Strom von 1 C (= 1 Ampere-Sekunde) 0,00001038 g-Äquivalent aus.

Geben wir die ausgeschiedene Menge in mg an, dann lautet das Gesetz: Ein Strom von 1 A scheidet pro Sekunde $0{,}01038 \cdot \frac{\text{Atomgewicht}}{\text{Wertigkeit}}$ aus.

Ist I die Stromstärke und t die Zeit in Sekunden, dann ist die Menge G des ausgeschiedenen Ions in mg:

$$G = \frac{\textit{Atomgewicht}}{\textit{Wertigkeit}} \cdot 0{,}01038 \cdot I \cdot t.$$

236. Beispiel. Wie groß ist die Menge des ausgeschiedenen Kupfers in mg, wenn ein Strom von 2 A 5 Minuten lang durch eine Kupfersulfatlösung geschickt wird?

$$G = \frac{63{,}54}{2} \cdot 0{,}01038 \cdot 2 \cdot 300 = 198 \text{ mg}.$$

237. Beispiel. Wieviel Kilowattstunden sind zur Darstellung von 1 kg Anilin nötig, wenn die Elektrodenspannung 1 V und die Stromausbeute 91% beträgt? Die elektrolytische Reduktion des Nitrobenzols verläuft nach der Gleichung:

$$C_4H_5NO_2 + 6\,H = C_6H_5NH_2 + 2\,H_2O.$$

Nach der Reaktionsgleichung werden zur Darstellung von 93,14 g Anilin 6,06 g Wasserstoff benötigt, folglich zur Herstellung von 1000 g Anilin 65,06 g Wasserstoff.

96500 C scheiden 1 g-Äquivalent = 1,01 g H aus, daher werden für 65,06 g H ... $\frac{65,06 \cdot 96500}{1,01} = 6216128$ C (oder Ampere-Sekunden) gebraucht.

6216128 Ampere-Sekunden = $\frac{6216128}{3600} = 1727$ Ampere-Stunden.

Nachdem die Spannung 1 V beträgt, erhalten wir 1727 . 1 = = 1727 Wattstunden = 1,727 Kilowattstunden.

Die Stromausbeute ist nur 91%, folglich werden $\frac{1,727 \cdot 100}{91}$ = = 1,9 Kilowattstunden benötigt.

238. Beispiel. Wieviel Liter Chlor werden bei 35° und 750 Torr entwickelt, wenn ein Strom von 10 A 1 Stunde und 20 Minuten lang durch Salzsäure geleitet wird?

Ein Strom von 10 A in 80 Minuten entspricht 10 . 80 . 60 = = 48000 C.

96500 C scheiden 35,46 g = 11,2 Liter Chlor ab,
folglich 48000 C .... x „ „

$$x = \frac{48000 \cdot 11,2}{96500} = 5,57 \text{ Liter unter Normalverhältnissen.}$$

$$v_t = \frac{v_0 \cdot p_0 \cdot (1 + \alpha \cdot t)}{p_t} = \frac{5,57 \cdot 760 \cdot (1 + 0,00367 \cdot 35)}{750} =$$

$$= 6,37 \text{ Liter bei } 35° \text{ und } 750 \text{ Torr.}$$

239. Beispiel. Knallgas besteht zu $^2/_3$ aus Wasserstoff. Wie stark ist ein Strom, der beim Durchgang durch eine Säure während 10 Minuten 500 cm³ feuchtes Knallgas bei einer Temperatur von 17° und einem Barometerstand von 745 Torr gebildet hat?

Das auf Normalverhältnisse reduzierte Knallgasvolumen $v_0 = \frac{500 \cdot (745 - 14,53) \cdot 273}{290 \cdot 760} = 452,4$ cm³ trockenes Gas unter Normalverhältnissen.

Von diesen sind $^2/_3$ Wasserstoff, das sind 301,6 cm³.

1,01 g Wasserstoff = 11,2 Liter werden durch 96500 C abgeschieden, folglich 0,3016 Liter durch .... x C

$$x = \frac{0,3016 \cdot 96500}{11,2} = 2599 \text{ C.}$$

Die Dauer des Stromdurchganges betrug 10 Minuten = = 600 Sekunden; die Stromstärke ist demnach

$$\frac{2599 \text{ Ampere-Sekunden}}{600 \text{ Sekunden}} = 4,33 \text{ A.}$$

Aufgaben: 491. Wieviel g Silber (*Kupfer*) werden in 1 Minute durch einen Strom von 1 A aus einer Lösung des entsprechenden Metallsalzes ausgeschieden? Silber ist einwertig (*Kupfer zweiwertig*).

492. Wieviel g Kupfersulfat ($CuSO_4$) werden durch einen Strom von 1 A in 1 Stunde (*durch einen Strom von 12 A in 10 Minuten*) zerlegt? Kupfer ist zweiwertig.

493. Wieviel Ampere muß ein konstanter Strom führen, der in 2 Stunden 40 g Silber (*in 1 Stunde 8,5 g Silber*) aus einer Silbernitratlösung ausscheidet? Silber ist einwertig.

494. Ein Strom von 2 A geht 30 Minuten lang durch 3 hintereinandergeschaltete Zellen, von denen die erste eine Kupferchlorürlösung, die zweite eine Kupfersulfatlösung und die dritte eine Ferrichloridlösung enthält. Wieviel g Kupfer bzw. Eisen scheidet sich an den verschiedenen Elektroden ab?

495. Eine Metallschale von 50 cm² Oberfläche soll in einem Nickelsalzbad vernickelt werden, durch das ein Strom von 2,5 A geht. Nach welcher Zeit wird die Nickelschicht 0,1 mm dick sein, wenn die Stromausbeute 88% beträgt und keine Wasserstoffentwicklung stattfindet? Das spez. Gew. des Nickels ist 9,0, seine Wertigkeit 2.

496. Wieviel g Kaliumchlorid werden zu Kaliumchlorat oxydiert, wenn ein Strom von 3 A 12 Stunden lang durch eine warme konz. Kaliumchloridlösung geschickt wird?

$$2\,KCl = 2\,K^{\cdot} + Cl_2,$$
$$2\,K^{\cdot} + 2\,H_2O = 2\,KOH + H_2,$$
$$2\,KOH + Cl_2 = KOCl + KCl + H_2O,$$
$$3\,KOCl = KClO_3 + 2\,KCl.$$

497. Wieviel kg Nitrobenzol können durch 10 Kilowattstunden reduziert werden, wenn die Spannung zwischen den Elektroden 1 V beträgt und die Stromausbeute quantitativ ist?

$$C_6H_5NO_2 + 6\,H. = C_6H_5NH_2 + 2\,H_2O.$$

498. Wieviel Liter Knallgas werden bei 20° und 740 Torr erzeugt, wenn ein Strom von 1,8 A 30 Minuten lang (*ein Strom von 2,3 A 1 Stunde lang*) durch eine Säure geschickt wird?

499. Wieviel Liter Chlorgas werden bei einer 15 Minuten dauernden Elektrolyse einer wäßrigen Kochsalzlösung bei 40° und 758 Torr entwickelt, wenn die Stromstärke 10 A beträgt und mit einer Stromausbeute von 85% gerechnet werden soll?

D. Massenwirkungsgesetz und p_H-Wert.

1. Massenwirkungsgesetz und Dissoziationsgrad.

Infolge der elektrolytischen Dissoziation zerfällt eine chemische Verbindung (Elektrolyt) AB in ihre Ionen $A^{\cdot}$ (als Kation) und B' (als Anion).

$$AB \rightleftharpoons A^{\cdot} + B'.$$

Diese Reaktion verläuft nicht nur im Sinne der Aufspaltung, sondern kann je nach den Reaktionsbedingungen auch rückläufig vor sich gehen, wie dies durch die doppelte Pfeilrichtung angedeutet ist. Da jedoch in der Zeiteinheit ebensoviel Moleküle des Stoffes AB dissoziieren als zurückgebildet werden, bleibt der Prozentsatz des dissoziierten Anteiles stets gleich und die Reaktion befindet sich im *Gleichgewicht*.

Nach dem *Massenwirkungsgesetz* (nach GULDBERG und WAAGE) ist in jedem chemischen Gleichgewicht das Verhältnis des Produkts der molekularen Konzentration der Spaltprodukte zur molekularen Konzentration des nichtdissoziierten Stoffes ein konstantes, so daß wir schreiben können:

$$\frac{[A^{\cdot}] \cdot [B']}{[AB]} = K;$$

darin bedeuten die eckigen Klammern die Konzentrationen (z. B. gibt $[A^{\cdot}]$ die Konzentration der Lösung an A-ionen an) und K die *Dissoziationskonstante*, die sich mit der Temperatur ändert.

Zerfällt ein Stoff in mehr als 2 Ionen (binärer Elektrolyt), etwa nach dem Schema

$$H_2SO_4 \rightleftharpoons H^{\cdot} + HSO_4'$$

und weiter

$$HSO_4' \rightleftharpoons H^{\cdot} + SO_4'',$$

so wird der Zerfall durch 2 Dissoziationskonstanten (erste und zweite Dissoziationskonstante) geregelt:

$$K_1 = \frac{[H^{\cdot}] \cdot [HSO_4']}{[H_2SO_4]} \quad \text{und} \quad K_2 = \frac{[H^{\cdot}] \cdot [SO_4'']}{[HSO_4']}.$$

Der Zerfall in Ionen ist in weitgehendem Maße außer von der Konzentration der Lösung von der Natur des betreffenden Stoffes abhängig (starke und schwache Elektrolyten). Messungen (mit Hilfe der Leitfähigkeit) haben ergeben, daß bei den sog. starken Elektrolyten (Mineralsäuren, Salze, Laugen) alle Moleküle (oder doch der größte Teil) in Ionen aufgespalten sind, während bei schwachen Elektrolyten (organische Säuren, Ammoniak) noch ungespaltene (undissoziierte) Moleküle neben Ionen vorhanden sind. Ebenso wird die Dissoziation in konzentrierten Lösungen zurückgedrängt. So sind beispielsweise in einer $\frac{n}{10}$ Salzsäure 91%, in einer konzentrierten nur noch 13,6% aller Moleküle dissoziiert. Den Prozentgehalt an dissoziierten Molekülen nennt man den *Dissoziationsgrad* α und drückt ihn in Bruchteilen eines Mols aus. Der Dissoziationsgrad $\alpha = 0{,}91$ Mol heißt also, daß 91% der Moleküle in Ionen zerfallen sind.

Nach dem Gesagten ist eine Säure um so stärker, je höher ihr Dissoziationsgrad ist, d. h. je mehr freie H-ionen in der Lösung enthalten sind.

In Wirklichkeit ist es nun wieder so, daß — um bei obigem Beispiel zu bleiben — nicht 91% sämtlicher Moleküle gespalten, während 9% in unveränderter Form vorhanden sind, sondern es sind sämtliche Moleküle ständig im Zerfall begriffen, gleichzeitig sind aber ständig Ionen an der Rückbildung von Molekülen beteiligt. Die in der Zeiteinheit zerfallende Menge ist jedoch gleich der gebildeten Menge, so daß die Reaktion im Gleichgewicht steht.

Bezeichnen wir mit C die Gesamtkonzentration eines Elektrolyten (Mol pro Liter) und mit α den Dissoziationsgrad, dann ist, da $AB \rightleftarrows A^{\cdot} + B'$, die Konzentration an $A^{\cdot}$ gleich der Konzentration an B'. Wäre AB vollständig zerfallen, also $\alpha = 1$, dann müßte $A^{\cdot}$ bzw. B' in gleicher Konzentration C vorhanden sein, wie es ursprünglich AB war ($[A^{\cdot}] = [B'] = C$). Nachdem jedoch nur ein Bruchteil von AB dissoziiert ist (z. B. 91%, der Dissoziationsgrad $\alpha = 0{,}91$), ist die Konzentration an $A^{\cdot}$ bzw. B' auch nur der entsprechende Teil der Gesamtkonzentration C.

$$[A^{\cdot}] = [B'] = C \,.\, \alpha.$$

Die Konzentration an AB (undissoziierter Anteil) ist somit

$$[AB] = C \,.\, (1 - \alpha).$$

Setzen wir diese Werte in die Gleichung $K = \frac{[A^{\cdot}] \,.\, [B']}{[AB]}$ ein, erhält dieselbe folgende Form:

$$K = \frac{C^2 \,.\, \alpha^2}{C \,.\, (1 - \alpha)} = \frac{C \,.\, \alpha^2}{1 - \alpha}.$$

An Stelle der molaren Konzentration C kann, wenn V das Volumen in Litern angibt, in dem 1 Mol Elektrolyt enthalten ist, $\frac{1}{V}$ gesetzt werden. Dann ist

$$K = \frac{\alpha^2}{V \,.\, (1 - \alpha)}.$$

Diese als OSTWALD*sches Verdünnungsgesetz* bekannte Formel gilt für alle schwachen Elektrolyte. Für starke Elektrolyte ist das Gesetz nicht streng gültig, da in der Lösung eines starken Elektrolyten die in relativ großer Zahl vorhandenen Ionen eng benachbart sind, wodurch Kräfte wirken, die auf der Wechselwirkung der elektrischen Ladungen der Ionen gegeneinander beruhen.

2. p_H-Wert.

Auch Wasser ist, wenn auch in äußerst geringem Maße, dissoziiert nach der Gleichung $H_2O \rightleftarrows H^{\cdot} + OH'$.

Es werden daher in jeder verdünnten wäßrigen Lösung Wasserstoff- und Hydroxylionen vorhanden sein. Da der dissoziierte Anteil des Wassers gegenüber den undissoziierten Wassermolekülen verschwindend gering ist, kann die Konzentration des undissoziierten Wassers als konstant angesehen werden, und wir können in der Formel

$$\frac{[H^{\cdot}] \,.\, [OH']}{[H_2O]} = K$$

beide Konstanten vereinigen zu

$$[H^{\cdot}] \,.\, [OH'] = K \,.\, [H_2O] = k_w.$$

k_w wird als das Ionenprodukt des Wassers bezeichnet, dessen Zahlenwert stark temperaturabhängig ist. Bei 22° C ist $k_w = 1 \,.\, 10^{-14}$.

Da die Wasserstoff- und Hydroxylionen in gleicher Konzentration vorhanden sein müssen (neutrale Reaktion), ist die Konzentration an H-ionen $[H^{\cdot}] = 10^{-7}$ Mol pro Liter. In sauren Lösungen nimmt die Konzentration an $H^{\cdot}$ zu, da Säuren auf Grund ihres chemischen Aufbaues mindestens 1 Wasserstoffatom aufweisen; die starken Säuren spalten besonders viele H-ionen ab. Im Gegensatz zu den Säuren werden H-ionen von Laugen oder Basen gebunden. In alkalischer Lösung wird daher die Konzentration an H-ionen geringer sein als im Wasser.

An Stelle dieser unbequemen Ausdrucksweise wurde der p_H-Begriff eingeführt. Der p_H-*Wert* ist gleich dem negativen Logarithmus der Wasserstoffionenkonzentration. Für reines Wasser, also für $[H^{\cdot}] = 1 \,.\, 10^{-7}$ ist der lg $= -7$, der negative lg $= +7$; Wasser (neutrale Lösungen, d. h. Lösungen mit gleicher Wasserstoff- und Hydroxylionenkonzentration) hat somit einen p_H-Wert 7, Lösungen mit einer größeren Wasserstoffionenkonzentration, z. B. 10^{-3}, haben einen entsprechend kleineren p_H-Wert (für den genannten Fall wäre $p_H = 3$), alkalische Lösungen einen größeren p_H-Wert als 7.

240. Beispiel. Berechne den p_H-Wert einer Lösung, deren Wasserstoffionenkonzentration $[H^{\cdot}] = 1{,}95 \,.\, 10^{-3}$.

Der lg eines Produkts = Summe der lg der beiden Faktoren.

lg 1,95 = 0,29003 oder abgerundet 0,29
lg 10^{-3} .... = —3

Summe —2,71

Folglich ist der negative lg +2,71.

Der p_H-Wert dieser Lösung beträgt 2,71.

241. Beispiel. Wie groß ist die Wasserstoffionenkonzentration einer Lösung vom $p_H = 5{,}6$?

Wir gehen umgekehrt vor wie im 240. Beispiel.

5,6 ist der negative lg, der positive ist daher —5,6. Wir zerlegen ihn in $-6 + 0{,}40$. Die zugehörigen Nummeri sind nach den Logarithmentafeln 10^{-6} und 2,51.

$$[H^\cdot] = 2{,}51 \,.\, 10^{-6}.$$

242. Beispiel. Berechne $[H^\cdot]$ und $[OH']$ und den p_H-Wert eines $\frac{n}{10}$ Ammoniaks, welcher zu 1,3% dissoziiert ist. Das Ionenprodukt des Wassers wird zu 10^{-14} angenommen.

$[OH'] = C \,.\, \alpha = 0{,}1 \,.\, 0{,}013 = 0{,}0013 = 1{,}3 \,.\, 10^{-3}$ Grammionen pro Liter. Das Ionenprodukt des Wassers $[H^\cdot] \,.\, [OH'] = 10^{-14}$, folglich ist

$$[H^\cdot] = \frac{[H^\cdot] \,.\, [OH']}{[OH']} = \frac{10^{-14}}{1{,}3 \,.\, 10^{-3}} = 0{,}77 \,.\, 10^{-11} = 7{,}7 \,.\, 10^{-12}$$

Grammionen pro Liter.

Daraus ist $p_H = -(+0{,}89 - 12) = 11{,}11$.

243. Beispiel. Berechne den p_H-Wert einer $\frac{n}{10}$ Ameisensäure, wenn die Dissoziationskonstante $2{,}1 \,.\, 10^{-4}$ beträgt. Das Ionenprodukt des Wassers wird zu 10^{-14} angenommen.

$$\frac{[H^\cdot] \,.\, [Form']}{[H\text{-}Form]} = 2{,}1 \,.\, 10^{-4} \quad \text{(Form' ist das Formiation).}$$

Nachdem $[H^\cdot] = [Form']$, ist $\frac{[H^\cdot]^2}{[H\text{-}Form]} = 2{,}1 \,.\, 10^{-4}$.

Die Konzentration des undissoziierten Anteils $[H\text{-}Form] =$ $=$ *Gesamtkonzentration C — Konzentration des dissoziierten Anteils* $=$ $= C - [H^\cdot]$.

Daraus ergibt sich $\frac{[H^\cdot]^2}{0{,}1 - [H^\cdot]} = 2{,}1 \,.\, 10^{-4}$

Nun ist aber $[H^\cdot]$ eine sehr kleine Zahl im Vergleich zu 0,1 (Gesamtkonzentration der $\frac{n}{10}$ Lösung) und kann vernachlässigt werden, wodurch die Gleichung weiter vereinfacht wird:

$\frac{[H^\cdot]^2}{0{,}1} = 2{,}1 \,.\, 10^{-4}$; daraus ist $[H^\cdot]^2 = 0{,}21 \,.\, 10^{-4}$ und $[H^\cdot] =$ $= \sqrt{0{,}21 \,.\, 10^{-4}} = 0{,}46 \,.\, 10^{-2} = 4{,}6 \,.\, 10^{-3}$, das entspricht einem p_H-Wert von $-(+0{,}67 - 3) = 2{,}33$.

244. Beispiel. Der Dissoziationsgrad α einer verdünnten Essigsäure, welche 1 Mol Säure in 13,6 Litern enthält, ist zu 1,57% ermittelt worden. Berechne die Dissoziationskonstante.

$$K = \frac{\alpha^2}{V\ (1 - \alpha)} = \frac{0{,}0157^2}{13{,}6 \,.\, (1 - 0{,}0157)} = \frac{0{,}00024649}{13{,}386} =$$
$$= 0{,}0000184 = 1{,}84 \,.\, 10^{-5}.$$

Aufgaben: **500.** Berechne den p_H-Wert folgender Säuren bzw. Basen:

a) $\frac{n}{10}$ Salpetersäure; dissoziiert zu 92%,
b) $\frac{n}{10}$ Natronlauge; dissoziiert zu 84%,
c) $\frac{n}{5}$ Ammoniumhydroxyd; dissoziiert zu 1,04%,
d) $\frac{n}{100}$ Kalilauge; dissoziiert vollständig,
e) $\frac{n}{1}$ Essigsäure; dissoziiert zu 4%,
f) $\frac{n}{10}$ Borsäure; dissoziiert zu 0,01%.

Das Ionenprodukt des Wassers wird zu 10^{-14} angenommen.

501. Berechne den p_H-Wert für eine Wasserstoffionenkonzentration von **a)** $2{,}1 \cdot 10^{-8}$, **b)** $1{,}85 \cdot 10^{-4}$.

502. Berechne die Wasserstoffionen- und Hydroxylionenkonzentration für einen p_H-Wert von **a)** 2,4, **b)** 6,8, **c)** 10,3. Das Ionenprodukt des Wassers wird zu 10^{-14} angenommen.

503. Berechne aus der bekannten Dissoziationskonstanten K der nachfolgend angeführten Stoffe den p_H-Wert der Lösungen von angegebener Normalität:

a) Essigsäure ...... $K = 1{,}86 \cdot 10^{-5}$; Normalität 0,1;
b) Buttersäure ..... „ $1{,}5 \cdot 10^{-5}$; „ 0,1;
c) Salpetersäure ... $4{,}5 \cdot 10^{-4}$; „ 1,0;
d) Benzoesäure .... $6{,}6 \cdot 10^{-5}$; „ 0,5;
e) Ammoniumhydroxyd bei 40° $K = 2{,}0 \cdot 10^{-5}$; Normalität 1,0. Das Ionenprodukt des Wassers bei 40° wird zu $3{,}4 \cdot 10^{-14}$ angenommen.

3. Die Pufferung.

Starke Säuren und Laugen werden durch die Anwesenheit von Neutralsalzen nicht nennenswert beeinflußt, vorausgesetzt, daß zwischen dem Salz und der Säure bzw. Lauge keine Reaktion eintritt.

Anders liegt der Fall, wenn sich in der Lösung einer schwachen Säure gleichzeitig ein Salz dieser Säure befindet, weil dadurch der Gleichgewichtszustand der Ionen empfindlich gestört wird.

Schwache Säuren sind nur zu einem geringen Maße dissoziiert, während Salze praktisch als vollkommen dissoziiert angesehen werden können, und zwar entstehen aus denselben Metallionen, die für unsere Überlegungen belanglos sind, und Säureionen, welche die Ursache der Gleichgewichtsverschiebung zwischen den dissoziierten Säuremolekülen, also den H-ionen und Säureanionen einerseits und den undissoziierten Säuremolekülen anderseits bilden.

Die Dissoziationsgleichung lautet ganz allgemein:

$$K = \frac{[H^{\cdot}] \cdot [A']}{[HA]}.$$

Darin sind $[H^{\cdot}]$ die Konzentration an Wasserstoffionen,
$[A']$ „ „ „ Säureanionen und
$[HA]$ „ „ „ undissoziierten Säuremolekülen.

Durch Hinzutreten der aus dem Salz gebildeten Säureanionen wird $[A']$ erheblich vergrößert. Nachdem sich die Dissoziationskonstante K durch Hinzutreten eines Salzes nicht ändert, muß, damit die Gleichung erfüllt wird, die Konzentration an H-ionen, also $[H^{\cdot}]$ kleiner werden, d. h. die Dissoziation der Säuremoleküle wird zurückgedrängt, was zur Folge hat, daß auch die Konzentration an undissoziierten Säuremolekülen $[HA]$ größer wird.

Aus obiger Formel errechnet sich $[H^{\cdot}] = \frac{K \, . \, [HA]}{[A']}$.

$[A']$ setzt sich zusammen aus den Säureanionen des Salzes + + den Anionen des dissoziierten Anteils der Säure. Unter der Voraussetzung, daß die Konzentrationen des Salzes und der Säure annähernd in der gleichen Größenordnung stehen, ist die Zahl der aus der (in geringem Maße dissoziierten) Säure gebildeten Anionen sehr klein im Verhältnis zu den aus dem (vollkommen dissoziierten) Salz stammenden Säureanionen; erstere kann also, ohne größeren Fehler, vernachlässigt werden. Das heißt mit anderen Worten, daß die Konzentration an Säureanionen $[A']$ gleichgesetzt werden kann der Konzentration der aus der Lösung des vorhandenen Salzes stammenden Säureanionen, welche wiederum gleichgesetzt werden kann der Konzentration des Salzes überhaupt.

Umgekehrt kann, da die Dissoziation der Säure als außerordentlich gering betrachtet werden kann, die Konzentration an undissoziierten Säuremolekülen $[HA]$ gleichgesetzt werden der Konzentration an Säure.

Wir setzen also: $[HA] =$ Säurekonzentration und
$[A'] =$ Salzkonzentration.

Folglich ist $[H^{\cdot}] = K \, . \, \frac{\textit{Säurekonzentration}}{\textit{Salzkonzentration}}$.

Daraus ergibt sich, daß die Wasserstoffionenkonzentration nur von dem Verhältnis der beiden Konzentrationen (nicht aber von deren absoluten Wert) abhängt. Verdünnen wir beispielsweise eine solche Mischlösung (welche als Pufferlösung bezeichnet wird) mit Wasser auf das Zehnfache (wodurch sowohl die Säure- als auch die Salzkonzentration auf den zehnten Teil absinkt), so ändert sich die Wasserstoffionenkonzentration nicht.

245. Beispiel. Wie ändert sich der p_H-Wert einer $\frac{n}{10}$ Essigsäure, deren Dissoziationskonstante $K = 1{,}8 \, . \, 10^{-5}$ beträgt, wenn wir zu 500 ml derselben 5 g wasserfreies Natriumacetat zusetzen? (Die Volumszunahme durch das Auflösen bleibt unberücksichtigt.)

a) Berechnung des p_H-Wertes der $\frac{n}{10}$ Essigsäure.

$$\frac{[H^{\cdot}] \, . \, [Ac']}{[HAc]} = 1{,}8 \, . \, 10^{-5},$$

$[H^{\cdot}] = [Ac']$ und $[HAc] = 0{,}1 - [H^{\cdot}]$ (also Gesamtkonzentration — Konzentration des dissoziierten Anteils).

Es ist somit $\frac{[H^{\cdot}]^2}{0{,}1 - [H^{\cdot}]} = 1{,}8 \,.\, 10^{-5}$.

Nun ist $[H^{\cdot}]$ im Vergleich zur Gesamtkonzentration sehr klein, kann daher vernachlässigt werden und wir erhalten:

$$\frac{[H^{\cdot}]^2}{0{,}1} = 1{,}8 \,.\, 10^{-5}; \text{ daraus ist } [H^{\cdot}]^2 = 0{,}18 \,.\, 10^{-5} =$$
$$= 1{,}8 \,.\, 10^{-6} \text{ und } [H^{\cdot}] = \sqrt{1{,}8 \,.\, 10^{-6}} = 1{,}34 \,.\, 10^{-3}.$$

Daraus ergibt sich ein $p_{\mathrm{H}} = 2{,}87$.

b) Berechnung des p_{H}-Wertes nach Zusatz des Natriumacetats.

$$[H^{\cdot}] = K \,.\, \frac{\textit{Säurekonzentration}}{\textit{Salzkonzentration}}.$$

Die Säure ist $\frac{n}{10}$, enthält also 0,1 Mol pro Liter.

Die Salzkonzentration errechnet sich wie folgt: 5 g sind gelöst in 500 ml; das Molgewicht ist 82, folglich sind 0,122 Mol im Liter enthalten.

$$[H^{\cdot}] = 1{,}8 \,.\, 10^{-5} \,.\, \frac{0{,}1}{0{,}122} = 1{,}8 \,.\, 10^{-5} \,.\, 0{,}82 = 1{,}47 \,.\, 10^{-5}.$$

Aus dieser Wasserstoffionenkonzentration ergibt sich ein p_{H}-Wert $= 4{,}83$.

Der p_{H}-Wert ist somit von 2,87 auf 4,83 gestiegen (die Säure wurde also abgestumpft, d. h. der Säuregrad wurde herabgesetzt).

Aufgaben: 504. Berechne die Änderung des p_{H}-Wertes beim Auflösen von

a) 1 g Ammoniumchlorid in 1 Liter $\frac{n}{10}$ Ammoniumhydroxydlösung. Die Dissoziationskonstante des Ammoniumhydroxyds beträgt $1{,}8 \,.\, 10^{-5}$;

b) 3 g Natriumformiat in 200 ml $\frac{n}{10}$ Ameisensäurelösung. Die Dissoziationskonstante der Ameisensäure beträgt $2{,}1 \,.\, 10^{-4}$.

4. Das Löslichkeitsprodukt.

Ein Elektrolyt von der Formel $A_m\, B_n$ dissoziiert nach der Gleichung $A_m\, B_n \rightleftarrows m \,.\, A^{\cdot} + n \,.\, B'$. Daraus berechnet sich die Gleichgewichtskonstante

$$K = \frac{[A^{\cdot}]^m . [B']^n}{[A_m\, B_n]}.$$

Ist der undissoziierte Anteil als Fällung, also in fester Form, vorhanden, so ist bei einer gegebenen Temperatur die Lösung an $A_m\, B_n$ gesättigt und die Konzentration dieses Stoffes in der

Lösung konstant. Es kann daher die Konzentration $[A_m\, B_n]$ als konstant angenommen und in die Gleichgewichtskonstante einbezogen werden. Die so entwickelte Gleichung lautet:

$$L = [A^{\cdot}]^m \,.\, [B']^n.$$

Darin wird L als das *Löslichkeitsprodukt* bezeichnet, welches für den betreffenden Elektrolyt eine charakteristische Zahl ist.

Wird durch Hinzugabe einer dieser Ionenarten die Konzentration desselben erhöht, so scheidet sich so lange fester Stoff in der Lösung ab, bis der Wert L wieder auf seinen ursprünglichen Wert zurückgegangen ist.

246. Beispiel. Ein $BaSO_4$-Niederschlag wird mit 100 ml dest. Wasser von 25° gewaschen. Das Löslichkeitsprodukt von $BaSO_4$ beträgt $1{,}08 \,.\, 10^{-10}$. Wie groß ist die von dem Waschwasser gelöste $BaSO_4$-Menge (unter der Voraussetzung, daß sich das Waschwasser mit $BaSO_4$ sättigt und vollständige Dissoziation des gelösten $BaSO_4$ angenommen wird)?

$$[Ba^{\cdot\cdot}] \,.\, [SO_4''] = 1{,}08 \,.\, 10^{-10}.$$

Nun ist $[Ba^{\cdot\cdot}] = [SO_4''] = \sqrt{1{,}08 \,.\, 10^{-10}} = 1{,}04 \,.\, 10^{-5}$ (Mol pro Liter).

Bei vollständiger Dissoziation kann $[Ba^{\cdot\cdot}] = [BaSO_4]$ gesetzt werden, das sind also $1{,}04 \,.\, 10^{-5}$ Mol pro Liter oder $1{,}04 \,.\, 10^{-5} \,.\, 233{,}42 = 0{,}0024$ g pro Liter. In 100 ml daher 0,00024 g.

247. Beispiel. Wieviel g $BaSO_4$ sind in Lösung gegangen, wenn im vorherigen Beispiel an Stelle von Wasser 100 ml $\frac{m}{10}$ Schwefelsäure benutzt worden wären?

$$[Ba^{\cdot\cdot}] \,.\, [SO_4''] = [Ba^{\cdot\cdot}] \,.\, [0{,}1] = 1{,}08 \,.\, 10^{-10}.$$

Daraus ist $[Ba^{\cdot\cdot}] = 10{,}8 \,.\, 10^{-10}$.

Nachdem $[Ba^{\cdot\cdot}] = [BaSO_4]$ gesetzt werden kann, sind also $10{,}8 \,.\, 10^{-10} \,.\, 233{,}42 = 2{,}52 \,.\, 10^{-7}$ g/Liter $= 0{,}0000000252$ g in 100 ml.

Aufgaben: 505. Wieviel mg der nachstehend angeführten Stoffe sind in 1 Liter Wasser gelöst, wenn vollständige Dissoziation des gelösten Anteils angenommen wird?

a) CaC_2O_4 $L = 2{,}57 \,.\, 10^{-9}$ (bei 25° C),
b) CaC_2O_4 $L = 1{,}78 \,.\, 10^{-9}$ (bei 18° C),
c) $AgCl$ $L = 1{,}61 \,.\, 10^{-10}$,
d) PbS $L = 3{,}4 \,.\, 10^{-28}$,
e) $PbCl_2$ $L = 2{,}12 \,.\, 10^{-5}$.

506. Mit wieviel Wasser von 18° darf eine CaC_2O_4-Fällung gewaschen werden, damit höchstens 0,5 mg CaC_2O_4 in Lösung gehen?

507. Wie groß ist das Löslichkeitsprodukt von

a) $BaSO_4$, wenn in 1 Liter Wasser $2{,}4 \cdot 10^{-3}$ g löslich sind;

b) Ag_3PO_4, wenn in 1 Liter Wasser $6{,}5 \cdot 10^{-3}$ g löslich sind?

508. Die Löslichkeit von $Mg(OH)_2$ ist bei 18° $1{,}4 \cdot 10^{-4}$ Mol pro Liter Wasser. Wie groß ist seine Löslichkeit in 1 Liter 0,002 molarer Natronlauge? Angenommen ist vollständige Dissoziation.

5. Gasreaktionen.

Das Massenwirkungsgesetz kann ganz allgemein für umkehrbare Reaktionen zur Anwendung gelangen. Verläuft eine Reaktion nach dem Schema

$$m_1 A_1 + m_2 A_2 + \ldots = n_1 B_1 + n_2 B_2 + \ldots,$$

dann ist, wenn die eckigen Klammern die Konzentrationen andeuten,

$$\frac{[B_1]^{n_1} \cdot [B_2]^{n_2} \cdot \ldots}{[A_1]^{m_1} \cdot [A_2]^{m_2} \cdot \ldots} = K, \text{ die Gleichgewichtskonstante.}$$

Bei Gasreaktionen kann die Konzentration statt in Molen auch durch die Partialdrucke (die den molaren Konzentrationen proportional sind) angegeben werden. (Die so ermittelte Gleichgewichtskonstante wird als K_p bezeichnet.)

248. Beispiel. Ein Gemisch von 10 Vol.-% SO_2 und 90 Vol.-% O_2 wird durch einen Platinkontaktofen geleitet. Dabei werden bei einer Temperatur von 580° 90% des SO_2 in SO_3 übergeführt. Zu berechnen ist die Gleichgewichtskonstante der Reaktion $2\,SO_2 + O_2 \rightleftarrows 2\,SO_3$. Die Konzentration soll durch die Partialdrucke ausgedrückt werden. Der Druck beträgt 1 at.

100 Liter des Gemisches enthalten 10 Liter SO_2 und 90 Liter O_2. Beim Gleichgewicht haben wir folgende Volumina: 10 Liter SO_2 haben sich zu 90% in SO_3 verwandelt, es sind also 9 Liter SO_3 entstanden, während 1 Liter SO_2 verblieben ist. Sauerstoff waren 90 Liter vorhanden, verbraucht wurden 4,5 Liter (die Hälfte des verwandelten SO_2-Volumens), verbleibender Rest 85,5 Liter. Das Gesamtvolumen beträgt jetzt $9 + 1 + 85{,}5 = 95{,}5$ Liter.

Nach dem DALTONschen Gesetz (siehe S. 199) ist $p \cdot V = P \cdot v$; daraus ist $p = \frac{P \cdot v}{V}$.

$$p_{SO_3} = \frac{1 \cdot 9}{95{,}5}; \quad p_{SO_2} = \frac{1 \cdot 1}{95{,}5}; \quad p_{O_2} = \frac{1 \cdot 85{,}5}{95{,}5};$$

$$K_p = \frac{(p_{SO_3})^2}{(p_{SO_2})^2 \cdot p_{O_2}} = 90{,}5.$$

249. Beispiel. Beim Erhitzen einer Mischung aus 1 Mol Stickstoff und 3 Mol Wasserstoff auf 400° in Gegenwart von Katalysatoren und bei einem Druck von 50 Atm. wurden nach Erreichung des Gleichgewichtes 15,2 Vol.-% Ammoniak erhalten. Zu berechnen ist die Gleichgewichtskonstante K_p bei 400° für die Reaktion $\frac{1}{2} N_2 + \frac{3}{2} H_2 \rightleftarrows NH_3$.

Nach dem Massenwirkungsgesetz ist $K_p = \frac{p_{NH_3}}{(p_{N_2})^{\frac{1}{2}} \cdot (p_{H_2})^{\frac{3}{2}}}$.

Nachdem 15,2 Vol.-% NH_3 gebildet waren, ist $p_{NH_3} = 0{,}152 . 50 = 7{,}6$ Atm. Da stöchiometrische Mengen N_2 und H_2 verwendet wurden, ist $p_{H_2} = 3 . p_{N_2}$ und daher $4 . p_{N_2} = 50 - 7{,}6 = 42{,}4$ Atm. Folglich ist $p_{N_2} = 10{,}6$ Atm. und $p_{H_2} = 31{,}8$ Atm.

Diese Werte in die Gleichung eingesetzt ergeben für $K_p = 0{,}013$ (nach den Regeln der Algebra ist $(p_{N_2})^{\frac{1}{2}} = \sqrt{p_{N_2}}$ und $(p_{H_2})^{\frac{3}{2}} = \sqrt{(p_{H_2})^3}$).

Aufgaben: 509. Erhitzt man 3,6 g Phosphorpentachlorid auf 200°, so verdampft es vollständig und der Dampf nimmt bei einem Druck von 1 Atm. den Raum von 1 Liter ein. Gleichzeitig tritt eine teilweise Spaltung in Phosphortrichlorid und Chlor ein. Berechne den Dissoziationsgrad α und die Dissoziationskonstante K (in Mol pro Liter) bei dieser Temperatur.

510. Stickstoff und Sauerstoff vereinigen sich bei hohen Temperaturen unter Bildung von Stickoxyd nach der Gleichung $N_2 + O_2 = 2\,NO$. Die Gleichgewichtskonstante $\frac{[NO]^2}{[N_2] \cdot [O_2]} = K$ ist bei der absoluten Temperatur $T = 2675°$ $3{,}25 . 10^{-3}$.

Welche Ausbeute an NO (in % des Gasgemisches) erhält man unter Normaldruck bei dieser Temperatur aus Luft (wenn deren Zusammensetzung zu 20 Vol.-% O_2 und 80 Vol.-% N_2 angenommen wird)?

E. Osmotischer Druck.

Wird in das Innere einer Zelle, welche durch eine halbdurchlässige Membran gebildet wird, eine Lösung gebracht und die Zelle in Wasser gestellt, so haben die beiden Flüssigkeiten (Wasser und wäßrige Lösung) zu beiden Seiten der Membran das Bestreben, einen Konzentrationsausgleich herbeizuführen. Da die halbdurchlässige Membran nur für Wasser, nicht aber für die gelösten Moleküle durchlässig ist, kann nur Wasser durch die Membran hindurchtreten und dadurch die Lösung verdünnen, wobei Volumsvermehrung stattfindet (welche in einem angeschlossenen Steigrohr gemessen werden kann). Die Kraft, die das Wasser durch die halbdurchlässige Membran hindurchpreßt, heißt der *osmotische Druck.*

Es wurde festgestellt, daß für verdünnte Lösungen die gleichen Gesetze gelten wie für Gase. An Stelle des Gasdruckes tritt nun der osmotische Druck. Der osmotische Druck eines gelösten Körpers ist ebenso groß, wie der Gasdruck sein würde, wenn sich der gelöste Stoff gasförmig in demselben Raum befände, den die Lösung einnimmt. Es ruft daher auch 1 Mol eines Stoffes im Liter einen Druck von 22,4 Atm. hervor. Lösungen, welche also den gleichen osmotischen Druck und das gleiche Volumen haben, enthalten gleichviel Moleküle gelöst. Solche Lösungen nennt man isotonische Lösungen. Aus dem vorher Gesagten folgt, daß die in isotonischen Lösungen gelösten Substanzmengen sich wie die Molekulargewichte der Stoffe verhalten (sie besitzen daher auch die gleiche Siedepunktserhöhung und Gefrierpunktserniedrigung).

Setzen wir in der Zustandsgleichung $p \,.\, v = n \,.\, R \,.\, T = n \,.\, 0{,}082 \,.\, T$ an Stelle von $\frac{n}{v}$ (Mole pro Liter) die molare Konzentration m, so erhält die Gleichung folgende Form:

Osmotischer Druck $\pi = m \,.\, R \,.\, T$. Da $R = \frac{22{,}4}{273}$, ist $\pi = m \,.\, \frac{22{,}4 \,.\, T}{273}$.

Die Lösung eines nichtdissoziierenden Stoffes von der Konzentration $m = 1$ Mol pro Liter besäße somit bei 0° einen osmotischen Druck von 22,4 Atm.

Bei vollständig dissoziierten Stoffen (stark verdünnte, wäßrige Lösungen von Elektrolyten) ist die Anzahl der Ionen 2-, 3- oder 4mal so groß wie diejenige der Moleküle (NaCl gibt z. B. 2 Ionen, $BaCl_2$ 3 Ionen usw.). Es hat daher der osmotische Druck den 2-, 3- oder 4fachen Wert. Wird gleichzeitig in Betracht gezogen, daß die Lösung nur zu einem bestimmten Grad dissoziiert ist, so erhalten wir für den *wirklichen osmotischen Druck eines Elektrolyten* beim Dissoziationsgrad α

$$\pi = m \,.\, R \,.\, T \,.\, [1 + (\nu - 1) \,.\, \alpha].$$

(1 Molekül des Elektrolyten ist bei der Dissoziation in ν Ionen gespalten. Ist α der Dissoziationsgrad, dann sind $1 \,.\, \alpha$ Moleküle dissoziiert vorhanden, welche $1 \,.\, \alpha \,.\, \nu$ Ionen bilden. Der undissoziierte Anteil beträgt $1 - \alpha$, so daß die Gesamtzahl der vorhandenen Partikel aus 1 Molekül $1 \,.\, \alpha \,.\, \nu + (1 - \alpha) = 1 + (\nu - 1) \,.\, \alpha$ ausmacht).

250. Beispiel. Berechne den osmotischen Druck einer 3%igen Rohrzuckerlösung ($C_{12}H_{22}O_{11}$) vom spez. Gew. 1,01 bei 27°.

Eine 3%ige Lösung vom spez. Gew. 1,01 enthält 29,7 g im Liter. Das ergibt eine Molarität von 0,087 ; $T = 273 + 27 = 300$. $\pi = m \,.\, R \,.\, T = 0{,}087 \,.\, 0{,}082 \,.\, 300 = 2{,}14$ Atm.

Aufgaben: 511. Wie groß ist der osmotische Druck einer Lösung von 34,2 g Saccharose $C_{12}H_{22}O_{11}$ in 1000 g Wasser bei 30°? Das Volumen der Lösung beträgt 1025 ml.

512. Wie groß ist der osmotische Druck einer Lösung, welche

a) 1 g $AgNO_3$ in 500 ml enthält bei 15°,
b) 1,2 g $BaCl_2$ in 850 ml enthält bei 25°,

wenn vollständige Dissoziation angenommen wird?

513. Wie groß ist der osmotische Druck einer Lösung bei 20°, welche 3 g NaCl in 100 ml enthält, wenn das Kochsalz zu 92% dissoziiert ist (Dissoziationsgrad α ist also 0,92)?

F. Bestimmung des Atom- und Molekulargewichtes.

1. Dulong-Petitsche Regel.

Das Atomgewicht eines Elements kann aus den Molekulargewichten verschiedener Verbindungen des betreffenden Elements und aus dem Äquivalentgewicht (Atomgewicht = Äquivalentgewicht × Wertigkeit) berechnet werden.

Außerdem besteht eine Gesetzmäßigkeit zwischen Atomgewicht und spezifischer Wärme, welche zur annähernden Ermittlung des Atomgewichtes benutzt werden kann.

Nach der Regel von Dulong und Petit gilt für viele feste Elemente die Beziehung:

$$\textit{Atomgewicht} \times \textit{spez. Wärme} = 6{,}4.$$

Dieses Produkt wird als die *Atomwärme* bezeichnet. Daraus ist

$$\text{Atomgewicht} = \frac{6{,}4}{\text{spez. Wärme}}.$$

251. Beispiel. Die spez. Wärme des Platins ist 0,032. Welches ist sein Atomgewicht (angenähert!), wenn die Atomwärme von Platin 6,4 beträgt?

$$\text{Atomgewicht} = \frac{6{,}4}{0{,}032} = 200.$$

Aufgaben: 514. Welches ist das angenäherte Atomgewicht der nachstehend angeführten Stoffe, bei gegebener spez. Wärme c, wenn die Atomwärme für diese Elemente 6,4 beträgt?

a) Kobalt $c = 0{,}112$; **b)** Lithium $c = 0{,}912$; **c)** Nickel $c = 0{,}108$; **d)** Zinn $c = 0{,}0546$.

515. Durch Analyse wurde das Äquivalentgewicht des Zinks zu 32,7 ermittelt. Die spez. Wärme des Zinks ist 0,0925. Stelle durch Errechnung des angenäherten Atomgewichtes nach der Dulong-

PETITschen Regel fest, das Wievielfache des bestimmten Äquivalentgewichtes als Atomgewicht für Zink in Betracht kommt.

2. Dampfdichte.

Das spezifische Gewicht der Gase bezieht man häufig, um nicht zu kleine Zahlenwerte zu erhalten, statt auf Wasser von $+4^\circ$ auf Luft von der gleichen Temperatur und dem gleichen Druck als Einheit. Die Verhältniszahl

$$D = \frac{\textit{Gewicht des Dampfes}}{\textit{Gewicht der Luft}}$$ nennt man die Dampfdichte.

Wenn wir das Gewicht von 1 Mol Luft zu 28,95 g annehmen (es kann theoretisch aus der Zusammensetzung der Luft errechnet werden), so müssen wir nach obiger Gleichung durch Multiplikation mit der Dampfdichte das Gewicht von 1 Mol des Dampfes, also sein Molekulargewicht erhalten.

252. Beispiel. Die Dampfdichte des Chlors, bezogen auf Luft, wurde zu 2,450 ermittelt. Wievielatomig ist das Chlormolekül?

$$M = 2{,}45 \,.\, 28{,}95 = 70{,}93.$$

Da das Atomgewicht des Chlors 35,46 ist, muß das Chlormolekül aus 2 Atomen bestehen, denn 2 . 35,46 = 70,92.

Aufgaben: 516. Berechne aus der gefundenen Dampfdichte (bezogen auf Luft) das Molekulargewicht und stelle die Summenformel der betreffenden Verbindungen auf, wenn außer der Dampfdichte auch die Prozentgehalte der einzelnen Bestandteile ermittelt wurden. (Aus der prozentualen Zusammensetzung ist das Verhältnis der einzelnen Elemente zueinander zu berechnen!)

a) Äthylen, Dampfdichte 0,978, Zusammensetzung: 85,62% C, 14,38% H;

b) Benzol, Dampfdichte 2,680, Zusammensetzung: 92,25% C, 7,75% H;

c) Chloroform, Dampfdichte 4,235, Zusammensetzung: 10,05% C, 0,84% H und 89,11% Cl.

3. Dampfdruckerniedrigung.

Jede Flüssigkeit verdampft auch ohne zu sieden, jedoch um so langsamer, je tiefer die Temperatur ist. Die Flüssigkeit sendet in den sie umgebenden Raum so lange ihren Dampf aus, bis der Druck dieses Dampfes einen bestimmten Höchstwert erreicht hat. Dieser als *Dampfdruck* bezeichnete Höchstwert hängt außer von der Natur der Flüssigkeit von der Temperatur ab und nimmt mit steigender Temperatur zu.

Der Dampfdruck einer Flüssigkeit sinkt bei der Auflösung eines Stoffes, dessen Dampfdruck im Vergleich zu dem des

Lösungsmittels verschwindend klein ist. Es gilt dann die Beziehung: $\frac{\varepsilon}{p-\varepsilon} = \frac{n}{N}$ (RAOULTsches Gesetz) oder, wenn für die Anzahl Mole des gelösten Stoffes $n = \frac{a}{M}$ und für die Anzahl Mole des Lösungsmittels $N = \frac{b}{m}$ gesetzt wird

$$M = \frac{m \cdot a \cdot (p - \varepsilon)}{b : \varepsilon}.$$

Die Größen dieser Formel bedeuten:

M = Molekulargewicht des gesuchten (aufgelösten) Stoffes,
m = Molekulargewicht des Lösungsmittels,
a = Gewicht des gelösten Stoffes in g,
b = Gewicht des Lösungsmittels in g,
p = Dampfdruck des reinen Lösungsmittels und
ε = Dampfdruckerniedrigung, welche beobachtet wurde.

253. Beispiel. RAUOLT beobachtete für eine Lösung von 10,442 g Anilin in 100 g Äther einen Dampfdruck von 210,8 Torr. Der Dampfdruck des reinen Äthers bei der Versuchstemperatur betrug 229,6 Torr.

Die Dampfdruckerniedrigung ist daher 229,6 — 210,8 = = 18,8 Torr. Das Molekulargewicht des Äthers ist 74.

$$M = \frac{74 \cdot 10{,}442 \cdot 210{,}8}{100 \cdot 18{,}8} = 86{,}6.$$

Aus der Formel für Anilin errechnet sich das Molekulargewicht 93. Der Versuch zeigt also, daß dem Anilin tatsächlich die Formel $C_6H_5NH_2$ und nicht ein Vielfaches davon zukommt.

Aufgaben: 517. Eine Lösung von 20 g Rohrzucker in 180 g Wasser ergaben bei einer Dampfspannung des Wasserdampfes von 745 Torr eine Dampfdruckerniedrigung von 4,6 Torr. Berechne daraus, ob das Molekulargewicht des Rohrzuckers tatsächlich der Formel $C_{12}H_{22}O_{11}$ entspricht.

4. Siedepunktserhöhung und Gefrierpunktserniedrigung.

Der Siedepunkt einer Flüssigkeit ist jene Temperatur, bei der der Dampfdruck der Flüssigkeit dem Luftdruck das Gleichgewicht hält. Da nun durch Auflösen eines Stoffes in einem Lösungsmittel der Dampfdruck des letzteren herabgesetzt wird, bedarf die Lösung einer größeren Wärmezufuhr (was mit der Erreichung einer höheren Temperatur verbunden ist), damit der Dampfdruck dem Atmosphärendruck wieder gleichkommt. Das heißt mit anderen Worten, daß der Siedepunkt eines Lösungsmittels durch Auflösen eines Stoffes erhöht wird. Und zwar ist die Erhöhung proportional der Menge des gelösten Stoffes und abhängig von der Art des Lösungsmittels.

In analoger Weise wird der Gefrierpunkt eines Lösungsmittels durch einen darin gelösten Stoff erniedrigt (Beispiel: Kältemischung!).

Aus der beobachteten Siedepunktserhöhung bzw. Gefrierpunktserniedrigung errechnet sich das Molekulargewicht des gelösten Stoffes nach der Formel

$$M = \frac{1000 \,.\, a \,.\, k}{b \,.\, \Delta}$$

Darin bedeuten:

a die Menge des gelösten Stoffes in g,

b die Menge des Lösungsmittels in g,

Δ die Erhöhung des Siedepunktes bzw. Erniedrigung des Gefrierpunktes und

k die molekulare Siedepunktserhöhung (ebullioskopische Konstante) bzw. die molekulare Gefrierpunktserniedrigung (kryoskopische Konstante) des Lösungsmittels.

Die molekulare Siedepunktserhöhung bzw. Gefrierpunktserniedrigung, welche eine für das betreffende Lösungsmittel charakteristische, konstante Größe darstellt, ist jene Siedepunktserhöhung bzw. Gefrierpunktserniedrigung, die das Lösungsmittel aufweist, wenn in 1000 g desselben 1 Mol eines anderen Stoffes gelöst ist (dann ist $a = M$, $b = 1000$, somit $k = \Delta$).[1]

254. Beispiel. 1,820 g Resorcin in 100 g Äther gelöst, ergaben eine Siedepunktserhöhung um 0,354°. Die molekulare Siedepunktserhöhung des Äthers ist 2,16. Berechne daraus das Molekulargewicht des Resorcins.

$$M = \frac{1000 \,.\, 1{,}820 \,.\, 2{,}16}{100 \,.\, 0{,}354} = 111.$$

Aus obiger Formel, welche für nichtdissoziierte Stoffe gilt, errechnet sich die Siedepunktserhöhung bzw. Gefrierpunktserniedrigung

$$\Delta = \frac{1000 \,.\, a \,.\, k}{b \,.\, M}.$$

Ist jedoch die untersuchte Substanz in der Lösung dissoziiert (Dissoziationsgrad α), dann ist die wirkliche Siedepunktserhöhung bzw. Gefrierpunktserniedrigung

$$\Delta_\alpha = \Delta \,.\, [1 + (\nu - 1) \,.\, \alpha] \text{ (siehe auch S. 216).}$$

[1] Siehe auch Zeitschr. f. angewandte Chemie 1940, S. 60—65. GÜNTHER IBING, Eine neue physikalisch-chemische Methode zur Bestimmung von Einzelbestandteilen in Gemischen.

Ferner Zeitschr. f. angewandte Chemie 1940, S. 128. L. EBERT, Über Grundlage und Berechnung der Neuen physikalisch-chemischen Methode zur Bestimmung von Einzelbestandteilen in Gemischen.

Ist das Molekulargewicht des Elektrolyten bekannt, kann der Dissoziationsgrad aus dieser Formel errechnet werden.

255. Beispiel. Berechne den Dissoziationsgrad α einer Lösung von 1 g Kochsalz in 200 g Wasser, welche eine Gefrierpunktserniedrigung von 0,315° ergab. Die molekulare Gefrierpunktserniedrigung des Wassers beträgt 1,86° (NaCl zerfällt in $\nu = 2$ Ionen).

$$\Delta_\alpha = k \cdot \frac{a \cdot 1000}{b \cdot M} \cdot [1 + (\nu - 1) \cdot \alpha].$$

$$0{,}315 = 1{,}86 \cdot \frac{1 \cdot 1000}{200 \cdot 58{,}45} \cdot [1 + (2 - 1) \cdot \alpha] = 0{,}159 \cdot [1 + \alpha].$$

$$\alpha = 0{,}98.$$

Aufgaben: 518. 0,941 g Mannit in 7,45 g Wasser gelöst ergaben eine Siedepunktserhöhung von 0,360°. Die molekulare Siedepunktserhöhung von Wasser beträgt 0,516. Berechne das Molekulargewicht des Mannits.

519. 0,384 g Benzaldehyd in 80 g Eisessig, dessen molekulare Gefrierpunktserniedrigung 3,9 beträgt, gelöst, ergaben eine Gefrierpunktserniedrigung um 0,171°. Berechne aus diesen Angaben das Molekulargewicht des Benzaldehyds und stelle fest, ob dasselbe tatsächlich der Formel C_6H_5CHO entspricht.

520. Campher hat eine außerordentlich hohe Gefrierpunktsdepression (40° für 1 Mol Substanz in 1000 g). Diese Eigenschaft kann zur Mikromolekulargewichtsbestimmung im Schmelzpunktsapparat benutzt werden (Methode Rast).

22,1 mg (*13,5* mg) einer organischen Substanz wurden in 293,5 mg (*in 176,9* mg) Campher eingeschmolzen und sodann der Schmelzpunkt zu 159,2° (*163,5°*) bestimmt. Die Schmelzpunktsbestimmung des verwendeten Camphers hatte 178,5° ergeben. Berechne das Molekulargewicht der organischen Verbindung.

521. 0,4 g Kochsalz erhöhen den Siedepunkt von 64 g Wasser von 98,420° auf 98,526°. Berechne den Dissoziationsgrad des Salzes in dieser Lösung. Die molekulare Siedepunktserhöhung des Wassers beträgt 0,52°.

522. Wann kocht eine $\frac{n}{1}$ Schwefelsäure (spez. Gew. = 1,030), wenn ihr Dissoziationsgrad 51% beträgt? Die molekulare Siedepunktserhöhung des Wassers beträgt 0,52°.

G. Thermochemie.

Beim Ablauf einer chemischen Reaktion kann Abgabe oder Aufnahme von Wärme stattfinden und durch Volumsänderungen (welche mit der Überwindung des atmosphärischen Druckes verbunden sind) äußere Arbeit geleistet werden. Der Energiebetrag für die äußere Arbeitsleistung ist jedoch im Vergleich zur entwickelten oder aufgenommenen Wärmemenge sehr klein.

Bei der Auflösung von 1 g-Atom Zink in verd. Schwefelsäure bei 20° werden 34200 cal frei. Gleichzeitig wird 1 Mol Wasserstoff entwickelt, das durch Überwindung des Atmosphärendruckes Arbeit leistet, welche in Wärmeeinheiten ausgedrückt 586 cal beträgt. Dieser kleine Betrag kann daher nur den Wert eines Korrektionsfaktors besitzen. Wo es sich um Reaktionen fester oder flüssiger Körper handelt, sind die Volumsänderungen so gering, daß diese Korrektionsglieder vernachlässigt werden können.

Die Summe der bei einer Reaktion entwickelten Wärmemengen und die geleistete äußere Arbeit werden als die *Wärmetönung* der Reaktion bezeichnet. Sie ist entweder positiv, wenn Wärmeabgabe stattfindet (exotherme Reaktion) oder negativ, wenn Wärmeaufnahme erfolgt (endotherme Reaktion). Die Wärmetönung ist mit der Temperatur veränderlich.

Die bisher verwendeten Reaktionsgleichungen gaben nur die chemischen Vorgänge in qualitativer und quantitativer Bedeutung wieder, nicht aber die Wärmetönung einer Reaktion. Die Gleichung $S + O_2 = SO_2$ muß also weiter vervollständigt werden und lautet nun $S + O_2 = SO_2 + 70900$ cal. Nimmt die Reaktion einen eindeutigen und genau bekannten Verlauf, kann die Schreibweise wie folgt vereinfacht werden: $(S, O_2) = 70900$ cal. Sie sagt aus, daß 32,06 g fester S mit 32 g O zusammen soviel Energie enthalten wie 64,06 g $SO_2 + 70900$ cal; es entstehen also bei dieser Reaktion 70900 cal.

Es ist jedoch erforderlich, auf den Zustand, in dem sich die Stoffe befinden, zu achten; es ist nicht gleichgültig, ob der Schwefel in fester oder flüssiger Form, ob er als rhombischer oder monokliner Schwefel vorliegt. (Die Umwandlung der verschiedenen Formen ineinander ist ebenfalls mit einer Wärmetönung verbunden.) Ebenso ist es notwendig, bei Reaktionen in stark verdünnten, wäßrigen Lösungen dies durch ein eingefügtes aq. anzudeuten, also z. B. (HCl aq) usw.

Nach dem Gesetz der konstanten Wärmesumme ist die Wärmetönung eines Systems chemischer Stoffe bei der Verwandlung in ein anderes System unabhängig von dem Weg, auf dem die Umwandlung vollzogen wird.

Allgemein gilt, daß die Wärmetönung einer chemischen Reaktion gleich ist der Summe der Bildungswärmen der entstandenen Stoffe, vermindert um die Summe der Bildungswärmen der verschwundenen Stoffe.

Mit den thermochemischen Gleichungen kann nach den Regeln der Algebra gerechnet werden. Man ist dadurch imstande, auch Wärmetönungen zu rechnen, die einer direkten Bestimmung nicht zugänglich sind. Je nach der Art der Reaktion unterscheidet man Bildungswärmen, Lösungswärmen, Verbrennungswärmen, Neutralisationswärmen u. a.

256. Beispiel. Die Bildungswärme von CO aus C und O ist zu berechnen.

Es gelten folgende Gleichungen:

$$(C\,\text{fest}) + (O_2) = (CO_2) + 97\,200\ \text{cal},$$
$$(CO) + \frac{1}{2}(O_2) = (CO_2) + 68\,000\ \text{cal}.$$

Zieht man die untere Gleichung von der oberen ab, erhält man

$$(C) + (O_2) - (CO) - \frac{1}{2}(O_2) = 29\,200\ \text{cal},$$
$$(C) + \frac{1}{2}(O_2) - (CO) = 29\,200\ \text{cal},$$
$$(C) + \frac{1}{2}(O_2) = (CO) + 29\,200\ \text{cal}.$$

Die gesuchte Bildungswärme beträgt also 29200 cal.

257. Beispiel. Welche Wärmemenge entwickelt sich, wenn trockenes Eisenoxyd durch Aluminium reduziert wird?

$$Fe_2O_3 + 2\,Al = Al_2O_3 + 2\,Fe.$$

Die Bildungswärmen der reagierenden Verbindungen betragen:

für $Fe_2O_3 = -198\,500$ cal, für $Al_2O_3 = -380\,000$ cal.

Wenn die Bildungswärmen der auftretenden Verbindungen bekannt sind, finden wir die Energieänderung wie folgt: Wir nehmen an, daß die Ausgangsstoffe in ihre Elemente zerlegt werden und sich anschließend die Reaktionsprodukte wiederum aus den Elementen bilden.

Ist die Bildungswärme von $Fe_2O_3 = -198\,500$ cal, dann ändert sich bei der Zerlegung von Fe_2O_3 in die Elemente einfach das Vorzeichen (denn die bei der Verbindung der Elemente benötigte Wärmemenge wird bei der Zerlegung der Verbindung wieder frei).

Durch Addition unter Berücksichtigung der Vorzeichen wird der Energiebetrag der Reaktion erhalten (zu berücksichtigen ist die Anzahl der Moleküle der einzelnen Verbindungen!).

$$\begin{array}{ccc} Fe_2O_3 + 2\,Al & = & Al_2O_3 + 2\,Fe \\ -198\,500 & & +380\,000 \\ \hline & = +181\,500\ \text{cal.} & \end{array}$$

Aufgaben: 523. Wie groß ist die Verbrennungswärme von

a) 1 m³ Methan CH_4, **b)** 1 m³ Propan C_3H_8?

Die molekularen Bildungswärmen der auftretenden Verbindungen seien:

CH_4 = 22250 cal, CO_2 = 97200 cal,

C_3H_8 = 33850 cal, H_2O (Dampf) = 58060 cal.

Die Verbrennung erfolgt nach den Gleichungen:

a) $CH_4 + 2\,O_2 = CO_2 + 2\,H_2O$;

b) $C_3H_8 + 5\,O_2 = 3\,CO_2 + 4\,H_2O$.

524. Welche Wärmemenge muß beim Brennen von Kalkstein zugeführt werden? (CaO, CO_2) = (Ca, C, O_3) — (Ca, O) — (C, O_2). Die Bildungswärme von $CaCO_3$ aus den Elementen (Ca, C, O_3) = 273850 cal diejenige von CaO aus den Elementen (Ca, O) = 131500 cal und von CO_2 aus den Elementen (C, O_2) = 97200 cal.

525. Die Lösungswärme des Ammoniaks beträgt 8300 cal, die Lösungswärme des Chlorwasserstoffs 17600 cal und die Reaktionswärme bei der Mischung der Lösungen 12300 cal. Berechne die Bildungswärme des festen NH_4Cl, wenn seine Lösungswärme — 3800 cal beträgt.

526. Zur Bestimmung der Lösungswärme des Chlorwasserstoffes wird HCl-Gas in ein Glaskalorimeter geleitet, dessen Wasserwert einschließlich des enthaltenen Wassers 1240 g beträgt. Die Temperatur steigt dabei um 0,637°. Die eingeleitete Gasmenge wird durch Titration mit $\frac{n}{1}$ Natronlauge (Verbrauch: 45 ml) bestimmt. Berechne die molare Lösungswärme des Chlorwasserstoffes (das ist also die beim Auflösen von 1 Mol HCl in Wasser auftretende Wärmetönung).

10. Chemisch-technische Rechnungen.

A. Heizwert.

Unter dem Heizwert eines Brennstoffes versteht man die Anzahl kcal, die 1 kg desselben bei vollkommener Verbrennung liefert. Dabei ist zu unterscheiden zwischen dem oberen und dem unteren Heizwert.

Der obere Heizwert stellt jene Wärmemenge dar, die bei der Verbrennung eines Brennstoffes unter Kondensation des entstandenen Wasserdampfes (wie dies in der Kalorimeterbombe der Fall ist) erhalten wird.

In der Praxis entweicht jedoch der entstandene Wasserdampf durch die Esse. Nach Abzug der Kondensationswärme dieses Wassers wird der untere oder absolute Heizwert erhalten.

1. Heizwertbestimmung in der Kalorimeterbombe.

Zur Verbrennung gelangt der lufttrockene (von der Grubenfeuchtigkeit befreite) Brennstoff.

Die Bestimmung des oberen Heizwertes von Brennstoffen erfolgt in der Kalorimeterbombe, welche aus einem starkwandigen Stahlgefäß besteht, und zur Aufnahme des gewogenen Brennstoffes ein Quarz- oder Platinschälchen enthält. Die Verbrennung erfolgt in Sauerstoffatmosphäre (unter 25 Atm. Druck), die Zündung mit Hilfe eines Eisendrahtes durch den elektrischen Strom.

Um die bei der Verbrennung in der Bombe entwickelte Wärmemenge zu messen, stellt man die Bombe in ein mit Wasser gefülltes Metallgefäß, das sog. Kalorimeter, und beobachtet die Temperatursteigerung des Wassers mit Hilfe eines Thermometers, welches in Hundertstelgrade geteilt ist. Ein Teil der entwickelten Wärmemenge wird von den Metallteilen des Kalorimeters aufgenommen, welcher Betrag vorher ermittelt werden muß („Wasserwert").

Unter dem *Wasserwert* eines Körpers versteht man die Anzahl kcal, durch die seine Temperatur um 1° erhöht wird. Er wird durch Verbrennung einer chemisch reinen Normalsubstanz mit bekannter Verbrennungswärme (Benzoesäure) ermittelt.

Bei der Berechnung des Heizwertes sind außerdem *Korrekturen* anzubringen für den Temperaturausgleich gegenüber der Temperatur der Umgebung, welchem die ganze Apparatur während der Durchführung der Bestimmung ausgesetzt ist. Zu diesem Zweck wird der Temperaturanstieg vor der Verbrennung („Vorversuch") und der Temperaturabfall nach der Verbrennung („Nachversuch") durch eine bestimmte Anzahl Minuten beobachtet und die Korrektur nach gegebenen Formeln errechnet.

Ferner müssen die bei der Verbrennung gebildete Schwefelsäure und Salpetersäure berücksichtigt werden, und zwar sind für 1 mg gebildete Schwefelsäure 0,73 cal, für 1 mg gebildete Salpetersäure 0,23 cal in Abzug zu bringen. Die Verbrennungswärme des Eisendrahtes (zur Zündung) beträgt 1600 cal pro g.

258. Beispiel. Der Heizwert einer Braunkohle ist durch Verbrennung in der Kalorimeterbombe zu ermitteln. Der Wasserwert des Kalorimeters wurde zu 2618 cal bestimmt.

Einwaage:	Kohle + Eisendraht ...	0,9110 g
	Eisendraht............	0,0075 g
	Kohle	0,9035 g

Die eingewogene Kohle hatte eine Grubenfeuchtigkeit von 5,8%.

Im Verbrennungswasser wurden bestimmt: 6,4 mg Schwefelsäure und 1,5 mg Salpetersäure. Durch Elementaranalyse gefundenes Wasser $w = 21{,}2\%$. (Das Verbrennungswasser kann auch durch Austreiben aus der Bombe, Absorption im Chlorcalciumrohr und Wägen ermittelt werden.)

Temperaturablesungen:

	Minute	Temperatur
Vorversuch, Minute	0	19,856°
	1	19,858°
	2	19,861°
	3	19,864°
	4	19,867°
Hauptversuch, Zündung	5	19,869°
	6	21,823°
	7	21,845°
	8	21,936°
	9	21,972°
	10	22,106°
	11	22,114°
Nachversuch	12	22,113°
	13	22,111°
	14	22,108°
	15	22,106°
	16	22,104°
	17	22,103°

Der mittlere Temperaturanstieg pro Minute beträgt

$$\frac{19{,}869 - 19{,}856}{5} = + 0{,}0026,$$

das entspricht einem mittleren Temperaturabfall $d_1 = - 0{,}0026°$

$n = 7$ (Anzahl Minuten des Hauptversuches) Temperaturanstieg bis zum ersten fallenden $t = 22{,}113 - 19{,}869 = 2{,}244°$

Der mittlere Temperaturabfall pro Minute d_2 beträgt:

$$\frac{22{,}113 - 22{,}103}{5} = + 0{,}002°$$

Daraus errechnet sich nach der Formel von Langbein die Korrektur für die Abkühlung

$$k = (n - 1) \,.\, d_2 + \frac{d_1 - d_2}{2},$$

$$k = (7 - 1) \,.\, 0{,}002 + \frac{- 0{,}0026 - 0{,}002}{2} = 0{,}0097°.$$

Die korrigierte Temperatur $T = t + k = 2{,}244 + 0{,}0097 = 2{,}2537°$.

Berechnung des oberen Heizwertes:

Temperaturerhöhung	2,2537°
Wasserwert	2618 cal.

Entwickelte Wärmemenge: 2618 . 2,2537 = 5900,2 cal.

Davon sind in Abzug zu bringen:

Korrektur für die Zündung (Eisendraht) ..	0,0075 . 1600 =	12,0 cal
Korrektur für Schwefelsäure	6,4 . 0,73 =	5,0 cal
Korrektur für Salpetersäure	1,5 . 0,23 =	0,3 cal
	Summe...	17,3 cal

Auf die Verbrennung der Kohle entfällt daher die Wärmemenge

5900,2 — 17,3 = 5882,9 cal.

Die angewandte Substanzmenge ergab 5882,9 cal, folglich ergibt 1 g der Kohle 5882,9 : 0,9035 = 6511,2 cal/g oder kcal/kg. Berechnung des unteren Heizwertes:

Die durch die Elementaranalyse ermittelten 21,2% Verbrennungswasser (= w) setzen sich zusammen aus der Feuchtigkeit des lufttrockenen Brennstoffes und dem Wasser, welches durch Verbrennung des in der Kohle enthaltenen Wasserstoffes entstanden ist. Der untere Heizwert der lufttrockenen Kohle errechnet sich aus dem oberen Heizwert durch Subtraktion des mit 5,85 multiplizierten Wertes w (die Kondensationswärme des Wassers ist 585 kcal/kg bei 20° C).

$$H_u = 6511{,}2 - 5{,}85 \,.\, 21{,}2 = 6387{,}2 \text{ kcal/kg.}$$

Berechnung des effektiven Heizwertes (der ursprünglichen Kohle):

Die lufttrockene Kohle (100 — 5,8 = 94,2% der ursprünglichen Kohle) hat einen effektiven Heizwert von 6387,2 . 0,942 = = 6016,7 kcal/kg. Von diesem Wert ist noch die Kondensationswärme der 5,8% Grubenfeuchtigkeit in Abzug zu bringen, das sind 5,8 . 5,85 = 33,9 kcal.

Der effektive (untere) Heizwert der ursprünglichen Kohle beträgt demnach 6016,7 — 33,9 = 5982,8 oder abgerundet 5983 kcal/kg.

Aufgaben: 527. Berechne den oberen und unteren Heizwert der lufttrockenen sowie den unteren Heizwert der ursprünglichen Kohle (Hv = Hauptversuch, Vv und Nv = Vor- und Nachversuch, Zdg = = Zündung.)

	a) Braunkohle	**b)** Steinkohle	**c)** Steinkohle
Grubenfeuchtigkeit . .	12,0%	6,59%	1,55%
Kohle + Eisendraht .	0,8692 g	1,1944 g	0,9892 g
Eisendraht	0,0092 g	0,0088 g	0,0139 g

Temperaturablesungen:

Minute		a)		b)		c)
0	Vv	21,001°	Vv	21,764°	Vv	15,691°
1		21,004°		21,766°		15,692°
2		21,008°	Hv Zdg	21,768°		15,694°
3		21,013°		22,813°		15,696°
4		21,016°		23,969°		15,697°
5	Hv Zdg	21,020°		24,266°	Hv Zdg	15,699°
6		22,228°		24,373°		18,500°
7		22,892°		24,392°		18,710°
8		23,016°		24,400°		18,724°
9		23,033°		24,407°	Nv	18,723°
10	Nv	23,032°	Nv	24,405°		18,719°
11		23,028°		24,403°		18,715°
12		23,025°		24,402°		18,712°
13		23,024°				18,708°
14		23,023°				18,704°
15		23,022°				

	Braunkohle	Steinkohle	Steinkohle
Wasserwert des Kalorimeters	2375 cal	3431 cal	2600 cal
Schwefelsäuregehalt	vernachlässigt	41 mg	49 mg
Salpetersäuregehalt	vernachlässigt	25 mg	48 mg
Gefundene Wassermenge	0,4912 g	44,8%	durch Elementaranalyse 4,52% H festgestellt

528. Zur Bestimmung des Wasserwertes eines Kalorimeters wurden 0,7320 g Benzoesäure, welche eine Verbrennungswärme von 6324 cal/g besitzt, eingewogen. Der verwendete Eisendraht hatte ein Gewicht von 0,0070 g. Die Verbrennungswärme des Eisens beträgt 1600 cal/g. Die korrigierte Temperaturerhöhung betrug 1,954°; die Wasserfüllung 2000 g. Berechne aus diesen Angaben den Wasserwert des Kalorimeters.

2. Berechnung des Heizwertes aus der Elementarzusammensetzung.

Aus der Elementarzusammensetzung kann der Heizwert einer Kohle annähernd nach der „*Verbandsformel*“, welcher die DULONGsche Regel zugrunde liegt, errechnet werden. Die DULONGsche Regel besagt, daß die Verbrennungswärme eines Stoffes annähernd gleich ist der Verbrennungswärme seiner Bestandteile.

$$H_u = 81 \,.\, C + 290 \,.\, \left(H - \frac{1}{8} O\right) + 25 \,.\, S - 6 \,.\, W \text{ kcal/kg.}$$

Darin sind: H_u der untere Heizwert,
C % Kohlenstoff,
H % Wasserstoff,
O % Sauerstoff,
S % Schwefel und
W % Wasser.

(Die Zahlen 81, 290 usw. sind von den Verbrennungswärmen der einzelnen Bestandteile abgeleitet. Die Verbrennungswärme des Kohlenstoffes beträgt rund 8100 kcal/kg, daher 81 . % C usw.)

Kohlenstoff und Wasserstoff liefern bei der Verbrennung Wärme.

Bezüglich des Sauerstoffes geht man von der Annahme aus, daß aller im Brennstoff vorhandene Sauerstoff an Wasserstoff gebunden ist — also als Wasser vorliegt — und nur der übrigbleibende Wasserstoff, der sog. verfügbare oder disponible Wasserstoff, bei der Verbrennung zur Wärmeentwicklung beiträgt. Das Verhältnis von H:O ist im Wasser 1:8, folglich beträgt der an den Sauerstoff (welcher im Brennstoff enthalten ist) gebundene Wasserstoff $\frac{1}{8}$ der Sauerstoffmenge; die Menge des chemisch gebundenen Wassers (zum Unterschied vom Feuchtigkeitswasser) des Brennstoffes errechnet sich daher aus der O-Menge + $\frac{1}{8}$ der O-Menge (letztere ist nach dem vorher Gesagten gleich der Menge des Wasserstoffes, welche an Sauerstoff gebunden ist). Die Menge des zur Verbrennung verfügbaren „disponiblen" Wasserstoffes ist daher gleich der Gesamtmenge des Wasserstoffes, verringert um die Menge, die an den Sauerstoff gebunden ist, d. i. also $H - \frac{1}{8} O$.

Die Feuchtigkeit und das chemisch gebundene Wasser werden bei der Verbrennung in Dampf verwandelt, und zwar sind rund 600 kcal für 1 kg Wasser erforderlich; diese Wärmemenge wird daher der erzeugten Wärmemenge entzogen.

Stickstoff und Asche tragen zur Wärmeentwicklung nichts bei, sie werden im Gegenteil auf Kosten der Gesamtwärme mit erwärmt und bedingen Wärmeverluste. Der Schwefelgehalt wird als wärmeerzeugend angesehen.

259. Beispiel. Die Elementarzusammensetzung einer Steinkohle ergab: 77,09% C, 4,98% H, 6,98% O, 0,96% N, 0,98% S, 2,18% Feuchtigkeit und 6,83% Asche. Berechne den Heizwert der Kohle.

Der disponible Wasserstoff $= \mathrm{H} - \frac{1}{8}\,\mathrm{O} = 4{,}98 - \frac{6{,}98}{8} = 4{,}11\%$.

Menge des chemisch gebundenen Wassers $= 6{,}98 + \frac{6{,}98}{8} = 7{,}85\%$.

Menge des Gesamtwassers $= 7{,}85 + 2{,}18 = 10{,}03\%$.

$H_u = 81\,.\,77{,}09 + 290\,.\,4{,}11 + 25\,.\,0{,}98 - 6\,.\,10{,}03 = 7400$ kcal.

Aufgaben: 529. Berechne den Heizwert folgender Kohlen nach der Verbandsformel:

	a) Braunkohle	b) Steinkohle	c) Steinkohle
% C	58,06	76,3	73,60
% H	4,96	6,6	5,32
% O	10,97	7,8	9,80
% N	1,06	0,4	1,68
% S	1,99	0,5	0,75
% Feuchtigkeit	17,15	2,4	0,80
% Asche	5,81	5,0	8,05

3. Heizwert von Gasen.

Heizgase stellen ein Gemisch verschiedener Gase, welche bei der Verbrennung Wärme liefern, dar. Jene Wärmemenge, die 1 kg eines Einzelgases bei der Verbrennung liefert, wird seine Verbrennungswärme genannt. Der Heizwert des Gasgemisches setzt sich somit aus den Wärmemengen zusammen, die die einzelnen Bestandteile (Einzelgase) bei der Verbrennung liefern.

Die Verbrennungswärmen der wichtigsten Gase sind in der Tabelle 19, S. 299 zusammengestellt.

260. Beispiel. Wie groß ist der Heizwert eines Wassergases von folgender Zusammensetzung: 3,3 Vol.-% CO_2, 44,0 Vol.-% CO, 0,4 Vol.-% CH_4, 48,6 Vol.-% H und 3,7 Vol.-% N. Bekannt seien nur die Verbrennungswärmen pro kg der Einzelbestandteile.

1 Liter Wassergas enthält nach obiger Analyse: 0,033 Liter CO_2, 0,44 Liter CO, 0,004 Liter CH_4, 0,486 Liter H und 0,037 Liter N. Für die Erzeugung der Wärme kommen nur die brennbaren Gase CO, CH_4 und H in Betracht. Diese Volumina umgerechnet in Gewichtsmengen ergeben:

22,4 Liter CO sind 1 Mol = 28,0 g;
folglich sind 0,44 Liter = 0,55 g CO.

In analoger Weise erhalten wir 0,003 g CH_4 und 0,044 g H. Diese Mengen liefern eine Wärme von (Verbrennungswärmen siehe S. 299):

CO .... 0,55 . 2429 = 1336 cal
CH_4.... 0,003 . 11970 = 36 cal
H ..... 0,044 . 28557 = 1257 cal
1 Liter Wassergas liefert 2629 cal.

Aufgaben: 530. Die Analyse der tieferstehenden Heizgase habe ergeben:

	a) Wassergas	b) Wassergas	c) Generatorgas
Vol.-% CO......	43,7	38,0	27,5
Vol.-% H.......	48,7	48,5	12,3
Vol.-% CH_4	0,4	1,5	1,6
Vol.-% CO_2.....	3,4	6,5	3,2
Vol.-% N	3,8	5,5	55,4

Berechne den Heizwert der Gase unter Benutzung der auf S. 299 angegebenen Verbrennungswärmen für 1 m³ der Heizgase.

B. Wärmenutzung.

1. Berechnung der Luftmengen bei der Verbrennung.

Die in den Heizstoffen enthaltene Energie (ausgedrückt durch den Heizwert) läßt sich aus folgenden Gründen nicht vollkommen ausnützen: Die Brennstoffe werden mit Luft verbrannt. Zur Erwärmung des in der Luft enthaltenen Stickstoffes wird Wärme benötigt, welche mit den abgehenden Rauchgasen verlorengeht. Außerdem muß zur Verbrennung, insbesondere bei festen Brennstoffen, ein Luftüberschuß vorhanden sein, um eine unvollkommene Verbrennung zu verhüten. Die Anwendung eines Luftüberschusses führt aber wiederum zu Wärmeverlusten. Ein weiterer Verlust wird durch Leitung und Strahlung hervorgerufen. Die als Rückstand verbleibende Asche nimmt ebenfalls Wärme auf und außerdem muß der gebildete Ruß als ein Faktor in Betracht gezogen werden, welcher die Wärmenutzung herabsetzt.

Um alle diese Wärmeverluste möglichst gering zu halten, ist eine ständige Kontrolle der Feuerungsanlagen dringend geboten. Unter anderem müssen die entweichenden Rauchgase ständig überwacht werden, da aus ihrer Zusammensetzung auf den Gang der Verbrennung geschlossen werden kann.

261. Beispiel. Die Rauchgase einer Kesselfeuerung mit Steinkohle enthielten im Mittel 12,7 Vol.-% CO_2, 80,6 Vol.-% N und 6,7 Vol.-% O. Mit welchem Luftüberschuß wurde die Kohle verbrannt?

Luft besteht aus 20,9 Vol.-% O und 79,1 Vol.-% N.

Zu den in den Rauchgasen enthaltenen 6,7 Vol.-% O gehören somit $\frac{6{,}7 \cdot 79{,}1}{20{,}9} = 25{,}4$ Vol.-% N.

$80{,}6 - 25{,}4 = 55{,}2$ Vol.-% N stammen daher aus der Luft, welche zur Verbrennung der Kohle notwendig war (= theoretische Menge). Diese Stickstoffmenge ist also in den Verbrennungsgasen zurückgeblieben.

Wir setzen die theoretische Luftmenge = 1 und stellen die Proportion auf: Gesamt-Luftmenge : theoretisch benötigter = $x : 1$.

Statt der Luftmengen können die in diesen Luftmengen enthaltenen Stickstoffmengen (welche berechnet wurden) eingesetzt werden, so daß die Proportion folgendes Aussehen erhält:

80,6 Vol.-% N : 55,2 Vol.-% N = $x : 1$; daraus ist $x = 1{,}46$.

Die Kohle wurde also mit dem 1,46fachen der theoretisch erforderlichen Luftmenge verbrannt.

Aufgaben: 531. Berechne die zur Verbrennung notwendige theoretische Luftmenge für 1 m³ eines wie folgt zusammengesetzten

	a) Wassergases	**b)** Generatorgases
Vol.-% H	48,2	20
Vol.-% CH_4	0,5	—
Vol.-% N	3,5	50
Vol.-% CO	44,4	25
Vol.-% CO_2	3,4	5

auf Grund der Verbrennungsgleichungen, wenn die Luft aus 20,9 Vol.-% Sauerstoff und 79,1 Vol.-% Stickstoff zusammengesetzt ist.

532. Berechne die zur Verbrennung von 1 t der angeführten Kohle theoretisch notwendige Luftmenge für eine Temperatur von 10° und einen Barometerstand von 745 Torr. Die Luft ist aus 20,9 Vol.-% Sauerstoff und 79,1 Vol.-% Stickstoff zusammengesetzt.

	% C	% H	% O	% S	% N	% Feuchtigk.	% Asche
a) Steinkohle	77,1	4,9	7,6	0,8	1,0	1,1	7,5
b) Braunkohle	55,25	5,11	12,85	3,90	1,02	13,08	8,79

(Von der Gesamt-H-Menge kommt nur der disponible H für die Berechnung in Betracht.)

533. Berechne die Zusammensetzung der Rauchgase eines Generatorgases der Zusammensetzung: 6,5 Vol.-% CO_2, 25 Vol.-% CO, 4,5% Vol.-% CH_4, 9,5 Vol.-% H und 54,5 Vol.-% N, wenn das Gas **a)** mit der theoretisch erforderlichen Luftmenge, **b)** mit einem Luftüberschuß von 20% verbrannt wurde. Die Luft besteht aus 20,9 Vol.-% O und 79,1 Vol.-% N.

534. Die Analyse eines Rauchgases ergab folgende Zusammensetzung: **a)** 10,9 Vol.-% CO_2, 7,4 Vol. % O und 81,7 Vol.-% N; **b)** 8,1 Vol.-% CO_2, 9,8 Vol.-% O und 82,1 Vol.-% N. Mit welchem Luftüberschuß wurde die Kohle verbrannt? Luftzusammensetzung: 20,9 Vol.-% O und 79,1 Vol.-% N.

2. Berechnungen mit Hilfe der spezifischen Wärme der Gase.

In der Tabelle 20, S. 299, sind einige Werte von c_p (spezifische Wärme bei konstantem Druck) zusammengestellt.

262. Beispiel. Ein Wassergas setzt sich zusammen aus 51,1 Vol.-% H, 42,7 Vol.-% CO, 1,2 Vol.-% CH_4, 2,6 Vol.-% CO_2 und 2,4 Vol.-% N.

Zu berechnen ist die nutzbare Verbrennungswärme von 1 m³ dieses Wassergases, wenn die Verbrennung mit der theoretischen Menge Luft erfolgt und die Verbrennungsgase mit einer Temperatur von 300° entweichen, während die Außentemperatur 20° beträgt. Die spezifischen Wärmen sind aus der Tabelle 20, S. 299, zu entnehmen.

Die brennbaren Bestandteile sind H, CO und CH_4; von diesen sind in 1 m³ Wassergas enthalten: 0,551 m³ H, 0,427 m³ CO und 0,012 m³ CH_4.

Unter Benutzung der auf S. 299 angegebenen Verbrennungswärmen für 1 m³ Gas wird eine Wärmemenge von

$$\begin{aligned} &(H) \ldots\ldots 0{,}551 \cdot 2570 = 1416 \text{ kcal} \\ &(CO) \ldots\ldots 0{,}427 \cdot 3034 = 1296 \text{ kcal} \\ &(CH_4) \ldots\ldots 0{,}012 \cdot 8562 = 103 \text{ kcal} \\ &\text{zusammen (von 1 m}^3\text{ Gas) } 2815 \text{ kcal} \end{aligned}$$

geliefert.

Ein Teil dieser Wärme wird von den Verbrennungsgasen fortgeführt.

Die Verbrennung des Wasserstoffes erfolgt nach der Gleichung $2\ H_2 + O_2 = 2\ H_2O$ (dampfförmig), d. h. Wasserstoff liefert das gleiche Volumen Wasserdampf, also 0,551 m^3.

CO verbrennt nach der Gleichung $2\ CO + O_2 = 2\ CO_2$; 0,427 m^3 CO ergeben demnach wiederum 0,427 m^3 CO_2.

Die Verbrennung des CH_4 erfolgt nach der Gleichung $CH_4 + 2\ O_2 = CO_2 + 2\ H_2O$; d. h. das Methan liefert bei der Verbrennung das gleiche Volumen CO_2 und das doppelte Volumen Wasserdampf, also 0,012 m^3 CO_2 und 0,024 m^3 Wasserdampf.

Die Rauchgase bestehen also aus

0,427 m^3 CO_2 vom CO
0,012 m^3 CO_2 vom CH_4
0,026 m^3 CO_2 aus dem Wassergas selbst

insgesamt 0,465 m^3 CO_2.

Sie enthalten ferner 0,551 m^3 Wasserdampf vom H
0,024 m^3 Wasserdampf vom CH_4

insgesamt... 0,575 m^3 Wasserdampf.

Weiterhin enthalten die Rauchgase den aus der Verbrennungsluft herrührenden Stickstoff, vermehrt um den im Wassergas selbst enthaltenen. Die Berechnung der N-Menge erfolgt aus der zur Verbrennung notwendigen Luftmenge, diese wiederum aus der benötigten Sauerstoffmenge.

Nach den Verbrennungsgleichungen braucht man zur Verbrennung des

H	die Hälfte des H-Volumens	= 0,276 m^3 Sauerstoff
CO	die Hälfte des CO-Volumens	= 0,214 m^3 ,,
CH_4	das Doppelte des CH_4-Volumens	= 0,024 m^3 ,,
	zusammen.....	0,514 m^3 Sauerstoff.

Diese 0,514 m^3 Sauerstoff entsprechen bei einer Zusammensetzung der Luft von 20,9 Vol.-% O und 79,1 Vol.-% N ($20{,}9 : 79{,}1 = 0{,}514 : x$) 1,945 m^3 N. Dazu kommen 0,024 m^3 N aus dem Wassergas, also insgesamt 1,969 m^3 N.

Die Abgase bestehen somit aus

0,465 m^3 CO_2 .... = 0,914 kg CO_2
0,575 m^3 Wasserdampf = 0,462 kg Wasserdampf
1,969 m^3 N .... = 2,463 kg N.

Die Verbrennungsgase ziehen mit einer Temperatur von 300° bei einer Außentemperatur von 20°, also mit einer 280° höheren Temperatur ab. Die Wärmemenge, die zur Erhöhung der Temperatur um 280° erforderlich war, stammt von der Gesamtwärmemenge, welche 1 m³ des Wassergases liefert.

Die Wärmemenge, welche die Verbrennungsgase fortführen, berechnet sich mit Hilfe der spezifischen Wärmen (siehe S. 299) zu

$$280 \,.\, (0{,}914 \,.\, 0{,}228 + 0{,}462 \,.\, 0{,}468 + 2{,}463 \,.\, 0{,}243) = 286{,}6 \text{ kcal.}$$

Nutzbare Wärmemenge = 2815 — 286,6 = rund 2528 kcal, das sind 89,8%.

Aufgaben: 535. Wie groß ist die Wärmemenge, welche 1 Mol CO beim Verbrennen mit der theoretischen Menge Sauerstoff abgibt, wenn das gebildete CO_2 bei einer Außentemperatur von 25° mit 200° abzieht?

536. Ein Wassergas hat die Zusammensetzung 49,5 Vol.-% H, 39,5 Vol.-% CO, 1,8 Vol.-% CH_4, 4,0 Vol.-% CO_2 und 5,2 Vol.-% N. Wie groß ist die nutzbare Verbrennungswärme von 1 m³ dieses Gases, wenn die Verbrennung **a)** mit der theoretischen Menge Sauerstoff, **b)** mit der theoretischen Menge Luft, **c)** mit einem Luftüberschuß von 5% erfolgt und die Verbrennungsgase mit einer Temperatur von 310° entweichen, während die Außentemperatur 10° beträgt? (Zusammensetzung der Luft: 20,9 Vol.-% O und 79,1 Vol.-% N.)

3. Pyrometrischer Wärmeeffekt.

Für verschiedene Industrien (z. B. beim Schmelzen, Schweißen u. a.) ist die Erzeugung einer möglichst hohen Temperatur wichtiger als die Gewinnung großer Wärmemengen. Man bezeichnet jene Temperatur, die durch vollkommene Verbrennung eines Brennstoffes erzielt werden kann, als pyrometrischen Wärmeeffekt.

Zur Erwärmung von P kg eines Stoffes von der spezifischen Wärme c auf t° werden $P \,.\, c \,.\, t = W$ kcal benötigt. Daraus ist $t = \frac{W}{P \,.\, c}$.

Wird ein Brennstoff verbrannt, entsteht nicht nur ein gasförmiger Körper, sondern ein Gemisch gasförmiger Produkte (Rauchgase). Wir bezeichnen mit P_1, P_2, P_3 usw. die Gewichte der verschiedenen Verbrennungsprodukte, mit c_1, c_2, c_3 usw. ihre spezifischen Wärmen und erhalten für

$$t = \frac{W}{P_1 \,.\, c_1 + P_2 \,.\, c_2 + P_3 \,.\, c_3 + \ldots},$$

worin unter W die Verbrennungswärme verstanden wird.

Auf diese Weise kann die Verbrennungstemperatur annähernd berechnet werden, unter der Voraussetzung, daß während der Verbrennung keine Wärme an die Umgebung abgegeben wird.

Zur Vereinfachung der Formel kann, da die spezifischen Wärmen der Rauchgasbestandteile (N, CO_2, O) nur wenig voneinander verschieden sind, 0,24 als Durchschnittswert der spezifischen Wärme der gesamten Verbrennungsgase angesehen werden, so daß

$$t = \frac{W}{Rauchgasgewicht \,.\, 0{,}24}.$$

263. Beispiel. Welches ist die Flammentemperatur des Wasserstoffes, wenn er mit der theoretischen Menge Sauerstoff verbrannt wird? Die Verbrennung verläuft nach der Gleichung $2\,H_2 + O_2 = = 2\,H_2O$. Die Verbrennungswärme des Wasserstoffes beträgt 28557 kcal, unter der Voraussetzung, daß das entstandene Wasser dampfförmig ist.

1 g Wasserstoff liefert also 28557 cal, folglich 1 Mol (= rund 2 g) 57114 cal.

Wird die gesamte Wärme auf den entstandenen Wasserdampf übertragen, dann ist, wenn die mittlere spezifische Wärme des Wasserdampfes $c_p = 0{,}78$ gesetzt wird

$$t = \frac{57\,114}{18\,.\,0{,}78} = \text{rund } 4000^\circ.$$

Aufgaben: 537. Berechne die Verbrennungstemperatur von 1 Liter eines Wassergases, welches pro m³ ein Rauchgas mit 0,914 kg CO_2, 0,462 kg Wasserdampf und 2,463 kg Stickstoff liefert? Die spezifischen Wärmen sind aus der Tabelle 20, S. 299, zu entnehmen (mittlere spezifische Wärmen für 0 bis 2000°). Die Verbrennungswärme des Wassergases beträgt 2815 kcal pro m³.

538. Wie groß ist die theoretische Verbrennungstemperatur von Kohlenstoff in Sauerstoff? Die spezifische Wärme des Kohlendioxyds bei der Verbrennungstemperatur beträgt 0,32, die Verbrennungswärme des Kohlenstoffs 8100 kcal.

539. Wie groß ist die theoretische Flammentemperatur bei der Verbrennung von CO in Sauerstoff? $2\,CO + O_2 = 2\,CO_2$. Es wird also das gleiche Volumen CO_2 gebildet. Die mittlere spezifische Wärme des CO_2 für diesen Temperaturbereich sei 0,6 (bezogen auf 1 m³ Gas).

540. Wie groß ist die Flammentemperatur bei der Verbrennung von CO in Sauerstoff, wenn bei dieser Temperatur 50% des CO_2 dissoziiert sind (dies ist gleichbedeutend damit, daß 50% des CO unverbrannt bleiben)? Die mittlere spezifische Wärme des CO_2 kann bei dieser Temperatur zu 0,58, diejenige des CO zu 0,38 (bezogen auf 1 m³) angenommen werden.

C. Wasserenthärtung.

Unter der *Härte* des Wassers versteht man seinen Gehalt an Calcium- und Magnesiumsalzen (in Form ihrer Bicarbonate und Sulfate). Sie wirken kesselsteinbildend und greifen die Kesselbleche an. Auch für viele Zweige der chemischen Industrie ist hartes Wasser ungeeignet.

Die im Wasser gelösten Salze müssen daher durch Zusatz von Chemikalien unschädlich gemacht werden. Neben einer großen Zahl kontinuierlich laufender Wasserreinigungsapparate ist die Enthärtung des Wassers mittels Kalk, Soda und Natronlauge von Interesse.

In der Siedehitze werden die als Bicarbonate gelösten Erdalkalien zersetzt, während die Sulfate unverändert bleiben; wir unterscheiden demgemäß zwischen vorübergehender (temporärer oder Carbonat-) Härte H_t, welche von den Bicarbonaten herrührt und beim Kochen verschwindet, und der bleibenden (permanenten oder Sulfat-) Härte H_p, welche durch die Sulfate verursacht wird. Die Summe beider wird als Gesamthärte bezeichnet.

Die Härte des Wassers wird in Härtegraden angegeben.

Ein Wasser, welches in 100000 Gewichtsteilen 1 Gewichtsteil CaO enthält, hat eine Härte von 1 deutschen Härtegrad.

$1\,d\,H^\circ$ ist also 10 mg CaO im Liter (MgO muß als CaO in Rechnung gesetzt werden).

1 französischer Härtegrad = 10 mg $CaCO_3$ im Liter,

1 englischer Härtegrad = 10 mg $CaCO_3$ in 0,7 Liter Wasser.

Die Härte kann auf analytischem Wege direkt bestimmt oder aus der Analyse berechnet werden.

Die Enthärtung des Wassers kann entweder im Kessel selbst oder vor Eintritt des Wassers in den Kessel vorgenommen werden.

a) Kalk-Soda-Reinigung.

Die Bicarbonate werden durch Zusatz von Kalk (CaO) in die Carbonate verwandelt, und zwar ist für je 1 Mol Bicarbonat 1 Mol CaO erforderlich. Das gebildete $MgCO_3$ sowie das $MgSO_4$ werden durch weiteren Kalkzusatz zu $Mg(OH)_2$ umgesetzt.

$$Ca(HCO_3)_2 + Ca(OH)_2 = 2\,CaCO_3 + 2\,H_2O,$$
$$Mg(HCO_3)_2 + Ca(OH)_2 = CaCO_3 + MgCO_3 + 2\,H_2O,$$
$$MgCO_3 + Ca(OH)_2 = CaCO_3 + Mg(OH)_2,$$
$$MgSO_4 + Ca(OH)_2 = Mg(OH)_2 + CaSO_4.$$

Die Ausfällung des $CaSO_4$ und $MgCl_2$ geschieht durch Soda:

$$CaSO_4 + Na_2CO_3 = CaCO_3 + Na_2SO_4,$$
$$MgCl_2 + Na_2CO_3 = MgCO_3 + 2\,NaCl.$$

Berechnung der Zusätze.

264. Beispiel. Die Analyse eines Wassers hatte ergeben:

130,5 mg $CaCO_3$ } als Bicarbonate vorhanden
21,5 mg $MgCO_3$ }
12,3 mg $CaSO_4$
1,8 mg $MgSO_4$ im Liter.

Wieviel CaO und Na_2CO_3 werden zur Fällung der Härtebildner für 1 m³ Wasser benötigt, wenn der gebrannte Kalk 92%ig und die Soda 97%ig ist?

a) Berechnung der Kalkmenge:

Zur Ausfällung von 100,1 g $CaCO_3$ (= 1 Mol), entsprechend 1 Mol $Ca(HCO_3)_2$, werden 56,1 g CaO benötigt, folglich zur Ausfällung von 130,5 g (pro m³) 73,1 g CaO.

84,3 g $MgCO_3$ benötigen 56,1 g CaO,
folglich 21,5 g .... = 14,3 g CaO.
120,4 g $MgSO_4$ benötigen 56,1 g CaO,
folglich 1,8 g .... = 0,8 g CaO.

Gesamtverbrauch an CaO: 73,1 + 14,3 + 0,8 = 88,2 g (100%ig) = = 95,9 g (92%ig).

b) Berechnung der Sodamenge:

Zur Zersetzung von 136,1 g $CaSO_4$ werden 106 g Na_2CO_3 benötigt, folglich für 12,3 g .... = 9,6 g.

Zur Zersetzung von 120,4 g $MgSO_4$ sind 106 g Na_2CO_3 nötig, folglich für 1,8 g .... = 1,6 g.

Gesamtverbrauch an Soda: 9,6 + 1,6 = 11,2 g (100%ig) = 11,5 g (97%ig).

265. Beispiel. Berechnung der Härte des in Beispiel 264 angegebenen Wassers.

1 Liter Wasser enthält 130,5 mg $CaCO_3$, in welchem 73,1 mg CaO enthalten sind,
21,5 mg $MgCO_3$, welche 14,3 mg CaO äquivalent sind,

das sind zusammen 87,4 mg CaO im Liter = 8,7° H_t.

1 Liter Wasser enthält 12,3 mg $CaSO_4$, welche 5,1 mg CaO äquivalent sind
und 1,8 mg $MgSO_4$, welche 0,8 mg CaO äquivalent sind

zusammen also 5,9 mg CaO im Liter = abgerundet 0,6° H_p

Gesamthärte = 8,7 + 0,6 = 9,3° *d. H.*

Da 1 mg CaO 1,4 mg MgO äquivalent ist und 1 Härtegrad 10 mg CaO im Liter anzeigt, kann der CaO-Verbrauch zur Enthärtung für 1 Liter Wasser nach der Formel

$$CaO\ Verbrauch = 10 \,.\, H_t + 1{,}4 \,.\, MgO$$

berechnet werden.

Der Sodaverbrauch ergibt sich nach der Formel

$$\textit{Sodaverbrauch} = 18{,}9 \, . \, H_p,$$

welche sich aus der Proportion 56 CaO : 106 Na_2CO_3 = 10 CaO : x (daraus ist $x = 18{,}9$) errechnet.

b) Kalk-Natronlauge- bzw. Soda-Natronlauge-Reinigung.

Durch die mitverwendete Natronlauge wird eine Beseitigung der Carbonatharte und durch die gebildete Soda eine Ausfällung der Resthärtebildner bewirkt.

Nach der Gleichung $Ca(OH)_2 + Na_2CO_3 = CaCO_3 + 2\,NaOH$ können 56 Teile CaO und 106 Teile Na_2CO_3 durch 80 Teile NaOH ersetzt werden.

266. Beispiel. Zur Reinigung von 1 m³ Wasser wurden als Zusätze 159 g Soda und 112 g Kalk (gerechnet 100%ig) berechnet.

Nachdem nach obiger Gleichung 159 g Soda durch 120 g NaOH ersetzt werden können, wobei gleichzeitig ein Ersatz von 84 g CaO stattfindet, können an Stelle der genannten Zusätze folgende angewendet werden: 120 g NaOH und (112 — 84 =) 28 g CaO.

267. Beispiel. Umgekehrt liegt der Fall, wenn beispielsweise zur Reinigung von 1 m³ Wasser 212 g Soda und 84 g Kalk erforderlich wären.

84 g CaO werden durch 120 g NaOH ersetzt, wobei gleichzeitig ein Ersatz von 159 g Soda stattfindet. Es können daher zur Reinigung verwendet werden: 120 g NaOH und (212 — 159 =) 53 g Soda.

Aufgaben: 541. In einem Leitungswasser wurden 178 mg CaO und 25 mg MgO pro Liter festgestellt. Die bleibende Härte wurde zu 6° ermittelt. Berechne **a)** die Gesamthärte, **b)** den Soda- und Kalkverbrauch (gerechnet 100%ig) zur Reinigung von 1 m³ dieses Wassers und **c)** durch wieviel Kalk und Natronlauge die errechneten Mengen ersetzt werden können.

542. Ein Wasser von der Gesamthärte 18°, einer temporären Härte 12° und einem MgO-Gehalt von 2,4 mg pro Liter ist zu enthärten. Wieviel Soda und Kalk (gerechnet 100%ig) werden pro m³ dieses Wassers benötigt?

543. Durch die Analyse eines Wassers wurden im Liter desselben folgende Mengen Härtebildner festgestellt:

a) 109,7 mg $CaCO_3$	als Bicarbonate gelöst	**b)**	461,7 mg $Ca(HCO_3)_2$
25,8 mg $MgCO_3$			166,8 mg $Mg(HCO_3)_2$
8,7 mg $CaSO_4$			104,0 mg $CaSO_4$
3,0 mg $MgSO_4$			56,0 mg $MgSO_4$

Berechne 1. die bleibende, vorübergehende und Gesamthärte des Wassers, 2. die zur Enthärtung von 1 m³ notwendige Kalk- und Sodamenge (100%ig) und 3. die Zusätze, die sich ergeben, wenn statt Kalk bzw. Soda Natronlauge verwendet werden soll.

D. Metallurgische Berechnungen.

Die in diesem Abschnitt gezeigten Beispiele sind aus der ungeheuren Fülle metallurgischer Berechnungen herausgegriffen und sollen lediglich Anwendungsbeispiele chemisch-technischer Rechnungen darstellen, also nicht etwa das Gesamtgebiet der Metallurgie behandeln. (Das gleiche gilt sinngemäß für den folgenden Abschnitt E über keramische Berechnungen.)

268. Beispiel. Unter der *Schlackenzahl p* versteht man jene Zahl, welche angibt, wieviel Gewichtsteile Basen auf 100 Gewichtsteile Säuren kommen, wobei Al_2O_3 als Säure gerechnet wird.

Zu berechnen ist die Schlackenzahl einer Thomasroheisenschlacke folgender Zusammensetzung: 35,7% SiO_2, 41,5% CaO, 8,9% Al_2O_3, 5,2% MgO, 1,8% CaS, 6,3% MnO und 0,6% FeO.

Summe der Basen = 41,5 + 5,2 + 6,3 + 0,6 = 53,6.

Summe der Säuren = 35,7 + 8,9 = 44,6.

$$p = \frac{53,6}{44,6} \cdot 100 = 120.$$

269. Beispiel. Unter der *Stoffbilanz* eines metallurgischen Prozesses versteht man die Aufstellung und Verteilung der einzelnen Bestandteile der Beschickung, bzw. des Fertigprodukts, also die Bilanz der Stoffe, die dem Ofen zugeführt werden und die ihn verlassen.

Ein fertiggeblasener Konverter enthält 9600 kg Metall von der Zusammensetzung 0,04% C, 0,02% Si, 0,01% Mn, 0,11% P, 0,06% S (etwa 0,2% O) und den Rest Eisen.

Zugegeben wurden 1130 kg Spiegeleisen von der Zusammensetzung 4,630% C, 0,035% Si, 14,890% Mn und 0,139% P (Rest Fe).

Der fertige Stahl enthielt 0,45% C, 0,04% Si, 1,15% Mn, 0.11% P und 0,06% S. Es wird angenommen, daß kein Eisen oxydiert wurde.

Berechnung der Stoffbilanz:

Es kamen folgende Mengen in kg zum Umsatz:

	Verblasenes Metall	Spiegeleisen	Stahl	Gas od. Schlacke
C	3,8	52,3	48,3	7,8
Si	1,9	0,4	4,3	—2,0
Mn	1,0	168,3	123,4	45,9
P	10,6	1,6	11,8	0,4
S	5,8	—	6,4	—0,6
Fe	9576,9	907,4	10484,3	—

Aus dieser Stoffbilanz ersehen wir, daß beim C und Mn Verluste eingetreten sind, während die Abweichungen der Ausgangs-

und Endmengen beim Si, P und S innerhalb der Fehlergrenzen liegen.

In Stahl sind an C und Mn vorhanden:

berechnet:	0,52% C,	1,58% Mn,
gefunden:	0,45% C,	1,15% Mn,
Verlust:	0,07% C,	0,43% Mn.

Nimmt man an, daß diese Verluste durch Oxydation der genannten Elemente durch den im Metall gelösten Sauerstoff unter Bildung von CO und MnO bedingt sind, berechnet sich daraus die O-Menge wie folgt:

$$\text{Vom C aufgenommene O-Menge} = \frac{0{,}07 \cdot 16}{12} = 0{,}09\%,$$

$$\text{vom Mn aufgenommene O-Menge} = \frac{0{,}43 \cdot 16}{55} = 0{,}13\%$$

zusammen 0,22% O.

270. Beispiel. Ein Eisenerz enthält 10% SiO_2 und 6% Al_2O_3. Wieviel Kalkstein von nachstehender Zusammensetzung ist zur Verschlackung von 1 t Erz nötig, um eine Schlacke von 49% $SiO_2 + Al_2O_3$ zu erhalten? Zusammensetzung des verwendeten Kalksteines: 37,3% CaO, 13,3% MgO, 3,3% SiO_2, 44% CO_2 und 2,1% Al_2O_3.

Bezeichnen wir die Menge des Kalksteines mit x, dann enthält die Schlacke

	aus dem Erz	aus dem Kalkstein
SiO_2	100 kg	$0{,}033 \cdot x$ kg
Al_2O_3	60	$0{,}021 \cdot x$ kg
CaO	—	$0{,}373 \cdot x$ kg
MgO	—	$0{,}133 \cdot x$ kg
Gesamtgewicht der Schlacke	160 kg	$+\ 0{,}560 \cdot x$ kg

Darin sind enthalten $160 + 0{,}054 \cdot x$ kg $SiO_2 + Al_2O_3$, welche 49% der Gesamtmenge ausmachen sollen.

$$160 + 0{,}054 \cdot x = 0{,}49 \cdot (160 + 0{,}560 \cdot x).$$

Daraus ist $x = 370$ kg.

Aufgaben: 544. Ein Eisenerz enthält 7% SiO_2 und 2,5% Al_2O_3. Wieviel Kalkstein von nachstehender Zusammensetzung ist zur Verschlackung von 1 t des Erzes erforderlich, um eine Schlacke zu erhalten, bei welcher die Gesamtkieselsäure (SiO_2 und Al_2O_3 als SiO_2 gerechnet) = Gesamtkalk (CaO und MgO als CaO gerechnet)? Zusammensetzung des Kalksteines: 53,7% CaO, 1,2% MgO, 3,1% SiO_2, 0,3% Al_2O_3 und 41,7% CO_2.

545. Ein Eisenerz soll auf Thomasroheisen mit 93% Fe und 0,7% Si verschmolzen werden, bei $p = 115$. Wieviel Kalkstein mit 2% $SiO_2 + Al_2O_3$ ist erforderlich?

Die Analyse des Erzes hatte ergeben: 22,3% SiO_2, 4,1% Al_2O_3, 50,1% Fe_2O_3 (= 35,0% Fe), 0,7% Mn_2O_3, 3,0% CaO, 0,2% MgO, 1,5% P_2O_5, 2,1% CO_2, 0,1% S und 15,9% Wasser.

(Bemerkung: Vom FeO geht 1% in die Schlacke, außerdem $\frac{1}{3}$ der MnO-Menge.)

Bei 3% $SiO_2 + Al_2O_3$ im Kalkstein muß man nach OSANN 109 kg Kalkstein anwenden, um 100 kg verfügbar zu haben, bei 2% 106 kg, bei 1% 103 kg.

E. Keramische Berechnungen.

Silikate sind Verbindungen, welche sich in der Hauptsache zusammensetzen aus SiO_2, Al_2O_3 (Fe_2O_3), CaO (MgO) und Na_2O (K_2O).

In der keramischen Industrie wird die Zusammensetzung derartiger Minerale und keramischer Massen häufig nach der sog. Segerformel angegeben.

Die *Segerformel* faßt alle in dem Mineral enthaltenen basischen Glieder vom Typus R_2O und RO zu einer Gruppe zusammen und reduziert diese Menge auf *ein* 2wertiges Molekül und stellt ihm die Anzahl der R_2O_3-Moleküle und die Anzahl der Säuremoleküle gegenüber. (In der Segerformel sind also Anzahl Mol gegenübergestellt.)

Sarkolit hat die Formel 30 SiO_2 . 10 Al_2O_3 . 27 CaO . 3 Na_2O. Daraus ergibt sich die Segerformel wie folgt:

Die Summe der Mol R_2O + RO (in unserem Fall also Na_2O + + CaO) muß 1 sein; wir müssen somit die Formel durch (3 + 27 =) 30 dividieren. Wir erhalten:

$$SiO_2 \,.\, 0{,}33\, Al_2O_3 \left\{ \begin{array}{l} 0{,}1\, Na_2O \\ 0{,}9\, CaO. \end{array} \right.$$

Aus dieser Segerformel kann das Verhältnis von Base zu Säure rasch festgestellt werden.

Basenwertigkeiten: $\left.\begin{array}{l} 0{,}1\, Na_2O \\ 0{,}9\, CaO \end{array}\right\}$ 1 RO, das sind, nachdem RO 2wertig ist, 1 . 2 = 2 Wertigkeiten.

0,33 Al_2O_3 = 0,33 R_2O_3, das sind, nachdem 2 Al-Atome 6 Wertigkeiten ergeben, 0,33 . 6 = 1,98 Wertigkeiten.

Summe der Basenwertigkeiten = 2 + 1,98 = 3,98.

Säureäquivalente: 1 SiO_2 ergibt, da die normale Kieselsäure 2basisch ist und 2 Säureäquivalente besitzt, insgesamt 1 . 2 = 2 Säureäquivalente.

Die Basenwertigkeiten sind in diesem Fall also rund 2mal so groß als die Säureäquivalente. Wir haben es daher mit einem basischen Silikat zu tun.

271. Beispiel. Ermittlung der Segerformel aus den Analysendaten.

Die chemische Analyse von Lehm ergab folgende Werte:

SiO_2	79,85%	CaO	0,74%	Na_2O	1,90%
Fe_2O_3 ...	4,32%	MgO ...	0,68%	K_2O	2,62%
Al_2O_3....	9,15%			Glühverlust .	0,96%

Die Summe dieser Prozentzahlen = 100,22, das sind unter Berücksichtigung der Analysenfehler rund 100%.

Die Analyse bezieht sich also auf 100 Gewichtsteile; in diesen sind enthalten:

79,85 Gewichtsteile SiO_2,

das sind

$$\left(\frac{\text{g}}{\text{Mol.-Gew.}}\right) = \frac{79,85}{60,06} = 1.329 \text{ Mol.}$$

Auf gleiche Weise werden die anderen Bestandteile in Mol umgerechnet und wir erhalten:

SiO_2 = 1,329 Mol	CaO = 0,013 Mol	K_2O = 0,028 Mol
Fe_2O_3 = 0,027 Mol	MgO = 0,017 Mol	Na_2O = 0.031 Mol
Al_2O_3 = 0,089 Mol		

Daraus ergibt sich folgende Formel:

$$1,329\ SiO_2 \cdot \begin{cases} 0,027\ Fe_2O_3 \\ 0,089\ Al_2O_3 \end{cases} \left| \begin{array}{l} 0,013\ CaO \\ 0,017\ MgO \\ 0,028\ K_2O \\ 0,031\ Na_2O \end{array} \right.$$

$$\overline{0,089 = \text{Summe von } RO + R_2O}$$

Die Segerformel verlangt, daß diese Summe 1 betragen soll, wir müssen also die ganze Formel durch 0,089 dividieren und erhalten:

$$14,93\ SiO_2 \begin{cases} 0,30\ Fe_2O_3 \\ 1,00\ Al_2O_3 \end{cases} \left| \begin{array}{l} 0,15\ CaO \\ 0,19\ MgO \\ 0,31\ K_2O \\ 0,35\ Na_2O \end{array} \right.$$

Untersuchen wir die Formel auf den chemischen Charakter, so ergibt sich:

Basenwertigkeiten	$1,00\ RO + R_2O = 1,00 \cdot 2$	$= 2,00$
	$1,30\ R_2O_3 = 1,30 \cdot 6$	$= 7,80$
		$= 9,80$

Säureäquivalente 14,93 SiO_2 = 14,93 . 2 = 29,86.

Es sind also rund 3mal soviel Säureäquivalente vorhanden als Basenwertigkeiten.

272. Beispiel. Berechnung der Segerformel aus einem gegebenen Glasurversatz (= Mischung der Rohmaterialien).

Eine Glasur für Irdenware wird z. B. hergestellt durch Vermischen von

88 Gewichtsteilen reinem Sand (SiO_2),
59 Gewichtsteilen Rohkaolin ($2\,SiO_2 . Al_2O_3 . 2\,H_2O$),
194 Gewichtsteilen Bleiglätte (PbO) und
11 Gewichtsteilen Magnesit ($MgCO_3$).

Zu berechnen ist die Segerformel der erhaltenen Glasur.

88 Gewichtsteile sind $\frac{\text{Gewicht}}{\text{Mol.-Gew.}} = 1{,}467$ Mol SiO_2.

Der Kaolin enthält an glasbildenden Stoffen nur SiO_2 und Al_2O_3; das Wasser entweicht beim Schmelzprozeß und kann vernachlässigt werden.

1 Mol = 258 Gewichtsteile Kaolin enthalten 1 Mol Al_2O_3, folglich
59 Gewichtsteile .... = 0,228 Mol Al_2O_3.

Nachdem 1 Molekül Kaolin doppelt soviel Moleküle SiO_2 als Al_2O_3 enthält, werden durch den Kaolin gleichzeitig 0,456 Mol SiO_2 geliefert.

194 Gewichtsteile PbO entsprechen 0,869 Mol PbO.

Magnesit $MgCO_3 = MgO + CO_2$. Letztere entweicht beim Schmelzen, so daß nur das MgO für die Glasurbildung in Frage kommt.

1 Mol $MgCO_3$ (= 84 g) enthält 1 Mol MgO, folglich
11 g............. = 0,131 Mol MgO.

Der Versatz enthält also:

SiO_2 .... 1,467 + 0,456 = 1,923 Mol
Al_2O_3........................ 0,228 Mol
PbO .... 0,869 Mol
MgO .... 0,131 Mol

Aufstellung der Segerformel:

$$1{,}923\ SiO_2 . 0{,}228\ Al_2O_3 . \begin{cases} 0{,}869\ PbO \\ 0{,}131\ MgO \end{cases}$$

Nachdem die Summe PbO + MgO in diesem Fall bereits = 1, ist diese Formel bereits die Segerformel.

273. Beispiel. Berechnung des Versatzes mit Hilfe der Segerformel.

Zu berechnen ist der Versatz für eine Glasur der Formel

$$2{,}3\ SiO_2 . 0{,}2\ Al_2O_3 . \begin{cases} 0{,}9\ PbO \\ 0{,}1\ K_2O \end{cases}$$

durch Mischung von Feldspat (6 SiO_2 . Al_2O_3 . K_2O), Bleiglätte (PbO), Kaolin (2 SiO_2 . Al_2O_3 . 2 H_2O) und Sand (SiO_2).

1 Mol K_2O ist in 1 Mol Feldspat (= 556 Gewichtsteilen) enthalten, folglich 0,1 Mol K_2O in 55,6 Gewichtsteilen Feldspat.

Durch diese Menge werden gleichzeitig 0,1 Mol Al_2O_3 und 0,6 Mol SiO_2 geliefert. Es bleiben also noch 1,7 SiO_2 . 0,1 Al_2O_3 . 0,9 PbO.

1 Mol PbO .... = 223 Gewichtsteile Bleiglätte,
0,9 Mol daher .... = 200,7 Gewichtsteile Bleiglätte.

Es verbleiben noch 1,7 SiO_2 . 0,1 Al_2O_3.

Das Al_2O_3 wird aus dem Kaolin entnommen.

1 Mol Al_2O_3 ist in 1 Mol Kaolin = 258 Gewichtsteilen Kaolin enthalten, folglich 0,1 Mol Al_2O_3 in 25,8 Gewichtsteilen Kaolin.

In dieser Menge ist ferner die doppelte SiO_2-Menge, also 0,2 Mol enthalten. Es verbleibt daher ein Rest von 1,5 SiO_2. welcher als Sand zugemischt wird.

1 Mol SiO_2 = 60 Gewichtsteile, 1,5 Mol daher 90 Gewichtsteile Sand.

Der Versatz wird also gebildet aus

55,6	Gewichtsteilen	Feldspat,
200,7	,,	Bleiglätte,
25,8	,,	Kaolin und
90	,,	Sand.

Aufgaben: 546. Berechne die Segerformel und das Verhältnis der Basenwertigkeiten zu den Säureäquivalenten von Silikatgemischen folgender Zusammensetzung: 100 Gew.-T. einer Glasur enthalten:

a) 34,77 SiO_2, 6,01 Al_2O_3, 56,67 PbO, 1,04 CaO und 1,52 MgO;

b) 67,04 SiO_2, 13,72 Al_2O_3, 12,80 CaO, 1,13 MgO und 5,30 K_2O.

547. Berechne die Segerformel aus folgenden Versätzen:

a) 189 Gew.-T. Feldspat (6 SiO_2 . Al_2O_3, K_2O),
66 ,, Marmor ($CaCO_3$),
49 ,, Kaolin (2 SiO_2 . Al_2O_3 . 2 H_2O),
99 ,, Sand (SiO_2);

b) 60 Gew.-T. Kalkspat ($CaCO_3$),
42 ,, Soda (Na_2CO_3),
127 ,, Sand (SiO_2).

548. Berechne aus der Segerformel

$$8{,}23\ SiO_2 \, . \, 0{,}93\ Al_2O_3 \, . \left| \begin{array}{l} 0{,}21\ K_2O \\ 0{,}21\ MgO \\ 0{,}58\ CaO \end{array} \right.$$

den Versatz aus den Rohmaterialien: Kaolin (2 SiO_2 . Al_2O_3 . 2 H_2O), Feldspat (6 SiO_2 . Al_2O_3 . K_2O), Quarz (SiO_2), Magnesit ($MgCO_3$) und Marmor ($CaCO_3$).

Nachtrag zum Abschnitt 4. Lösungen, A. Arten der Lösung, Seite 123.

Angabe der Konzentration in Mol-Prozent.

Unter *Mol-%* versteht man Mole Bestandteil in 100 Gesamt-Mol Lösung.

Bezeichnen wir die Molekulargewichte mit A, B, C, die Mol-% mit a, b, c und die Gewichts-% mit p, q, r, dann geschieht die Umrechnung wie folgt:

a) Umrechnung von Mol-% in Gew.-%.

α) Beim Vorhandensein zweier Stoffe:

$$p = \frac{a \cdot 100 \cdot \frac{A}{B}}{100 - a \cdot \left(1 - \frac{A}{B}\right)} = \frac{a \cdot 100 \cdot A}{a \cdot A + B \cdot (100 - a)} \quad \text{und } q = 100 - p.$$

β) Beim Vorhandensein von 3 Stoffen:

$$p = \frac{100 \cdot a \cdot A}{\Sigma}, \quad q = \frac{100 \cdot b \cdot B}{\Sigma}, \quad r = \frac{100 \cdot c \cdot C}{\Sigma},$$

$$\Sigma = a \cdot A + b \cdot B + c \cdot C.$$

b) Umrechnung von Gew.-% in Mol-%.

α) 2 Stoffe:

$$a = \frac{100 \cdot p}{p + q \cdot \frac{A}{B}} = \frac{100 \cdot p \cdot B}{p \cdot B + A \cdot (100 - p)}, \quad b = 100 - a = \frac{100 \cdot q \cdot \frac{A}{B}}{p + q \cdot \frac{A}{B}}.$$

β) 3 Stoffe:

$$a = \frac{100 \cdot p}{A \cdot \Sigma'}, \quad b = \frac{100 \cdot q}{B \cdot \Sigma'}, \quad c = \frac{100 \cdot r}{C \cdot \Sigma'},$$

$$\Sigma' = \frac{p}{A} + \frac{q}{B} + \frac{r}{C}.$$

Der 100. Teil der Zahl der Mol-% ist der *Molenbruch.*

Beispiel: Ein Gemisch, welches aus 70 Mol-% CO_2 und 30 Mol-% SO_2 besteht, enthält demnach 61,6 Gew.-% CO_2.

11. Lösungen zu den Aufgaben.

1. **a)** 35,838; **b)** 1839,93; **c)** 141009; **d)** 2,8701.
2. **a)** 38,243; **b)** 10,592; **c)** 257,293; **d)** 2048,6.
3. **a)** 19,90; **b)** 0,0890; **c)** 0,0001769; **d)** 0,820.
4. **a)** 98,55 (Rest 1); **b)** 39,68 (Rest 1); **c)** 99,64 (Rest 1); **d)** 2,61 (Rest 1).
5. **a)** 58,3 (Rest 7); **b)** 0,939 (Rest 5); **c)** 0,00754 (Rest 3); **d)** 16,1 (Rest 0).
6. **a)** 2,25 (Rest 1); **b)** 0,09424 (Rest 2); **c)** 0,00436 (Rest 0); **d)** 11,0 (Rest 0).
7. **a)** 36; **b)** 2772; **c)** 120; **d)** 40; **e)** 180.
8. **a)** 0,75; **b)** 0,6; **c)** 0,084; **d)** 2,3; **e)** 3,33.
9. **a)** $\frac{2}{5}$; **b)** $\frac{307}{100}$; **c)** $\frac{3}{100}$; **d)** $\frac{5}{4}$.
10. **a)** $\frac{7}{2}$; **b)** $\frac{19}{4}$; **c)** $\frac{57}{10}$; **d)** $\frac{7}{5}$; **e)** $\frac{1443}{20}$.
11. **a)** 4; **b)** $2\frac{1}{2}$; **c)** $3\frac{3}{8}$; **d)** $12\frac{1}{12}$; **e)** $41\frac{2}{9}$.
12. **a)** 0,125; **b)** 0,05; **c)** 0,133; **d)** $\frac{2}{3}$; **e)** $\frac{9}{4}$; **f)** $\frac{4}{11}$.
13. **a)** $\frac{1}{2}$; **b)** $\frac{2}{5}$; **c)** $\frac{3}{4}$; **d)** $\frac{13}{8}$; **e)** $\frac{23}{26}$.
14. **a)** $\frac{10}{20}, \frac{15}{20}, \frac{16}{20}$; **b)** $\frac{36}{96}, \frac{56}{96}, \frac{27}{96}$; **c)** $\frac{24}{36}, \frac{8}{36}, \frac{21}{36}$; **d)** $\frac{5}{60}, \frac{26}{60}, \frac{43}{60}$.
15. **a)** $\frac{1}{2}$; **b)** $1\frac{5}{12}$; **c)** $7\frac{7}{8}$; **d)** $9\frac{3}{20}$; **e)** $\frac{23}{24}$; **f)** $1\frac{1}{18}$; **g)** 11.
16. **a)** $\frac{1}{2}$; **b)** $\frac{5}{18}$; **c)** $1\frac{1}{15}$; **d)** $1\frac{3}{10}$; **e)** $6\frac{3}{4}$; **f)** $1\frac{3}{8}$.
17. **a)** $\frac{2}{5}$; **b)** $2\frac{3}{20}$; **c)** $\frac{5}{6}$.
18. **a)** $\frac{2}{3}$; **b)** $1\frac{1}{2}$; **c)** $\frac{1}{2}$; **d)** $\frac{4}{15}$; **e)** $\frac{1}{5}$; **f)** 1; **g)** $9\frac{4}{5}$.
19. **a)** $\frac{1}{3}$; **b)** $\frac{2}{23}$; **c)** $\frac{7}{48}$; **d)** $\frac{3}{20}$; **e)** $1\frac{1}{5}$; **f)** $\frac{8}{9}$; **g)** 8; **h)** $1\frac{1}{2}$.
20. **a)** $1\frac{1}{2}$; **b)** $\frac{2}{3}$; **c)** $1\frac{1}{2}$.
21. 81,3 g (*271,0 g*) Quecksilberoxyd.
22. 134,05 g (*446,82 g*) Wasser.
23. 306,3 g Braunstein und 1429,5 g konz. Salzsäure (*323,9 g B. und 1478,8 g S.*).
24. 191 ml (*848 ml*).
25. 4,8 g Kochsalz und 55,2 g Wasser (*60 g K. und 690 g W.*).
26. 104,2 g 96%iger Säure und 145,8 g Wasser (*666,7 g S. und 933,3 g W.*).
27. 114,8 Liter (*209,2 Liter*) Schwefelwasserstoffgas.

28. **a)** 18; **b)** 6; **c)** 1,2; **d)** 8.
29. 157,9 g Schwefelsäure, 105,2 g Salpetersäure und 52,6 g Benzol (*394,7 g Schw., 263,1 g Salp. und 131,5 g B.*).
30. 43,8 kg Natriumnitrat und 52,6 kg 98%iger Schwefelsäure (*1020 kg N. und 1224 kg S.*).
31. 31,1 g (*21,7 g*) Zinkoxyd.
32. 76,0 g Zinnchlorür, 82,2 g 30%iger Salzsäure (*28,5 g Z. und 30,8 g S.*).
33. 128,1 kg 29,5%iger Salzsäure (*32,4 kg 20%iger S.*).
34. 164,6 g 82%iger Pottasche (*138,6 g 97,4%iger P.*).
35. 256 kg 75%iger Schwefelsäure (*53,8 kg 98%iger Schw.*).
36. 13,74% Mangan.
37. 82,83 g NH_3 im Liter.
38. 1,0354.
39. **a)** 100, 8, 0,4, 0,1, 0,032; **b)** 0,25, 5, 100, 0,15, 0,0127, 0,093; **c)** 60, 1200, 225, 18.
40. **a)** 16%, 0,53%, 5%, 64%; **b)** 33,3%, 0,83%, 6,25%, 250%; **c)** 0,526%, 1%, 10%, 0,2%.
41. **a)** 30, 40, 1500, 85,71; **b)** 24,5, 10,79, 2,579; **c)** 0,1125, 0,1935, 45, 6.
42. **a)** 20 g; **b)** 100 g; **c)** 360 g; **d)** 900 g.
43. **a)** 0,216 kg; **b)** 35,352 kg; **c)** 28,008 kg; **d)** 12,636 kg.
44. 268,8 g, 281,6 g, 294,4 g und 307,2 g (*147,1 g, 150,7 g, 154,3 g und 157,9 g*).
45. 26,74 g (*231,21 g*) Rückstand.
46. 43,25% (*41,90%*) Glühverlust.
47. 242,76 kg (*435,05 kg*) Gangart.
48. 72,96 g (*3,94 t*) Ätznatron.
49. **a)** 42 kg; **b)** 300 kg; **c)** 86,4 kg Antimon.
50. 30393,7 kg (*16055,9 kg*) 100%iger Säure.
51. 8,27%.
52. **a)** 0,5 g; **b)** 1 g; **c)** 0,25 g; **d)** 3,2 g; **e)** 0,5 g; **f)** 1,4693 g; **g)** 0,69075 g; **h)** 0,7835 g; **i)** 1,2294 g.
53. **a)** 10 ml; **b)** 5 ml; **c)** 4 ml; **d)** 0,5 ml; **e)** 1,25 ml; **f)** 1 ml.
54. **a)** 2 g; **b)** 0,45813 g; **c)** 0,80888 g; **d)** 0,38248 g; **e)** 10 ml; **f)** 2 ml.
55. **a)** 1139; **b)** 1498; **c)** 1163; **d)** 1104.
56. **a)** 81,34%; **b)** 69,18%; **c)** 12,52%; **d)** 48,87%.
57. **a)** 1051; **b)** 1445; **c)** 1279.
58. **a)** 306,25; **b)** 5,0625; **c)** 0,710649; **d)** 403,6081; **e)** 145847,61.
59. **a)** 29; **b)** 8,75; **c)** 0,371; **d)** 19,388; **e)** 0,160; **f)** 69,806; **g)** 271,8.
60. **a)** $16a + 3b$; **b)** $-2b - 5c$; **c)** $-9a - b$; **d)** $9a - 4b + 4c$; **e)** $2a + 10b + 2c$.
61. **a)** $60 + a - b$; **b)** $10a + 10b$.
62. **a)** $3a^3$; **b)** $2x^5$; **c)** $8a^3b^5$; **d)** $2a^3b^3c^2$; **e)** $6a^4b^3c^2$.
63. **a)** $-6ab$; **b)** $-30a^2$; **c)** $-8ab^2$; **d)** $24a^4$; **e)** $-40a^4b^4$.
64. **a)** $-12ac - 6bc$; **b)** $56a^3b - 16ab^2$; **c)** $6a^2 - 5ab - 25b^2$; **d)** $4a^3 + 4a^2b^2 - ab - b^3$; **e)** $-24ab^2 + 32ab - 10a$; **f)** $15a^2 - 23ab - 6ac + 8bc + 4b^2$.
65. **a)** $2abc$; **b)** $-6abc^2$; **c)** $3x^2y - 4xy^2 + 2$; **d)** $a + b$; **e)** $3a + 2x$; **f)** $x^2 + xy + y^2$.

66. **a)** $\frac{1}{1000}$; **b)** $\frac{1}{2^5} = \frac{1}{32}$; **c)** $\frac{1}{3^2} = \frac{1}{9}$; **d)** $a^{-5} = \frac{1}{a^5}$; **e)** $a^3 b^{-3} = \frac{a^3}{b^3} = \left(\frac{a}{b}\right)^3$; **f)** $b^{-6} = \frac{1}{b^6}$; **g)** a.

67. **a)** $x = 1$; **b)** $x = -2$; **c)** $x = a$; **d)** $x = -\frac{1}{2}$; **e)** $x = 7$; **f)** $x = 2$. (Man multipliziert die Klammern aus; zu beachten ist, daß mit —7 und mit —5 multipliziert werden muß!)

68. **a)** Spannung = Stromstärke × Widerstand; Widerstand = $\frac{\text{Spannung}}{\text{Stromstärke}}$; **b)** $g = \frac{2F}{h}$; $h = \frac{2F}{g}$; **c)** $d = \sqrt{\frac{4F}{\pi}} = 2\sqrt{\frac{F}{\pi}}$.

69. **a)** $x = 24$; **b)** $x = 13a$; **c)** $x = 4$; **d)** $x = 3$; **e)** $x = -1$.

70. **a)** 43 (*107*); **b)** 10 (*—2*); **c)** 61 kg (*20,5 kg*); **d)** 10 Tage; **e)** 9 Hobelbänke, 27 Drehbänke und 216 Schraubstöcke; **f)** 25 Minuten.

71. **a)** $x = 8$, $y = 4$; **b)** $x = 3$, $y = 2$; **c)** $x = 5$, $y = 3$; **d)** $x = 20$, $y = 5$ (*$x = 12$, $y = 3$*); **e)** 10 kg Zn + 25 kg Cu (*50 kg Zn + 150 kg Cu*); **f)** Breite = 5 cm, Länge = 8 cm (*Br. = 4 cm, L. = 12 cm*); **g)** 80 Pfennig und 120 Pfennig.

72. **a)** $x_1 = 4$, $x_2 = -3$; **b)** $x_1 = -4$, $x_2 = -5$; **c)** $x_1 = 4$, $x_2 = 3$; **d)** $x_1 = 3$, $x_2 = -3$; **e)** $x_1 = \frac{2}{3}$, $x_2 = \frac{1}{3}$.

73. **a)** 18,865 (lg = 1,27565); **b)** 265,52 (lg = 2,42410); **c)** 3,6335 (lg = 0,56033); **d)** 0,048846 (lg = 0,68883 — 2); **e)** 34,117 (lg = 1,53297); **f)** 1,0671 (lg = 0,02820); **g)** 0,0034861 (lg = = 0,54234 —3); **h)** 28,75 (lg = 1,45864); **i)** 0,16769 (lg = = 0,22451 —1); **k)** 9468,5 (lg = 3,97628); **l)** 41,125 (lg = = 1,61411); **m)** 1402,5 (lg = 3,14690); **n)** 7,1982 (lg = 0,85722); **o)** 4,4469 (lg = 0,64806); **p)** 2,0596 (lg = 0,31378); **q)** 0,9956 (lg = 0,99808 —1); **r)** 1,0915 (lg = 0,03802).

74. **a)** 750 m; **b)** 24 m 3 dm; **c)** 47 m 5 dm 2 cm; **d)** 19 cm 7,4 mm; **e)** 20 km 504 m; **f)** 3 cm 2 mm.

75. **a)** 4,7 m (*47 dm*); **b)** 1,027 m (*1027 mm*); **c)** 32,185 m (*32 185 mm*); **d)** 3,9 dm (*39 cm*); **e)** 8,06 cm (*80,6 mm*); **f)** 52,038 km (*52 038 m*).

76. **a)** 19 dm²; **b)** 5 m² 3 dm² 92 cm²; **c)** 19 dm² 7 cm² 60 mm²; **d)** 7 m² 30 dm² 48 cm² 90 mm²; **e)** 400 m².

77. **a)** 2,9 m² (*290 dm²*); **b)** 15,04 m² (*1504 dm²*); **c)** 8,0904 m² (*80904 cm²*); **d)** 21,0218 dm² (*210 218 mm²*); **e)** 3,0005 dm² (*30005 mm²*); **f)** 1,12 cm² (*112 mm²*).

78. **a)** 765 dm³ 428 cm³; **b)** 2 m³ 7 dm³ 603 cm³ 840 mm³; **c)** 19 cm³ 700 mm³; **d)** 9 cm³ 2 mm³.

79. **a)** 2,342 m³ (*2342 dm³*; **b)** 41,009 m³ (*41 009 dm³*); **c)** 0,817 dm³ (*817 cm³*); **d)** 5,073 dm³ (*5073 cm³*); **e)** 0,073487 dm³ (*73 487 mm³*).

80. **a)** 225 Liter; **b)** 54 Liter; **c)** 80 Liter; **d)** 0,042 Liter; **e)** 2,087 Liter; **f)** 3000 Liter; **g)** 5,5 Liter.

81. **a)** 3,78 m³; **b)** 0,072936 m³; **c)** 0,8104 m³; **d)** 0,7849 m³.

82. **a)** 370 000 ml; **b)** 4500 ml; **c)** 90 ml; **d)** 840 ml; **e)** 34 ml.

83. **a)** 42 kg 70 dkg 9 g (= 42 kg 709 g); **b)** 87 dkg (= 870 g); **c)** 4 kg 56 dkg 9 g; **d)** 1 g 243,9 mg; **e)** 9 kg 5 g; **f)** 750 kg.

84. **a)** 1,09 kg (*109 dkg*); **b)** 42,034 kg (*42034 g*); **c)** 0,802 kg (*802 g*); **d)** 8,023 t (*8023 kg*).
85. **a)** 43 kg, **b)** 200 kg; **c)** 0,537 kg; **d)** 0,92 kg, **e)** 5,7 kg; **f)** 0,034 kg; **g)** 55 kg.
86. **a)** 2880 Min.; **b)** 40 Min. **c)** 420 Min.; **d)** 150 Min.; **e)** 75 Min.; **f)** 39 Min.; **g)** 1,6 Min.; **h)** $2\frac{1}{4}$ Min.; **i)** 0,2 Min.
87. **a)** 1 Min. 10,8 Sek.; **b)** 25 Sek.
88. 5 Std. 12 Min. (*39* Min.).
89. **a)** 5° 24′; **b)** 17° 54′; **c)** 8° 45′; **d)** 12° 48′; **e)** 3′.
90. **a)** 1° 44′; **b)** 6° 50′ 35″; **c)** 1° 55″.
91. **a)** 0,5783; **b)** 0,4120; **c)** 0,9996; **d)** 0,8220; **e)** 3,707; **f)** 3,816.
92. **a)** $n = 1{,}553$; **b)** $n = 1{,}497$.
93. **a)** 41,30 und 102,22 cm; **b)** 4,21 und 5,25 m; **c)** 110,9 und 57,7 mm.
94. $\frac{h}{d \cdot \pi} = \operatorname{tg} \alpha$, daraus ist α bei **a)** 4° 33′, bei **b)** 4° 10′.
95. **a)** 16,4 cm; **b)** 10,04 m.
96. 45 cm (*852 mm*).
97. **a)** $U = 12$ m, $F = 9$ m², $d = 4{,}242$ m; **b)** $U = 1$ m 7 dm 4 cm, $F = 18$ dm² 92 cm² 25 mm², $d = 6$ dm 1 cm 5,09 mm; **c)** $U = 2{,}86$ m, $F = 0{,}511225$ m² (= 51 dm² 12 cm² 25 mm²), $d = 1{,}011$ m.
98. **a)** $s = 14{,}6$ dm, $U = 58{,}4$ dm; **b)** $s = 87$ m, $U = 348$ m.
99. $F = 1{,}445$ dm² (*1 m²*).
100. **a)** $U = 43$ dm, $F = 113{,}16$ dm², $d = 15{,}36$ dm; **b)** $U = 116$ cm, $F = 805$ cm², $d = 41{,}8$ cm (die Diagonale wird mit Hilfe des Pythagoreischen Lehrsatzes errechnet).
101. $l = 9{,}5$ m, $F = 117{,}8$ m² (*$l = 2{,}53$ dm, $F = 4{,}6552$ dm²*).
102. $l = 6$ m 4 cm (*$l = 7{,}5$ cm*).
103. **a)** 980 cm²; **b)** 1006,88 m².
104. Grundlinie $a = \frac{2F}{h}$, $h = \frac{2F}{a}$.
105. **a)** 7,5 m; **b)** 5 dm.
106. $U = 12$ cm, $F = 6$ cm².
107. **a)** 24 cm²; **b)** 2250 m².
108. $F = 80$ cm².
109. **a)** $U = 48{,}67$ cm, $F = 188{,}6$ cm²; **b)** $U = 11{,}3$ m, $F = 10{,}17$ m²; **c)** $U = 27{,}3$ dm, $F = 59{,}42$ dm²; **d)** $U = 0{,}424$ m, $F = 0{,}0143$ m².
110. **a)** 50,24 m²; **b)** 5,31 dm²; **c)** 154,1 cm².
111. **a)** 957 cm²; **b)** 1145,3 cm².
112. **a)** 1,5 m²; **b)** 3,14 m².
113. **a)** $b = 0{,}5$ dm, $F = 3{,}37$ dm²; **b)** $b = 1{,}44$ cm, $F = 29{,}4$ cm².
114. **a)** 197,82 cm²; **b)** 7 m² 40 dm² 54 cm².
115. **a)** $V = 27$ dm³, $O = 54$ dm²; **b)** $V = 1$ m³ 295 dm³ 29 cm³, $O = 7$ m² 12 dm² 86 cm²; **c)** $V = 11{,}39$ m³, $O = 30{,}375$ m².
116. **a)** 4,23 cm; **b)** 1,87 m; **c)** 2 cm 8 mm; **d)** 13 dm (Aufgaben **c** und **d** sind logarithmisch zu rechnen).
117. **a)** $V = 15552$ cm³, $O = 3888$ cm²; **b)** $V = 3{,}6$ m³, $O = 15{,}88$ m².
118. 119 cm (1,19 m).
119. 69,4 cm (43,4 cm).
120. **a)** 567 Liter (1 cm = 13,5 Liter); **b)** 3240 Liter (1 cm = 60 Liter).
121. 3,14 m² (*30,144 m²*).
122. 452,63 dm³ (*2712,96 dm³*).

123. Abgerundet 198mal (*357mal*).
124. 2289 Liter (*353,25 Liter*).
125. Der innere Durchmesser beträgt (nach Abzug der Wandstärke) 78 cm.

$$h = \frac{V}{r^2 \cdot \pi} = \frac{275\,000}{39^2 \cdot \pi} = 57{,}5 \text{ cm} \quad (73{,}3 \text{ cm}).$$

126. $O = 11{,}52$ cm², $V = 2{,}25$ cm³ ($O = 906$ *cm²*, $V = 1333\frac{1}{3}$ cm³).
127. Seitenhöhe = 45,8 cm, Pyramidenhöhe = 41,2 cm, $O = 5264$ cm², $V = 21\,920$ cm³ (der Radius des Sechseckes ist ebenso groß wie die Sechseckseite; Seitenhöhe = 48,9 cm, Pyramidenhöhe = = 45,8 cm, $O = 3972$ cm², $V = 15\,847$ cm³).
128. **a)** $M = 77{,}8$ cm², $V = 68{,}9$ cm³; **b)** $M = 39{,}69$ dm², $V = 25{,}12$ dm³.
129. $G = 3{,}1$ m² ($G = 3600$ *cm²*).
130. 16,56 Liter. *(Die Höhe des Kegelstumpfes errechnet sich nach dem Pythagoreischen Lehrsatz zu*

$$h = \sqrt{(0{,}89)^2 - \left(\frac{1{,}56}{2} - \frac{0{,}78}{2}\right)^2} = 0{,}80\ m;$$

daher $V = 0{,}8915\ m^3 = 891{,}5$ *Liter.)*
131. 1687,75 cm² (*9734 cm²*).
132. $M = 263{,}88$ cm², $O = 399{,}88$ cm², $V = 522{,}7$ cm³ ($M = 24475$ *cm²*, $O = 32475$ *cm²*, $V = 373\,333$ *cm³*).
133. **a)** 2614 Liter; **b)** 5357,6 Liter.
134. $r = 4$ dm, $V = 267$ dm³ ($r = 29{,}71$ *m*, $V = 109\,792$ *m³*).
135. Das Gefäß besteht aus einem zylindrischen Teil und einer Halbkugel. Der zylindrische Teil berechnet sich nach der Formel $V_Z = r^2 \cdot \pi \cdot h_z$, worin h_z die Höhe des zylindrischen Teils bedeutet, die Halbkugel nach der Formel $V_K = \frac{2 \cdot r^3 \cdot \pi}{3}$; das Gesamtvolumen ist demnach $V = r^2 \cdot \pi \cdot h_z + \frac{2 \cdot r^3 \cdot \pi}{3}$. Durch Herausheben der gleichen Faktoren erhalten wir

$$V = r^2 \cdot \pi \cdot \left(h_z + \frac{2\,r}{3}\right);$$

h_z = Gesamthöhe — Radius = 40 — 11 = 29 cm; $V = 13{,}8$ Liter ($h_z = 120$ *cm*; $V = 395{,}64$ *Liter*).
136. **a)** 243 Liter; **b)** 5169 (also abgerundet 5170) Liter.
137. 840 Liter (*786 Liter*).
138. —
139. **a)** 23 g; **b)** 37 g; **c)** 55 g; **d)** 102 g.
140. —
141. $s = 1{,}2804$, Litergewicht = 1280,4 g ($s = 1{,}1591$; $L = 1159{,}1$ *g*).
142. 118,64 g (*27,7 g*).
143. 285,7 ml (*4,336 Liter*).
144. 288 g (*132,48 g*).
145. **a)** 1200 g; **b)** 3840 g.
146. 185 g (*2368 g*).
147. **a)** $V = 32{,}43$ Liter, folglich 2 Gefäße; **b)** $V = 177{,}8$ Liter, 8 Gefäße; **c)** $V = 95{,}9$ Liter, 4 Gefäße.
148. 56,1 cm (*60,5 cm*).
149. 6238 kg (*6328 kg*).

150. 13,355 (*13,56*; t ist hier —5, also β . t = 0,00018 . —5 = —0,0009).
151. **a)** 0,8742; **b)** 1,0212; **c)** 1,2026.
152. **a)** 50,278 ml; **b)** 24,958 ml; **c)** 10,034 ml.
153. 2,8 (*2,5*).
154. 0,729 (*0,57*).
155. 7,5 cm (*8,68 cm*).
156. **a)** 1,2086; **b)** 1,2239.
157. **a)** 0,8793; **b)** 0,8783.
158. **a)** 8,066; **b)** 8,227.
159. **a)** 2,287; **b)** 2,272.
160. **a)** 1,067; **b)** 1,163; **c)** 1,453.
161. **a)** NH_4Cl; **b)** $Mg(OH)_2$; **c)** Na_2HPO_4; **d)** $Fe_2(SO_4)_3$; **e)** Na_2CO_3 . 10 *aq*.
162. **a)** 17,04; **b)** 141,96; **c)** 197,37; **d)** 323,22; **e)** 98,08; **f)** 342,14; **g)** 74,10; **h)** 60,06; **i)** 286,19; **k)** 254,2; **l)** 392,19.
163. **a)** 126,77; **b)** 162,23; **c)** 136,30; **d)** 78,04; **e)** 150,70; **f)** 208,28; **g)** 77,98; **h)** 128,18; **i)** 94,12; **k)** 123,12; **l)** 294,22; **m)** 158,04; **n)** 96,11; **o)** 121,65; **p)** 172,18; **q)** 246,52; **r)** 302,0 (bei der Aufgabe **r** müssen die Atomgewichte vor der Addition auf 1 Dezimalstelle abgerundet werden, da das Atomgewicht von Gold nur auf 1 Dezimalstelle genau bekannt ist).
164. **a)** 58,45 g; **b)** 56,08 g; **c)** 239,27 g; **d)** 208,28 g; **e)** 80,06 g; **f)** 69,64 g; **g)** 46,03 g; **h)** 194,21 g; **i)** 136.17 g; **k)** 109,74 g; **l)** 68,16 g; **m)** 499,47 g; **n)** 28,02 g (1 Molekül Stickstoff besteht aus 2 Atomen, also N_2); **o)** 2,02 g; **p)** 70,92 g.
165. **a)** 50,05% S, 49,95% O; **b)** 26,18% N, 7,55% H, 66,27% Cl; **c)** 19,15% Na, 0,84% H, 26,70% S, 53,31% O; **d)** 24,47% C, 3,09% H, 32,60% O, 39,83% K; **e)** 10,06% C, 0,84% H, 89,10% Cl; **f)** 15,77% Al, 28,11% S, 56,12% O.
166. **a)** 28,59%; **b)** 55,92%; **c)** 45,58%.
167. **a)** 37,04%; **b)** 63,92%.
168. **a)** 32,68%; **b)** 22,56%; **c)** 9,95%; **d)** 40,56%; **e)** 24,52%
169. **a)** 47,81%; **b)** 34,29%; **c)** 58,48%.
170. 941,29 kg (*21,82 kg*).
171. 85,85 g (*26,98 g*).
172. 3,1285 g.
173. **a)** NaCl; **b)** Na_3AlF_6; **c)** C_2H_5J; **d)** C_5H_5N; **e)** $CaCl_2 . 6 H_2O$; **f)** $Na_2B_4O_7 . 10 H_2O$.
174. **a)** $CaO . MgO . 2 CO_2 = CaCO_3 . MgCO_3$;
b) $K_2O . Al_2O_3 . 6 SiO_2 = KAlSi_3O_8$; **c)** $H_2SO_4 . SO_3 = H_2S_2O_7$.
175. **a)** $2 Al + 3 O = Al_2O_3$;
b) $2 KClO_3 = 2 KCl + 3 O_2$;
c) $Al + 3 HCl = AlCl_3 + 3 H$;
d) $2 Fe(OH)_3 = Fe_2O_3 + 3 H_2O$;
e) $2 NH_3 + H_2SO_4 = (NH_4)_2SO_4$;
f) $4 NH_3 + 3 Cl = 3 NH_4Cl + N$;
g) $K_2CrO_4 + 2 AgNO_3 = Ag_2CrO_4 + 2 KNO_3$;
h) $TiF_4 + 2 H_2SO_4 = 4 HF + 2 SO_3 + TiO_2$;
i) $P_2O_5 + 3 H_2O = 2 H_3PO_4$;
k) $C_2H_4O_2 + 2 O_2 = 2 CO_2 + 2 H_2O$.
176. **a)** $K_2Cr_2O_7 + 3 H_2S + 4 H_2SO_4 = K_2SO_4 + Cr_2(SO_4)_3 + 7 H_2O + 3 S$.
b) $MnO_2 + 4 HCl = MnCl_2 + Cl_2 + 2 H_2O$;
c) $SnCl_2 + 2 HCl + 2 J = SnCl_4 + 2 HJ$;
d) $6 NaOH + 6 Br = 5 NaBr + NaBrO_3 + 3 H_2O$;

e) $2\,KMnO_4 + 10\,FeSO_4 + 8\,H_2SO_4 = K_2SO_4 + 2\,MnSO_4 + 5\,Fe_2(SO_4)_3 + 8\,H_2O$;
f) $K_4Fe(CN)_6 + 6\,H_2SO_4 + 6\,H_2O = 6\,CO + 2\,K_2SO_4 + 3\,(NH_4)_2SO_4 + FeSO_4$;
g) $NH_4Cl + 2\,NH_4NO_3 = 5\,N + Cl + 6\,H_2O$;
h) $4\,H_3BO_3 + Na_2CO_3 = Na_2B_4O_7 + 6\,H_2O + CO_2$.

177. 9,79 g (*43,08 g*).
178. 7,74 g (*16,67 g*).
179. 102,4 g $AgNO_3$, 58,5 g K_2CrO_4 (*33,28 g $AgNO_3$, 19,02 g K_2CrO_4*).
180. 142,4 mg (*505,5 mg*).
181. 0,9554 g (*0,2426 g*).
182. 4,30 g (*0,62 g*).
183. 0,1528 g (*1099,2 kg*).
184. 56,53 g (*48,39 g*).
185. 23,07 g (*21,89 g*).
186. 282 g (*45,1 g*).
187. 9,79% (*5,76%*).
188. 301,5 kg (*9,89 t*).
189. Die theoretische Ausbeute wäre 14,934 t; 95,08% (*93,4%*).
190. 11,85 g (*5,0 g*).
191. 87,38 g (*82,28 g*).
192. 9,913 t Kochsalz und 8,216 t Schwefelsäure (*11,9 t K. und 9,86 t Schw.*).
193. 3,28 g (*27,33 g*).
194. 100% (*99,4%*).
195. 0,6159 g (*0,9418 g*).
196. 199,59 g (*189,60 g*).
197. 69,04%ig (*27,61%ig*).
198. 40%ig (*3,91%ig*).
199. 103,89.
200. 2wertig. 10 g Zn verhalten sich zu 32 g Pb wie die entsprechenden Äquivalentgewichte. *Äquivalentgewicht* $= \frac{\textit{Atomgewicht}}{\textit{Wertigkeit}}$, folglich $10:32 = \frac{65,38}{2} : \frac{207,21}{x}$; daraus ist $\frac{2072,1}{x} = \frac{2092,16}{2}$ und $x =$ abgerundet 2.
201. 2wertig.
202. 29,67.
203. 79,90.
204. 107,9. In 58,45 g NaCl sind 35,46 g Cl enthalten, folglich in 0,1948 g NaCl 0,1182 g Cl. Die gleiche Cl-Menge ist aber auch in 0,4778 g AgCl enthalten, welche somit aus 0,3596 g Ag und 0,1182 g Cl besteht. Diese beiden Mengen verhalten sich wie die entsprechenden Äquivalentgewichte.
205. a) 84,01; b) 63,02; c) 50,04; d) 45,02; e) 60,06; f) 17,04.
206. a) 58,45; b) 56,11; c) 71,02; d) 120,06; e) 39,02; f) 169,89.
207. a) 3; b) 1; c) 10; d) 1; e) 3; f) 0,5 g-Äquivalent.
208. a) 50 g NaCl und 450 g Wasser; b) 6,25 g und 243,75 g; c) 9,26 g und 1225,74 g; d) 10,11 g und 711,89 g; e) 5,2 g und 59,8 g; f) 161,04 g und 448,96 g; g) 436,8 g und 1963,2 g.
209. a) 10%ig; b) 5%ig; c) 16,67%ig; d) 1,64%ig; e) 10,71%ig; f) 14,53%ig; g) 12,42%ig; h) 15,57%ig.

210. **a)** 111,1 g; **b)** 607,5 g; **c)** 1300 g; **d)** 1048 g; **e)** 185,75 g; **f)** 2540 g.
211. 1 g $AgNO_3$ und 49 g Wasser (*2,5 g und 47,5 g*).
212. 30 g Eisessig und 220 g Wasser (*72 g und 528 g*).
213. 1250 g KCl und 3750 g Wasser (*875 g und 4125 g*).
214. 300 g 20%iger Lösung (*20000 g* = 20 kg 0,3%iger Lösung).
215. 244,32 g krist. $BaCl_2$ enthält 208,28 g $BaCl_2$;
58,65 g (*117,3 g*).
216. 15,91 g (*6,36 g*).
217. 1034,3 kg (*1076,4 kg*).
218. 182,6 kg 98%iger Säure (*194,5 kg 92%iger S.*).
219. **a)** (d = 1,219) 195,04 g; **b)** (d = 1,109) 166,35 g; **c)** (d = 1,455) 216,93 g; **d)** (d = 1,285) 20,05 g; **e)** (d = 1,045) 18,43 g; **f)** (d = 1,131) 651,46 g; **g)** (d = 1,349) 5611,84 g.
220. 535,5 g Kochsalz und 4819,5 g Wasser (*1148 g und 4592 g*).
221. 200,48 g Ätznatron und 300,72 g Wasser (*47,59 g und 348,96 g*).
222. 0,6333 Liter (*2,299 Liter*).
223. 94,2 ml.
224. **a)** 26,67 Vol.-%; **b)** 25 Vol.-%; **c)** 20 Vol.-%; **d)** 49 Vol.-%; **e)** 99 Vol.-%.
225. 9,99%ig (*14,16%ig*).
226. **a)** 67,1%ig; 72,3%ig; 82,9%ig; **b)** 63,9%ig, 78,0%ig, 91,0%ig; **c)** 26,4%ig, 26,8%ig, 28,2%ig.
227. 96,1 g (*173,9 g*).
228. **a)** 6,9 g, 9,6 g, 16,4 g; **b)** 52,9 g, 54,6 g, 61,0 g; **c)** 0,908 g, 1,82 g, 6,30 g; **d)** 115,0 g; 215,4 g, 471,4 g.
229. 27,81 g KCl bei 20° (*22,67 g bei 30°*).
230. Bei 40° 14,2 g (*bei 20° 8,81 g*).
231. **a)** 11,25 g (*97,5 g*); **b)** 11,64 g (*100,9 g*).
232. 0,6442 g $TiCl_3$.
233. 636,1 ml (*95,43 ml*).
234. 15,47% (*8,81%*).
235. 10% $Ca(OH)_2$ = 7,57% CaO; 80,3 g CaO/Liter (*219,7 g CaO/Liter*).
236. 1508,8 g (*1748 g*).
237. 9,997 g/Liter (*528,75 g/Liter*).
238. 2000 ml konz. Schwefelsäure + 2000 ml Wasser (*666,7 ml S. und 3333,3 ml W.*).
239. 600 ml Salzsäure 1 : 3 und 150 ml Wasser (*272,7 ml Salzsäure 1:3 und 477,3 ml Wasser*).
240. **a)** 8,52 g/Liter; **b)** 42,6 g/Liter; **c)** 100,2 g/Liter.
241. **a)** 9,32 molar; **b)** 11,79 molar; **c)** 0,1 molar.
242. **a)** 0,128 molar; **b)** 0,327 molar.
243. **a)** 11,52 molar; **b)** 13,6 molar; **c)** 2,33 molar.
244. **a)** 50%ig; **b)** 46%ig; **c)** 30,85%ig; **d)** 58,5%ig; **e)** 8,8%ig; **f)** 77,4%ig.
245. **a)** 80%ig; **b)** 89,58%ig; **c)** 36,25%ig; **d)** 13,04%ig.
246. **a)** 1200 g; **b)** 6150 g; **c)** 854,1 g; **d)** 230 g.
247. **a)** 50%ig; **b)** 63,4%ig; **c)** 23,87%ig; **d)** 11,7%ig; **e)** 8,8%ig.
248. 17%ig (*29%ig*).
249. 36,71%; 23521 kg 32%iger Lauge (*37,91%; 24291 kg 32%iger L.*).
250. 5 : 11 (*1 : 0,3*).
251. 1 : 3 (*62 : 15*).

252. **a)** 6250 g Lösung + 3750 g Wasser **b)** 1063,8 g Lösung + + 3936,2 g Wasser; **c)** 28,8 g Lösung + 331,2 g Wasser; **d)** 2045,4 g Lösung + 204,6 g Wasser; **e)** 1630 g Lösung + + 2120 g Lösung; **f)** 493,4 g Lösung + 756,6 g Lösung; **g)** 1035,4 g Lösung + 214,6 g Lösung.

253. **a)** 66,7 g Wasser; **b)** 15,9 g Wasser; **c)** 21,9 g Wasser; **d)** 707,2 g Wasser; **e)** 2430 g 60%iger Lösung; **f)** 109,6 g 0,8%iger Lösung; **g)** 7812 g 37,1%iger Lösung.

254. 76,5 g Säure und 423,5 g Wasser (*214,3 g Säure und 285,7 g Wasser*).

255. 808,9 g NaOH und 1191,1 g Wasser (*12,6 g NaOH und 2487,4 g Wasser*).

256. 16,7 g Wasser (*1750 g Wasser*).

257. 3528 g Säure und 7622 g Wasser (*3446 g Säure und 7704 g Wasser*).

258. 497,1 g 26%iger Lösung (*514,9 g 25,1%iger Lösung*).

259. Dichte der 20%igen Schwefelsäure = 1,139 (Dichte der 50%igen = 1,395). Eine Schwefelsäure von 52,4° Be = 66,47%ig. 2570 g Säure von 52,4° Bé und 5972,5 g Wasser (*7870 g Säure und 2592,5 g Wasser*).

260. 612,6 g = 552,4 ml Lauge und 2450,4 g Wasser. (*2434,5 g = 2195,2 ml Lauge und 811,5 g Wasser*).

261. 113,4 g (*829,1 g Wasser*).

262. 50,55%ig (*29,7%ig*).

263. 208,3 kg (*195,3 kg*).

264. 102,2 kg (*243,3 kg*).

265. 149,3 kg (*325,3 kg*).

266. 623,6 kg Säure; abzudestillieren sind 203,6 kg Wasser (*447,3 kg Säure; abzudestillieren sind 27,3 kg Wasser*).

267. 394,3 t Wasser.

268. 106,7 kg (*43,4 kg*).

269. 906 g (*679 g*).

270. **a)** 99,43%; **b)** 92,83%; **c)** 67,66%; **d)** 48,44%.

271. **a)** 1,43%; **b)** 18,50%; **c)** 0,79%; **d)** 45,50%.

272. 17,03% (*10,87%*).

273. **a)** 80,47%; **b)** 20,34%.

274. 16,77%; 507,8 kg Wasser (*11,37%; 102,8 kg Wasser*).

275. 4,38% (*3,99%*).

276. 43,97% (*52,19%*).

277. **a)** 50,43%; 991,4 kg; **b)** 47,82%; 1043,6 kg.

278. 2 Moleküle. Durch das Trocknen wurden 62,97% Trockenrückstand erhalten; nun verhalten sich y g $MgSO_4 \cdot x\, H_2O$: 246,52 g $MgSO_4 \cdot 7\, H_2O$ = 62,97 : 100; daraus ist y 155,22 g. Es gingen also 246,52 — 155,22 = 91,3 g H_2O verloren, das sind $\frac{91,3}{18,02}$ = 5 Moleküle; folglich verbleiben 2 Moleküle.

279. 0,835%; Umrechnungsfaktor 1,0084 (*0,92%; f = 1,0093*).

280. Umrechnungsfaktor auf Trockensubstanz = 1,143, folglich 6,73% Asche (*6,51% Asche*).

281. 54,90% (*77,23%*).

282. **a)** f = 1,0342; daraus: 2,95% Unlösliches, 77,86% Fe_2O_3, 5,67% S, 1,43% Pb, 8,02% Zn; **b)** 4,06% Unlösliches, 81,43% Fe_2O_3, 4,76% S, 1,21% Pb, 2,71% Zn.

283. **a)** 13,61% hygroskopisches Wasser, 15,37% Asche; **b)** 15,87% hygroskopisches Wasser, 10,77% Asche.
284. 80,92% Pb (*87,16% PbO*).
285. 17,81% MgO (*10,74% Mg*).
286. 31,55% Cu (*27,37% Cu*).
287. 28,02% Zn (*58,42% $ZnCl_2$*).
288. 46,84% Sb (*45,73% Sb*).
289. 40,02 g Fe im Liter (*19,19 g Fe im Liter*).
290. 100,7 g H_2SO_4 im Liter (*18,4 g H_2SO_4 im Liter*).
291. $Al_2O_3 + Fe_2O_3$ = 1,63%; 0,13% Fe = 0,186% Fe_2O_3, folglich 1,63 — 0,186 = 1,444% Al_2O_3.
292. 5,46% H und 59,27% C (*6,03% H und 74,70% C*).
293. 99,59% $FeSO_4 \cdot 7\,H_2O$ (*94,19%*).
294. 82,61% Ag und 17,24% Cu.
295. 92,87%.
296. **a)** 0,7526; **b)** 0,6833; **c)** 0,1373; **d)** 0,4115; **e)** 0,7169. **f)** 0,2185; **g)** 0,7870; **h)** 0,3000; **i)** 2,1243; **k)** 0,8854.
297. 19,47% NaCl und 80,53% KCl (*51,59% NaCl und 48,41% KCl*).
298. 71,50% KCl und 28,50% K_2SO_4 (*29,76% KCl und 70,24% K_2SO_4*).
299. 76,41% KCl und 23,59% KBr (*46,32% KCl und 53,68% KBr*).
300. 28,49% $MgCO_3$ und 71,51% $CaCO_3$.
301. **a)** 52,995 g; **b)** 72,94 g; **c)** 5,845 g; **d)** 24,52 g; **e)** 11,222 g.
302. 3,1608 g (*0,1280 g*).
303. 6,66 *n* (*1,998 = 2 n*).
304. 2 *n* ($\frac{n}{10}$).
305. **a)** 2,81 *n*; **b)** 3,5 *n*; **c)** 0,0886 *n*.
306. **a)** 7,77 *n*; **b)** 0,99 = 1 *n*; **c)** 1,83 *n*.
307. 33,976 g $AgNO_3$ (*15,226 g NH_4CNS*).
308. 101,3 g NaOH (*124,8 g H_2SO_4*).
309. $\frac{n}{10}$ ($\frac{n}{2}$).
310. 34,3 ml (*107,4 ml*).
311. 96,74% (*99,31%*).
312. **a)** 1,0025; **b)** 0,9986; **c)** 0,9950.
313. 0,9625 (*1,0175*).
314. **a)** 1,0050; **b)** 0,9912; **c)** 1,0130; **d)** 0,9940; **e)** 1,0427.
315. 1,0538 (*1,0015*).
316. 96,72 ml (*101,64 ml*).
317. 105 ml (*105 ml*).
318. 43 ml (*127 ml*).
319. 0,58 ml. 1 Liter dieser zehntelnormalen Säure enthält 1000 — 989 = 11 ml Wasser zu viel. Für 50 ml 2 n-Säure müßte man 950 ml Wasser zusetzen, um $\frac{n}{10}$ Säure zu erhalten; folglich zu den überschüssigen 11 ml Wasser 0,58 ml 2 n-Säure (*30,3 ml*).
320. Dichte der 66,2%igen Säure = 1,567; 14,91 ml der 66,2%igen Säure (*Dichte der 30,3%igen Säure = 1,221; 43,7 ml*).
321. **a)** 200 ml; **b)** 128,32 ml; **c)** 31,25 ml; **d)** 22,08 ml.
322. **a)** 30,58 ml; **b)** 35,54 ml; **c)** 13,60 ml; **d)** 27,87 ml.
323. Alkalisch, denn es sind 0,460 g NaOH Überschuß.
324. **a)** 9,11%ig; **b)** 3,39%ig; **c)** 7,04%ig; **d)** 0,757%ig.
325. 79,23% KOH (*99,84% NaOH*).
326. 90,00% (*81,20%*).
327. 96,21% (*84,42%*).

328. 68,32 g NaOH im Liter = 6,38% (*64,27 g im Liter = 6,03%*).
329. 85,70 g HCl im Liter; 2,35 *n* (*135,67 g im Liter; 3,72 n*).
330. 109,17 g Na_2CO_3 im Liter (*95,91 g im Liter*).
331. 82,92% (*59,42%*).
332. 39,97 ml (*37,64 ml*).
333. 16,31 Gew.-% (*11,78 Gew.-%*)
334. 98,41% (*92,78%*).
335. 100% (*78,19%*).
336. 1,12% (*1,82%*).
337. 89,9 ≐ 90.
338. Tatsächlicher Verbrauch = 24,2 — 12,8 = 11,4 ml $\frac{n}{2}$ KOH; Verseifungszahl = 197,4.
339. 270,9 mg $CaSO_4$ im Liter (*224,6 mg im Liter*).
340. 485 Liter (*348 = 350 Liter*).
341. 5,82% (*62,28%*).
342. 97,92% NaOH, 1,41% Na_2CO_3 (*84,91% NaOH, 14,98%* Na_2CO_3).
343. 9,66% (*2,35%*).
344. $2b - a$ = Verbrauch für NaOH, $(b - c) \cdot 2$ = Verbrauch für Na_2CO_3, $[c - (2b - a)] \cdot 2$ = Verbrauch für Na_2S. 112,8 g NaOH, 28,1 g Na_2S und 42,4 g Na_2CO_3 im Liter (*103,2 g NaOH, 35,9 g* Na_2S *und 38,2 g* Na_2CO_3 *im Liter*).
345. 86,35% (*87,98%*).
346. 82,9 g im Liter (*89,9 g im Liter*).
347. 26,6 g im Liter (*23,7 g im Liter*).
348. 22,41% Mn (*20,01% Mn*).
349. 285,3 ml (*182,3 ml*).
350. 10,06% (*9,25%*).
351. 1,6867 g 2wertiges Fe und 0,9939 g 3wertiges Fe.
352. 74,63% (*82,13%*).
353. 0,82% As.
354. 3,16% (*2,85%*).
355. 0,9728 (*1,0054*).
356. 0,48% (*0,51%*).
357. 67,5 g im Liter (*77,7 g im Liter*).
358. 1,23 g im Liter (*1,18 g im Liter*).
359. 38,37% (*40,69%*).
360. 8,00% (*13,36%*).
361. 26,65% $NaHSO_3$.
362. 0,9950 (*1,0069*).
363. 10%.
364. 12,91%.
365. 7,23 g Cl im Liter (*8,62 g im Liter*).
366. 0,2289 g KCl (*0,1484 g*).
367. 68,73% (*56,03%*).
368. 27,25 g $AgNO_3$ im Liter; 0,16 n (*17,80 g im Liter; 0,105 n*).
369. 35,92% (*45,82%*).
370. KCl = a g, NaCl = b g; $a + b = 0{,}25$;

$$\frac{1000 \cdot a}{7{,}456} + \frac{1000 \cdot b}{5{,}845} = 34{,}2 \text{ ml } \tfrac{n}{10} \text{ AgNO}_3;$$

92,76% KCl und 7,24% NaCl (*59,19% KCl und 40,81% NaCl*).
371. 99,78% (*98,58%*).
372. 11,15% NH_2 (*6,58%*).
373. 0,9933 (*1,0107*).

374. Durch die Titration wird die Gesamtmenge Säure bestimmt (H_2SO_4 + HNO_3) und als H_2SO_4 berechnet; davon abgezogen wird die durch Fällung ermittelte H_2SO_4. Der verbleibende Rest wird in HNO_3 umgerechnet: 30,42% H_2SO_4 und 10,31% HNO_3.
375. 93,07% NaOH, 2,24% Na_2CO_3 und 2,44% NaCl (*94,34% NaOH, 4,48% Na_2CO_3 und 0,56% NaCl*).
376. 59,02% Na_2CO_3 und 12,70% $Na_2B_4O_7$ (*58,16% Na_2CO_3 und 19,37% $Na_2B_4O_7$*).
377. 84,35% $BaCl_2$ und 1,11% $CaCl_2$ (*84,82% $BaCl_2$ und 1,14% $CaCl_2$*).
378. 68,7 ≐ 69.
379. 113,6 g NaOH, 42,4 g Na_2CO_3 und 21,9 g Na_2S im Liter (*105,6 g NaOH, 56,1 g Na_2CO_3 und 22,7 g Na_2S im Liter*).
380. 92,4%ig.
381. **a)** —17,5°; **b)** +26,88°; **c)** +45°; **d)** +82,25° C.
382. **a)** +60° C; **b)** +120° C; **c)** 0° C; **d)** —5° C
383. **a)** 0°; **b)** —40°; **c)** —25,6°.
384. **a)** 102° des Thermometers entsprechen 100°, folglich 10° (Anzeige) + 0,5°, (das Thermometer zeigte bei 0° eine Temperatur von *—0,5°* an!) = 10,5° ... +10,29°; **b)** 25°; **c)** 50,49°; **d)** 91,67°.
385. **a)** 131,61°; **b)** 183,92°; **c)** 204,69°.
386. **a)** 260,4°; **b)** 81,78°; **c)** 30,7°.
387. 13,5 kg (*72 kg*).
388. 167,5 kg (*72 kg*).
389. 132 kg (*127,5 kg*).
390. **a)** 64,8 g; **b)** 238,4 g; **c)** 1519,8 g; nach der Näherungsformel: **a)** 65 g; **b)** 238,5 g; **c)** 1520 g.
391. **a)** $e = 6$; **b)** $e = 5,5$.
392. Empfindlichkeit bei 0 g 0,85; bei 1 g 1,2; bei 2 g 1,7; bei 5 g 2,2; bei 10 g 2,6; bei 25 g 2,8; bei 50 g 2,5.
393. **a)** $e = 9,3$; —0,5 mg, daher 7,6335 g; **b)** 12,9445 g; **c)** 34,0294 g.
394. **a)** 20,0163 g; **b)** 0,6402 g; **c)** 12,8175 g; **d)** 2,4680 g; **e)** 150,0113 g.
395. 3608 mg (*2434,2 mg*).
396. 24,9447 g (*24,9261 g*).
397. Die theoretische Zulage beträgt 1,6645 g; die wirkliche Zulage ist also um 0,0705 g zu groß, der Kolbeninhalt um 0,0705 g zu klein, das sind 0,07 ml. Dieser Fehler ist zulässig. (*Wirkliche Zulage um 0,4721 g zu groß, Kolbeninhalt daher um etwa 0,47 ml zu klein; dieser Fehler ist unzulässig.*)
398. 43,2 V (*52,8* V).
399. 22 Ω (*13 Ω*).
400. 1600 Ω bei Hintereinanderschaltung, 25 Ω bei Parallelschaltung.
401. 85,2 Ω.
402. 5,36 Ω (*2,68 Ω*).
403. 9,96 Ω (*19,06 Ω*).
404. 4,13 A (*3,16 A*).
405. **a)** 1 A; **b)** 2,17 Ω.
406. 0,0075 A (*0,02 A*).
407. 5248,8 W (*3001,25 W*).
408. 1,24 A (*1,43 A*).
409. 1,71 Ω.
410. 2,4 Ω.
411. 1 mm (*2,4 mm*).

412. 27,1 Ω (*14,9* Ω).
413. 5 mm (*7,52 mm*).
414. 24975 Ω (*475* Ω).
415. 871,2 cal (*1212,7* cal).
416. 13 810 cal.
417. 12,7 Ω (*11,4* Ω).
418. 32,8° (*31,1°*).
419. 52,17°.
420. 120 Liter (*20 Liter*).
421. Die spez. Wärme des Cu $= x$; dann ist $9 . 100 . x + 10 . 18 . 1 =$ $= 9 . 24{,}46 . x + 10 . 24{,}46 . 1$; daraus ist $x = 0{,}0950$ kcal (*Fe: 0,1138 kcal*).
422. 0,0576 kcal.
423. 520° (*665,4°*).
424. 1,25 kg (*6,71 kg*).
425. 41,7 kg (*25,2 kg*).
426. a) 100; b) 240 Umdrehungen pro Minute.
427. a) 19 cm; b) 69,12 cm.

Bei allen Berechnungen über Gasvolumina wurde für α der Zahlenwert 0,00367 gesetzt!

428. 21,71 cm³ (*21,34 cm³*).
429. 50,47 Liter (*51,65 Liter*).
430. 100 cm³ (*41,7* cm³).
431. $1\frac{1}{3}$ Atm. $\left(1\frac{2}{3}\ Atm.\right)$.
432. Um 152 Torr auf 608 Torr (*um 354,7 Torr auf 405,3 Torr*).
433. 1,93 Liter (*2,085 Liter*).
434. Der Anfänger rechne erst auf 0° um und von diesem Wert auf 110°. 1,027 m³ (*1,054 m³*).
435. 770,2 Torr (*701,9 Torr*).
436. 29,96 cm³ (*29,47 cm³*).
437. a) 30,80 cm³; b) 22,43 cm³; c) 56,39 cm³.
438. a) 355,8 cm³; b) 352,5 cm³; c) 364,3 cm³; d) 370,8 cm³.
439. 0,617 Liter.
440. 17,61 cm³ (*19,03 cm³*).
441. a) 813,2 Torr; b) 803,9 Torr.
442. 99,38 cm³ (*91,63 cm³*).
443. Auf 71,1° (*auf 597,8°*).
444. 1,606 g (*1,631 g*).
445. a) 1,952 g; b) 1,849 g.
446. 15890 cm³ (*15657 cm³*).
447. 1,445 Liter (*1,444 Liter*).
448. a) 33,208 cm³; b) 6,824 cm³; c) 44,558 cm³.
449. 1,250 g (*1,159 g*).
450. 3,166 g (*2,526 g*).
451. 134,9 Liter (*223,9 Liter*).
452. 799,4 cm³ (*882,0 cm³*).
453. 223,4 g Marmor und 542,6 g 30%iger Salzsäure.
454. 33,56 g.
455. a) 4,02 g; b) 3,574 g.
456. a) 19,45 g; b) 17,81 g.
457. 8,51 g (*6,06 g*).
458. 13,7 Liter.

459. **a)** 26,1 g; **b)** 24,0 g.
460. 83,9 Liter.
461. 2804 cm^3.
462. 2799,6 m^3 SO_2; 18573 kg 66%iger Schwefelsäure.
463. 2,197 kg.
464. In 100 Liter Luft sind 29,86 g O und 98,94 g N enthalten, das sind insgesamt 128,8 g. In Gew.-% also 23,2% O und 76,8% N.
465. 2649 cm^3.
466. **a)** 88,72% CaC_2; **b)** 81,57% CaC_2.
467. $v = 1$ Liter Nitroglycerin. 2 . 227,11 g Nitroglycerin ergeben $\left(6 + 5 + 3 + \frac{1}{2}\right) . 22,4$ Liter Explosionsgase.

Aus 1 Liter Nitroglycerin = 1596 g werden erzeugt:

$$\frac{1596 \,.\, 14,5 \,.\, 22,4}{2 \,.\, 227,1} = 1141,3 \text{ Liter.}$$

$$p = \frac{v_0 \cdot p_0 \cdot (1 + \alpha \,.\, t)}{v} = \frac{1141,3 \,.\, 1 \,.\, (1 + 0,00367 \,.\, 2600)}{1} =$$
$$= 12030 \text{ Atm.}$$

468. Teildruck des Wasserstoffs 0,25 Atm., des Ammoniaks 0,75 Atm.
469. $v_{tr} = \frac{V \,.\, (P - e)}{P} = 4,204$ Liter (*4,179 Liter*).
470. 2,048 Liter.
471. 5,712 Liter (*5,430 Liter*).
472. 2039,8 m^3.
473. 89,35% (*89,66%*).
474. 0,69 g (*0,686 g*).
475. 74,85%.
476. **a)** 17,98%; **b)** 14,05%.
477. 2,6479 g.
478. 1,1888 g (*1,1849 g*).
479. 28,95.
480. 0,5% CO_2, 18,9% O, 80,6% N (*1,3% CO_2, 19,4% O, 79,3% N*).
481. 0,82 Vol.-% CH_4, 1,58 Vol.-% N.
482. 30 cm^3 Gas bestehen aus a cm^3 CO, b cm^3 CH_4 und c cm^3 H, folglich ist $a + b + c = 30$. Nach der Verbrennungsgleichung $2\,CO + O_2 = 2\,CO_2$ ergeben sich folgende Volumsverhältnisse: $a\,cm^3 + \frac{a}{2}\,cm^3 = a\,cm^3$; die Volumkontraktion beträgt demnach $\left(a + \frac{a}{2}\right) - a = \frac{a}{2}$.

Analog: $CH_4 + 2\,O_2 = CO_2 = 2\,H_2O$ oder $b + 2\,b = b + 0$; Volumkontraktion $= (b + 2\,b) - b = 2\,b$.

$2\,H_2 + O_2 = 2\,H_2O$; also $c + \frac{c}{2} = 0$ (flüssiges Wasser); Volumkontraktion $= \left(c + \frac{c}{2}\right) = \frac{3\,c}{2}$.

Die Gesamtvolumkontraktion beträgt somit $\frac{a}{2} + 2\,b + \frac{3c}{2} =$ $= 90 - 38 = 52$. Durch Behandlung mit Kalilauge wird das CO_2 entfernt, d. h. $a + b = 28$. Aus diesen 3 Gleichungen errechnet sich die Zusammensetzung: 4,7 cm^3 CO, 23,3 cm^3 CH_4, 2 cm^3 H.

483. 3,4 Vol.-% CO_2, 5,0 Vol.-% C_nH_{2n}, 0 Vol.-% O, 9,6 Vol.-% CO, 29,8 Vol.-% CH_4, 49,7 Vol.-% H, 2,5 Vol.-% N.

484. 5,8 Vol.-% CO_2, 0,1 Vol.-% C_nH_{2n}, 0 Vol.-% O, 22,6 Vol.-% CO, 7,2 Vol.-% H, 2,8 Vol.-% CH_4, 61,5 Vol.-% N.

485. 41,2°.

486. **a)** 66,5°; **b)** 53,0°.

487. 99%.

488. 12,0%ig.

489. 11,0° E — 4,6° E — 2,3° E — 1,6° E.

490. 27,5° E — 2,8° E — 1,45° E.

491. 0,0671 g Ag (*0,0198 g Cu*).

492. 2,98 g $CuSO_4$ (*5,96 g* $CuSO_4$).

493. 4,96 A (*2,1 A*).

494. 2,374 g Cu, 1,187 g Cu, 0,696 g Fe.

495. 1 Stunde 52 Minuten.

496. Zur Bildung von 1 Mol $KClO_3$ ist die Zersetzung von 6 Mol KCl erforderlich, also sind 6 Faraday notwendig. Ein Strom von 3 A ergibt in 12 Stunden 129600 Coulomb oder 1,34 F. Durch 6 F werden 122,56 g $KClO_3$ gebildet, folglich durch 1,34 F 27,36 g $KClO_3$. Es werden demnach 16,64 g KCl oxydiert.

497. 7,655 kg.

498. 0,621 Liter (*1,589 Liter*).

499. 1,02 Liter.

500. **a)** 1,04; **b)** 12,92; **c)** 11,32; **d)** 12,0; **e)** 1,4; **f)** 5,0.

501. **a)** 7,68; **b)** 3,73.

502. **a)** $[H^\cdot] = 3,98 \cdot 10^{-3}$, $[OH'] = 2,51 \cdot 10^{-12}$;
b) $[H^\cdot] = 1,59 \cdot 10^{-7}$, $[OH'] = 6,3 \cdot 10^{-8}$;
c) $[H^\cdot] = 5,0 \cdot 10^{-11}$, $[OH'] = 2 \cdot 10^{-4}$.

503. **a)** 2,87; **b)** 2,91; **c)** 1,67; **d)** 2,24; **e)** 11,12.

504. **a)** Der p_H-Wert einer $\frac{n}{10}$ NH_4OH-Lösung errechnet sich zu 11,13. Nach Zusatz des NH_4Cl erhalten wir für $[OH'] = 1,8 \cdot 10^{-5} \cdot \frac{0,1}{0,0187} = 9,63 \cdot 10^{-5}$, daraus ist $[H^\cdot] = 1,04 \cdot 10^{-10}$ und $p_H = 9,98$. Der p_H-Wert ist also von 11,13 auf 9,98 gesunken.
b) p_H-Wert der $\frac{n}{10}$ Ameisensäure = 2,33; nach Zusatz des Natriumformiats 4,02.

505. **a)** 6,5 mg; **b)** 5,4 mg; **c)** 1,8 mg; **d)** $4,4 \cdot 10^{-9}$ mg; **e)** Konzentration an $Pb^{\cdot\cdot} = c$, dann ist die Konzentration an $Cl' = 2\,c$; $L = c \cdot (2\,c)^2 = 4\,c^3$.
$4\,c^3 = 2,12 \cdot 10^{-5}$; daraus ist $c = 1,743 \cdot 10^{-2}$ Mol/Liter.
g/Liter $= 1,743 \cdot 10^{-2} \cdot 278,13 = 4,848 = 4848$ mg/Liter.

506. 92 ml.

507. **a)** $1,06 \cdot 10^{-10}$; **b)** $Ag_3PO_4 \rightleftharpoons 3\,Ag^\cdot + PO_4'''$. Die Konzentration an $PO_4''' = c$, dann ist die Konzentration an $Ag^\cdot = 3\,c$.
Die Löslichkeit (c) in Mol/Liter $= \frac{6,5 \cdot 10^{-3}}{Ag_3PO_4} = 1,55 \cdot 10^{-5}$.
$L = (3\,c)^3 \cdot c = 27\,c^4 = 27 \cdot (1,55 \cdot 10^{-5})^4 = 1,56 \cdot 10^{-18}$.

508. $Mg(OH)_2 = Mg^{\cdot\cdot} + 2\,OH'$, daher das Löslichkeitsprodukt $L = c\,.\,(2c)^2 = 4c^3 = 4\,.\,(1{,}4\,.\,10^{-4})^3$.

In der alkalischen Lösung ist die Konzentration an OH-ionen $= 2\,.\,1{,}4\,.\,10^{-4} + 0{,}002 = 0{,}00228$ Mol.

$$[Mg^{\cdot\cdot}] = \frac{4\,.\,(1{,}4\,.\,10^{-4})^3}{0{,}00228^2} = 2{,}1\,.\,10^{-6} \text{ Mol.}$$

Die alkalische Lösung enthält $2{,}1\,.\,10^{-6}$ Mol $Mg(OH)_2$ im Liter.

509. Die Konzentration $C = \frac{g}{\text{Molekulargew.}} = \frac{3{,}6}{208{,}3} =$ $= 0{,}0173$ Mol/Liter. $PCl_5 \rightleftarrows PCl_3 + Cl_2$.

Die Anzahl der Teilchen $n = \underbrace{C\,.\,(1-\alpha)}_{PCl_5} + \underbrace{C\,.\,\alpha}_{PCl_3} + \underbrace{C\,.\,\alpha}_{Cl_2} =$ $= C\,.\,(1+\alpha)$.

Nach S. 198 ist $p\,.\,v = n\,.\,R\,.\,T$, daraus ist $n = \frac{p\,.\,v}{R\,.\,T}$. Wir können daher $\frac{p\,.\,v}{R\,.\,T} = C\,.\,(1+\alpha)$ setzen; daraus ist

$$\alpha = \frac{p\,.\,v}{R\,.\,T\,.\,C} - 1 = \frac{1\,.\,1}{0{,}082\,.\,473\,.\,0{,}0173} - 1 = 1{,}49 - 1 = 0{,}49.$$

Nach S. 217 ist $K = \frac{C\,.\,\alpha^2}{1-\alpha} = \frac{0{,}0173\,.\,0{,}49^2}{0{,}51} = 0{,}00814 =$ $= 8{,}1\,.\,10^{-3}$.

510. x = gesuchte Vol.-% NO; a = Vol.-% N und b = Vol.-% O in der Luft. Nach der erfolgten Reaktion $N_2 + O_2 = 2\,NO$ enthält das Gasgemisch x % NO, $\left(a - \frac{x}{2}\right)$ % N und $\left(b - \frac{x}{2}\right)$ % O. Nachdem die Konzentrationen diesen Vol.-% proportional sind, ist nach dem Massenwirkungsgesetz

$$\frac{[NO]^2}{[N_2]\,.\,[O_2]} = K = \frac{x^2}{\left(a - \frac{x}{2}\right)\,.\,\left(b - \frac{x}{2}\right)}.$$

Daraus ist

$$x^2 = K\,.\left(a - \frac{x}{2}\right)\,.\left(b - \frac{x}{2}\right);$$

$$x^2 = K\,a\,b - K\,.\,\frac{b\,x}{2} - K\,.\,\frac{a\,x}{2} + K\,.\,\frac{x^2}{4};$$

$$x^2 - K\,\frac{x^2}{4} + K\,.\,\frac{b\,x}{2} + K\,.\,\frac{a\,x}{2} - K\,a\,b = 0;$$

$$4\,x^2 - K\,x^2 + 2\,K\,b\,x + 2\,K\,a\,x - 4\,K\,a\,b = 0;$$

$$x^2\,.\,(4-K) + x\,.\,(2\,K\,b + 2\,K\,a) - 4\,K\,a\,b = 0;$$

$$x^2 + x\,.\,\frac{2\,K\,b + 2\,K\,a}{4-K} - \frac{4\,K\,a\,b}{4-K} = 0;$$

$$x = -\frac{K\,.\,(b+a)}{4-K} + \sqrt{\frac{K^2\,.\,(b+a)^2}{(4-K)^2} + \frac{4\,K\,a\,b}{4-K}}.$$

Da K ($= 3{,}25\,.\,10^{-3}$) gegen 4 sehr klein ist, kann näherungsweise (ohne einen merklichen Fehler zu machen) gesetzt werden:

$$x = -\frac{K\,.\,(b+a)}{4} + \sqrt{K\,a\,b}.$$

Nun ist $a = 80$ und $b = 20$, $K = 3{,}25 \cdot 10^{-3}$.
Nach Einsetzen dieser Werte ergibt sich für

$$x = -\frac{3{,}25 \cdot 10^{-3} \cdot 100}{4} + \sqrt{6} = -0{,}081 + 2{,}45 = 2{,}37\%.$$

511. 2,48 Atm.
512. **a)** 0,56 Atm.; **b)** 0,497 Atm.
513. 23,7 Atm.
514. **a)** 57; **b)** 7; **c)** 59; **d)** 117.
515. Das 2fache.
516. **a)** $M = 28{,}31$, das Atomverhältnis ist CH_2 (berechnet aus der Zusammensetzung); $\frac{28{,}31}{CH_2} = 2$, also C_2H_4.
b) $M = 77{,}58$; Summenformel C_6H_6;
c) $M = 122{,}6$, Formel $CHCl_3$.
517. Das berechnete Molekulargewicht ist 322, das aus der Formel errechnete 342,3. Dem Rohrzucker kommt also tatsächlich die Formel $C_{12}H_{22}O_{11}$ zu.
518. $M = 181{,}0$.
519. $M = 109{,}5$. Das aus der Summenformel berechnete Molekulargewicht ist 106,13. Dem Benzaldehyd kommt tatsächlich die Formel C_6H_5CHO zu.
520. 156,0 (*203,5*).
521. 0,906.
522. $\Delta = k \cdot \frac{a \cdot 1000}{b \cdot M} = 0{,}52 \cdot \frac{49 \cdot 1000}{(1030 - 49) \cdot 98} = 0{,}265,$

$\Delta_\alpha = \Delta \cdot [1 + (\nu - 1) \cdot \alpha)] = 0{,}265 \cdot [1 + (3 - 1) \cdot 0{,}51] = = 0{,}54°$. Siedepunkt $= 100 + 0{,}54 = 100{,}54°$.

523. **a)**

$$\underbrace{\begin{array}{cccc} CH_4 & + 2\,O_2 = & CO_2 & + \quad 2\,H_2O \\ -22250 & & +97200 & +2 \cdot 58060 \end{array}}_{+191070.}$$

Für 1 m³ $\frac{191070}{22{,}4} = 8529$ kcal.

b) 21874 kcal.

524. 273850 — 131500 — 97200 = 45150 cal. Diese Wärmemenge ist notwendig, um 100,09 g $CaCO_3$ in 56,08 g CaO und 44,01 g CO_2 zu zerlegen. Für 1 kg $CaCO_3$ werden also $\frac{45150}{100{,}09} = 452$ kcal benötigt.

525. Es sind folgende thermochemische Gleichungen aufzustellen:

$(NH_3) + (aq) = (NH_4OH\ aq) + 8300$ cal,
$(HCl) + (aq) = (HCl\ aq) + 17600$ cal,
$(NH_4OH\ aq) + (HCl\ aq) = (NH_4Cl\ aq) + 12300$ cal,
$(NH_4Cl) + (aq) = (NH_4Cl\ aq) - 3800$ cal.

Durch Addition der ersten 2 Gleichungen erhält man:

$(NH_3) + (HCl) + (aq) = (NH_4OH\ aq) + (HCl\ aq) + 25900$ cal.

Dazu die 3. Gleichung addiert:

$(NH_3) + (HCl) + (aq) = (NH_4Cl\ aq) + 38200$ cal.

Wird nun die 4. Gleichung abgezogen, erhält man:

$(NH_3) + (HCl) - (NH_4Cl) = 42000$ cal.

Daraus: $(NH_3) + (HCl) = (NH_4Cl) + 42000$ cal.
Die Bildungswärme des festen Salmiaks beträgt also 42000 cal.

526. 45 ml $\frac{n}{1}$ Natronlauge sind äquivalent 45 ml $\frac{n}{1}$ Salzsäure, das sind $\frac{45}{1000} = 0{,}045$ Mol HCl, welche eine Wärmemenge von 0,637 . 1240 = 789,9 cal entwickeln.
Lösungswärme für 1 Mol HCl $= \frac{789{,}9}{0{,}045} = 17553$ cal.

527. Oberer Heizwert der lufttrockenen Kohle:
a) 5553,3, b) 7614,4, c) 8013,9 kcal.
Unterer Heizwert der lufttrockenen Kohle:
a) 5219,2, b) 7352,3, c) 7777,9 kcal.
Unterer Heizwert der ursprünglichen Kohle:
a) 4522,7, b) 6829,2, c) 7648,3 kcal.

528. 2374,8 cal.

529. Abgerundet: a) 5620 kcal; b) 7760 kcal; c) 7100 kcal.

530. a) 2611,7 kcal; b) 2527,8 kcal; c) 1287,5 kcal.

531. a) 2,26 m^3; b) 1,07 m^3.

532. Als verbrennbare Bestandteile kommen in Betracht: C, disponibler H und S. a) 8413 m^3, b) 6334 m^3.

533. a) Die durch Verbrennung von 1 m^3 Gas entstandenen Rauchgase setzen sich zusammen aus 1,5385 m^3 N, 0,3600 m^3 CO_2 und 0,1850 m^3 H_2O, das sind 73,8 Vol.-% N, 17,3 Vol.-% CO_2 und 8,9 Vol.-% Wasserdampf.
b) Bei 20% Luftüberschuß: 0,3600 m^3 CO_2, 0,1850 m^3 H_2O-Dampf, 0,0525 m^3 O und 1,7372 m^3 N. Das sind 15,4% CO_2, 7,9% Wasserdampf, 2,2% O und 74,4% N.

534. a) 1,52fache Luftmenge; b) 1,82fache Luftmenge.

535. 1 Mol CO gibt bei der Verbrennung 2429 . 28 = 68012 cal und liefert 44 g CO_2. Diese führen jene Wärmemenge weg, die notwendig ist, um die 44 g CO_2 von 25° auf 200°, das sind um 175° zu erwärmen. Die spez. Wärme von CO_2 ist 0,228. Es führen also 44 g CO_2 44 . 175 . 0,228 = 1756 cal fort. Die nutzbare Wärmemenge ist daher 68012 — 1756 = 66256 cal (= 97,4%).

536. a) Die Rauchgase aus 1 m^3 Gas bestehen aus 0,427 kg Wasserdampf, 0,890 kg CO_2 und 0,065 kg N; die Verbrennungswärme von 1 m^3 Wassergas beträgt 2625 kcal. Nutzbare Wärmemenge = 2500 kcal = 95,2%.
b) Rauchgase aus 1 m^3 Gas: 0,427 kg Wasserdampf, 0,890 kg CO_2 2,341 kg N; Verbrennungswärme von 1 m^3 Wassergas = = 2625 kcal. Nutzbare Wärmemenge = 2334 kcal = 88,9%.
c) Rauchgase aus 1 m^3 Gas: 0,427 kg Wasserdampf, 0,890 kg CO_2, 0,034 kg O und 2,455 kg N; Nutzbare Wärmemenge = 2323 kcal = 88,5%.

537. 2307°.

538. 1 kg C gibt bei der Verbrennung 3,67 kg CO_2.

$$t = \frac{8100}{3{,}67 \cdot 0{,}32} = 6900°.$$

539. 5057°

540. $t = \frac{0{,}5 \cdot 3034}{0{,}5 \cdot 0{,}58 + 0{,}5 \cdot 0{,}38} = 3160°.$

541. **a)** Gesamthärte = 178 + 25 . 1,4 = 213 mg CaO im Liter = = 21,3° d. H.;
b) CaO-Verbrauch: 10 . (21,3 — 6) + 1,4 . 25 = 188 g CaO pro m³;
Sodaverbrauch: 18,9 . 6 = 113,4 g.
c) 85,6 g NaOH und 128,1 g CaO.

542. 123,4 g Kalk und 113,4 g Soda.

543. **a)** 1. $H_p = 0{,}50$; $H_t = 7{,}85$; Gesamthärte = 8,35° H;
2. Kalkverbrauch: 61,4 g (für $CaCO_3$) + 17,1 g (für $MgCO_3$) + + 1,4 g (für $MgSO_4$) = 79,9 g;
Sodaverbrauch: 6,8 g (für $CaSO_4$) + 2,6 g (für $MgSO_4$) = 9,4 g;
3. 74,9 g CaO und 7,1 g NaOH;
b) 1. $H_p = 6{,}9$; $H_t = 22{,}4$; Gesamthärte = 29,3° H;
2. Kalkverbrauch: 159,7 + 63,9 + 26,1 = 249,7 g;
Sodaverbrauch: 81,0 + 49,3 = 130,3 g;
3. 180,9 g CaO und 98,3 g NaOH.

544. Kalksteinmenge = x. Die Schlacke enthält:
$SiO_2 = 70 + 0{,}031\,x$.
$Al_2O_3 = 25 + 0{,}003\,x$; diese sind äquivalent

$$(25 + 0{,}003\,x) \cdot \frac{3 \cdot 60{,}09}{2 \cdot 101{,}96} = (22{,}1 + 0{,}0027\,x)\ SiO_2.$$

Gesamt-$SiO_2 = 92{,}1 + 0{,}0337\,x$.
$CaO = 0{,}537\,x$.

$MgO = 0{,}012\,x$; diese sind äquivalent $0{,}012\,x \cdot \frac{56{,}08}{40{,}32} = 0{,}0167\,x$ CaO.

Gesamt-CaO = $0{,}5537\,x$.
Nun muß Gesamt-SiO_2 = Gesamt-CaO; $92{,}1 + 0{,}0337\,x = 0{,}5537\,x$.
Daraus ist $x = 177{,}1$ kg Kalkstein.

545. Auf 93 kg Fe kommen 0,7 kg Si, auf 35 kg Fe daher 0,26 kg Si (= 0,6 kg SiO_2).
50,1% Fe_2O_3 entsprechen 45,1 kg FeO, davon geht 1% in die Schlacke, das sind rund 0,5 kg FeO.
0,7% Mn_2O_3 entsprechen 0,63 kg MnO, davon geht $\frac{1}{3}$ in die Schlacke, das sind rund 0,2 kg.
Die Schlacke enthält: Basen 0,5 (FeO) + 0,2 (MnO) + 3,0 (CaO) + + 0,2 (MgO) = 3,9 kg.
Säuren: (22,3 — 0,6) SiO_2 + 4,1 Al_2O_3 = 25,8 kg.
(3,9 + x) : 25,8 = 115 : 100; daraus ist die erforderliche CaO-Menge für 100 kg = 25,8 kg.
Um 0,1 kg S zu binden, sind 0,18 kg CaO erforderlich; zusammen also rund 26 kg CaO, entsprechend 46,4 kg $CaCO_3$.

$$46{,}4 \cdot \frac{106}{100} = 49{,}2 \text{ kg Kalkstein.}$$

546. **a)** 0,579 Mol SiO_2, 0,059 Mol Al_2O_3, 0,254 Mol PbO, 0,019 Mol CaO, 0,038 Mol MgO

$$\text{Segerformel: } 1{,}861\ SiO_2 \cdot 0{,}190\ Al_2O_3 \left\{\begin{array}{l} 0{,}817\ PbO \\ 0{,}061\ CaO \\ 0{,}122\ MgO \end{array}\right. \left(\frac{3{,}1}{3{,}7}\right);$$

b) 1,116 Mol SiO_2, 0,135 Mol Al_2O_3, 0,228 Mol CaO, 0,028 Mol MgO, 0,056 Mol K_2O

$$\text{Segerformel: } 3{,}577\ SiO_2 \,.\, 0{,}432\ Al_2O_3 \,.\, \left\{\begin{array}{l} 0{,}731\ CaO \\ 0{,}090\ MgO \\ 0{,}179\ K_2O \end{array}\right. \left(\frac{4{,}6}{7{,}2}\right).$$

547. a) $4{,}070\ SiO_2 \,.\, 0{,}530\ Al_2O_3 \,.\, \left\{\begin{array}{l} 0{,}660\ CaO \\ 0{,}340\ K_2O \end{array}\right.$

b) $2{,}123\ SiO_2 \,.\, \left\{\begin{array}{l} 0{,}602\ CaO \\ 0{,}398\ Na_2O \end{array}\right.$

548. 116,8 Gewichtsteile Feldspat, 185,8 Gewichtsteile Kaolin, 331,8 Gewichtsteile Quarz, 17,6 Gewichtsteile Magnesit, 58,0 Gewichtsteile Marmor.

Es befinden sich:

Tabelle 5. Atomgewichte (1957).

Ac	Actinium	227	Cs	Cäsium	132,91
Ag	Silber	107,880	Cu	Kupfer	63,54
Al	Aluminium	26,98	Dy	Dysprosium	162,51
Am	Americium	[243]	E	Einsteinium	[252]
Ar	Argon	39,944	Er	Erbium	167,27
As	Arsen	74,91	Eu	Europium	152,0
At	Astatium	[210]	F	Fluor	19,00
Au	Gold	197,0	Fe	Eisen	55,85
B	Bor	10,82	Fm	Fermium	[253]
Ba	Barium	137,36	Fr	Francium	[223]
Be	Beryllium	9,013	Ga	Gallium	69,72
Bi	Wismut	209,00	Gd	Gadolinium	157,26
Bk	Berkelium	[247]	Ge	Germanium	72,60
Br	Brom	79,916	H	Wasserstoff	1,008
C	Kohlenstoff	12,011	He	Helium	4,003
Ca	Calcium	40,08	Hf	Hafnium	178,50
Cd	Cadmium	112,41	Hg	Quecksilber	200,61
Ce	Cer	140,13	Ho	Holmium	164,94
Cf	Californium	[249]	In	Indium	114,82
Cl	Chlor	35,457	Ir	Iridium	192,2
Cm	Curium	[248]	J	Jod	126,91
Co	Kobalt	58,94	K	Kalium	39,100
Cr	Chrom	52,01	Kr	Krypton	83,80

La	Lanthan	138,92	Re	Rhenium	186,22
Li	Lithium	6,940	Rh	Rhodium	102,91
Lu	Lutetium	174,99	Rn	Radon	222
Mg	Magnesium	24,32	Ru	Ruthenium	101,1
Mn	Mangan	54,94	S	Schwefel	32,066
Mo	Molybdän	95,95	Sb	Antimon	121,76
Mv	Mendelevium	[256]	Sc	Scandium	44,96
N	Stickstoff	14,008	Se	Selen	78,96
Na	Natrium	22,991	Si	Silicium	28,09
Nb	Niob	92,91	Sm	Samarium	150,35
Nd	Neodym	144,27	Sn	Zinn	118,70
Ne	Neon	20,183	Sr	Strontium	87,63
Ni	Nickel	58,71	Ta	Tantal	180,95
No	Nobelium	[253]	Tb	Terbium	158,93
Np	Neptunium	[237]	Tc	Technetium	[99]
O	Sauerstoff	16,0000	Te	Tellur	127,61
Os	Osmium	190,2	Th	Thorium	232,05
P	Phosphor	30,975	Ti	Titan	47,90
Pa	Protactinium	231	Tl	Thallium	204,39
Pb	Blei	207,21	Tm	Thulium	168,94
Pd	Palladium	106,4	U	Uran	238,07
Pm	Promethium	[145]	V	Vanadium	50,95
Po	Polonium	210	W	Wolfram	183,86
Pr	Praseodym	140,92	Xe	Xenon	131,30
Pt	Platin	195,09	Y	Yttrium	88,92
Pu	Plutonium	[242]	Yb	Ytterbium	173,04
Ra	Radium	226,05	Zn	Zink	65,38
Rb	Rubidium	85,48	Zr	Zirkonium	91,22

Eingeklammerte Werte geben die Massenzahl des stabilsten bekannten Isotops an.

Wegen natürlicher Schwankungen in der relativen Häufigkeit der Schwefelisotope ist das Atomgewicht dieses Elements um $\pm 0{,}003$ Atomgewichtseinheiten unsicher.

Tabelle 6. Molekulargewichte

einiger wichtiger Verbindungen. (Berechnet mit den auf zwei Dezimalstellen abgekürzten Atomgewichten.)

			lg.
1. Anorganische Verbindungen.			
Aluminiumchlorid	$AlCl_3$	133,36	12503
Aluminiumoxyd	Al_2O_3	101,96	00843
Ammoniak	NH_3	17,04	23147
Ammoniumcarbonat	$(NH_4)_2CO_3$	96,11	98277
Ammoniumchlorid	NH_4Cl	53,51	72843
Ammoniumrhodanid	NH_4CNS	76,13	88156

			lg.
Ammoniumsulfat	$(NH_4)_2SO_4$	132,16	12110
Antimontrisulfid	Sb_2S_3	339,70	53110
Arsentrioxyd	As_2O_3	197,82	29627
Bariumchlorid	$BaCl_2$	208,28	31865
	$BaCl_2 . 2\ H_2O$	244,32	38796
Bariumchromat	$BaCrO_4$	253,37	40376
Bariumsulfat	$BaSO_4$	233,42	36814
Bleinitrat	$Pb(NO_3)_2$	331,23	52013
Bleisulfat	$PbSO_4$	303,27	48183
Borsäure	H_3BO_3	61,84	79127
Bromwasserstoff	HBr	80,93	90811
Calciumcarbonat	$CaCO_3$	100,09	00039
Calciumchlorid	$CaCl_2$	111,00	04532
Calciumhydroxyd	$Ca(OH)_2$	74,10	86982
Calciumoxyd	CaO	56,08	74881
Calciumsulfat	$CaSO_4$	136,14	13399
	$CaSO_4 . 2\ H_2O$	172,18	23598
Chlorwasserstoff	HCl	36,47	56194
Chromkalialaun	$CrK(SO_4)_2 . 12\ H_2O$	499,47	69851
Chromoxyd	Cr_2O_3	152,02	18190
Cyanwasserstoff	HCN	27,03	43185
Eisen-3-chlorid	$FeCl_3$	162,23	21013
Eisen-3-oxyd	Fe_2O_3	159,70	20330
Eisen-2-sulfid	FeS	87,91	94404
Eisensulfat	$FeSO_4$	151,91	18159
	$FeSO_4 . 7\ H_2O$	278,05	44412
Eisenammonsulfat (MOHRsches Salz)	$(NH_4)_2Fe(SO_4)_2 . 6\ H_2O$	392,19	59350
Jodwasserstoff	HJ	127,92	10694
Kaliumbichromat	$K_2Cr_2O_7$	294,22	46867
Kaliumbromid	KBr	119,02	07562
Kaliumhydroxyd	KOH	56,11	74904
Kaliumjodid	KJ	166,01	22014
Kaliumnitrat	KNO_3	101,11	00479
Kaliumpermanganat	$KMnO_4$	158,04	19877
Kaliumsulfat	K_2SO_4	174,26	24120
Kohlenmonoxyd	CO	28,01	44731
Kohlendioxyd	CO_2	44,01	64355
Kupferoxyd	CuO	79,54	90059
Kupferrhodanid	$CuCNS$	121,62	08500
Kupfersulfat	$CuSO_4$	159,60	20303
	$CuSO_4 . 5\ H_2O$	249,70	39742
Magnesiumchlorid	$MgCl_2$	95,24	97882
Magnesiumoxyd	MgO	40,32	60552
Magnesiumpyrophosphat ...	$Mg_2P_2O_7$	222,60	34753
Mangandioxyd	MnO_2	86,94	93922
Natriumhydrogencarbonat .	$NaHCO_3$	84,01	92433
Natriumcarbonat	Na_2CO_3	105,99	02527
	$Na_2CO_3 . 10\ H_2O$	286,19	45666
Natriumchlorid	$NaCl$	58,45	76678

			lg.
Natriumhydroxyd	NaOH	40,00	60206
Natriumnitrat	$NaNO_3$	85,00	92942
Natriumnitrit	$NaNO_2$	69,00	83885
Natriumsulfat	Na_2SO_4	142,04	15241
Natriumsulfid	Na_2S	78,04	89232
Natriumsulfit	Na_2SO_3	126,04	10051
Natriumthiosulfat	$Na_2S_2O_3$	158,10	19893
	$Na_2S_2O_3 \cdot 5\,H_2O$	248,20	39480
Phosphorpentoxyd	P_2O_5	141,96	15217
Phosphorsäure	H_3PO_4	98,01	99127
Quecksilber-2-chlorid	$HgCl_2$	271,53	43382
Quecksilberoxyd	HgO	216,61	33568
Salpetersäure	HNO_3	63,02	79948
Schwefeldioxyd	SO_2	64,06	80659
Schwefelsäure	H_2SO_4	98,08	99158
Schwefeltrioxyd	SO_3	80,06	90342
Silberchlorid	AgCl	143,34	15637
Silberjodid	AgJ	234,79	37068
Silbernitrat	$AgNO_3$	169,89	23017
Siliciumdioxyd	SiO_2	60,09	77880
Stickoxyd	NO	30,01	47727
Wasser	H_2O	18,02	25575
Zinkoxyd	ZnO	81,38	91052
Zinkpyrophosphat	$Zn_2P_2O_7$	304,72	48390
Zinnchlorür	$SnCl_2$	189,62	27789
Zinn-4-oxyd	SnO_2	150,70	17811

2. Organische Verbindungen.

			lg.
Acetaldehyd	CH_3CHO	44,06	64404
Aceton	CH_3COCH_3	58,09	76410
Acetylen	C_2H_2	26,04	41564
Äthylalkohol	C_2H_5OH	46,08	66351
Äthyläther	$C_2H_5OC_2H_5$	74,14	87005
Ameisensäure	HCOOH	46,03	66304
Anilin	$C_6H_5NH_2$	93,14	96914
Anthracen	$C_{14}H_{10}$	178,24	25101
Anthrachinon	$C_{14}H_8O_2$	208,22	31852
Benzol	C_6H_6	78,12	89276
Benzoesäure	C_6H_5COOH	122,13	08683
Benzaldehyd	C_6H_5CHO	106,13	02584
Chloroform	$CHCl_3$	119,40	07700
Essigsäure (Eisessig)	CH_3COOH	60,06	77859
Glycerin	$C_3H_5(OH)_3$	92,11	96431
Methan	CH_4	16,05	20548
Methylalkohol	CH_3OH	32,05	50583
Naphthalin	$C_{10}H_8$	128,18	10782

			lg.
Oxalsäure	$C_2O_4H_2$	90,04	95444
	$C_2O_4H_2 . 2\,H_2O$	126,08	10065
Phenol	C_6H_5OH	94,12	97368
Pyridin	C_5H_5N	79,11	89823
Toluol	$C_6H_5CH_3$	92,15	96450
Traubenzucker	$C_6H_{12}O_6 . H_2O$	198,2	29710
Weinsäure	$C_4H_6O_6$	150,1	17638

Tabelle 7. Gewichtsanalytische Faktoren.

Gesucht	Gefunden	Faktor	lg.
Ag	AgCl	0,7526	87658
Al	Al_2O_3	0,5293	72364
As	As_2S_3	0,6090	78463
	As_2S_5	0,4831	68404
	$Mg_2As_2O_7$	0,4826	68357
As_2O_3	As	1,320	12070
	As_2S_3	0,8041	90533
	$Mg_2As_2O_7$	0,6372	80427
B	B_2O_3	0,3107	49240
Ba	$BaCrO_4$	0,5421	73410
	$BaSO_4$	0,5885	76972
$BaCl_2$	$BaSO_4$	0,8923	95049
BaO	$BaCrO_4$	0,6053	78195
	$BaSO_4$	0,6570	81757
Bi	Bi_2O_3	0,8970	95279
Br	AgBr	0,4255	62894
	AgCl	0,5575	74627
C	CO_2	0,2729	43599
CO_2	CaO	0,7848	89474
Ca	$CaCO_3$	0,4004	60254
	CaO	0,7147	85412
CaO	CO_2	1,274	10517
	$CaSO_4$	0,4119	61482
$CaSO_4$	$BaSO_4$	0,5832	76585
	CaO	2,428	38518

Gesucht	Gefunden	Faktor	lg.
Cd	$CdSO_4$	0,5392	73176
Cl	Ag	0,3287	51676
	AgCl	0,2474	39334
Cr	$BaCrO_4$	0,2053	31233
	Cr_2O_3	0,6843	83522
CrO_3	$BaCrO_4$	0,3947	59628
	Cr_2O_3	1,316	11917
Cu	CuCNS	0,5225	71805
	CuO	0,7988	90246
	Cu_2S	0,7986	90230
CuO	CuCNS	0,6540	81559
	Cu_2S	0,9996	99984
$CuSO_4$	CuO	2,007	30244
$CuSO_4 \cdot 5\,H_2O$	Cu	3,930	59437
	CuO	3,139	49683
F	CaF_2	0,4867	68724
	SiF_4	0,7301	86340
Fe	Fe_2O_3	0,6994	84475
$FeCl_3$	Fe_2O_3	2,032	30786
Fe_2O_3	Fe	1,430	15525
H	H_2O	0,1119	04884
H_3BO_3	B_2O_3	1,776	24944
$H_2C_2O_4$	CaO	1,605	20561
HCl	AgCl	0,2544	40552
HJ	AgJ	0,5448	73626
HNO_3	NO	2,100	32221
H_3PO_4	$Mg_2P_2O_7$	0,8805	94473
H_2S	$BaSO_4$	0,1460	16436
H_2SO_4	$BaSO_4$	0,4202	62344
J	AgCl	0,8854	94712
	AgJ	0,5405	73281
K	KCl	0,5244	71966
	$KClO_4$	0,2822	45052
	K_2PtCl_6 (empirisch)	0,1603	20486
	K_2SO_4	0,4487	65199
KCl	$KClO_4$	0,5381	73086
	K_2PtCl_6 (empirisch)	0,3056	48515
K_2SO_4	$BaSO_4$	0,7465	87303

Gesucht	Gefunden	Faktor	lg.
Mg	$Mg_2P_2O_7$	0,2185	33946
	$NH_4MgPO_4 . 6\,H_2O$	0,09909	99602
$MgCl_2$	$Mg_2P_2O_7$	0,8556	93227
MgO	CO_2	0,9162	96197
	$Mg_2P_2O_7$	0,3623	55902
	$MgSO_4$	0,3349	52497
Mn	Mn_3O_4	0,7203	85751
	$MnSO_4$	0,3638	56091
MnO	Mn_3O_4	0,9301	96851
	MnS	0,8154	91137
NO_3	NO	2,066	31521
Na	NaCl	0,3933	59476
	Na_2SO_4	0,3237	51016
Na_2CO_3	CO_2	2,408	38172
	NaOH	1,325	12218
NaCl	AgCl	0,4078	61041
	Na_2SO_4	0,8229	91534
$NaHCO_3$	Na_2CO_3	1,585	20009
Na_2SO_4	$BaSO_4$	0,6085	78427
Ni	$NiC_8H_{14}N_4O_4$ (Glyoxim)	0,2032	30785
O_2	$KMnO_4$	0,2531	40329
P	$Mg_2P_2O_7$	0,2783	44458
	$(NH_4)_3PO_4 . 12\,MoO_3$	0,01639	21458
P_2O_5	$Mg_2P_2O_7$	0,6377	80464
	$(NH_4)_3PO_4 . 12\,MoO_3$	0,03755	57464
Pb	PbO_2	0,8662	93763
	$PbSO_4$	0,6833	83458
PbO	$PbSO_4$	0,7360	86688
S	$BaSO_4$	0,1373	13782
	CuO	0,4031	60537
SO_3	$BaSO_4$	0,3430	53528
SO_4	$BaSO_4$	0,4115	61440
Sb	Sb_2O_4	0,7919	89866
	Sb_2S_3	0,7169	85543
Sb_2O_3	Sb_2O_4	0,9480	97680
	Sb_2S_3	0,8582	93357

Gesucht	Gefunden	Faktor	lg.
Si	SiO_2	0,4675	66975
Sn	SnO_2	0,7877	89634
SnO_2	Sn	1,270	10366
Sr	$SrSO_4$	0,4770	67856
Ti	TiO_2	0,5995	77779
Zn	$ZnNH_4PO_4$	0,3665	56405
	ZnO	0,8034	90492
	$Zn_2P_2O_7$	0,4291	63257
ZnO	Zn	1,245	09508
	$Zn_2P_2O_7$	0,5341	72765

Tabelle 8. Maßanalytische Äquivalente.

1 ml (1 l) der $\frac{n}{1}$ Maßlösung zeigt mg (g) des gesuchten Stoffes an.

Maßlösung	Gesuchter Stoff		lg.
NaOH, KOH	HCl	36,47	56194
	HNO_3	63,02	79948
	H_2SO_4	49,04	69055
	SO_3	40,03	60239
	CH_3COOH	60,06	77859
	$H_2C_2O_4$	45,02	65341
	$H_2C_2O_4 . 2\,H_2O$	63,04	79962
	$NaHSO_4$	120,06	07940
HCl, H_2SO_4	KOH	56,11	74904
	K_2CO_3	69,10	83948
	NaOH	40,00	60206
	$NaHCO_3$	84,01	92433
	Na_2CO_3	53,00	72428
	$Na_2CO_3 . 10\,H_2O$	143,10	15564
	Na_2O	30,99	49122
	NH_3	17,04	23147
	NH_4Cl	53,51	72843
	$(NH_4)_2SO_4$	66,08	82007
	N	14,01	14644
	CO_2	22,00	34242
	$CaCO_3$	50,04	69932
$KMnO_4$	O	8,00	90309
	H_2O_2	17,01	23070
	$H_2C_2O_4$	45,02	65341
	$H_2C_2O_4 . 2\,H_2O$	63,04	79962

Maßlösung	Gesuchter Stoff		lg.
$KMnO_4$	$Na_2C_2O_4$	67,00	82607
	Ca	20,04	30190
	Mn (nach VOLHARD-WOLFF)	16,48	21696
	Fe	55,85	74702
	Fe_2O_3	79,85	90227
	$(NH_4)_2Fe(SO_4)_2 \cdot 6\,H_2O$ (MOHRsches Salz)	392,19	59350
$Na_2S_2O_3$, (J)	As	37,46	57357
	Cl	35,46	54974
	J	126,91	10349
	$Na_2S_2O_3 \cdot 5\,H_2O$	248,20	39480
	Cr	17,34	23905
	Cr_2O_3	25,34	40381
	$K_2Cr_2O_7$	49,04	69055
	Cu	63,54	80305
	$CuSO_4$	159,60	20303
	Fe	55,85	74702
$AgNO_3$	Cl	35,46	54974
	HCl	36,47	56194
	KCl	74,56	87251
	NaCl	58,45	76678
	NH_4Cl	53,51	72843
	$MgCl_2$	47,62	67776
	$CaCl_2$	55,50	74425
	Br	79,92	90266
	J	126,91	10349
NaCl	Ag	107,88	03294
	$AgNO_3$	169,89	23017
NH_4CNS	Ag	107,88	03294
	$AgNO_3$	169,89	23017
	Hg	100,30	00130

Tabelle 9. **Löslichkeit einiger Salze in Wasser.**
Die Zahlen geben an: g Substanz in 100 g Wasser.

	NaCl	KCl	NH_4Cl	$NaNO_3$	KNO_3	NH_4NO_3	Rohrzucker
0°	35,6	28,5	29,9	73,0	13,3	118	179,2
10°	35,7	31,2	33,3	80,5	21,1	144	190,5
20°	35,8	34,2	37,2	88,0	31,2	177	203,9
30°	36,1	37,4	41,4	96,0	44,5	243	219,5
40°	36,4	40,3	45,8	104,9	64	297	238,1
50°	36,7	43,1	50,4	114,1	86	355	260,4
60°	37,1	45,6	55,3	124,6	111	432	287,3
70°	37,5	48,4	60,3	135,8	139	514	320,4
80°	38,0	51,1	65,6	148,1	172	625	362,1
90°	38,5	53,6	71,2	161,1	206	793	415,7
100°	39,2	56,3	77,3	174,0	247	1011	487,2

Tabelle 10. Dichte und Konzentration von Schwefelsäure, Salzsäure, Salpetersäure, Natronlauge und Kalilauge.

Litergewicht 20°	°Bé	Schwefelsäure % H_2SO_4	Schwefelsäure 1 Liter enthält g H_2SO_4	Salzsäure % HCl	Salzsäure 1 Liter enthält g HCl	Salpetersäure % HNO_3	Salpetersäure 1 Liter enthält g HNO_3	Natronlauge % NaOH	Natronlauge 1 Liter enthält g NaOH	Kalilauge % KOH	Kalilauge 1 Liter enthält g KOH
1000	0	0,261	2,609	0,36	3,6	0,333	3,33	0,159	1,59	0,197	1,97
1005	0,7	0,986	9,904	1,36	13,67	1,255	12,61	0,602	6,05	0,743	7,47
1010	1,4	1,731	17,483	2,36	23,84	2,164	21,86	1,045	10,55	1,295	13,08
1015	2,1	2,485	25,223	3,37	34,21	3,073	31,19	1,49	15,12	1,84	18,67
1020	2,7	3,242	33,068	4,39	44,78	3,982	40,62	1,94	19,76	2,38	24,28
1025	3,4	4,000	41,000	5,41	55,45	4,883	50,05	2,39	24,44	2,93	30,04
1030	4,1	4,746	48,884	6,43	66,23	5,784	59,57	2,84	29,24	3,48	35,84
1035	4,7	5,493	56,852	7,46	77,21	6,661	68,94	3,29	34,04	4,03	41,71
1040	5,4	6,237	64,865	8,49	88,30	7,530	78,31	3,75	38,84	4,58	47,63
1045	6,0	6,956	72,690	9,51	99,38	8,398	87,76	4,20	43,88	5,12	53,51
1050	6,7	7,704	80,892	10,52	110,46	9,259	97,22	4,66	48,88	5,66	59,43
1055	7,4	8,415	88,778	11,52	121,54	10,12	106,77	5,11	53,88	6,20	65,41
1060	8,0	9,129	96,767	12,51	132,61	10,97	116,28	5,56	58,96	6,74	71,44
1065	8,7	9,843	104,828	13,50	143,78	11,81	125,78	6,02	64,08	7,28	77,53
1070	9,4	10,51	112,46	14,49	155,04	12,65	135,36	6,47	69,24	7,82	83,67
1075	10,0	11,26	121,04	15,48	166,41	13,48	144,91	6,93	74,48	8,36	89,87
1080	10,6	11,96	129,17	16,47	177,88	14,31	154,55	7,38	79,68	8,89	96,01
1085	11,2	12,66	137,36	17,45	189,33	15,13	164,16	7,83	84,92	9,43	102,31
1090	11,9	13,36	145,62	18,43	200,89	15,95	173,86	8,28	90,28	9,96	108,56
1095	12,4	14,04	153,74	19,41	212,54	16,76	183,52	8,74	95,64	10,49	114,86

1100	13,0	14,73	162,03	20,39	224,29	17,58	193,38	9,19	101,08	11,03	121,33
1105	13,6	15,41	170,28	21,36	236,03	18,39	203,21	9,65	106,56	11,56	127,74
1110	14,2	16,08	178,49	22,33	247,86	19,19	213,01	10,10	112,08	12,08	134,09
1115	14,9	16,76	186,87	23,29	259,68	20,00	223,00	10,56	117,68	12,61	140,60
1120	15,4	17,43	195,22	24,25	271,60	20,79	232,85	11,01	123,28	13,14	147,17
1125	16,0	18,09	203,51	25,22	283,72	21,59	242,89	11,46	128,96	13,66	153,67
1130	16,5	18,76	211,99	26,20	296,06	22,38	252,89	11,92	134,68	14,19	160,35
1135	17,1	19,42	220,42	27,18	308,49	23,16	262,87	12,37	140,40	14,71	166,91
1140	17,7	20,08	228,91	28,18	321,25	23,94	272,92	12,83	146,20	15,22	173,51
1145	18,3	20,73	237,36	29,17	334,00	24,71	282,93	13,28	152,04	15,74	180,23
1150	18,8	21,38	245,87	30,14	346,61	25,48	293,02	13,73	157,88	16,26	186,99
1155	19,3	22,03	254,45	31,14	359,67	26,24	303,07	14,18	163,80	16,78	193,81
1160	19,8	22,67	262,97	32,14	372,82	27,00	313,20	14,64	169,76	17,29	200,56
1165	20,3	23,31	271,55	33,16	386,32	27,76	323,41	15,09	175,80	17,81	207,49
1170	20,9	23,95	280,21	34,18	399,91	28,51	333,57	15,54	181,80	18,32	214,34
1175	21,4	24,58	288,81	35,20	413,60	29,25	343,69	15,99	187,88	18,84	221,37
1180	22,0	25,21	297,48	36,23	427,51	30,00	354,00	16,44	194,00	19,35	228,33
1185	22,5	25,84	306,20	37,27	441,65	30,74	364,27	16,89	200,16	19,86	235,34
1190	23,0	26,47	314,99	38,32	456,01	31,47	374,49	17,35	206,40	20,37	242,40
1195	23,5	27,10	323,85	39,37	470,47	32,21	384,91	17,80	212,68	20,88	249,51
1200	24,0	27,72	332,64	.	.	32,94	395,38	18,26	219,04	21,38	256,56
1205	24,5	28,33	341,38	.	.	33,68	405,84	18,71	225,44	21,88	263,65
1210	25,0	28,95	350,29	.	.	34,41	416,36	19,16	231,84	22,38	270,80
1215	25,5	29,57	359,28	.	.	35,16	427,20	19,62	238,32	22,88	277,99
1220	26,0	30,18	368,20	.	.	35,93	438,35	20,07	244,88	23,38	285,24
1225	26,4	30,79	377,18	.	.	36,70	449,58	20,53	251,44	23,87	292,40
1230	26,9	31,40	386,22	.	.	37,48	461,00	20,98	258,04	24,37	299,75
1235	27,4	32,01	395,32	.	.	38,25	472,39	21,44	264,76	24,86	307,02
1240	27,9	32,61	404,36	.	.	39,02	483,85	21,90	271,52	25,36	314,46
1245	28,4	33,22	413,59	.	.	39,80	495,51	22,36	278,32	25,85	321,83

Litergewicht 20°	° Bé	Schwefelsäure		Salzsäure		Salpetersäure		Natronlauge		Kalilauge	
		% H_2SO_4	1 Liter enthält g H_2SO_4	% HCl	1 Liter enthält g HCl	% HNO_3	1 Liter enthält g HNO_3	% NaOH	1 Liter enthält g NaOH	% KOH	1 Liter enthält g KOH
1250	28,8	33,82	422,75	.	.	40,58	507,25	22,82	285,16	26,34	329,25
1255	29,3	34,42	431,97	.	.	41,36	519,07	23,28	292,08	26,83	336,72
1260	29,7	35,01	441,13	.	.	42,14	530,96	23,73	299,00	27,32	344,23
1265	30,2	35,60	450,34	.	.	42,92	542,94	24,19	306,00	27,80	351,67
1270	30,6	36,19	459,61	.	.	43,70	554,99	24,65	312,96	28,29	359,28
1275	31,1	36,78	468,94	.	.	44,48	567,12	25,10	320,00	28,77	366,82
1280	31,5	37,36	478,21	.	.	45,27	579,46	25,56	327,12	29,25	374,40
1285	32,0	37,95	487,66	.	.	46,06	591,87	26,02	334,28	29,73	382,03
1290	32,4	38,53	497,04	.	.	46,85	604,37	26,48	341,56	30,21	389,71
1295	32,8	39,10	506,34	.	.	47,63	616,81	26,94	348,88	30,68	397,30
1300	33,3	39,68	515,84	.	.	48,42	629,46	27,41	356,24	31,15	404,95
1305	33,7	40,25	525,26	.	.	49,21	642,19	27,87	363,68	31,62	412,64
1310	34,2	40,82	534,74	.	.	50,00	655,00	28,33	371,12	32,09	420,38
1315	34,6	41,39	544,28	.	.	50,85	668,68	28,80	378,64	32,56	428,17
1320	35,0	41,95	553,74	.	.	51,71	682,57	29,26	386,24	33,03	436,00
1325	35,4	42,51	563,26	.	.	52,56	696,42	29,73	393,88	33,50	443,88
1330	35,8	43,07	572,83	.	.	53,41	710,35	30,20	401,6	33,97	451,80
1335	36,2	43,62	582,33	.	.	54,27	724,50	30,67	409,2	34,43	459,64
1340	36,6	44,17	591,88	.	.	55,13	738,74	31,14	417,2	34,90	467,66
1345	37,0	44,72	601,48	.	.	56,04	753,74	31,62	425,2	35,36	475,59
1350	37,4	45,26	611,01	.	.	56,95	768,83	32,10	433,2	35,82	483,57
1355	37,8	45,80	620,59	.	.	57,87	784,14	32,58	441,2	36,28	491,59
1360	38,2	46,33	630,09	.	.	58,78	799,41	33,06	449,6	36,74	499,60
1365	38,6	46,86	639,64	.	.	59,69	814,76	33,54	458,0	37,19	507,64
1370	39,0	47,39	649,24	.	.	60,67	831,18	34,03	466,0	37,65	515,81

1375	39,4	47,92	658,90	.	.	61,69	848,23	34,52	474,4	38,15	523,95
1380	39,8	48,45	668,61	.	.	62,70	865,26	35,01	483,2	38,56	532,13
1385	40,1	48,97	678,23	.	.	63,72	882,53	35,51	491,6	39,01	540,29
1390	40,5	49,48	687,77	.	.	64,74	899,89	36,00	500,4	39,46	548,49
1395	40,8	49,99	697,36	.	.	65,84	918,47	36,50	509,2	39,92	556,89
1400	41,2	50,50	707,00	.	.	66,97	937,58	36,99	518,0	40,37	565,18
1405	41,6	51,01	716,69	.	.	68,10	956,81	37,49	526,8	40,82	573,52
1410	42,0	51,52	726,43	.	.	69,23	976,14	37,99	535,6	41,26	581,77
1415	42,3	52,02	735,58	.	.	70,39	996,02	38,49	544,4	41,71	590,20
1420	42,7	52,51	745,64	.	.	71,63	1017,15	38,99	553,6	42,16	598,60
1425	43,1	53,01	755,39	.	.	72,86	1038,25	39,50	562,8	42,60	607,05
1430	43,4	53,50	765,05	.	.	74,09	1059,49	40,00	572,0	43,04	615,47
1435	43,8	54,00	774,90	.	.	75,35	1081,28	40,52	581,2	43,48	623,93
1440	44,1	54,49	784,66	.	.	76,71	1104,62	41,03	590,8	43,92	632,45
1445	44,4	54,97	794,32	.	.	78,07	1128,11	41,55	600,4	44,36	641,00
1450	44,8	55,45	804,03	.	.	79,43	1151,74	42,07	610,0	44,79	649,46
1455	45,1	55,93	813,78	.	.	80,88	1176,80	42,59	619,6	45,23	658,10
1460	45,4	56,41	823,59	.	.	82,39	1202,89	43,12	629,6	45,66	666,64
1465	45,8	56,89	833,44	.	.	83,91	1229,29	43,64	639,2	46,10	675,28
1470	46,1	57,36	843,44	.	.	85,50	1256,85	44,17	649,2	46,53	683,99
1475	46,4	57,84	853,14	.	.	87,29	1287,52	44,70	659,2	46,96	692,66
1480	46,8	58,31	862,99	.	.	89,07	1318,24	45,22	669,2	47,39	701,37
1485	47,1	58,78	872,88	.	.	91,13	1353,28	45,75	679,2	47,82	710,13
1490	47,4	59,24	882,68	.	.	93,49	1393,00	46,27	689,2	48,25	718,93
1495	47,8	59,70	892,52	.	.	95,46	1427,12	46,80	699,6	48,68	727,68
1500	48,1	60,17	902,55	.	.	96,73	1450,95	47,33	710,0	49,10	736,50
1505	48,4	60,62	912,33	.	.	97,99	1474,75	47,85	720,0	49,53	745,43
1510	48,7	61,08	922,31	.	.	99,26	1498,83	48,38	730,4	49,95	754,25
1515	49,0	61,54	932,33	.	.	.	.	48,91	740,8	50,38	763,26
1520	49,4	62,00	942,40	.	.	.	.	49,44	751,2	50,80	772,16

Liter-gewicht 20°	° Bé	Schwefelsäure		Salzsäure		Salpetersäure		Natronlauge		Kalilauge	
		% H_2SO_4	1 Liter enthält g H_2SO_4	% HCl	1 Liter enthält g HCl	% HNO_3	1 Liter enthält g HNO_3	% NaOH	1 Liter enthält g NaOH	% KOH	1 Liter enthält g KOH
1525	49,7	62,45	952,36	.	.	.	.	49,97	762,0	51,22	781,10
1530	50,0	62,91	962,52	.	.	.	.	50,50	772,4	51,64	790,09
1535	50,3	63,36	972,58	.	.	.	.	.	.	.	.
1540	50,6	63,81	982,67	.	.	.	.	.	.	.	.
1545	50,9	64,26	992,81	.	.	.	.	.	.	.	.
1550	51,2	64,71	1003,01	.	.	.	.	.	.	.	.
1555	51,5	65,15	1013,09	.	.	.	.	.	.	.	.
1560	51,8	65,59	1023,20	.	.	.	.	.	.	.	.
1565	52,1	66,03	1033,37	.	.	.	.	.	.	.	.
1570	52,4	66,47	1043,58	.	.	.	.	.	.	.	.
1575	52,7	66,91	1053,84	.	.	.	.	.	.	.	.
1580	53,0	67,35	1064,13	.	.	.	.	.	.	.	.
1585	53,3	67,79	1074,47	.	.	.	.	.	.	.	.
1590	53,6	68,23	1084,86	.	.	.	.	.	.	.	.
1595	53,9	68,66	1095,12	.	.	.	.	.	.	.	.
1600	54,1	69,09	1105,44	.	.	.	.	.	.	.	.
1605	54,4	69,53	1115,96	.	.	.	.	.	.	.	.
1610	54,7	69,96	1126,36	.	.	.	.	.	.	.	.
1615	55,0	70,39	1136,80	.	.	.	.	.	.	.	.
1620	55,2	70,82	1147,28	.	.	.	.	.	.	.	.
1625	55,5	71,25	1157,81	.	.	.	.	.	.	.	.
1630	55,8	71,67	1168,22	.	.	.	.	.	.	.	.
1635	56,0	72,09	1178,67	.	.	.	.	.	.	.	.
1640	56,3	72,52	1189,33	.	.	.	.	.	.	.	.
1645	56,6	72,95	1200,03	.	.	.	.	.	.	.	.

1650	56,9	73,37	1210,61	.	.	.	.	.	.	.	.
1655	57,1	73,80	1221,39	.	.	.	.	.	.	.	.
1660	57,4	74,22	1232,05	.	.	.	.	.	.	.	.
1665	57,7	74,64	1242,75	.	.	.	.	.	.	.	.
1670	57,9	75,07	1253,67	.	.	.	.	.	.	.	.
1675	58,2	75,49	1264,45	.	.	.	.	.	.	.	.
1680	58,4	75,92	1275,46	.	.	.	.	.	.	.	.
1685	58,7	76,34	1286,33	.	.	.	.	.	.	.	.
1690	58,9	76,77	1297,41	.	.	.	.	.	.	.	.
1695	59,2	77,20	1308,54	.	.	.	.	.	.	.	.
1700	59,5	77,63	1319,71	.	.	.	.	.	.	.	.
1705	59,7	78,06	1330,92	.	.	.	.	.	.	.	.
1710	60,0	78,49	1342,18	.	.	.	.	.	.	.	.
1715	60,2	78,93	1353,65	.	.	.	.	.	.	.	.
1720	60,4	79,37	1365,16	.	.	.	.	.	.	.	.
1725	60,6	79,81	1376,72	.	.	.	.	.	.	.	.
1730	60,9	80,25	1388,33	.	.	.	.	.	.	.	.
1735	61,1	80,70	1400,15	.	.	.	.	.	.	.	.
1740	61,4	81,16	1412,18	.	.	.	.	.	.	.	.
1745	61,6	81,62	1424,27	.	.	.	.	.	.	.	.
1750	61,8	82,09	1436,58	.	.	.	.	.	.	.	.
1755	62,1	82,57	1449,11	.	.	.	.	.	.	.	.
1760	62,3	83,06	1461,86	.	.	.	.	.	.	.	.
1765	62,5	83,57	1475,11	.	.	.	.	.	.	.	.
1770	62,8	84,08	1488,22	.	.	.	.	.	.	.	.
1775	63,0	84,61	1501,83	.	.	.	.	.	.	.	.
1780	63,2	85,16	1515,85	.	.	.	.	.	.	.	.
1785	63,5	85,74	1530,46	.	.	.	.	.	.	.	.
1790	63,7	86,35	1545,67	.	.	.	.	.	.	.	.
1795	64,0	86,99	1561,47	.	.	.	.	.	.	.	.

Litergewicht 20°	° Bé	Schwefelsäure		Salzsäure		Salpetersäure		Natronlauge		Kalilauge	
		% H_2SO_4	1 Liter enthält g H_2SO_4	% HCl	1 Liter enthält g HCl	% HNO_3	1 Liter enthält g HNO_3	% NaOH	1 Liter enthält g NaOH	% KOH	1 Liter enthält g KOH
1800	64,2	87,69	1578,42	.	.	.	.	.	.	.	.
1805	64,4	88,43	1596,16	.	.	.	.	.	.	.	.
1810	64,6	89,23	1615,06	.	.	.	.	.	.	.	.
1815	64,8	90,12	1635,68	.	.	.	.	.	.	.	.
1820	65,0	91,11	1658,20	.	.	.	.	.	.	.	.
1821	65,0	91,33	1663,19	.	.	.	.	.	.	.	.
1822	65,1	91,56	1668,22	.	.	.	.	.	.	.	.
1823	65,1	91,78	1673,15	.	.	.	.	.	.	.	.
1824	65,2	92,00	1678,08	.	.	.	.	.	.	.	.
1825	65,2	92,25	1683,56	.	.	.	.	.	.	.	.
1826	65,3	92,51	1689,23	.	.	.	.	.	.	.	.
1827	65,3	92,77	1695,91	.	.	.	.	.	.	.	.
1828	65,4	93,03	1700,59	.	.	.	.	.	.	.	.
1829	65,4	93,33	1707,57	.	.	.	.	.	.	.	.
1830	65,4	93,64	1713,61	.	.	.	.	.	.	.	.

Tabelle 11. Dichte und Konzentration wäßriger Ammoniaklösungen.

Litergewicht 20°	% NH_3	g/Liter	Litergewicht 20°	% NH_3	g/Liter
998	0,047	0,463	938	15,47	145,10
996	0,512	5,10	936	16,06	150,32
994	0,977	9,70	934	16,65	155,51
992	1,43	14,19	932	17,24	160,67
990	1,89	18,71	930	17,85	166,01
988	2,35	23,21	928	18,45	171,21
986	2,82	27,81	926	19,06	176,49
984	3,30	32,47	924	19,67	181,74
982	3,78	37,11	922	20,27	186,88
980	4,27	41,85	920	20,88	192,10
978	4,76	46,55	918	21,50	197,37
976	5,25	51,24	916	22,13	202,62
974	5,75	56,01	914	22,75	207,94
972	6,25	61,75	912	23,39	213,32
970	6,75	65,48	910	24,03	218,67
968	7,26	70,28	908	24,68	224,09
966	7,77	75,05	906	25,33	229,49
964	8,29	79,91	904	26,00	235,04
962	8,82	84,85	902	26,67	240,56
960	9,34	89,66	900	27,33	245,97
958	9,87	94,55	898	28,00	251,44
956	10,41	99,42	896	28,67	256,88
954	10,95	104,47	894	29,33	262,21
952	11,49	109,39	892	30,00	267,60
950	12,03	114,29	890	30,69	273,05
948	12,58	119,25	888	31,37	278,56
946	13,14	124,31	886	32,09	284,31
944	13,71	129,42	884	32,84	290,30
942	14,29	134,61	882	33,60	296,26
940	14,88	139,87	880	34,35	302,28

Tabelle 12. Dichte und Konzentration von Äthylalkohol-
(Nach den Tafeln von

ϱ^{15}_{15} Hundertstel | Tausendstel	0,000 Gew.-%	0,000 Vol.-%	0,001 Gew.-%	0,001 Vol.-%	0,002 Gew.-%	0,002 Vol.-%	0,003 Gew.-%	0,003 Vol.-%	0,004 Gew.-%	0,004 Vol.-%
0,79										
0,80	98,13	98,84	97,80	98,63	97,47	98,42	97,13	98,20	96,79	97,99
0,81	94,73	96,61	94,38	96,37	94,03	96,13	93,67	95,88	93,31	95,63
0,82	91,13	94,09	90,76	93,82	90,39	93,55	90,02	93,28	89,64	93,00
0,83	87,35	91,29	86,97	90,99	86,58	90,70	86,19	90,40	85,80	90,09
0,84	83,43	88,23	83,03	87,92	82,63	87,60	82.23	87,28	81,83	86,95
0,85	79,40	84,97	78,99	84,64	78,58	84,30	78,17	83,96	77,76	83,61
0,86	75,29	81,52	74,87	81,17	74,46	80,81	74,04	80,45	73,63	80,09
0,87	71,12	77,90	70,70	77,53	70,27	77,15	69,85	76,78	69,43	76,40
0,88	66,89	74,11	66,46	73,72	66,04	73,33	65,61	72,94	65,18	72,55
0,89	62,61	70,16	62,18	69,75	61,75	69,34	61,31	68,94	60,88	68,53
0,90	58,27	66,03	57,84	65,61	57,40	65,19	56,96	64,76	56,52	64,34
0,91	53,88	61,73	53,43	61,29	52,99	60,84	52,54	60,40	52,09	59,95
0,92	49,39	57,21	48,93	56,74	48,47	56,27	48,01	55,80	47,55	55,32
0,93	44,75	52,39	44,27	51,89	43,79	51,39	43,31	50,88	42,83	50,37
0,94	39,86	47,18	39,35	46,63	38,84	46,07	38,33	45,50	37,80	44,93
0,95	34,56	41,33	33,99	40,70	33,42	40,06	32,84	39,40	32,25	38,74
0,96	28,52	34,47	27,86	33,71	27,19	32,93	26,51	32,14	25,81	31,32
0,97	21,32	26,03	20,52	25,08	19,71	24,12	18,89	23,14	18,07	22,16
0,98	13,08	16,14	12,28	15,16	11,48	14,20	10,71	13,25	9,94	12,32
0,99	5,76	7,18	5,13	6,40	4,51	5,63	3,90	4,88	3,31	4,14

Tabelle 13. Dichte und Konzentration wäßriger Glycerinlösungen.

Prozent	Litergewicht 20°	g/Liter	Prozent	Litergewicht 20°	g/Liter
1	1000,6	10,006	45	1112,8	500,76
2	1003,0	20,060	50	1126,3	563,15
4	1007,7	40,308	55	1139,8	626,89
6	1012,5	60,750	60	1153,3	691,98
8	1017,3	81,384	65	1167,0	758,55
10	1022,1	102,210	70	1180,8	826,56
15	1034,5	155,175	75	1194,4	895,80
20	1047,0	209,400	80	1207,9	966,32
25	1059,7	264,925	85	1221,4	1038,19
30	1072,7	321,810	90	1234,7	1111,23
35	1086,0	380,100	95	1248,2	1185,79
40	1099,5	439,800	100	1260,9	1260,90

Wasser-Gemischen (bei 15° in Abhängigkeit von der Dichte ϱ^{15}_{15}). WINDISCH, Berlin 1893.)

Gew.-%	Vol.-%	Gew.-%	Vol.-%	Gew.-%	Vol.-%	Gew.-%	Vol.-%	Gew.-%	Vol.-%
0,005		0,006		0,007		0,008		0,009	
99,76	99,86	99,44	99,66	99,11	99,46	98,79	99,26	98,46	99,05
96,46	97,76	96,11	97,54	95,77	97,31	95,43	97,08	95,08	96,85
92,96	95,38	92,59	95,13	92,23	94,87	91,87	94,61	91,50	94,35
89,26	92,72	88,88	92,44	88,50	92,15	88,12	91,87	87,74	91,58
85,41	89,79	85,01	89,48	84,62	89,18	84,22	88,86	83,83	88,55
81,43	86,63	81,02	86,30	80,62	85,97	80,21	85,64	79,81	85,31
77,35	83,27	76,94	82,92	76,53	82,57	76,12	82,23	75,70	81,87
73,21	79,73	72,79	79,37	72,37	79,00	71,95	78,64	71,54	78,27
69,01	76,02	68,58	75,64	68,16	75,26	67,74	74,88	67,31	74,49
64,75	72,15	64,33	71,76	63,90	71,36	63,47	70,96	63,04	70,56
60,45	68,12	60,02	67,70	59,58	67,29	59,15	66,87	58,71	66,45
56,09	63,91	55,65	63,47	55,20	63,04	54,76	62,61	54,32	62,17
51,65	59,50	51,20	59,05	50,75	58,59	50,29	58,13	49,84	57,67
47,09	54,84	46,63	54,36	46,16	53,88	45,69	53,39	45,22	52,89
42,34	49,85	41,85	49,33	41,36	48,80	40,87	48,26	40,37	47,72
37,28	44,35	36,75	43,77	36,21	43,17	35,66	42,57	35,11	41,95
31,66	38,06	31,05	37,37	30,43	36,67	29,81	35,95	29,17	35,22
25,09	30,49	24,37	29,64	23,63	28,76	22,87	27,87	22,10	26,96
17,23	21,16	16,40	20,15	15,56	19,14	14,73	18,14	13,90	17,14
9,20	11,41	8,48	10,52	7,77	9,66	7,08	8,81	6,41	7,99
2,73	3,42	2,17	2,72	1,61	2,02	1,06	1,34	0,53	0,67

Tabelle 14. Dichte des destillierten Wassers.

(Wägt man Wasser mit Messinggewichten in Luft ohne Vakuumkorrektur, erhält man Werte für d, die um 0,00106 kleiner sind als die in der Tabelle angegebenen.)

Temperatur	Dichte	Temperatur	Dichte	Temperatur	Dichte
0	0,99987	11	0,99963	22	0,99780
1	0,99993	12	0,99952	23	0,99756
2	0,99997	13	0,99940	24	0,99732
3	0,99999	14	0,99927	25	0,99707
4	1,00000	15	0,99913	26	0,99681
5	0,99999	16	0,99897	27	0,99654
6	0,99997	17	0,99880	28	0,99626
7	0,99993	18	0,99862	29	0,99597
8	0,99988	19	0,99843	30	0,99567
9	0,99981	20	0,99823	40	0,99224
10	0,99973	21	0,99802	50	0,98807

Tabelle 15. Siedetemperatur des Wassers in °C bei Drucken von 680 bis 789 Torr.

Einer / Hunderter u. Zehner	0	1	2	3	4	5	6	7	8	9
	ϑ in °C									
680	**96**,910	950	990	031*	071*	111*	151*	191*	231*	271*
690	**97**,311	351	391	431	471	510	550	590	630	669
700	709	748	788	827	866	906	945	984	023*	062*
710	**98**,102	141	180	219	258	296	335	374	413	451
720	490	529	567	606	644	683	721	759	798	836
730	874	912	950	989	027*	065*	102*	140*	178*	216*
740	**99**,254	292	329	367	405	442	480	517	554	592
750	629	666	704	741	778	815	852	889	926	963
760	**100**,000	037	074	110	147	184	220	257	294	330
770	367	403	439	476	512	548	584	620	657	693
780	729	765	801	836	872	908	944	980	015*	051*

Tabelle 16. Sättigungsdruck (Tension e) des Wasserdampfes über Wasser für die Temperaturen von —2 bis +40°.

t °C	e Torr	t °C	e Torr	t °C	e Torr
—2,0	3,952	12,5	10,870	26,5	25,964
—1,5	4,101	13,0	11,231	27,0	26,739
—1,0	4,256	13,5	11,604	27,5	27,535
—0,5	4,414	14,0	11,987	28,0	28,349
0,0	4,579	14,5	12,382	28,5	29,184
+0,5	4,750	15,0	12,788	29,0	30,043
1,0	4,926	15,5	13,205	29,5	30,923
1,5	5,107	16,0	13,634	30,0	31,842
2,0	5,294	16,5	14,076	30,5	32,747
2,5	5,486	17,0	14,530	31,0	33,695
3,0	5,685	17,5	14,997	31,5	34,667
3,5	5,889	18,0	15,477	32,0	35,663
4,0	6,101	18,5	15,971	32,5	36,683
4,5	6,318	19,0	16,477	33,0	37,729
5,0	6,543	19,5	16,999	33,5	38,801
5,5	6,775	20,0	17,535	34,0	39,898
6,0	7,013	20,5	18,085	34,5	41,023
6,5	7,259	21,0	18,650	35,0	42,175
7,0	7,513	21,5	19,231	35,5	43,355
7,5	7,775	22,0	19,827	36,0	44,563
8,0	8,045	22,5	20,440	36,5	45,799
8,5	8,323	23,0	21,068	37,0	47,067
9,0	8,609	23,5	21,714	37,5	48,364
9,5	8,905	24,0	22,377	38,0	49,692
10,0	9,209	24,5	23,060	38,5	51,048
10,5	9,521	25,0	23,756	39,0	52,442
11,0	9,844	25,5	24,471	39,5	53,867
11,5	10,176	26,0	25,209	40,0	55,324
12,0	10,518				

Tabelle 17. Gasreduktionstabelle.
(Volumenreduktion eines idealen Gases auf den Normzustand.)

Druck in Torr/ Temp. in °C	721	722	723	724	725	726	727	728	729	730	731	732	733
2	0,9418	0,9431	0,9444	0,9457	0,9470	0,9483	0,9496	0,9509	0,9522	0,9535	0,9548	0,9562	0,9575
4	0,9349	0,9362	0,9375	0,9388	0,9401	0,9414	0,9427	0,9440	0,9453	0,9466	0,9479	0,9492	0,9505
6	0,9283	0,9295	0,9308	0,9321	0,9334	0,9347	0,9360	0,9373	0,9386	0,9398	0,9411	0,9424	0,9437
8	0,9216	0,9229	0,9241	0,9254	0,9267	0,9280	0,9293	0,9305	0,9318	0,9331	0,9343	0,9357	0,9370
10	0,9151	0,9164	0,9177	0,9190	0,9202	0,9215	0,9228	0,9240	0,9253	0,9266	0,9278	0,9291	0,9304
11	0,9119	0,9132	0,9144	0,9157	0,9170	0,9182	0,9195	0,9208	0,9220	0,9233	0,9246	0,9258	0,9271
12	0,9087	0,9100	0,9112	0,9125	0,9138	0,9150	0,9163	0,9175	0,9188	0,9201	0,9213	0,9226	0,9238
13	0,9055	0,9068	0,9081	0,9093	0,9106	0,9118	0,9131	0,9143	0,9156	0,9168	0,9181	0,9194	0,9206
14	0,9024	0,9036	0,9049	0,9061	0,9074	0,9086	0,9099	0,9111	0,9124	0,9136	0,9149	0,9162	0,9174
15	0,8992	0,9005	0,9017	0,9030	0,9042	0,9055	0,9067	0,9080	0,9092	0,9105	0,9117	0,9130	0,9142
16	0,8961	0,8974	0,8986	0,8999	0,9011	0,9023	0,9036	0,9048	0,9061	0,9073	0,9086	0,9098	0,9110
17	0,8930	0,8943	0,8955	0,8968	0,8980	0,8992	0,9005	0,9017	0,9030	0,9042	0,9054	0,9067	0,9079
18	0,8900	0,8912	0,8924	0,8937	0,8949	0,8961	0,8974	0,8986	0,8998	0,9011	0,9023	0,9036	0,9048
19	0,8869	0,8882	0,8894	0,8906	0,8918	0,8931	0,8943	0,8955	0,8968	0,8980	0,8992	0,9005	0,9017
20	0,8839	0,8851	0,8863	0,8876	0,8888	0,8900	0,8913	0,8925	0,8937	0,8949	0,8962	0,8974	0,8986
21	0,8809	0,8821	0,8833	0,8846	0,8858	0,8870	0,8882	0,8894	0,8907	0,8919	0,8931	0,8943	0,8955
22	0,8779	0,8791	0,8803	0,8816	0,8828	0,8840	0,8852	0,8864	0,8876	0,8889	0,8901	0,8913	0,8925
23	0,8749	0,8761	0,8774	0,8786	0,8798	0,8810	0,8822	0,8834	0,8846	0,8859	0,8871	0,8883	0,8895
24	0,8720	0,8732	0,8744	0,8756	0,8768	0,8780	0,8792	0,8805	0,8817	0,8829	0,8841	0,8853	0,8865
25	0,8691	0,8703	0,8715	0,8727	0,8739	0,8751	0,8763	0,8775	0,8787	0,8799	0,8811	0,8823	0,8835
26	0,8661	0,8674	0,8686	0,8698	0,8710	0,8722	0,8734	0,8746	0,8758	0,8770	0,8782	0,8794	0,8806
27	0,8633	0,8645	0,8657	0,8669	0,8680	0,8692	0,8704	0,8716	0,8728	0,8740	0,8752	0,8764	0,8776
28	0,8604	0,8616	0,8628	0,8640	0,8652	0,8664	0,8676	0,8687	0,8699	0,8711	0,8723	0,8735	0,8747
29	0,8575	0,8587	0,8599	0,8611	0,8623	0,8635	0,8647	0,8659	0,8671	0,8682	0,8694	0,8706	0,8718
30	0,8547	0,8559	0,8571	0,8583	0,8595	0,8606	0,8618	0,8630	0,8642	0,8654	0,8666	0,8677	0,8689
31	0,8519	0,8531	0,8543	0,8554	0,8566	0,8578	0,8590	0,8602	0,8613	0,8625	0,8637	0,8649	0,8661
32	0,8491	0,8503	0,8515	0,8526	0,8538	0,8550	0,8562	0,8573	0,8585	0,8597	0,8609	0,8621	0,8632
33	0,8463	0,8475	0,8487	0,8498	0,8510	0,8522	0,8534	0,8545	0,8557	0,8569	0,8581	0,8592	0,8604
34	0,8436	0,8447	0,8459	0,8471	0,8482	0,8494	0,8506	0,8518	0,8529	0,8541	0,8553	0,8564	0,8576
35	0,8408	0,8420	0,8432	0,8443	0,8455	0,8467	0,8478	0,8490	0,8502	0,8513	0,8525	0,8537	0,8548

Druck in Torr/ Temp. in °C	734	735	736	737	738	739	740	741	742	743	744	745	746
2	0,9588	0,9601	0,9614	0,9627	0,9641	0,9654	0,9667	0,9680	0,9693	0,9706	0,9719	0,9732	0,9745
4	0,9518	0,9531	0,9544	0,9557	0,9570	0,9583	0,9596	0,9609	0,9622	0,9634	0,9647	0,9661	0,9674
6	0,9450	0,9463	0,9476	0,9489	0,9502	0,9515	0,9527	0,9540	0,9553	0,9566	0,9579	0,9592	0,9605
8	0,9382	0,9395	0,9407	0,9420	0,9434	0,9446	0,9459	0,9472	0,9484	0,9497	0,9509	0,9523	0,9536
10	0,9316	0,9329	0,9342	0,9355	0,9367	0,9380	0,9393	0,9405	0,9418	0,9431	0,9443	0,9456	0,9469
11	0,9284	0,9296	0,9309	0,9322	0,9334	0,9347	0,9360	0,9372	0,9385	0,9397	0,9410	0,9423	0,9435
12	0,9251	0,9264	0,9276	0,9289	0,9301	0,9314	0,9327	0,9339	0,9352	0,9364	0,9377	0,9390	0,9402
13	0,9219	0,9231	0,9244	0,9256	0,9269	0,9281	0,9294	0,9307	0,9319	0,9332	0,9344	0,9357	0,9369
14	0,9187	0,9199	0,9212	0,9224	0,9237	0,9249	0,9262	0,9274	0,9287	0,9299	0,9312	0,9324	0,9337
15	0,9155	0,9167	0,9180	0,9192	0,9205	0,9217	0,9229	0,9242	0,9254	0,9267	0,9279	0,9292	0,9304
16	0,9123	0,9135	0,9148	0,9160	0,9173	0,9185	0,9197	0,9210	0,9222	0,9235	0,9247	0,9260	0,9272
17	0,9091	0,9104	0,9116	0,9129	0,9141	0,9153	0,9165	0,9178	0,9191	0,9203	0,9215	0,9228	0,9240
18	0,9060	0,9073	0,9085	0,9097	0,9110	0,9122	0,9134	0,9147	0,9159	0,9171	0,9184	0,9196	0,9208
19	0,9029	0,9041	0,9054	0,9066	0,9078	0,9091	0,9103	0,9115	0,9128	0,9140	0,9152	0,9164	0,9177
20	0,8998	0,9011	0,9023	0,9035	0,9047	0,9060	0,9072	0,9084	0,9096	0,9109	0,9121	0,9133	0,9145
21	0,8968	0,8980	0,8992	0,9004	0,9017	0,9029	0,9041	0,9053	0,9065	0,9078	0,9090	0,9102	0,9114
22	0,8937	0,8949	0,8962	0,8974	0,8986	0,8998	0,9010	0,9023	0,9035	0,9047	0,9059	0,9071	0,9083
23	0,8907	0,8919	0,8931	0,8943	0,8956	0,8968	0,8980	0,8992	0,9004	0,9016	0,9028	0,9041	0,9053
24	0,8877	0,8889	0,8901	0,8913	0,8925	0,8938	0,8950	0,8962	0,8974	0,8986	0,8998	0,9010	0,9022
25	0,8847	0,8859	0,8871	0,8883	0,8895	0,8908	0,8920	0,8932	0,8944	0,8956	0,8968	0,8980	0,8992
26	0,8818	0,8830	0,8842	0,8854	0,8866	0,8878	0,8890	0,8902	0,8914	0,8926	0,8938	0,8950	0,8962
27	0,8788	0,8800	0,8812	0,8824	0,8836	0,8848	0,8860	0,8872	0,8884	0,8896	0,8908	0,8920	0,8932
28	0,8759	0,8771	0,8783	0,8795	0,8807	0,8819	0,8831	0,8843	0,8855	0,8866	0,8878	0,8890	0,8902
29	0,8730	0,8742	0,8754	0,8766	0,8778	0,8789	0,8801	0,8813	0,8825	0,8837	0,8849	0,8861	0,8873
30	0,8701	0,8713	0,8725	0,8737	0,8749	0,8760	0,8772	0,8784	0,8796	0,8808	0,8820	0,8832	0,8843
31	0,8673	0,8684	0,8696	0,8708	0,8720	0,8732	0,8743	0,8755	0,8767	0,8779	0,8791	0,8803	0,8814
32	0,8644	0,8656	0,8668	0,8679	0,8691	0,8703	0,8715	0,8727	0,8738	0,8750	0,8762	0,8774	0,8785
33	0,8616	0,8628	0,8639	0,8651	0,8663	0,8675	0,8686	0,8698	0,8710	0,8721	0,8733	0,8745	0,8757
34	0,8588	0,8599	0,8611	0,8623	0,8635	0,8646	0,8658	0,8670	0,8681	0,8693	0,8705	0,8716	0,8728
35	0,8560	0,8572	0,8583	0,8595	0,8607	0,8618	0,8630	0,8642	0,8653	0,8665	0,8676	0,8688	0,8700

Druck in Torr/ Temp. in °C	747	748	749	750	751	752	753	754	755	756	757	758
2	0,9758	0,9771	0,9784	0,9797	0,9810	0,9823	0,9836	0,9849	0,9862	0,9875	0,9888	0,9901
4	0,9687	0,9699	0,9712	0,9725	0,9738	0,9751	0,9764	0,9777	0,9790	0,9803	0,9816	0,9829
6	0,9617	0,9630	0,9643	0,9656	0,9669	0,9682	0,9695	0,9707	0,9720	0,9733	0,9746	0,9759
8	0,9548	0,9561	0,9574	0,9587	0,9660	0,9612	0,9625	0,9638	0,9650	0,9663	0,9677	0,9689
10	0,9481	0,9494	0,9507	0,9520	0,9532	0,9545	0,9558	0,9570	0,9583	0,9596	0,9608	0,9621
11	0,9448	0,9461	0,9473	0,9486	0,9499	0,9511	0,9524	0,9537	0,9549	0,9562	0,9575	0,9587
12	0,9415	0,9427	0,9440	0,9453	0,9465	0,9478	0,9491	0,9503	0,9516	0,9528	0,9541	0,9554
13	0,9382	0,9395	0,9407	0,9420	0,9432	0,9445	0,9457	0,9470	0,9482	0,9495	0,9508	0,9520
14	0,9349	0,9362	0,9374	0,9387	0,9399	0,9412	0,9424	0,9437	0,9449	0,9462	0,9474	0,9487
15	0,9317	0,9329	0,9342	0,9354	0,9367	0,9379	0,9392	0,9404	0,9417	0,9429	0,9441	0,9454
16	0,9285	0,9297	0,9309	0,9322	0,9334	0,9347	0,9359	0,9372	0,9384	0,9396	0,9409	0,9421
17	0,9252	0,9265	0,9277	0,9290	0,9302	0,9314	0,9327	0,9339	0,9352	0,9364	0,9376	0,9389
18	0,9221	0,9233	0,9245	0,9258	0,9270	0,9282	0,9295	0,9307	0,9319	0,9332	0,9344	0,9356
19	0,9189	0,9201	0,9214	0,9226	0,9238	0,9251	0,9263	0,9275	0,8287	0,9300	0,9312	0,9324
20	0,9158	0,9170	0,9182	0,9194	0,9207	0,9219	0,9231	0,9244	0,9256	0,9268	0,9280	0,9293
21	0,9127	0,9139	0,9151	0,9163	0,9175	0,9188	0,9200	0,9212	0,9224	0,9236	0,9249	0,9261
22	0,9096	0,9108	0,9120	0,9132	0,9144	0,9156	0,9168	0,9181	0,9193	0,9205	0,9217	0,9230
23	0,9065	0,9077	0,9089	0,9101	0,9113	0,9126	0,9138	0,9150	0,9162	0,9174	0,9186	0,9198
24	0,9034	0,9046	0,9058	0,9071	0,9083	0,9095	0,9107	0,9119	0,9131	0,9143	0,9155	0,9167
25	0,9004	0,9016	0,9028	0,9040	0,9052	0,9064	0,9076	0,9088	0,9100	0,9112	0,9124	0,9137
26	0,8974	0,8986	0,8998	0,9010	0,9022	0,9034	0,9046	0,9058	0,9070	0,9082	0,9094	0,9106
27	0,8944	0,8956	0,8968	0,8980	0,8992	0,9004	0,9016	0,9028	0,9040	0,9052	0,9064	0,9076
28	0,8914	0,8926	0,8938	0,8950	0,8962	0,8974	0,8986	0,8998	0,9010	0,9022	0,9034	0,9045
29	0,8885	0,8897	0,8908	0,8920	0,8932	0,8944	0,8956	0,8968	0,8980	0,8992	0,9004	0,9015
30	0,8855	0,8867	0,8879	0,8891	0,8903	0,8915	0,8926	0,8938	0,8950	0,8962	0,8974	0,8986
31	0,8826	0,8838	0,8850	0,8862	0,8873	0,8885	0,8897	0,8909	0,8921	0,8933	0,8944	0,8956
32	0,8797	0,8809	0,8821	0,8833	0,8844	0,8856	0,8868	0,8880	0,8891	0,8903	0,8915	0,8927
33	0,8768	0,8780	0,8792	0,8804	0,8815	0,8827	0,8839	0,8851	0,8862	0,8874	0,8886	0,8898
34	0,8740	0,8752	0,8763	0,8775	0,8787	0,8798	0,8810	0,8822	0,8833	0,8845	0,8857	0,8869
35	0,8711	0,8723	0,8735	0,8746	0,8758	0,8770	0,8781	0,8793	0,8805	0,8816	0,8828	0,8840

Druck in Torr/ Temp. in °C	759	760	761	762	763	764	765	766	767	768	769	770
2	0,9914	0,9927	0,9940	0,9953	0,9966	0,9980	0,9993	1,0006	1,0019	1,0032	1,0045	1,0058
4	0,9842	0,9855	0,9868	0,9881	0,9894	0,9907	0,9920	0,9933	0,9946	0,9959	0,9972	0,9985
6	0,9772	0,9785	0,9797	0,9810	0,9823	0,9837	0,9849	0,9862	0,9875	0,9887	0,9900	0,9913
8	0,9702	0,9714	0,9727	0,9740	0,9753	0,9766	0,9779	0,9791	0,9804	0,9816	0,9829	0,9842
10	0,9634	0,9646	0,9659	0,9672	0,9685	0,9697	0,9710	0,9723	0,9735	0,9748	0,9761	0,9773
11	0,9600	0,9612	0,9625	0,9638	0,9650	0,9663	0,9676	0,9688	0,9701	0,9714	0,9726	0,9739
12	0,9566	0,9579	0,9591	0,9604	0,9617	0,9629	0,9642	0,9654	0,9667	0,9680	0,9692	0,9705
13	0,9533	0,9545	0,9558	0,9570	0,9583	0,9595	0,9608	0,9621	0,9633	0,9646	0,9658	0,9671
14	0,9499	0,9512	0,9524	0,9537	0,9549	0,9562	0,9575	0,9587	0,9600	0,9612	0,9625	0,9637
15	0,9466	0,9479	0,9491	0,9504	0,9516	0,9529	0,9541	0,9554	0,9566	0,9579	0,9591	0,9604
16	0,9434	0,9446	0,9459	0,9471	0,9483	0,9496	0,9508	0,9521	0,9533	0,9546	0,9558	0,9570
17	0,9401	0,9413	0,9426	0,9438	0,9451	0,9463	0,9475	0,9488	0,9500	0,9513	0,9525	0,9537
18	0,9369	0,9381	0,9393	0,9406	0,9418	0,9431	0,9443	0,9455	0,9468	0,9480	0,9492	0,9505
19	0,9337	0,9349	0,9361	0,9374	0,9386	0,9398	0,9410	0,9423	0,9435	0,9447	0,9460	0,9472
20	0,9305	0,9317	0,9329	0,9342	0,9354	0,9366	0,9378	0,9391	0,9403	0,9415	0,9427	0,9440
21	0,9273	0,9285	0,9298	0,9310	0,9322	0,9334	0,9346	0,9359	0,9371	0,9383	0,9395	0,9408
22	0,9242	0,9254	0,9266	0,9278	0,9290	0,9303	0,9315	0,9327	0,9339	0,9351	0,9363	0,9376
23	0,9210	0,9223	0,9235	0,9247	0,9259	0,9271	0,9283	0,9295	0,9308	0,9320	0,9332	0,9344
24	0,9179	0,9192	0,9204	0,9216	0,9228	0,9240	0,9252	0,9264	0,9276	0,9288	0,9300	0,9312
25	0,9149	0,9161	0,9173	0,9185	0,9197	0,9209	0,9221	0,9233	0,9245	0,9257	0,9269	0,9281
26	0,9118	0,9130	0,9142	0,9154	0,9166	0,9178	0,9190	0,9202	0,9214	0,9226	0,9238	0,9250
27	0,9088	0,9100	0,9112	0,9123	0,9135	0,9147	0,9159	0,9171	0,9183	0,9195	0,9207	0,9219
28	0,9057	0,9069	0,9081	0,9093	0,9105	0,9117	0,9129	0,9141	0,9153	0,9165	0,9177	0,9189
29	0,9027	0,9039	0,9051	0,9063	0,9075	0,9087	0,9099	0,9111	0,9123	0,9134	0,9146	0,9158
30	0,8998	0,9009	0,9021	0,9033	0,9045	0,9057	0,9069	0,9081	0,9092	0,9104	0,9116	0,9128
31	0,8968	0,8980	0,8992	0,9003	0,9015	0,9027	0,9039	0,9051	0,9062	0,9074	0,9086	0,9098
32	0,8939	0,8950	0,8962	0,8974	0,8986	0,8997	0,9009	0,9021	0,9033	0,9045	0,9056	0,9068
33	0,8909	0,8921	0,8933	0,8945	0,8956	0,8968	0,8980	0,8991	0,9003	0,9015	0,9027	0,9038
34	0,8880	0,8892	0,8904	0,8915	0,8927	0,8939	0,8950	0,8962	0,8974	0,8986	0,8997	0,9009
35	0,8851	0,8863	0,8875	0,8886	0,8898	0,8910	0,8921	0,8933	0,8945	0,8956	0,8968	0,8980

Tabelle 18. Litergewichte der wichtigsten Gase in g.

Luft	1,2929	Cl_2	3,220	CO_2	1,9768
O_2	1,4289	NH_3	0,7714	CO	1,2500
N_2	1,2505	NO	1,3402	SO_2	2,9263
H_2	0,08987	HCl	1,6391	H_2S	1,5292

Tabelle 19. Verbrennungswärmen der wichtigsten Gase in kcal.

	für 1 kg	für 1 m³
Kohlenoxyd, verbrannt zu CO_2	2429	3034
Methan, verbrannt zu CO_2 u. Wasserdampf	11970	8562
Methan, verbrannt zu CO_2 u. Wasser flüssig	13318	9527
Wasserstoff, verbrannt zu Wasserdampf	28557	2570
Wasserstoff, verbrannt zu Wasser flüssig	33928	3052

Tabelle 20. Mittlere spezifische Wärmen der wichtigsten Gase bei konstantem Druck (c_p), bezogen auf 1 kg.

Luft	zwischen 20 u. 400°	0,237,	zwischen 0 u. 2000°	0,272
Stickstoff	„ 0 u. 400°	0,243,	„ 0 u. 2000°	0,282
Sauerstoff	„ 20 u. 440°	0,224,	„ 0 u. 2000°	0,246
Wasserdampf	„ 100 u. 400°	0,468,	„ 0 u. 2000°	0,578
Kohlendioxyd	„ 0 u. 400°	0,228,	„ 0 u. 2000°	0,283

Tabelle 21. Fünfstellige Logarithmen.

N.	L.	0	1	2	3	4	5	6	7	8	9
100	00	000	043	087	130	173	217	260	303	346	389
101		432	475	518	561	604	647	689	732	775	817
102		860	903	945	988	*030	*072	*115	*157	*199	*242
103	01	284	326	368	410	452	494	536	578	620	662
104		703	745	787	828	870	912	953	995	*036	*078
105	02	119	160	202	243	284	325	366	407	449	490
106		531	572	612	653	694	735	776	816	857	898
107		938	979	*019	*060	*100	*141	*181	*222	*262	*302
108	03	342	383	423	463	503	543	583	623	663	703
109		743	782	822	862	**902**	941	981	*021	*060	*100
110	04	139	179	218	258	297	336	376	415	454	493
111		532	571	610	650	689	727	766	805	844	883
112		922	961	999	*038	*077	*115	*154	*192	*231	*269
113	05	308	346	385	423	461	500	538	576	614	652
114		690	729	767	805	843	881	918	956	994	*032
115	06	070	108	145	183	221	258	296	333	371	408
116		446	483	521	558	595	633	670	707	744	781
117		819	856	893	930	967	*004	*041	*078	*115	*151
118	07	188	225	262	298	335	372	408	445	482	518
119		555	591	628	664	700	737	773	809	846	882
120		918	954	990	*027	*063	*099	*135	*171	*207	*243
121	08	279	314	350	386	422	458	493	529	565	600
122		636	672	707	743	778	814	849	884	920	955
123		991	*026	*061	*096	*132	*167	*202	*237	*272	*307
124	09	342	377	412	447	482	517	552	587	621	656
125		691	726	760	795	830	864	899	934	968	*003
126	10	037	072	106	140	175	209	243	278	312	346
127		380	415	449	483	517	551	585	619	653	687
128		721	755	789	823	857	890	924	958	992	*025
129	11	059	093	126	160	193	227	261	294	327	361
130		394	428	461	494	528	561	594	628	661	694
131		727	760	793	826	860	893	926	959	992	*024
132	12	057	090	123	156	189	222	254	287	320	352
133		385	418	450	483	516	548	581	613	646	678
134		710	743	775	808	840	872	905	937	969	*001
135	13	033	066	098	130	162	194	226	258	290	322
136		354	386	418	450	481	513	545	577	609	640
137		672	704	735	767	799	830	862	893	925	956
138		988	*019	*051	*082	*114	*145	*176	*208	*239	*270
139	14	301	333	364	395	426	457	489	520	551	582
140		613	644	675	706	737	768	799	829	860	891
141		922	953	983	*014	*045	*076	*106	*137	*168	*198
142	15	229	259	290	320	351	381	412	442	473	503
143		534	564	594	625	655	685	715	746	776	806
144		836	866	897	927	957	987	*017	*047	*077	*107
145	16	137	167	197	227	256	286	316	346	376	406
146		435	465	495	524	554	584	613	643	673	702
147		732	761	791	820	850	879	909	938	967	997
148	17	026	056	085	114	143	173	202	231	260	289
149		319	348	377	406	435	464	493	522	551	580
N.	L.	0	1	2	3	4	5	6	7	8	9

d

	44	43	42
1	4,4	4,3	4,2
2	8,8	8,6	8,4
3	13,2	12,9	12,6
4	17,6	17,2	16,8
5	22,0	21,5	21,0
6	26,4	25,8	25,2
7	30,8	30,1	29,4
8	35,2	34,4	33,6
9	39,6	38,7	37,8

	41	40	39
1	4,1	4,0	3,9
2	8,2	8,0	7,8
3	12,3	12,0	11,7
4	16,4	16,0	15,6
5	20,5	20,0	19,5
6	24,6	24,0	23,4
7	28,7	28,0	27,3
8	32,8	32,0	31,2
9	36,9	36,0	35,1

	38	37	36
1	3,8	3,7	3,6
2	7,6	7,4	7,2
3	11,4	11,1	10,8
4	15,2	14,8	14,4
5	19,0	18,5	18,0
6	22,8	22,2	21,6
7	26,6	25,9	25,2
8	30,4	29,6	28,8
9	34,2	33,3	32,4

	35	34	33
1	3,5	3,4	3,3
2	7,0	6,8	6,6
3	10,5	10,2	9,9
4	14,0	13,6	13,2
5	17,5	17,0	16,5
6	21,0	20,4	19,8
7	24,5	23,8	23,1
8	28,0	27,2	26,4
9	31,5	30,6	29,7

	32	31
1	3,2	3,1
2	6,4	6,2
3	9,6	9,3
4	12,8	12,4
5	16,0	15,5
6	19,2	18,6
7	22,4	21,7
8	25,6	24,8
9	28,8	27,9

	30	29
1	3,0	2,9
2	6,0	5,8
3	9,0	8,7
4	12,0	11,6
5	15,0	14,5
6	18,0	17,4
7	21,0	20,3
8	24,0	23,2
9	27,0	26,1

d

N.	L.	0	1	2	3	4	5	6	7	8	9
150	17	609	638	667	696	725	754	782	811	840	869
151		898	926	955	984	*013	*041	*070	*099	*127	*156
152	18	184	213	241	270	298	327	355	384	412	441
153		469	498	526	554	583	611	639	667	696	724
154		752	780	808	837	865	893	921	949	977	*005
155	19	033	061	089	117	145	173	201	229	257	285
156		312	340	368	396	424	451	479	507	535	562
157		590	618	645	673	700	728	756	783	811	838
158		866	893	921	948	976	*003	*030	*058	*085	*112
159	20	140	167	194	222	249	276	303	330	358	385
160		412	439	466	493	520	548	575	602	629	656
161		683	710	737	763	790	817	844	871	898	925
162		952	978	*005	*032	*059	*085	*112	*139	*165	*192
163	21	219	245	272	299	325	352	378	405	431	458
164		484	511	537	564	590	617	643	669	696	722
165		748	775	801	827	854	880	906	932	958	985
166	22	011	037	063	089	115	141	167	194	220	246
167		272	298	324	350	376	401	427	453	479	505
168		531	557	583	608	634	660	686	712	737	763
169		789	814	840	866	891	917	943	968	994	*019
170	23	045	070	096	121	147	172	198	223	249	274
171		300	325	350	376	401	426	452	477	502	528
172		553	578	603	629	654	679	704	729	754	779
173		805	830	855	880	905	930	955	980	*005	*030
174	24	055	080	105	130	155	180	204	229	254	279
175		304	329	353	378	403	428	452	477	502	527
176		551	576	601	625	650	674	699	724	748	773
177		797	822	846	871	895	920	944	969	993	*018
178	25	042	066	091	115	139	164	188	212	237	261
179		285	310	334	358	382	406	431	455	479	503
180		527	551	575	600	624	648	672	696	720	744
181		768	792	816	840	864	888	912	935	959	983
182	26	007	031	055	079	102	126	150	174	198	221
183		245	269	293	316	340	364	387	411	435	458
184		482	505	529	553	576	600	623	647	670	694
185		717	741	764	788	811	834	858	881	905	928
186		951	975	998	*021	*045	*068	*091	*114	*138	*161
187	27	184	207	231	254	277	300	323	346	370	393
188		416	439	462	485	508	531	554	577	600	623
189		646	669	692	715	738	761	784	807	830	852
190		875	898	921	944	967	989	*012	*035	*058	*081
191	28	103	126	149	171	194	217	240	262	285	307
192		330	353	375	398	421	443	466	488	511	533
193		556	578	601	623	646	668	691	713	735	758
194		780	803	825	847	870	892	914	937	959	981
195	29	003	026	048	070	092	115	137	159	181	203
196		226	248	270	292	314	336	358	380	403	425
197		447	469	491	513	535	557	579	601	623	645
198		667	688	710	732	754	776	798	820	842	863
199		885	907	929	951	973	994	*016	*038	*060	*081
N.	L.	0	1	2	3	4	5	6	7	8	9

d

	29	28
1	2,9	2,8
2	5,8	5,6
3	8,7	8,4
4	11,6	11,2
5	14,5	14,0
6	17,4	16,8
7	20,3	19,6
8	23,2	22,4
9	26,1	25,2

	27	26
1	2,7	2,6
2	5,4	5,2
3	8,1	7,8
4	10,8	10,4
5	13,5	13,0
6	16,2	15,6
7	18,9	18,2
8	21,6	20,8
9	24,3	23,4

	25	24
1	2,5	2,4
2	5,0	4,8
3	7,5	7,2
4	10,0	9,6
5	12,5	12,0
6	15,0	14,4
7	17,5	16,8
8	20,0	19,2
9	22,5	21,6

	23	22
1	2,3	2,2
2	4,6	4,4
3	6,9	6,6
4	9,2	8,8
5	11,5	11,0
6	13,8	13,2
7	16,1	15,4
8	18,4	17,6
9	20,7	19,8

	21
1	2,1
2	4,2
3	6,3
4	8,4
5	10,5
6	12,6
7	14,7
8	16,8
9	18,9

d

N.	L.	0	1	2	3	4	5	6	7	8	9
200	30	103	125	146	168	190	211	233	255	276	298
201		320	341	363	384	406	428	449	471	492	514
202		535	557	578	600	621	643	664	685	707	728
203		750	771	792	814	835	856	878	899	920	942
204		963	984	*006	*027	*048	*069	*091	*112	*133	*154
205	31	175	197	218	239	260	281	302	323	345	366
206		387	408	429	450	471	492	513	534	555	576
207		597	618	639	660	681	702	723	744	765	785
208		806	827	848	869	890	911	931	952	973	994
209	32	015	035	056	077	098	118	139	160	181	201
210		222	243	263	284	305	325	346	366	387	408
211		428	449	469	490	510	531	552	572	593	613
212		634	654	675	695	715	736	756	777	797	818
213		838	858	879	899	919	940	960	980	*001	*021
214	33	041	062	082	102	122	143	163	183	203	224
215		244	264	284	304	325	345	365	385	405	425
216		445	465	486	506	526	546	566	586	606	626
217		646	666	686	706	726	746	766	786	806	826
218		846	866	885	905	925	945	965	985	*005	*025
219	34	044	064	084	104	124	143	163	183	203	223
220		242	262	282	301	321	341	361	380	400	420
221		439	459	479	498	518	537	557	577	596	616
222		635	655	674	694	713	733	753	772	792	811
223		830	850	869	889	908	928	947	967	986	*005
224	35	025	044	064	083	102	122	141	160	180	199
225		218	238	257	276	295	315	334	353	372	392
226		411	430	449	468	488	507	526	545	564	583
227		603	622	641	660	679	698	717	736	755	774
228		793	813	832	851	870	889	908	927	946	965
229		984	*003	*021	*040	*059	*078	*097	*116	*135	*154
230	36	173	192	211	229	248	267	286	305	324	342
231		361	380	399	418	436	455	474	493	511	530
232		549	568	586	605	624	642	661	680	698	717
233		736	754	773	791	810	829	847	866	884	903
234		922	940	959	977	996	*014	*033	*051	*070	*088
235	37	107	125	144	162	181	199	218	236	254	273
236		291	310	328	346	365	383	401	420	438	457
237		475	493	511	530	548	566	585	603	621	639
238		658	676	694	712	731	749	767	785	803	822
239		840	858	876	894	912	931	949	967	985	*003
240	38	021	039	057	075	093	112	130	148	166	184
241		202	220	238	256	274	292	310	328	346	364
242		382	399	417	435	453	471	489	507	525	543
243		561	578	596	614	632	650	668	686	703	721
244		739	757	775	792	810	828	846	863	881	899
245		917	934	952	970	987	*005	*023	*041	*058	*076
246	39	094	111	129	146	164	182	199	217	235	252
247		270	287	305	322	340	358	375	393	410	428
248		445	463	480	498	515	533	550	568	585	602
249		620	637	655	672	690	707	724	742	759	777
N.	L.	0	1	2	3	4	5	6	7	8	9

d

	22	21	20	19	18	17
1	2,2	2,1	2,0	1,9	1,8	1,7
2	4,4	4,2	4,0	3,8	3,6	3,4
3	6,6	6,3	6,0	5,7	5,4	5,1
4	8,8	8,4	8,0	7,6	7,2	6,8
5	11,0	10,5	10,0	9,5	9,0	8,5
6	13,2	12,6	12,0	11,4	10,8	10,2
7	15,4	14,7	14,0	13,3	12,6	11,9
8	17,6	16,8	16,0	15,2	14,4	13,6
9	19,8	18,9	18,0	17,1	16,2	15,3

N.	L.	0	1	2	3	4	5	6	7	8	9
250	39	794	811	829	846	863	881	898	915	933	950
251		967	985	*002	*019	*037	*054	*071	*088	*106	*123
252	40	140	157	175	192	209	226	243	261	278	295
253		312	329	346	364	381	398	415	432	449	466
254		483	500	518	535	552	569	586	603	620	637
255		654	671	688	705	722	739	756	773	790	807
256		824	841	858	875	892	909	926	943	960	976
257		993	*010	*027	*044	*061	*078	*095	*111	*128	*145
258	41	162	179	196	212	229	246	263	280	296	313
259		330	347	363	380	397	414	430	447	464	481
260		497	514	531	547	564	581	597	614	631	647
261		664	681	697	714	731	747	764	780	797	814
262		830	847	863	880	896	913	929	946	963	979
263		996	*012	*029	*045	*062	*078	*095	*111	*127	*144
264	42	160	177	193	210	226	243	259	275	292	308
265		325	341	357	374	390	406	423	439	455	472
266		488	504	521	537	553	570	586	602	619	635
267		651	667	684	700	716	732	749	765	781	797
268		813	830	846	862	878	894	911	927	943	959
269		975	991	*008	*024	*040	*056	*072	*088	*104	*120
270	43	136	152	169	185	201	217	233	249	265	281
271		297	313	329	345	361	377	393	409	425	441
272		457	473	489	505	521	537	553	569	584	600
273		616	632	648	664	680	696	712	727	743	759
274		775	791	807	823	838	854	870	886	902	917
275		933	949	965	981	996	*012	*028	*044	*059	*075
276	44	091	107	122	138	154	170	185	201	217	232
277		248	264	279	295	311	326	342	358	373	389
278		404	420	436	451	467	483	498	514	529	545
279		560	576	592	607	623	638	654	669	685	700
280		716	731	747	762	778	793	809	824	840	855
281		871	886	902	917	932	948	963	979	994	*010
282	45	025	040	056	071	086	102	117	133	148	163
283		179	194	209	225	240	255	271	286	301	317
284		332	347	362	378	393	408	423	439	454	469
285		484	500	515	530	545	561	576	591	606	621
286		637	652	667	682	697	712	728	743	758	773
287		788	803	818	834	849	864	879	894	909	924
288		939	954	969	984	*000	*015	*030	*045	*060	*075
289	46	090	105	120	135	150	165	180	195	210	225
290		240	255	270	285	300	315	330	345	359	374
291		389	404	410	434	449	464	479	494	509	523
292		538	553	568	583	598	613	627	642	657	672
293		687	702	716	731	746	761	776	790	805	820
294		835	850	864	879	894	909	923	938	953	967
295		982	997	*012	*026	*041	*056	*070	*085	*100	*114
296	47	129	144	159	173	188	202	217	232	246	261
297		276	290	305	319	334	349	363	378	392	407
298		422	436	451	465	480	494	509	524	538	553
299		567	582	596	611	625	640	654	669	683	698
N.	L.	0	1	2	3	4	5	6	7	8	9

d

	18
1	1,8
2	3,6
3	5,4
4	7,2
5	9,0
6	10,8
7	12,6
8	14,4
9	16,2

	17
1	1,7
2	3,4
3	5,1
4	6,8
5	8,5
6	10,2
7	11,9
8	13,6
9	15,3

	16
1	1,6
2	3,2
3	4,8
4	6,4
5	8,0
6	9,6
7	11,2
8	12,8
9	14,4

	15
1	1,5
2	3,0
3	4,5
4	6,0
5	7,5
6	9,0
7	10,5
8	12,0
9	13,5

	14
1	1,4
2	2,8
3	4,2
4	5,6
5	7,0
6	8,4
7	9,8
8	11,2
9	12,6

N.	L.	0	1	2	3	4	5	6	7	8	9
300	47	712	727	741	756	770	784	799	813	828	842
301		857	871	885	900	914	929	943	958	972	986
302	48	001	015	029	044	058	073	087	101	116	130
303		144	159	173	187	202	216	230	244	259	273
304		287	302	316	330	344	359	373	387	401	416
305		430	444	458	473	487	501	515	530	544	558
306		572	586	601	615	629	643	657	671	686	700
307		714	728	742	756	770	785	799	813	827	841
308		855	869	883	897	911	926	940	954	968	982
309		996	*010	*024	*038	*052	*066	*080	*094	*108	*122
310	49	136	150	164	178	192	206	220	234	248	262
311		276	290	304	318	332	346	360	374	388	402
312		415	429	443	457	471	485	499	513	527	541
313		554	568	582	596	610	624	638	651	665	679
314		693	707	721	734	748	762	776	790	803	817
315		831	845	859	872	886	900	914	927	941	955
316		969	982	996	*010	*024	*037	*051	*065	*079	*092
317	50	106	120	133	147	161	174	188	202	215	229
318		243	256	270	284	297	311	325	338	352	365
319		379	393	406	420	433	447	461	474	488	501
320		515	529	542	556	569	583	596	610	623	637
321		651	664	678	691	705	718	732	745	759	772
322		786	799	813	826	840	853	866	880	893	907
323		920	934	947	961	974	987	*001	*014	*028	*041
324	51	055	068	081	095	108	121	135	148	162	175
325		188	202	215	228	242	255	268	282	295	308
326		322	335	348	362	375	388	402	415	428	441
327		455	468	481	495	508	521	534	548	561	574
328		587	601	614	627	640	654	667	680	693	706
329		720	733	746	759	772	786	799	812	825	838
330		851	865	878	891	904	917	930	943	957	970
331		983	996	*009	*022	*035	*048	*061	*075	*088	*101
332	52	114	127	140	153	166	179	192	205	218	231
333		244	257	270	284	297	310	323	336	349	362
334		375	388	401	414	427	440	453	466	479	492
335		504	517	530	543	556	569	582	595	608	621
336		634	647	660	673	686	699	711	724	737	750
337		763	776	789	802	815	827	840	853	866	879
338		892	905	917	930	943	956	969	982	994	*007
339	53	020	033	046	058	071	084	097	110	122	135
340		148	161	173	186	199	212	224	237	250	263
341		275	288	301	314	326	339	352	364	377	390
342		403	415	428	441	453	466	479	491	504	517
343		529	542	555	567	580	593	605	618	631	643
344		656	668	681	694	706	719	732	744	757	769
345		782	794	807	820	832	845	857	870	882	895
346		908	920	933	945	958	970	983	995	*008	*020
347	54	033	045	058	070	083	095	108	120	133	145
348		158	170	183	195	208	220	233	245	258	270
349		283	295	307	320	332	345	357	370	382	394
N.	L.	0	1	2	3	4	5	6	7	8	9

d

	15
1	1,5
2	3,0
3	4,5
4	6,0
5	7,5
6	9,0
7	10.5
8	12,0
9	13,5

	14
1	1,4
2	2,8
3	4,2
4	5,6
5	7,0
6	8,4
7	9,8
8	11,2
9	12,6

	13
1	1,3
2	2,6
3	3,9
4	5,2
5	6,5
6	7,8
7	9,1
8	10,4
9	11,7

	12
1	1,2
2	2,4
3	3,6
4	4,8
5	6,0
6	7,2
7	8,4
8	9,6
9	10,8

N.	L.	0	1	2	3	4	5	6	7	8	9
350	**54**	407	419	432	444	456	469	481	494	506	518
351		531	543	555	568	580	593	605	617	630	642
352		654	667	679	691	704	716	728	741	753	765
353		777	790	802	814	827	839	851	864	876	888
354		900	913	925	937	949	962	974	986	998	*011
355	55	023	035	047	060	072	084	096	108	121	133
356		145	157	169	182	194	206	218	230	242	255
357		267	279	291	303	315	328	340	352	364	376
358		388	400	413	425	437	449	461	473	485	497
359		509	522	534	546	558	570	582	594	606	618
360		630	642	654	666	678	691	703	715	727	739
361		751	763	775	787	799	811	823	835	847	859
362		871	883	895	907	919	931	943	955	967	979
363		991	*003	*015	*027	*038	*050	*062	*074	*086	*098
364	56	110	122	134	146	158	170	182	194	205	217
365		229	241	253	265	277	289	301	312	324	336
366		348	360	372	384	396	407	419	431	443	455
367		467	478	490	502	514	526	538	549	561	573
368		585	597	608	620	632	644	656	667	679	691
369		703	714	726	738	750	761	773	785	797	808
370		820	832	844	855	867	879	891	902	914	926
371		937	949	961	972	984	996	*008	*019	*031	*043
372	57	054	066	078	089	101	113	124	136	148	159
373		171	183	194	206	217	229	241	252	264	276
374		287	299	310	322	334	345	357	368	380	392
375		403	415	426	438	449	461	473	484	496	507
376		519	530	542	553	565	576	588	600	611	623
377		634	646	657	669	680	692	703	715	726	738
378		749	761	772	784	795	807	818	830	841	852
379		864	875	887	898	910	921	933	944	955	967
380		978	990	*001	*013	*024	*035	*047	*058	*070	*081
381	58	092	104	115	127	138	149	161	172	184	195
382		206	218	229	240	252	263	274	286	297	309
383		320	331	343	354	365	377	388	399	410	422
384		433	444	456	467	478	490	501	512	524	535
385		546	557	569	580	591	602	614	625	636	647
386		659	670	681	692	704	715	726	737	749	760
387		771	782	794	805	816	827	838	850	861	872
388		883	894	906	917	928	939	950	961	973	984
389		995	*006	*017	*028	*040	*051	*062	*073	*084	*095
390	59	106	118	129	140	151	162	173	184	195	207
391		218	229	240	251	262	273	284	295	306	318
392		329	340	351	362	373	384	395	406	417	428
393		439	450	461	472	483	494	506	517	528	539
394		550	561	572	583	594	605	616	627	638	649
395		660	671	682	693	704	715	726	737	748	759
396		770	780	791	802	813	824	835	846	857	868
397		879	890	901	912	923	934	945	956	966	977
398		988	999	*010	*021	*032	*043	*054	*065	*076	*086
399	60	097	108	119	130	141	152	163	173	184	195
N.	L.	0	1	2	3	4	5	6	7	8	9

d

	13
1	1,3
2	2,6
3	3,9
4	5,2
5	6,5
6	7,8
7	9,1
8	10,4
9	11,7

	12
1	1,2
2	2,4
3	3,6
4	4,8
5	6,0
6	7,2
7	8,4
8	9,6
9	10,8

	11
1	1,1
2	2,2
3	3,3
4	4,4
5	5,5
6	6,6
7	7,7
8	8,8
9	9,9

	10
1	1,0
2	2,0
3	3,0
4	4,0
5	5,0
6	6,0
7	7,0
8	8,0
9	9,0

N.	L.	0	1	2	3	4	5	6	7	8	9
400	60	206	217	228	239	249	260	271	282	293	304
401		314	325	336	347	358	369	379	390	401	412
402		423	433	444	455	466	477	487	498	509	520
403		531	541	552	563	574	584	595	606	617	627
404		638	649	660	670	681	692	703	713	724	735
405		746	756	767	778	788	799	810	821	831	842
406		853	863	874	885	895	906	917	927	938	949
407		959	970	981	991	*002	*013	*023	*034	*045	*055
408	61	066	077	087	098	109	119	130	140	151	162
409		172	183	194	204	215	225	236	247	257	268
410		278	289	300	310	321	331	342	352	363	374
411		384	395	405	416	426	437	448	458	469	479
412		490	500	511	521	532	542	553	563	574	584
413		595	606	616	627	637	648	658	669	679	690
414		700	711	721	731	742	752	763	773	784	794
415		805	815	826	836	847	857	868	878	888	899
416		909	920	930	941	951	962	972	982	993	*003
417	62	014	024	034	045	055	066	076	086	097	107
418		118	128	138	149	159	170	180	190	201	211
419		221	232	242	252	263	273	284	294	304	315
420		325	335	346	356	366	377	387	397	408	418
421		428	439	449	459	469	480	490	500	511	521
422		531	542	552	562	572	583	593	603	613	624
423		634	644	655	665	675	685	696	706	716	726
424		737	747	757	767	778	788	798	808	818	829
425		839	849	859	870	880	890	900	910	921	931
426		941	951	961	972	982	992	*002	*012	*022	*033
427	63	043	053	063	073	083	094	104	114	124	134
428		144	155	165	175	185	195	205	215	225	236
429		246	256	266	276	286	296	306	317	327	337
430		347	357	367	377	387	397	407	417	428	438
431		448	458	468	478	488	498	508	518	528	538
432		548	558	568	579	589	599	609	619	629	639
433		649	659	669	679	689	699	709	719	729	739
434		749	759	769	779	789	799	809	819	829	839
435		849	859	869	879	889	899	909	919	929	939
436		949	959	969	979	988	998	*008	*018	*028	*038
437	64	048	058	068	078	088	098	108	118	128	137
438		147	157	167	177	187	197	207	217	227	237
439		246	256	266	276	286	296	306	316	326	335
440		345	355	365	375	385	395	404	414	424	434
441		444	454	464	473	483	493	503	513	523	532
442		542	552	562	572	582	591	601	611	621	631
443		640	650	660	670	680	689	699	709	719	729
444		738	748	758	768	777	787	797	807	816	826
445		836	846	856	865	875	885	895	904	914	924
446		933	943	953	963	972	982	992	*002	*011	*021
447	65	031	040	050	060	070	079	089	099	108	118
448		128	137	147	157	167	176	186	196	205	215
449		225	234	244	254	263	273	283	292	302	312
N.	L.	0	1	2	3	4	5	6	7	8	9

d

	11
1	1,1
2	2,2
3	3,3
4	4,4
5	5,5
6	6,6
7	7,7
8	8,8
9	9,9

	10
1	1,0
2	2,0
3	3,0
4	4,0
5	5,0
6	6,0
7	7,0
8	8,0
9	9,0

	9
1	0,9
2	1,8
3	2,7
4	3,6
5	4,5
6	5,4
7	6,3
8	7,2
9	8,1

N.	L.	0	1	2	3	4	5	6	7	8	9
450	65	321	331	341	350	360	369	379	389	398	408
451		418	427	437	447	456	466	475	485	495	504
452		514	523	533	543	552	562	571	581	591	600
453		610	619	629	639	648	658	667	677	686	696
454		706	715	725	734	744	753	763	772	782	792
455		801	811	820	830	839	849	858	868	877	887
456		896	906	916	925	935	944	954	963	973	982
457		992	*001	*011	*020	*030	*039	*049	*058	*068	*077
458	66	087	096	106	115	124	134	143	153	162	172
459		181	191	200	210	219	229	238	247	257	266
460		276	285	295	304	314	323	332	342	351	361
461		370	380	389	398	408	417	427	436	445	455
462		464	474	483	492	502	511	521	530	539	549
463		558	567	577	586	596	605	614	624	633	642
464		652	661	671	680	689	699	708	717	727	736
465		745	755	764	773	783	792	801	811	820	829
466		839	848	857	867	876	885	894	904	913	922
467		932	941	950	960	969	978	987	997	*006	*015
468	67	025	034	043	052	062	071	080	089	099	108
469		117	127	136	145	154	164	173	182	191	201
470		210	219	228	237	247	256	265	274	284	293
471		302	311	321	330	339	348	357	367	376	385
472		394	403	413	422	431	440	449	459	468	477
473		486	495	504	514	523	532	541	550	560	569
474		578	587	596	605	614	624	633	642	651	660
475		669	679	688	697	706	715	724	733	742	752
476		761	770	779	788	797	806	815	825	834	843
477		852	861	870	879	888	897	906	916	925	934
478		943	952	961	970	979	988	997	*006	*015	*024
479	68	034	043	052	061	070	079	088	097	106	115
480		124	133	142	151	160	169	178	187	196	205
481		215	224	233	242	251	260	269	278	287	296
482		305	314	323	332	341	350	359	368	377	386
483		395	404	413	422	431	440	449	458	467	476
484		485	494	502	511	520	529	538	547	556	565
485		574	583	592	601	610	619	628	637	646	655
486		664	673	681	690	699	708	717	726	735	744
487		753	762	771	780	789	797	806	815	824	833
488		842	851	860	869	878	886	895	904	913	922
489		931	940	949	958	966	975	894	993	*002	*011
490	69	020	028	037	046	055	064	073	082	090	099
491		108	117	126	135	144	152	161	170	179	188
492		197	205	214	223	232	241	249	258	267	276
493		285	294	302	311	320	329	338	346	355	364
494		373	381	390	399	408	417	425	434	443	452
495		461	469	478	487	496	504	513	522	531	539
496		548	557	566	574	583	592	601	609	618	627
497		636	644	653	662	671	679	688	697	705	714
498		723	732	740	749	758	767	775	784	793	801
499		810	819	827	836	845	854	862	871	880	888
N.	L.	0	1	2	3	4	5	6	7	8	9

d

	10
1	1,0
2	2,0
3	3,0
4	4,0
5	5,0
6	6,0
7	7,0
8	8,0
9	9,0

	9
1	0,9
2	1,8
3	2,7
4	3,6
5	4,5
6	5,4
7	6,3
8	7,2
9	8,1

	8
1	0,8
2	1,6
3	2,4
4	3,2
5	4,0
6	4,8
7	5,6
8	6,4
9	7,2

N.	L.	0	1	2	3	4	5	6	7	8	9
500	69	897	906	914	923	932	940	949	958	966	975
501		984	992	*001	*010	*018	*027	*036	*044	*053	*062
502	70	070	079	088	096	105	114	122	131	140	148
503		157	165	174	183	191	200	209	217	226	234
504		243	252	260	269	278	286	295	303	312	321
505		329	338	346	355	364	372	381	389	398	406
506		415	424	432	441	449	458	467	475	484	492
507		501	509	518	526	535	544	552	561	569	578
508		586	595	603	612	621	629	638	646	655	663
509		672	680	689	697	706	714	723	731	740	749
510		757	766	774	783	791	800	808	817	825	834
511		842	851	859	868	876	885	893	902	910	919
512		927	935	944	952	961	969	978	986	995	*003
513	71	012	020	029	037	046	054	063	071	079	088
514		096	105	113	122	130	139	147	155	164	172
515		181	189	198	206	214	223	231	240	248	257
516		265	273	282	290	299	307	315	324	332	341
517		349	357	366	374	383	391	399	408	416	425
518		433	441	450	458	466	475	483	492	500	508
519		517	525	533	542	550	559	567	575	584	592
520		600	609	617	625	634	642	650	659	667	675
521		684	692	700	709	717	725	734	742	750	759
522		767	775	784	792	800	809	817	825	834	842
523		850	858	867	875	883	892	900	908	917	925
524		933	941	950	958	966	975	983	991	999	*008
525	72	016	024	032	041	049	057	066	074	082	090
526		099	107	115	123	132	140	148	156	165	173
527		181	189	198	206	214	222	230	239	247	255
528		263	272	280	288	296	304	313	321	329	337
529		346	354	362	370	378	387	395	403	411	419
530		428	436	444	452	460	469	477	485	493	501
531		509	518	526	534	542	550	558	567	575	583
532		591	599	607	616	624	632	640	648	656	665
533		673	681	689	697	705	713	722	730	738	746
534		754	762	770	779	787	795	803	811	819	827
535		835	843	852	860	868	876	884	892	900	908
536		916	925	933	941	949	957	965	973	981	989
537		997	*006	*014	*022	*030	*038	*046	*054	*062	*070
538	73	078	086	094	102	111	119	127	135	143	151
539		159	167	175	183	191	199	207	215	223	231
540		239	247	255	263	272	280	288	296	304	312
541		320	328	336	344	352	360	368	376	384	392
542		400	408	416	424	432	440	448	456	464	472
543		480	488	496	504	512	520	528	536	544	552
544		560	568	576	584	592	600	608	616	624	632
545		640	648	656	664	672	679	687	695	703	711
546		719	727	735	743	751	759	767	775	783	791
547		799	807	815	823	830	838	846	854	862	870
548		878	886	894	902	910	918	926	933	941	949
549		957	965	973	981	989	997	*005	*013	*020	*028
N.	L.	0	1	2	3	4	5	6	7	8	9

d

	9
1	0,9
2	1,8
3	2,7
4	3,6
5	4,5
6	5,4
7	6,3
8	7,2
9	8,1

	8
1	0,8
2	1,6
3	2,4
4	3,2
5	4,0
6	4,8
7	5,6
8	6,4
9	7,2

	7
1	0,7
2	1,4
3	2,1
4	2,8
5	3,5
6	4,2
7	4,9
8	5,6
9	6,3

N.	L.	0	1	2	3	4	5	6	7	8	9
550	74	036	044	052	060	068	076	084	092	099	107
551		115	123	131	139	147	155	162	170	178	186
552		194	202	210	218	225	233	241	249	257	265
553		273	280	288	296	304	312	320	327	335	343
554		351	359	367	374	382	390	398	406	414	421
555		429	437	445	453	461	468	476	484	492	500
556		507	515	523	531	539	547	554	562	570	578
557		586	593	601	609	617	624	632	640	648	656
558		663	671	679	687	695	702	710	718	726	733
559		741	749	757	764	772	780	788	796	803	811
560		819	827	834	842	850	858	865	873	881	889
561		896	904	912	920	927	935	943	950	958	966
562		974	981	989	997	*005	*012	*020	*028	*035	*043
563	75	051	059	066	074	082	089	097	105	113	120
564		128	136	143	151	159	166	174	182	189	197
565		205	213	220	228	236	243	251	259	266	274
566		282	289	297	305	312	320	328	335	343	351
567		358	366	374	381	389	397	404	412	420	427
568		435	442	450	458	465	473	481	488	496	504
569		511	519	526	534	542	549	557	565	572	580
570		587	595	603	610	618	626	633	641	648	656
571		664	671	679	686	694	702	709	717	724	732
572		740	747	755	762	770	778	785	793	800	808
573		815	823	831	838	846	853	861	868	876	884
574		891	899	906	914	921	929	937	944	952	959
575		967	974	982	989	997	*005	*012	*020	*027	*035
576	76	042	050	057	065	072	080	087	095	103	110
577		118	125	133	140	148	155	163	170	178	185
578		193	200	208	215	223	230	238	245	253	260
579		268	275	283	290	298	305	313	320	328	335
580		343	350	358	365	373	380	388	395	403	410
581		418	425	433	440	448	455	462	470	477	485
582		492	500	507	515	522	530	537	545	552	559
583		567	574	582	589	597	604	612	619	626	634
584		641	649	656	664	671	678	686	693	701	708
585		716	723	730	738	745	753	760	768	775	782
586		790	797	805	812	819	827	834	842	849	856
587		864	871	879	886	893	901	908	916	923	930
588		938	945	953	960	967	975	982	989	997	*004
589	77	012	019	026	034	041	048	056	063	070	078
590		085	093	100	107	115	122	129	137	144	151
591		159	166	173	181	188	195	203	210	217	225
592		232	240	247	254	262	269	276	283	291	298
593		305	313	320	327	335	342	349	357	364	371
594		379	386	393	401	408	415	422	430	437	444
595		452	459	466	474	481	488	495	503	510	517
596		525	532	539	546	554	561	568	576	583	590
597		597	605	612	619	627	634	641	648	656	663
598		670	677	685	692	699	706	714	721	728	735
599		743	750	757	764	772	779	786	793	801	808
N.	L.	0	1	2	3	4	5	6	7	8	9

d

	8
1	0,8
2	1,6
3	2,4
4	3,2
5	4,0
6	4,8
7	5,6
8	6,4
9	7,2

	7
1	0,7
2	1,4
3	2,1
4	2,8
5	3,5
6	4,2
7	4,9
8	5,6
9	6,3

d

N.	L.	0	1	2	3	4	5	6	7	8	9
600	77	815	822	830	837	844	851	859	866	873	880
601		887	895	902	909	916	924	931	938	945	952
602		960	967	974	981	988	996	*003	*010	*017	*025
603	78	032	039	046	053	061	068	075	082	089	097
604		104	111	118	125	132	140	147	154	161	168
605		176	183	190	197	204	211	219	226	233	240
606		247	254	262	269	276	283	290	297	305	312
607		319	326	333	340	347	355	362	369	376	383
608		390	398	405	412	419	426	433	440	447	455
609		462	469	476	483	490	497	504	512	519	526
610		533	540	547	554	561	569	576	583	590	597
611		604	611	618	625	633	640	647	654	661	668
612		675	682	689	696	704	711	718	725	732	739
613		746	753	760	767	774	781	789	796	803	810
614		817	824	831	838	845	852	859	866	873	880
615		888	895	902	909	916	923	930	937	944	951
616		958	965	972	979	986	993	*000	*007	*014	*021
617	79	029	036	043	050	057	064	071	078	085	092
618		099	106	113	120	127	134	141	148	155	162
619		169	176	183	190	197	204	211	218	225	232
620		239	246	253	260	267	274	281	288	295	302
621		309	316	323	330	337	344	351	358	365	372
622		379	386	393	400	407	414	421	428	435	442
623		449	456	463	470	477	484	491	498	505	511
624		518	525	532	539	546	553	560	567	574	581
625		588	595	602	609	616	623	630	637	644	650
626		657	664	671	678	685	692	699	706	713	720
627		727	734	741	748	754	761	768	775	782	789
628		796	803	810	817	824	831	837	844	851	858
629		865	872	879	886	893	900	906	913	920	927
630		934	941	948	955	962	969	975	982	989	996
631	80	003	010	017	024	030	037	044	051	058	065
632		072	079	085	092	099	106	113	120	127	134
633		140	147	154	161	168	175	182	188	195	202
634		209	216	223	229	236	243	250	257	264	271
635		277	284	291	298	305	312	318	325	332	339
636		346	353	359	366	373	380	387	393	400	407
637		414	421	428	434	441	448	455	462	468	475
638		482	489	496	502	509	516	523	530	536	543
639		550	557	564	570	577	584	591	598	604	611
640		618	625	632	638	645	652	659	665	672	679
641		686	693	699	706	713	720	726	733	740	747
642		754	760	767	774	781	787	794	801	808	814
643		821	828	835	841	848	855	862	868	875	882
644		889	895	902	909	916	922	929	936	943	949
645		956	963	969	976	983	990	996	*003	*010	*017
646	81	023	030	037	043	050	057	064	070	077	084
647		090	097	104	111	117	124	131	137	144	151
648		158	164	171	178	184	191	198	204	211	218
649		224	231	238	245	251	258	265	271	278	285
N.	L.	0	1	2	3	4	5	6	7	8	9

d

	8
1	0,8
2	1,6
3	2,4
4	3,2
5	4,0
6	4,8
7	5,6
8	6,4
9	7,2

	7
1	0,7
2	1,4
3	2,1
4	2,8
5	3,5
6	4,2
7	4,9
8	5,6
9	6,3

	6
1	0,6
2	1,2
3	1,8
4	2,4
5	3,0
6	3,6
7	4,2
8	4,8
9	5,4

N.	L.	0	1	2	3	4	5	6	7	8	9	d
650	81	291	298	305	311	318	325	331	338	345	351	
651		358	365	371	378	385	391	398	405	411	418	
652		425	431	438	445	451	458	465	471	478	485	
653		491	498	505	511	518	525	531	538	544	551	
654		558	564	571	578	584	591	598	604	611	617	
655		624	631	637	644	651	657	664	671	677	684	
656		690	697	704	710	717	723	730	737	743	750	
657		757	763	770	776	783	790	796	803	809	816	
658		823	829	836	842	849	856	862	869	875	882	
659		889	895	902	908	915	921	928	935	941	948	
660		954	961	968	974	981	987	994	*000	*007	*014	
661	82	020	027	033	040	046	053	060	066	073	079	
662		086	092	099	105	112	119	125	132	138	145	
663		151	158	164	171	178	184	191	197	204	210	
664		217	223	230	236	243	249	256	263	269	276	
665		282	289	295	302	308	315	321	328	334	341	
666		347	354	360	367	373	380	387	393	400	406	
667		413	419	426	432	439	445	452	458	465	471	
668		478	484	491	497	504	510	517	523	530	536	
669		543	549	556	562	569	575	582	588	595	601	
670		607	614	620	627	633	640	646	653	659	666	
671		672	679	685	692	698	705	711	718	724	730	
672		737	743	750	756	763	769	776	782	789	795	
673		802	808	814	821	827	834	840	847	853	860	
674		866	872	879	885	892	898	905	911	918	924	
675		930	937	943	950	956	963	969	975	982	988	
676		995	*001	*008	*014	*020	*027	*033	*040	*046	*052	
677	83	059	065	072	078	085	091	097	104	110	117	
678		123	129	136	142	149	155	161	168	174	181	
679		187	193	200	206	213	219	225	232	238	245	
680		251	257	264	270	276	283	289	296	302	308	
681		315	321	327	334	340	347	353	359	366	372	
682		378	385	391	398	404	410	417	423	429	436	
683		442	448	455	461	467	474	480	487	493	499	
684		506	512	518	525	531	537	544	550	556	563	
685		569	575	582	588	594	601	607	613	620	626	
686		632	639	645	651	658	664	670	677	683	689	
687		696	702	708	715	721	727	734	740	746	753	
688		759	765	771	778	784	790	797	803	809	816	
689		822	828	835	841	847	853	860	866	872	879	
690		885	891	897	904	910	916	923	929	935	942	
691		948	954	960	967	973	979	985	992	998	*004	
692	84	011	017	023	029	036	042	048	055	061	067	
693		073	080	086	092	098	105	111	117	123	130	
694		136	142	148	155	161	167	173	180	186	192	
695		198	205	211	217	223	230	236	242	248	255	
696		261	267	273	280	286	292	298	305	311	317	
697		323	330	336	342	348	354	361	367	373	379	
698		386	392	398	404	410	417	423	429	435	442	
699		448	454	460	466	473	479	485	491	497	504	
N.	L.	0	1	2	3	4	5	6	7	8	9	d

	7
1	0,7
2	1,4
3	2,1
4	2,8
5	3,5
6	4,2
7	4,9
8	5,6
9	6,3

	6
1	0,6
2	1,2
3	1,8
4	2,4
5	3,0
6	3,6
7	4,2
8	4,8
9	5,4

N.	L.	0	1	2	3	4	5	6	7	8	9	d
700	84	510	516	522	528	535	541	547	553	559	566	
701		572	578	584	590	597	603	609	615	621	628	
702		634	640	646	652	658	665	671	677	683	689	
703		696	702	708	714	720	726	733	739	745	751	
704		757	763	770	776	782	788	794	800	807	813	
705		819	825	831	837	844	850	856	862	868	874	
706		880	887	893	899	905	911	917	924	930	936	
707		942	948	954	960	967	973	979	985	991	997	
708	85	003	009	016	022	028	034	040	046	052	058	
709		065	071	077	083	089	095	101	107	114	120	
710		126	132	138	144	150	156	163	169	175	181	
711		187	193	199	205	211	217	224	230	236	242	
712		248	254	260	266	272	278	285	291	297	303	
713		309	315	321	327	333	339	345	352	358	364	
714		370	376	382	388	394	400	406	412	418	425	
715		431	437	443	449	455	461	467	473	479	485	
716		491	497	503	509	516	522	528	534	540	546	
717		552	558	564	570	576	582	588	594	600	606	
718		612	618	625	631	637	643	649	655	661	667	
719		673	679	685	691	697	703	709	715	721	727	
720		733	739	745	751	757	763	769	775	781	788	
721		794	800	806	812	818	824	830	836	842	848	
722		854	860	866	872	878	884	890	896	902	908	
723		914	920	926	932	938	944	950	956	962	968	
724		974	980	986	992	998	*004	*010	*016	*022	*028	
725	86	034	040	046	052	058	064	070	076	082	088	
726		094	100	106	112	118	124	130	136	141	147	
727		153	159	165	171	177	183	189	195	201	207	
728		213	219	225	231	237	243	249	255	261	267	
729		273	279	285	291	297	303	308	314	320	326	
730		332	338	344	350	356	362	368	374	380	386	
731		392	398	404	410	415	421	427	433	439	445	
732		451	457	463	469	475	481	487	493	499	504	
733		510	516	522	528	534	540	546	552	558	564	
734		570	576	581	587	593	599	605	611	617	623	
735		629	635	641	646	652	658	664	670	676	682	
736		688	694	700	705	711	717	723	729	735	741	
737		747	753	759	764	770	776	782	788	794	800	
738		806	812	817	823	829	835	841	847	853	859	
739		864	870	876	882	888	894	900	906	911	917	
740		923	929	935	941	947	953	958	964	970	976	
741		982	988	994	999	*005	*011	*017	*023	*029	*035	
742	87	040	046	052	058	064	070	075	081	087	093	
743		099	105	111	116	122	128	134	140	146	151	
744		157	163	169	175	181	186	192	198	204	210	
745		216	221	227	233	239	245	251	256	262	268	
746		274	280	286	291	297	303	309	315	320	326	
747		332	338	344	349	355	361	367	373	379	384	
748		390	396	402	408	413	419	425	431	437	442	
749		448	454	460	466	471	477	483	489	495	500	
N.	L.	0	1	2	3	4	5	6	7	8	9	d

	7
1	0,7
2	1,4
3	2,1
4	2,8
5	3,5
6	4,2
7	4,9
8	5,6
9	6,3

	6
1	0,6
2	1,2
3	1,8
4	2,4
5	3,0
6	3,6
7	4,2
8	4,8
9	5,4

	5
1	0,5
2	1,0
3	1,5
4	2,0
5	2,5
6	3,0
7	3,5
8	4,0
9	4,5

N.	L.	0	1	2	3	4	5	6	7	8	9
750	87	506	512	518	523	529	535	541	547	552	558
751		564	570	576	581	587	593	599	604	610	616
752		622	628	633	639	645	651	656	662	668	674
753		679	685	691	697	703	708	714	720	726	731
754		737	743	749	754	760	766	772	777	783	789
755		795	800	806	812	818	823	829	835	841	846
756		852	858	864	869	875	881	887	892	898	904
757		910	915	921	927	933	938	944	950	955	961
758		967	973	978	984	990	996	*001	*007	*013	*018
759	88	024	030	036	041	047	053	058	064	070	076
760		081	087	093	098	104	110	116	121	127	133
761		138	144	150	156	161	167	173	178	184	190
762		195	201	207	213	218	224	230	235	241	247
763		252	258	264	270	275	281	287	292	298	304
764		309	315	321	326	332	338	343	349	355	360
765		366	372	377	383	389	395	400	406	412	417
766		423	429	434	440	446	451	457	463	468	474
767		480	485	491	497	502	508	513	519	525	530
768		536	542	547	553	559	564	570	576	581	587
769		593	598	604	610	615	621	627	632	638	643
770		649	655	660	666	672	677	683	689	694	700
771		705	711	717	722	728	734	739	745	750	756
772		762	767	773	779	784	790	795	801	807	812
773		818	824	829	835	840	846	852	857	863	868
774		874	880	885	891	897	902	908	913	919	925
775		930	936	941	947	953	958	964	969	975	981
776		986	992	997	*003	*009	*014	*020	*025	*031	*037
777	89	042	048	053	059	064	070	076	081	087	092
778		098	104	109	115	120	126	131	137	143	148
779		154	159	165	170	176	182	187	193	198	204
780		209	215	221	226	232	237	243	248	254	260
781		265	271	276	282	287	293	298	304	310	315
782		321	326	332	337	343	348	354	360	365	371
783		376	382	387	393	398	404	409	415	421	426
784		432	437	443	448	454	459	465	470	476	481
785		487	492	498	504	509	515	520	526	531	537
786		542	548	553	559	564	570	575	581	586	592
787		597	603	609	614	620	625	631	636	642	647
788		653	658	664	669	675	680	686	691	697	702
789		708	713	719	724	730	735	741	746	752	757
790		763	768	774	779	785	790	796	801	807	812
791		818	823	829	834	840	845	851	856	862	867
792		873	878	883	889	894	900	905	911	916	922
793		927	933	938	944	949	955	960	966	971	977
794		982	988	993	998	*004	*009	*015	*020	*026	*031
795	90	037	042	048	053	059	064	069	075	080	086
796		091	097	102	108	113	119	124	129	135	140
797		146	151	157	162	168	173	179	184	189	195
798		200	206	211	217	222	227	233	238	244	249
799		255	260	266	271	276	282	287	293	298	304
N.	L.	0	1	2	3	4	5	6	7	8	9

d

	6
1	0,6
2	1,2
3	1,8
4	2,4
5	3,0
6	3,6
7	4,2
8	4,8
9	5,4

	5
1	0,5
2	1,0
3	1,5
4	2,0
5	2,5
6	3,0
7	3,5
8	4,0
9	4,5

N.	L.	0	1	2	3	4	5	6	7	8	9	d
800	90	309	314	320	325	331	336	342	347	352	358	
801		363	369	374	380	385	390	396	401	407	412	
802		417	423	428	434	439	445	450	455	461	466	
803		472	477	482	488	493	499	504	509	515	520	
804		526	531	536	542	547	553	558	563	569	574	
805		580	585	590	596	601	607	612	617	623	628	
806		634	639	644	650	655	660	666	671	677	682	
807		687	693	698	703	709	714	720	725	730	736	
808		741	747	752	757	763	768	773	779	784	789	
809		795	800	806	811	816	822	827	832	838	843	
810		849	854	859	865	870	875	881	886	891	897	
811		902	907	913	918	924	929	934	940	945	950	
812		956	961	966	972	977	982	988	993	998	*004	
813	91	009	014	020	025	030	036	041	046	052	057	
814		062	068	073	078	084	089	094	100	105	110	
815		116	121	126	132	137	142	148	153	158	164	
816		169	174	180	185	190	196	201	206	212	217	
817		222	228	233	238	243	249	254	259	265	270	
818		275	281	286	291	297	302	307	312	318	323	
819		328	334	339	344	350	355	360	365	371	376	
820		381	387	392	397	403	408	413	418	424	429	
821		434	440	445	450	455	461	466	471	477	482	
822		487	492	498	503	508	514	519	524	529	535	
823		540	545	551	556	561	566	572	577	582	587	
824		593	598	603	609	614	619	624	630	635	640	
825		645	651	656	661	666	672	677	682	687	693	
826		698	703	709	714	719	724	730	735	740	745	
827		751	756	761	766	772	777	782	787	793	798	
828		803	808	814	819	824	829	834	840	845	850	
829		855	861	866	871	876	882	887	892	897	903	
830		908	913	918	924	929	934	939	944	950	955	
831		960	965	971	976	981	986	991	997	*002	*007	
832	92	012	018	023	028	033	038	044	049	054	059	
833		065	070	075	080	085	091	096	101	106	111	
834		117	122	127	132	137	143	148	153	158	163	
835		169	174	179	184	189	195	200	205	210	215	
836		221	226	231	236	241	247	252	257	262	267	
837		273	278	283	288	293	298	304	309	314	319	
838		324	330	335	340	345	350	355	361	366	371	
839		376	381	387	392	397	402	407	412	418	423	
840		428	433	438	443	449	454	459	464	469	474	
841		480	485	490	495	500	505	511	516	521	526	
842		531	536	542	547	552	557	562	567	572	578	
843		583	588	593	598	603	609	614	619	624	629	
844		634	639	645	650	655	660	665	670	675	681	
845		686	691	696	701	706	711	716	722	727	732	
846		737	742	747	752	758	763	768	773	778	783	
847		788	793	799	804	809	814	819	824	829	834	
848		840	845	850	855	860	865	870	875	881	886	
849		891	896	901	906	911	916	921	927	932	937	
N.	L.	0	1	2	3	4	5	6	7	8	9	d

	6
1	0,6
2	1,2
3	1,8
4	2,4
5	3,0
6	3,6
7	4,2
8	4,8
9	5,4

	5
1	0,5
2	1,0
3	1,5
4	2,0
5	2,5
6	3,0
7	3,5
8	4,0
9	4,5

N.	L.	0	1	2	3	4	5	6	7	8	9
850	92	942	947	952	957	962	967	973	978	983	988
851		993	998	*003	*008	*013	*018	*024	*029	*034	*039
852	93	044	049	054	059	064	069	075	080	085	090
853		095	100	105	110	115	120	125	131	136	141
854		146	151	156	161	166	171	176	181	186	192
855		197	202	207	212	217	222	227	232	237	242
856		247	252	258	263	268	273	278	283	288	293
857		298	303	308	313	318	323	328	334	339	344
858		349	354	359	364	369	374	379	384	389	394
859		399	404	409	414	420	425	430	435	440	445
860		450	455	460	465	470	475	480	485	490	495
861		500	505	510	515	520	526	531	536	541	546
862		551	556	561	566	571	576	581	586	591	596
863		601	606	611	616	621	626	631	636	641	646
864		651	656	661	666	671	676	682	687	692	697
865		702	707	712	717	722	727	732	737	742	747
866		752	757	762	767	772	777	782	787	792	797
867		802	807	812	817	822	827	832	837	842	847
868		852	857	862	867	872	877	882	887	892	897
869		902	907	912	917	922	927	932	937	942	947
870		952	957	962	967	972	977	982	987	992	997
871	94	002	007	012	017	022	027	032	037	042	047
872		052	057	062	067	072	077	082	086	091	096
873		101	106	111	116	121	126	131	136	141	146
874		151	156	161	166	171	176	181	186	191	196
875		201	206	211	216	221	226	231	236	240	245
876		250	255	260	265	270	275	280	285	290	295
877		300	305	310	315	320	325	330	335	340	345
878		349	354	359	364	369	374	379	384	389	394
879		399	404	409	414	419	424	429	433	438	443
880		448	453	458	463	468	473	478	483	488	493
881		498	503	507	512	517	522	527	532	537	542
882		547	552	557	562	567	571	576	581	586	591
883		596	601	606	611	616	621	626	630	635	640
884		645	650	655	660	665	670	675	680	685	689
885		694	699	704	709	714	719	724	729	734	738
886		743	748	753	758	763	768	773	778	783	787
887		792	797	802	807	812	817	822	827	832	836
888		841	846	851	856	861	866	871	876	880	885
889		890	895	900	905	910	915	919	924	929	934
890		939	944	949	954	959	963	968	973	978	983
891		988	993	998	*002	*007	*012	*017	*022	*027	*032
892	95	036	041	046	051	056	061	066	071	075	080
893		085	090	095	100	105	109	114	119	124	129
894		134	139	143	148	153	158	163	168	173	177
895		182	187	192	197	202	207	211	216	221	226
896		231	236	240	245	250	255	260	265	270	274
897		279	284	289	294	299	303	308	313	318	323
898		328	332	337	342	347	352	357	361	366	371
899		376	381	386	390	395	400	405	410	415	419

N. | L. 0 1 2 3 4 | 5 6 7 8 9 | d

d

	6
1	0,6
2	1,2
3	1,8
4	2,4
5	3,0
6	3,6
7	4,2
8	4,8
9	5,4

	5
1	0,5
2	1,0
3	1,5
4	2,0
5	2,5
6	3,0
7	3,5
8	4,0
9	4,5

	4
1	0,4
2	0,8
3	1,2
4	1,6
5	2,0
6	2,4
7	2,8
8	3,2
9	3,6

N.	L.	0	1	2	3	4	5	6	7	8	9
900	95	424	429	434	439	444	448	453	458	463	468
901		472	477	482	487	492	497	501	506	511	516
902		521	525	530	535	540	545	550	554	559	564
903		569	574	578	583	588	593	598	602	607	612
904		617	622	626	631	636	641	646	650	655	660
905		665	670	674	679	684	689	694	698	703	708
906		713	718	722	727	732	737	742	746	751	756
907		761	766	770	775	780	785	789	794	799	804
908		809	813	818	823	828	832	837	842	847	852
909		856	861	866	871	875	880	885	890	895	899
910		904	909	914	918	923	928	933	938	942	947
911		952	957	961	966	971	976	980	985	990	995
912		999	*004	*009	*014	*019	*023	*028	*033	*038	*042
913	96	047	052	057	061	066	071	076	080	085	090
914		095	099	104	109	114	118	123	128	133	137
915		142	147	152	156	161	166	171	175	180	185
916		190	194	199	204	209	213	218	223	227	232
917		237	242	246	251	256	261	265	270	275	280
918		284	289	294	298	303	308	313	317	322	327
919		332	336	341	346	350	355	360	365	369	374
920		379	384	388	393	398	402	407	412	417	421
921		426	431	435	440	445	450	454	459	464	468
922		473	478	483	487	492	497	501	506	511	515
923		520	525	530	534	539	544	548	553	558	562
924		567	572	577	581	586	591	595	600	605	609
925		614	619	624	628	633	638	642	647	652	656
926		661	666	670	675	680	685	689	694	699	703
927		708	713	717	722	727	731	736	741	745	750
928		755	759	764	769	774	778	783	788	792	797
929		802	806	811	816	820	825	830	834	839	844
930		848	853	858	862	867	872	876	881	886	890
931		895	900	904	909	914	918	923	928	932	937
932		942	946	951	956	960	965	970	974	979	984
933		988	993	997	*002	*007	*011	*016	*021	*025	*030
934	97	035	039	044	049	053	058	063	067	072	077
935		081	086	090	095	100	104	109	114	118	123
936		128	132	137	142	146	151	155	160	165	169
937		174	179	183	188	192	197	202	206	211	216
938		220	225	230	234	239	243	248	253	257	262
939		267	271	276	280	285	290	294	299	304	308
940		313	317	322	327	331	336	340	345	350	354
941		359	364	368	373	377	382	387	391	396	400
942		405	410	414	419	424	428	433	437	442	447
943		451	456	460	465	470	474	479	483	488	493
944		497	502	506	511	516	520	525	529	534	539
945		543	548	552	557	562	566	571	575	580	585
946		589	594	598	603	607	612	617	621	626	630
947		635	640	644	649	653	658	663	667	672	676
948		681	685	690	695	699	704	708	713	717	722
949		727	731	736	740	745	749	754	759	763	768
N.	L.	0	1	2	3	4	5	6	7	8	9

d

	5
1	0,5
2	1,0
3	1,5
4	2,0
5	2,5
6	3,0
7	3,5
8	4,0
9	4,5

	4
1	0,4
2	0,8
3	1,2
4	1,6
5	2,0
6	2,4
7	2,8
8	3,2
9	3,6

d

N.	L.	0	1	2	3	4	5	6	7	8	9
950	97	772	777	782	786	791	795	800	804	809	813
951		818	823	827	832	836	841	845	850	855	859
952		864	868	873	877	882	886	891	896	900	905
953		909	914	918	923	928	932	937	941	946	950
954		955	959	964	968	973	978	982	987	991	996
955	98	000	005	009	014	019	023	028	032	037	041
956		046	050	055	059	064	068	073	078	082	087
957		091	096	100	105	109	114	118	123	127	132
958		137	141	146	150	155	159	164	168	173	177
959		182	186	191	195	200	204	209	214	218	223
960		227	232	236	241	245	250	254	259	263	268
961		272	277	281	286	290	295	299	304	308	313
962		318	322	327	331	336	340	345	349	354	358
963		363	367	372	376	381	385	390	394	399	403
964		408	412	417	421	426	430	435	439	444	448
965		453	457	462	466	471	475	480	484	489	493
966		498	502	507	511	516	520	525	529	534	538
967		543	547	552	556	561	565	570	574	579	583
968		588	592	597	601	605	610	614	619	623	628
969		632	637	641	646	650	655	659	664	668	673
970		677	682	686	691	695	700	704	709	713	717
971		722	726	731	735	740	744	749	753	758	762
972		767	771	776	780	784	789	793	798	802	807
973		811	816	820	825	829	834	838	843	847	851
974		856	860	865	869	874	878	883	887	892	896
975		900	905	909	914	918	923	927	832	936	941
976		945	949	954	958	963	967	972	976	981	985
977		989	994	998	*003	*007	*012	*016	*021	*025	*029
978	99	034	038	043	047	052	056	061	065	069	074
979		078	083	087	092	096	100	105	109	114	118
980		123	127	131	136	140	145	149	154	158	162
981		167	171	176	180	185	189	193	198	202	207
982		211	216	220	224	229	233	238	242	247	251
983		255	260	264	269	273	277	282	286	291	295
984		300	304	308	313	317	322	326	330	335	339
985		344	348	352	357	361	366	370	374	379	383
986		388	392	396	401	405	410	414	419	423	427
987		432	436	441	445	449	454	458	463	467	471
988		476	480	484	489	493	498	502	506	511	515
989		520	524	528	533	537	542	546	550	555	559
990		564	568	572	577	581	585	590	594	599	603
991		607	612	616	621	625	629	634	638	642	647
992		651	656	660	664	669	673	677	682	686	691
993		695	699	704	708	712	717	721	726	730	734
994		739	743	747	752	756	760	765	769	774	778
995		782	787	791	795	800	804	808	813	817	822
996		826	830	835	839	843	848	852	856	861	865
997		870	874	878	883	887	891	896	900	904	909
998		913	917	922	926	930	935	939	944	948	952
999		957	961	965	970	974	978	983	987	991	996

d

	5
1	0,5
2	1,0
3	1,5
4	2,0
5	2,5
6	3,0
7	3,5
8	4,0
9	4,5

	4
1	0,4
2	0,8
3	1,2
4	1,6
5	2,0
6	2,4
7	2,8
8	3,2
9	3,6

N. L. 0 1 2 3 4 5 6 7 8 9 d

Tabelle 22. Formeln zur Flächen- und Körperberechnung.
(U = Umfang, F = Fläche, O = Oberfläche, G = Grundfläche, M = Mantel, V = Volumen, Q = Normalquerschnitt, S = Schwerpunkt)

Quadrat	$U = 4a \qquad F = a^2$ $d = a \cdot \sqrt{2} = 1{,}414\,a$
Rechteck	$U = 2a + 2b \qquad F = ab$ $d = \sqrt{a^2 + b^2}$
Parallelogramm	$U = 2a + 2b$ $F = ah$
Trapez	$U = a + b + c + d \qquad F = \frac{a+b}{2} \cdot h$ $DE = AB$, $AF = CD$, $CG = GD$, $AH = HB$ S = Schnittpunkt von EF und GH $SY = \frac{h}{3} \cdot \frac{a + 2b}{a + b}$
Dreieck	$U = a + b + c$ $F = a \cdot \frac{h}{2} = \sqrt{s \cdot (s-a) \cdot (s-b) \cdot (s-c)}$ $s = \frac{a + b + c}{2}$ S liegt im Schnittpunkt der 3 Seitenhalbierenden $SY = \frac{h}{3}$
Unregelmäßiges Viereck	$U = a + b + c + d$ F = Summe der Flächen der Dreiecke ABD und BCD S : Zerlegen in 2 Dreieckspaare ABD und BCD sowie ABC und ACD. Bestimmen der Schwerpunkte S_1, S_2 sowie S_3, S_4. Schnittpunkt von S_1S_2 und $S_3S_4 = S$

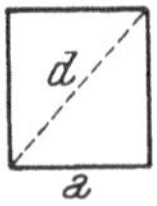

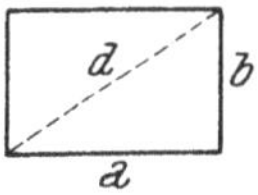

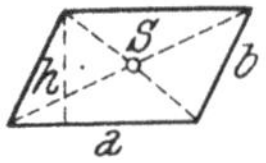

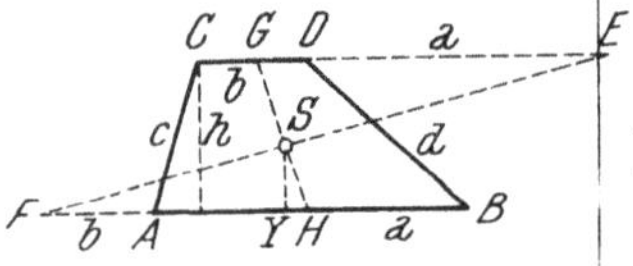

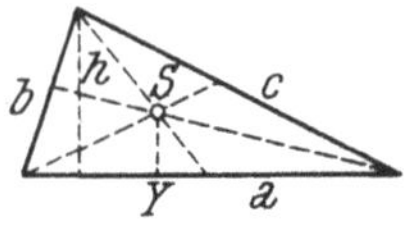

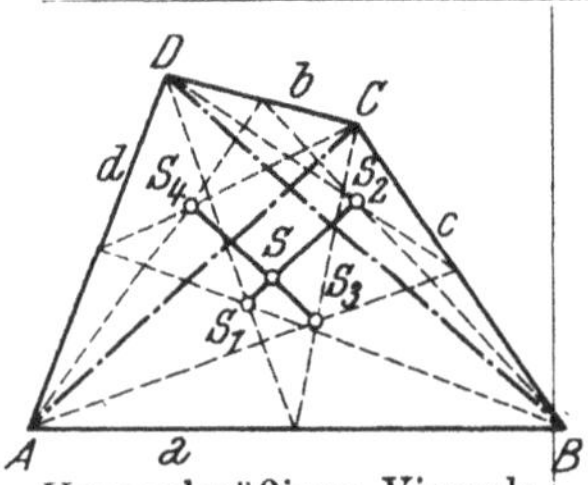

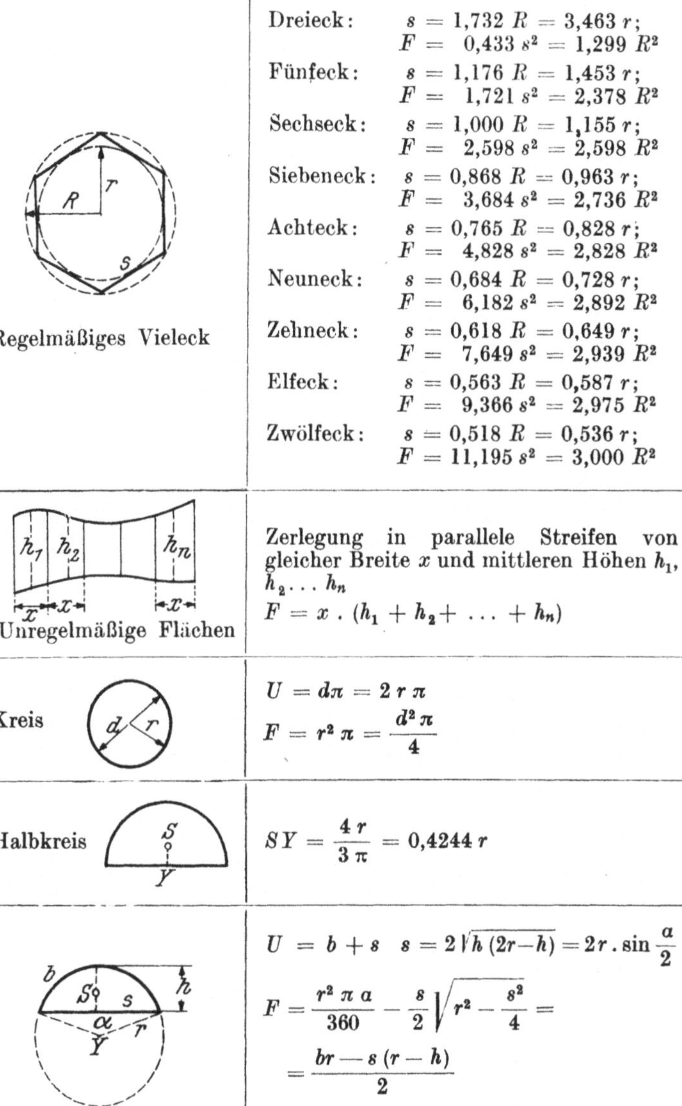

Fläche	Formeln
Regelmäßiges Vieleck	Dreieck: $s = 1{,}732\,R = 3{,}463\,r$; $F = 0{,}433\,s^2 = 1{,}299\,R^2$ Fünfeck: $s = 1{,}176\,R = 1{,}453\,r$; $F = 1{,}721\,s^2 = 2{,}378\,R^2$ Sechseck: $s = 1{,}000\,R = 1{,}155\,r$; $F = 2{,}598\,s^2 = 2{,}598\,R^2$ Siebeneck: $s = 0{,}868\,R = 0{,}963\,r$; $F = 3{,}684\,s^2 = 2{,}736\,R^2$ Achteck: $s = 0{,}765\,R = 0{,}828\,r$; $F = 4{,}828\,s^2 = 2{,}828\,R^2$ Neuneck: $s = 0{,}684\,R = 0{,}728\,r$; $F = 6{,}182\,s^2 = 2{,}892\,R^2$ Zehneck: $s = 0{,}618\,R = 0{,}649\,r$; $F = 7{,}649\,s^2 = 2{,}939\,R^2$ Elfeck: $s = 0{,}563\,R = 0{,}587\,r$; $F = 9{,}366\,s^2 = 2{,}975\,R^2$ Zwölfeck: $s = 0{,}518\,R = 0{,}536\,r$; $F = 11{,}195\,s^2 = 3{,}000\,R^2$
Unregelmäßige Flächen	Zerlegung in parallele Streifen von gleicher Breite x und mittleren Höhen h_1, $h_2 \ldots h_n$ $F = x\,.\,(h_1 + h_2 + \ldots + h_n)$
Kreis	$U = d\pi = 2\,r\,\pi$ $F = r^2\,\pi = \frac{d^2\,\pi}{4}$
Halbkreis	$SY = \frac{4\,r}{3\,\pi} = 0{,}4244\,r$
Kreisabschnitt	$U = b + s \quad s = 2\sqrt{h\,(2r - h)} = 2r\,.\sin\frac{\alpha}{2}$ $F = \frac{r^2\,\pi\,\alpha}{360} - \frac{s}{2}\sqrt{r^2 - \frac{s^2}{4}} =$ $= \frac{br - s\,(r - h)}{2}$ $b \sim r\,\pi\,.\,\frac{\alpha}{180} \quad SY = \frac{s^3}{12\,F}$ α im Gradmaß

Kreisausschnitt	$U = 2r + b \quad b = \frac{r \pi \alpha}{180} \quad \alpha$ im Gradmaß $F = \frac{r^2 \pi \alpha}{360} = \frac{b r}{2} \quad SY = \frac{2}{3} \cdot \frac{r s}{b}$
Kreisring	$F = (R^2 - r^2) \cdot \pi$
Ellipse	$U = (a + b) \cdot \pi \qquad F = a b \pi$ S = Schnittpunkt der Achsen
Parabel	Segment $ECFE$ ... $F = \frac{2}{3} \cdot s \cdot h$ Parabel CAC_1C ... $F = \frac{2}{3} \cdot \overline{CC_1} \cdot \overline{AB}$
Hyperbel	Fläche $ABCA$ ... $\sim \frac{3}{5} \cdot \overline{BC} \cdot \overline{AD}$
Würfel	$O = 6a^2 \qquad D = a\sqrt{3} = 1{,}732\,a$ $V = a^3$
Rechtwinkeliges Prisma	$O = 2 \cdot (ab + ah + bh) \quad V = Gh = abh$

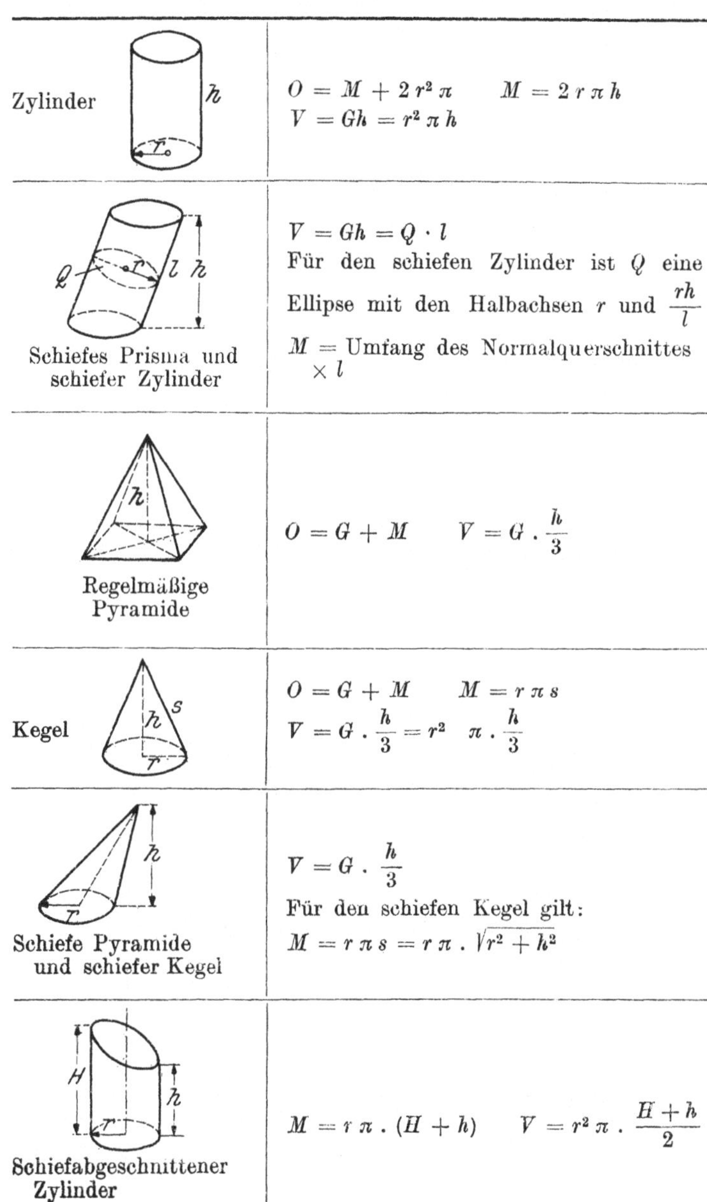

Körper	Formeln
Zylinder	$O = M + 2\,r^2\pi \qquad M = 2\,r\,\pi\,h$ $V = Gh = r^2\,\pi\,h$
Schiefes Prisma und schiefer Zylinder	$V = Gh = Q \cdot l$ Für den schiefen Zylinder ist Q eine Ellipse mit den Halbachsen r und $\frac{rh}{l}$ M = Umfang des Normalquerschnittes $\times\, l$
Regelmäßige Pyramide	$O = G + M \qquad V = G\,.\,\frac{h}{3}$
Kegel	$O = G + M \qquad M = r\,\pi\,s$ $V = G\,.\,\frac{h}{3} = r^2\;\;\pi\,.\,\frac{h}{3}$
Schiefe Pyramide und schiefer Kegel	$V = G\,.\,\frac{h}{3}$ Für den schiefen Kegel gilt: $M = r\,\pi\,s = r\,\pi\,.\,\sqrt{r^2 + h^2}$
Schiefabgeschnittener Zylinder	$M = r\,\pi\,.\,(H + h) \qquad V = r^2\,\pi\,.\,\frac{H + h}{2}$

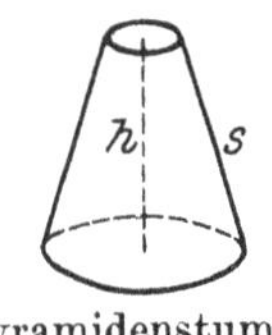

Pyramidenstumpf und Kegelstumpf

U = Umfang der Grundfläche G
u = Umfang der Deckfläche g

$$M = \frac{(U + u) \cdot s}{2} \qquad O = M + G + g$$

$$V = (G + g + \sqrt{Gg}) \cdot \frac{h}{3}$$

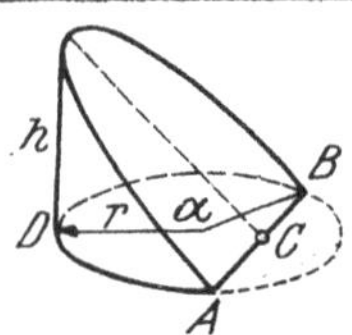

Zylinderhuf

$$M = \frac{2\,hr}{\alpha} \cdot [(a - r) \cdot \alpha + b]$$

$$DC = a; \qquad AC = BC = b$$

$$V = \frac{h}{3\alpha}\,[b \cdot (3r^2 - b^2) + 3r^2 \cdot (a - r) \cdot \alpha]$$

α im Bogenmaß

Kugel

$$O = 4\,r^2\,\pi \qquad V = \frac{4}{3} \cdot r^3\,\pi$$

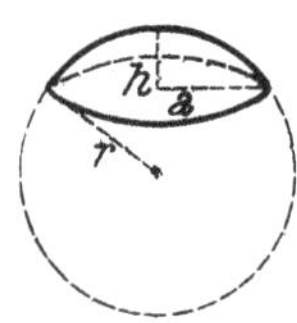

Kugelsegment (Kugelkalotte)

$$O = 2\,\pi\,rh = \pi\,(a^2 + h^2)$$

$$V = \frac{1}{6} \cdot \pi\,h \cdot (3\,a^2 + h^2) =$$

$$= \frac{1}{3} \cdot \pi\,h^2 \cdot (3\,r - h)$$

Kugelsektor

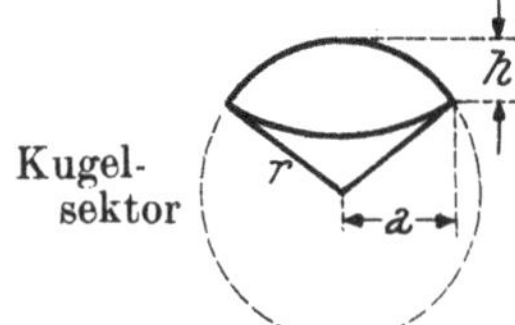

$$O = \frac{\pi\,r}{2} \cdot (4\,h + c)$$

$$V = \frac{2}{3} \cdot r^2\,\pi\,h = 2{,}0944 \cdot r^2 \cdot h$$

Kugelzone

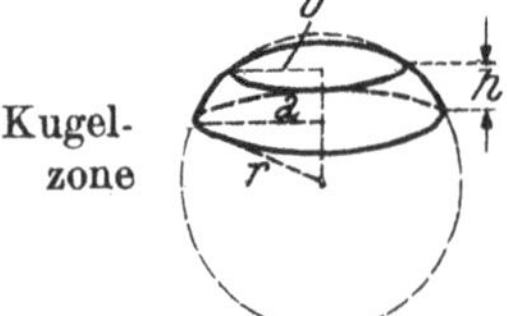

$$M = 2\,r\,\pi\,h \qquad O = M + a^2\,\pi + b^2\,\pi$$

$$V = \frac{1}{6} \cdot \pi\,h \cdot (3a^2 + 3b^2 + h^2)$$

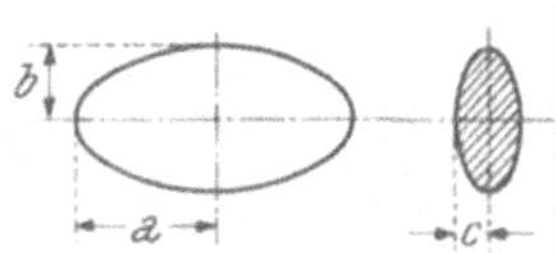 Dreiachsiges Ellipsoid	$V = \frac{4}{3} \cdot abc\,\pi$
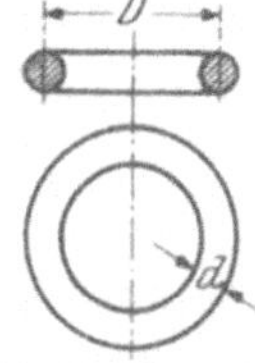 Zylindrischer Ring	$O = Dd\,\pi^2$ $V = \frac{D \cdot d^2 \cdot \pi^2}{4}$
Faß 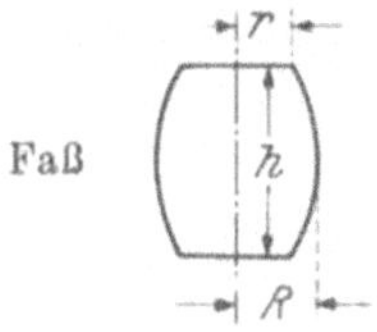	Bei Annahme parabolischer Dauben: $V = 0{,}838 \cdot h \cdot (2\,R^2 + Rr + 0{,}75\,r^2)$ Bei Annahme kreisförmiger Dauben: $V = 1{,}05 \cdot h \cdot (2\,R^2 + r^2) =$ $= \frac{1}{12} \cdot \pi\,h \cdot (2\,D^2 + d^2)$
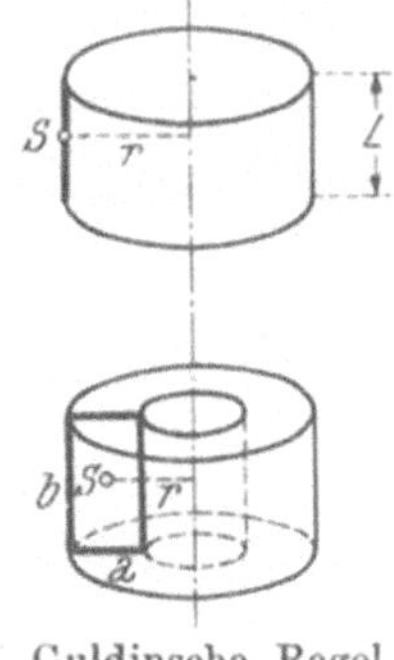 Guldinsche Regel	Inhalt einer Umdrehungsfläche = Länge der gedrehten Linie L mal Schwerpunktweg $F = L \cdot 2 \cdot r \cdot \pi$ Inhalt eines Umdrehungskörpers = Inhalt der gedrehten Fläche mal Schwerpunktweg $V = F \cdot 2 \cdot r \cdot \pi$

Benutzte Literatur.

D'Ans, J. und E. Lax: Taschenbuch für Chemiker und Physiker, 2. Aufl. Berlin-Göttingen-Heidelberg: Springer-Verlag, 1949.

Küster, F. W., A. Thiel und K. Fischbeck: Logarithmische Rechentafeln für Chemiker, Pharmazeuten, Mediziner und Physiker, 65.—67. Aufl. Berlin: W. de Gruyter & Co., 1955.

Müller, F. G.: Theoretische Kapitel aus der allgemeinen Chemie, 5. Aufl. Zürich: E. Wurzel, 1947.

Nylén, P. und N. Wigren: Einführung in die Stöchiometrie, 6. Aufl. Darmstadt: Steinkopff, 1952.

Biehringer, J.: Einführung in die Stöchiometrie. Braunschweig: Vieweg und Sohn, 1900.

Poethke, W. und H. Reuther: Grundlagen des chemischen Rechnens, 2. Aufl. Dresden-Leipzig: Steinkopff, 1956.

Fischer, F.: Chemisch-technologisches Rechnen, 3. Aufl. Leipzig: O. Spamer, 1920.

Richards, J. W.: Metallurgische Berechnungen. Berlin: Springer, 1913.

Pukall, W.: Keramisches Rechnen auf chemischer Grundlage, 4. Aufl. Breslau: F. Hirt, 1927.

Zühlke, M.: Rechentafeln und Sonderrechenstäbe, 2. Aufl. Leipzig: B. G. Teubner, 1942.

Tust, P. und M. Schimmels: Einführung in die Chemie auf einfachster Grundlage, Teil I, 5. Aufl. Wiesbaden: Steiner-Herrosé, 1950.

Liesche, O.: Nomogramme für die Praxis der chemischen Fabrik. Zeitschr. Die chemische Fabrik, 1928 und 1929.

Aus der Göschensammlung (W. de Gruyter & Co., Berlin):

Bahrdt, W. und R. Scheer: Stöchiometrische Aufgabensammlung, 6. Aufl., 1957.

Deegener, H.: Chemisch-technische Rechnungen, 2. Aufl., 1921.

Hüttig, G. F.: Sammlung elektrochemischer Rechenaufgaben, 1924.

Abegg, R. und O. Sackur: Physikalisch-chemische Rechenaufgaben, 1914.

Mahler, G.: Physikalische Aufgabensammlung, 7. Aufl., 1952.

Sachverzeichnis.

The manufacturer's authorised representative in the EU is Springer Nature Customer Service Centre GmbH, Europaplatz 3, 69115 Heidelberg, Germany. If you have any concerns regarding our products, please contact ProductSafety@springernature.com

Printed and bound by CPI Group (UK) Ltd, Croydon, CR0 4YY
15/07/2026
02167633-0001